移动开发经典丛书

Flutter 入门经典

[美] 马可 • 纳波利(Marco L. Napoli) 著

蒲 成 译

清华大学出版社

北 京

北京市版权局著作权合同登记号　图字：01-2020-2326

Marco L. Napoli

Beginning Flutter: A Hands On Guide To App Development

EISBN：978-1-119-55082-2

图书在版编目(CIP)数据

Flutter入门经典 / (美)马可 • 纳波利(Marco L. Napoli)著；蒲成译. —北京：清华大学出版社，2021.1

(移动开发经典丛书)

书名原文：Beginning Flutter: A Hands On Guide To App Development

ISBN 978-7-302-56954-1

Ⅰ. ①F…　Ⅱ. ①马…　②蒲…　Ⅲ. ①移动终端—应用程序—程序设计　Ⅳ. ①TN929.53

中国版本图书馆 CIP 数据核字(2020)第 223939 号

责任编辑：王　军
装帧设计：孔祥峰
责任校对：成凤进
责任印制：宋　林

出版发行：清华大学出版社
网　　址：http://www.tup.com.cn，http://www.wqbook.com
地　　址：北京清华大学学研大厦 A 座　　　邮　　编：100084
社 总 机：010-62770175　　　邮　　购：010-62786544
投稿与读者服务：010-62776969，c-service@tup.tsinghua.edu.cn
质 量 反 馈：010-62772015，zhiliang@tup.tsinghua.edu.cn

印 装 者：涿州市京南印刷厂
经　　销：全国新华书店
开　　本：170mm×240mm　　印　　张：31.75　　字　　数：792 千字
版　　次：2021 年 1 月第 1 版　　印　　次：2021 年 1 月第 1 次印刷
定　　价：118.00 元

产品编号：085162-01

译者序

Flutter是Google公司推出的新一代前端框架，最初目标只是为了满足移动端跨平台的应用开发，开发人员可使用Flutter在iOS和Android上快速构建高质量的原生用户界面。但如今，Flutter已经开始扩展为同时面向移动端、Web、桌面端以及嵌入式设备开发应用了。Flutter正在被越来越多的开发人员和组织所使用，也是构建未来的Google Fuchsia应用的主要方式，并且它是完全免费、开源的。

Flutter组件采用现代响应式框架构建，这是从React中获得的灵感，其中心思想是用组件(Widget)构建UI。Widget描述了在给定其当前配置和状态时UI应该显示的样子。当Widget状态发生改变时，Widget就会重构其描述，进而Flutter会对比该Widget之前的描述，以确定底层渲染树从当前状态转换到下一个状态所需要的最小更改，从而获得极佳的渲染性能。

本书是一本Flutter入门级书籍，讲解Flutter的主要知识点、核心概念以及基础的Dart编程知识，并且介绍各种工具。本书采取循序渐进、示例辅助的内容组织方式，以期让读者能够零基础入门并且随着对本书的深入阅读而稳步提升技能，同时逐渐加深对于Flutter和Dart的理解。相信在阅读并深刻理解了本书的知识内容之后，读者就能熟练运用Flutter和Dart进行基本的跨平台应用开发了。本书提供了许多应用示例，并且每一章结尾处都有知识点归纳和小结，读者能通过每一章的知识内容并且结合实践练习来巩固从本书中学到的知识。

当然，任何一种编程语言、开发框架及其开发环境都仅是我们达成工作目标的工具而已。因此，作为使用者，我们所要做的就是学习并掌握其使用方法。就这方面而言，本书称得上是一本非常完备的工具类参考书籍。对于没有任何Flutter开发经验的读者，跟随本书的章节内容就可以完全掌握Flutter的基本开发技术，并能熟练地对UI Widget进行设置和使用，而这也是作者撰写本书的目的。希望会有越来越多的读者投身到Flutter的生态之中！

在此要特别感谢清华大学出版社的编辑们，在本书的翻译过程中他们提供了颇有助益的帮助，没有他们的热情付出，本书将难以付梓。

由于译者水平有限，书中难免会存在一些翻译不准确的地方，如果读者能够指出并勘正，译者将不胜感激。

作者简介

Marco L. Napoli 是 Pixolini 有限公司的 CEO，也是一位经验丰富的移动端、Web 和桌面端应用开发者。他在可视化开发优雅美观且易于使用的系统方面已得到了业内的广泛认可。早在 2008 年他就编写了自己的首个原生 iOS 应用。www.pixolini.com 上展示了其工作成果和已发布的应用。

Marco 儿时就迷恋上了计算机。他的父亲注意到了这一点并给他买了一台 PC(个人计算机)，从那时起他就开始开发软件了。他曾就读于迈阿密大学攻读建筑学学位，但当时他就已经开始经营自己的商业业务了，并在四年后他认定建筑学并不适合自己。他为各种各样的行业开发过系统，其中包括银行业、医疗保健行业、房地产行业、教育行业、货运业、娱乐业等。不久之后，一家业内领先的银行业软件公司收购了他的 MLN Enterprises 公司。MLN Enterprises 公司的主要产品是抵押贷款银行业务软件、运算处理业务软件以及市场营销软件。

接下来，他开启了咨询顾问的生涯，并在不久后创建了 IdeaBlocks 有限公司。该公司的主营业务是软件开发咨询，曾经为一个销售酒店服务软件的客户开发了移动端、桌面端和 Web 平台，主要产品包括酒店营销软件、餐饮软件、网络空间软件、客户服务软件以及维护软件；这些产品通过云服务器使用 Microsoft SQL Server 和应用于敏感数据的加密处理进行数据同步。其客户端的用户包括凯悦嘉轩&嘉寓酒店、希尔顿酒店、假日酒店、希尔顿欢朋酒店、万豪酒店、贝斯特韦斯特酒店、丽笙酒店、喜来登酒店、豪生酒店、希尔顿合博套房酒店等。在该公司的合同都完成后，他就关闭了 IdeaBlocks。

如今，他将重心放在 Pixolini 的运营上。Pixolini 开发了用于 iOS、macOS、Android、Windows 以及 Web 的移动端、桌面端和 Web 应用。他同时也在 Udemy 在线教育网站上授课，主要讲解如何使用他开发的一款 Web 应用来分析房地产投资。他已经开发并在各大应用商店中发布了十几款应用。

“离开了意大利的特浓咖啡卡布奇诺，我就无法写代码了，并且我热爱中国武术。”

Marco 和妻子 Carla 共同养育了三个出色的孩子。

技术编辑简介

Zeeshan Chawdhary 是一位狂热的技术专家，已经从业 14 年了。其职业生涯起步于使用 J2ME 开发移动端应用，不久之后他大胆进入 Web 开发领域，开发出了不少健壮且可扩展的 Web 应用。作为首席技术官，他带领团队为许多公司构建了 Web 和移动端应用，这些公司包括诺基亚、摩托罗拉、梅赛德斯、通用汽车、美国航空以及万豪酒店。他目前是一个国际化团队的开发总监，使用各种技术为客户提供服务，这些技术包括 Magento、WordPress、WooCommerce、Laravel、NodeJS、Google Puppeteer、ExpressJS、ReactJS 以及.NET。他还编著了一些有关 iOS、Windows Phone 和 iBooks 的书籍。

致谢

我想要感谢 Wiley 出版社这个才华横溢的团队，其中包括所有的编辑、经理，以及许多在幕后帮助本书出版的人。感谢 Devon Lewis，他很早就认识到，Flutter 会对整个行业产生巨大影响；同时感谢 Candace Cunningham，她的项目编辑技能和见解对我提供了很多帮助；还要感谢 Zeeshan Chawdhary，他为我提供了技术性的信息输入和建议；此外，Barath Kumar Rajasekaran 及其团队完成了本书的出版准备工作，谢谢你们；我还要感谢 Pete Gaughan 随时随地为我提供的帮助。

要特别感谢 Google 的 Flutter 团队，尤其是 Tim Sneath、Ray Rischpater 和 Filip Hráček，他们给予我盛情且宝贵的反馈。

最后想要感谢的是妻子和孩子，他们耐心地倾听我所表达的内容并对本书所创建的各个项目给予了反馈。

前　言

Flutter 最初是在 2015 年的 Dart 开发者大会上以 Sky 这个名称公开发布的。Eric Seidel(Google 的 Flutter 工程总监)在那次大会的演讲中首先讲到，他参会的目的是介绍 Sky。Sky 是一个实验项目，被称为“移动端上的 Dart”。Eric 已经在 Android Play Store 上构建并且发布了一个演示应用，在开始介绍该演示应用之前，他表示没有使用任何 Java 代码来绘制这个应用，这意味着它是原生应用。Eric 展示的第一个特性是旋转的正方形。Dart 以 60Hz 的频率驱动该设备，这也是该系统的首要目标：快速且灵敏响应(Eric 曾希望能够更快运行，如 120Hz，但他当时所使用的设备的能力限制了这一点)。Eric 继续展示了多点触控、快速滚动以及其他特性。Sky 提供了最佳的移动体验(对于用户和开发人员来说都是这样)；开发人员在 Web 开发方面遇到过不少难处，他们认为应该可以做得更好。用户界面(UI)以及业务逻辑都是以 Dart 编写的，其目标就在于实现平台中立。

很快到了 2019 年，Flutter 强有力地驱动包括 Google Home Hub 在内的 Google 智能显示平台，并且是通往使用 Chrome OS 来支持桌面应用的第一步。目前的结果就是，Flutter 支持运行在 macOS、Windows 以及 Linux 上的桌面应用。Flutter 被描述为一个可移植 UI 框架，它可将一套代码用于所有界面，如移动端、Web、桌面和嵌入式设备。

本书将讲解如何使用 Flutter 框架以及 Dart 编程语言，通过一套代码来开发用于 iOS 和 Android 的移动应用。随着 Flutter 拓展到移动端之外的其他领域，我们能利用本书中讲解的知识来进行针对其他平台的开发。本书读者不需要具备编程经验；本书会从基础知识讲起，并且逐步推进到开发可用于生产环境的应用程序。

本书将以简单朴实的风格讲解每一个概念。读者可以遵循“试一试”的实战练习来实践所学知识并创建出针对特定特性的应用。

每一章内容都是基于之前章节的内容来编写，并会增加一些新概念以便帮助读者了解如何构建美观、具有动画特效且功能丰富的应用。阅读完本书后，读者将能利用所学知识和技术来开发自己的应用。本书的最后四章会创建一个日记应用以便在本地保存数据，还会创建另一个日记应用，其中要使用状态管理、身份验证，以及包括离线同步在内的多设备数据云端同步能力来跟踪用户的心情变化，这些功能对于现今的移动应用而言都是必需的。本书竭尽所能地使用了一种友好且通俗的方法来讲解技术，以便读者能够在阅读本书的过程中学习到工作中所需的基础知识和高级概念。

在我首次观看到 Google 所展示的 Flutter 后，就深深地迷恋上它。尤其吸引我的一点是，Flutter 的一切都是以 Widget 为基础的。我们可以利用 Widget 并且将它们嵌套(组合)在一起来创建所需的 UI；而且最好的一点是，我们可以轻易地创建自己的自定义 Widget。另外一点比较吸引我的地方在于，Flutter 能使用一套代码开发出面向 iOS 和 Android 的应用；这是我长期以来一直渴求的特性，但在 Flutter 出现之前我都没有找到一种绝佳的解决方案。Flutter 是声明式的，是一种现代响应式框架，其中 Widget 可根据其当前状态来处理 UI 所应具备的外观。

我对于使用 Flutter 和 Dart 进行开发的热情持续增长，因而我决定撰写这本书来与读者分享我的经验和专业知识。我深信本书对于初学者和有经验的开发人员都是有用的，能让大家掌握相关的工具和知识以便进行应用构建并且发展成为一名多平台开发人员。本书内容中包含许多提示、见解、假设场景、图表、截图、示例代码和练习。可扫描封底二维码下载源代码。

本书读者对象

所有希望学习如何使用 Flutter 和 Dart 来开发移动端、多平台应用的人都可以阅读本书。对于希望学习如何开发现代、具备快速原生性能的响应式 iOS 和 Android 移动应用的无经验初学者而言，本书非常适合阅读。此外，本书也可以让毫无经验的初学者学习到开发可用于生产环境的应用所需的高级概念。本书也适合具备编程经验的、希望学习 Flutter 框架和 Dart 语言的读者阅读。

本书假设读者不具备任何编程、Flutter 或 Dart 经验。如果读者已经具有其他语言的编程经验或者熟悉 Flutter 与 Dart，那么通过阅读本书将更深入地理解每个概念和每种技术。

本书内容要点

前面几章会介绍和讲解 Flutter 框架的架构、Dart 语言，以及创建新项目的步骤。读者将使用这些知识为本书中的每一个练习创建新项目。每一章的内容都会关注新概念，以便让读者学习新知识。同时希望这些章节内容能成为读者巩固掌握每个概念的参考资料。

从第 2 章开始，在读者学习每个概念和每种技术时，还可遵循“试一试”实战练习并且创建新的应用项目，以便学以致用。在继续阅读的过程中，每一章都会帮助读者学习更多高级主题。最后四章专注于创建两个可用于生产环境的应用，其中要应用前面几章所讲解的内容并会实现新的高级概念。

本书内容结构

本书分为三部分，共 16 章。虽然每一章都是基于前面所介绍的概念来组织编写的，但每一章都是独立的，读者可跳到某一感兴趣的章节进行阅读以便学习或进一步理解相关主题。

第 I 部分：Flutter 编程基础

本书的第 I 部分将让读者了解 Flutter 的核心知识，这样就能让读者打下构建 Flutter 应用的坚实基础。

第 1 章：Flutter 入门——将讲述 Flutter 框架工作的背后原理以及使用 Dart 语言的好处。读者将了解 Widget、Element 以及 RenderObject 的相关性，并将理解它们如何组成 Widget 树、Element 树以及渲染树。读者将了解 StatelessWidget 和 StatefulWidget 及其生命周期事件。该章还会介绍 Flutter 的声明特点，这意味着 Flutter 会构建 UI 来反映应用的状态。读者将学习如何在 macOS、Windows 或 Linux 上安装 Flutter 框架、Dart、编辑器和插件。

第 2 章：创建一个 Hello World 应用——将介绍如何创建首个 Flutter 项目，以便读者熟悉项目创建过程。通过编写一个最基础的示例，引导读者掌握应用的基础结构，了解如何在 iOS 和 Android 模拟器上运行应用，以及如何对代码进行变更。这个时候不必担心还不理解代码，后续章节将逐步引导读者掌握代码知识。

第 3 章：学习 Dart 基础知识——Dart 是学习开发 Flutter 应用的基础，该章讲解 Dart 的基础结构。读者将学习如何对代码进行注释、main()函数如何启动应用、如何声明变量以及如何使用 List 来存储值数组。读者还将了解运算符，以及如何使用运算符来执行算术运算、相等性判断、逻辑运算、条件运算及级联标记。该章将介绍如何使用外部包和类，以及如何使用 import 语句。读者将了解如何使用 Future 对象来实现异步编程，还将了解如何创建各个类以便对代码逻辑进行分组并且使用变量来留存数据，以及如何定义执行逻辑的函数。

第 4 章：创建一个初学者项目模板——该章将介绍创建新项目的步骤，将使用和复制这些步骤来创建所有练习，还将介绍如何在项目中组织文件和文件夹。读者将根据所需的操作类型来创建最常用的名称以便分组 Widget、类和文件。读者还将了解如何结构化 Widget 以及导入外部包和库。

第 5 章：理解 Widget 树——Widget 树就是组合(嵌套)使用 Widget 以便创建简单与复杂布局的结果。随着开始嵌套 Widget，代码会变得难以阅读，所以尝试尽可能保持 Widget 树的浅层化。该章将介绍所使用的 Widget。读者将理解深度 Widget 树的影响，并将了解如何将其重构为浅层化 Widget 树，从而让代码更易于管理。该章将介绍创建浅层 Widget 树的三种方式，也就是分别使用常量、方法以及 Widget 类进行重构。读者将了解每种技术实现的优劣。

第 II 部分：充当媒介的 Flutter：具象化一个应用

本书的第 II 部分内容比较棘手一些，需要读者动手实践，这一部分将逐步介绍如何添加创建绝佳用户体验的功能。

第 6 章：使用常用 Widget——将学习如何使用最常用的 Widget，它们都是用于创建美观 UI 以及良好用户体验(UX)的基础构造块。读者将了解如何从应用的资源包以及通过统一资源定位符借助 Web 来加载图片，还将了解如何使用配套的 Material Components 图标以及如何应用装饰器来增强 Widget 的外观体验或将它们用作录入字段的输入指引。该章将介绍如何使用 Form Widget 将文本字段录入 Widget 作为一个分组进行校验。还将介绍检测设备方向的不同方式，以便根据设备所处的纵向或横向模式来相应地布局 Widget。

第 7 章：为应用添加动画效果——将了解如何为应用添加动画效果以便表达操作。在恰当使用动画效果时，将提升 UX，但过多或不必要的动画效果也会造成糟糕的 UX。该章将介绍如何创建 Tween 动画效果，还将介绍如何通过 AnimatedContainer、AnimatedCrossFade 和 AnimatedOpacity Widget 来使用内置的动画效果。读者将了解如何使用 AnimationController 和 AnimatedBuilder 类来创建自定义动画效果。还将了解如何使用多个 Animation 类来创建交错动画。该章将讲解如何使用 CurvedAnimation 类来实现非线性效果。

第 8 章：创建应用的导航——好的导航会创造极佳的 UX，从而让信息访问更加简单。读者将了解到，在导航到另一个页面时添加动画效果也能提升 UX，只要该效果能够表达一项操作，而不是造成困扰。该章将讲解如何使用 Navigator Widget 来管理一系列路由以便在页面之间移动，还将讲解如何使用 Hero Widget 来表达导航动画效果以便将 Widget 从一个页面移动和缩放到另一个页面。该章将介绍使用 BottomNavigationBar、BottomAppBar、TabBar、TabBarView 和 Drawer Widget 来添加导航的不同方法，还将介绍如何使用 ListView Widget 以及 Drawer Widget 来创建可导航菜单项列表。

第 9 章：创建滚动列表和效果——该章将介绍如何使用不同的 Widget 来创建滚动列表，以便帮助用户查看和选择信息，还将介绍如何使用 Card Widget 配合滚动列表 Widget 来分组信息。读者将学习如何使用 ListView Widget 来构建可滚动 Widget 的线性列表，还将学习如何使用 GridView 以网格形式展示可滚动 Widget 的磁贴块。读者将了解如何使用 Stack Widget 配合滚动列表来重叠、定位以及对齐子 Widget。还将了解如何使用像 SliverSafeArea、SliverAppBar、SliverList、SliverGrid 等的 Sliver Widget 来实现 CustomScrollView，以便创建像视差动画这样的自定义滚动效果。

第 10 章：构建布局——将学习如何嵌套 Widget 以便构建专业的布局。嵌套这一概念是创建优美布局的主要组成部分，它也被称为组合。基础和复杂布局都主要基于纵向或横向 Widget，或者基于两者的组合。该章的目标是创建一个日记条目页面用于呈现详细信息，其中包括页眉图片、标题、日记详情、天气、地址、标签以及页脚图片。为了布局该页面，需要使用各种 Widget，如 SingleChildScrollView、SafeArea、Padding、Column、Row、Image、Divider、Text、Icon、SizedBox、Wrap、Chip 以及 CircleAvatar。

第 11 章：应用交互性——将学习如何使用手势为应用增加交互性。在移动应用中，手势是监听用户交互的核心，而充分利用手势则可为应用带来极佳的 UX。不过，不能表达一项操作的手势的滥用也会造成糟糕的 UX。读者将了解如何使用 GestureDetector 手势，如触碰、双击、长按、拖曳、垂直拖动、水平拖动以及缩放；还将了解如何使用 Draggable Widget 来拖动 DragTarget Widget 以便创建拖曳效果从而改变 Widget 的颜色。该章将介绍如何实现 InkWell 与 InkResponse Widget 以便响应触控以及可视化展示波纹动画效果，还会介绍如何通过拖曳来关闭 Dismissible Widget。读者将学习如何使用 Transform Widget 和 Matrix4 类来缩放与移动 Widget。

第 12 章：编写平台原生代码——某些情况下，需要访问特定的 iOS 或 Android API 功能。读者将学习如何使用平台通道在 Flutter 应用与主机平台之间发送和接收消息。该章将介绍如何使用 MethodChannel 从 Flutter 应用(客户端)发送消息，以及如何使用 iOS 的 FlutterMethodChannel 与 Android 的 MethodChannel 来接收调用(主机端)和发送回结果。

第 III 部分：创建可用于生产环境的应用

本书最后四章将介绍更高级的领域并且做好将示例应用发布到生产环境的准备。

第 13 章：使用本地持久化保存数据——该章将介绍如何构建一个日记应用。读者将了解如何使用 JSON 文件格式在应用启动运行时就开始持久化保存数据并将文件保存到本地 iOS 和 Android 文件系统。JavaScript 对象表示法(JavaScript Object Notation，JSON)是一种通用开放标准以及独立于语言的文件数据格式，其好处在于可提供人类可读的文本。该章将讲解如何创建数据库类以便写入、读取和序列化 JSON 文件，还将讲解如何格式化列表以及根据日期对其进行排序。

在移动应用中，在处理过程中不阻塞 UI 是非常重要的。该章将介绍如何使用 Future 类以及 FutureBuilder Widget，还将介绍如何呈现一个日期选择日历、校验用户录入数据以及在录入栏之间移动焦点。

读者还将学习如何使用 Dismissible Widget 通过在一个记录上拖动或释放来删除记录。为了根据日期对记录进行排序，该章将讲解如何使用 List().sort 方法以及 Comparator 函数。为了在页面之间进行导航，需要使用 Navigator Widget，该章还将讲解如何使用 CircularProgressIndicator Widget 来展示运行中的操作。

第 14 章：添加 Firebase 和 Firestore 后端——该章和第 15 章及第 16 章将使用之前几章讲解的技术与一些新概念，并将它们结合起来使用以便创建一个可用于生产环境的记录心情的日记应用。在可用于生产环境的应用中，我们应该如何结合使用之前所学到的知识，从而通过仅重绘数据发生变更的 Widget 来提升性能、在页面之间和 Widget 树传递状态、处理用户身份验证凭据、在设备和云之间同步数据、创建用于处理移动应用和 Web 应用之间独立于平台的逻辑类呢？这些正是最后三章的重点所在，读者将学习如何应用之前所了解的技术以及新的重要概念和技术来开发可用于生产环境的移动应用。在这最后三章中，读者将学习如何实现应用范围内以及本地的状态管理，并通过实现业务逻辑组件(BLoC)模式来最大化平台代码共享。

该章将介绍如何使用身份验证并使用 Google 的 Firebase 后端服务器基础设施、Firebase Authentication 和 Cloud Firestore 将数据持久化到云端数据库。读者将了解到，Cloud Firestore 是一个 NoSQL 文档数据库，可使用移动端和 Web 应用的离线支持来存储、查询和同步数据。我们将能在多个设备之间同步数据。读者将学习如何设置和构建无服务应用。

第 15 章：为 Firestore 客户端应用添加状态管理——该章将继续编辑第 14 章中创建的记录心情的日记应用。该章将介绍如何创建应用范围内的以及本地的状态管理，其中要使用 InheritedWidget 类作为提供程序以便在 Widget 和页面之间管理与传递 State。

该章将介绍如何使用 BLoC 模式来创建 BLoC 类，例如管理对于 Firebase 身份验证和 Cloud Firestore 数据库服务类的访问。该章还会介绍如何使用 InheritedWidget 类在 BLoC 和页面之间传递引用。还将介绍如何使用一种响应式方法，这是通过使用 StreamBuilder、StreamController 以及 Stream 来填充和刷新数据而实现的。

该章将讲解如何创建服务类来管理 Firebase 身份验证 API 以及 Cloud Firestore 数据库 API。还要创建和利用抽象类来管理用户凭据。读者将学习如何创建一个数据模型类来处理 Cloud Firestore QuerySnapshot 到各个记录的映射问题。读者将了解如何创建一个类以便根据所选心情来管理心情图标列表、描述和图标旋转位置。读者还将使用 intl 包并学习如何创建一个日期格式化类。

第 16 章：为 Firestore 客户端应用页面添加 BLoC——该章将继续编辑在第 14 章中创建的记录心情的日记应用以及在第 15 章中创建的附加功能。

该章将介绍如何将 BLoC、服务、提供程序、模型和工具类应用到 UI Widget 页面。使用 BLoC 模式的好处在于，可将 UI Widget 和业务逻辑分开。该章将讲解如何使用依赖注入将服务类注入 BLoC 类中。通过使用依赖注入，BLoC 仍将独立于平台。这一概念极其重要，因为 Flutter 框架正在从移动端扩展到 Web、桌面和嵌入式设备。

读者将学习如何通过实现应用 BLoC 模式的类来执行应用范围内的身份验证状态管理。该章将介绍如何创建 Login 页面，其中要实现 BLoC 模式类以便验证电子邮箱、密码和用户凭据。还将介绍如何通过实现提供程序类(InheritedWidget)以便在页面和 Widget 树之间传递状态。读者将学习如何修改首页以便实现和创建 BLoC 模式类来处理登录凭据校验、创建日记条目列表以及添加和删除各个条目。还将学习如何创建日记编辑页面，它实现了 BLoC 模式类以便添加、修改和保存已有条目。

遵循本书进行练习的前提

读者需要安装 Flutter 框架和 Dart 以便创建示例项目。本书使用 Android Studio 作为主要开发工具，并且所有项目都是面向 iOS 和 Android 编译的。为编译 iOS 应用，读者需要一台安装了 Xcode 的 Mac 计算机。可使用其他编辑器，如 Microsoft Visual Studio Code 或 IntelliJ IDEA。对于最后一个重要项目，读者需要创建一个免费的 Google Firebase 账户，以便利用云端身份验证和数据同步，其中包括离线支持。

内容格式约定

为了帮助读者能够充分理解内容文本，并且持续跟随本书的讲解步骤，本书使用了若干内容格式约定。

试一试

(1) 这些练习由一系列编号步骤构成。

(2) 读者可使用自己的数据库并遵循这些步骤进行处理。

示例说明

在每一个“试一试”的结尾处，都会详细阐释所输入的代码。

代码的呈现有两种不同方式：

(1) 大多数示例代码都显示为等宽字体，不加粗。

(2) 对于在上下文中特别重要的代码，或在以前的代码片段的基础上修改的代码，则显示为粗体。

目　录

第 I 部分　Flutter 编程基础

第 I 部分

Flutter 编程基础

第 1 章

Flutter 入门

本章内容

- Flutter 框架是什么？
- Flutter 能带来哪些好处？
- Flutter 和 Dart 如何共同发挥作用？
- Flutter Widget 是什么？
- Element 是什么？
- RenderObject 是什么？
- 有哪些类型的 Flutter Widget 可用？
- StatelessWidget 和 StatefulWidget 的生命周期是什么？
- Widget 树和 Element 树如何共同发挥作用？
- 如何安装 Flutter SDK？
- 如何在 macOS 上安装 Xcode 以及如何在 macOS、Windows 和 Linux 上安装 Android Studio？
- 如何配置编辑器？
- 如何安装 Flutter 和 Dart 插件？

本章将介绍 Flutter 框架的后台运行机制。Flutter 使用 Widget 来创建用户界面(User Interface，UI)，而 Dart 则是用于开发应用程序的语言。理解 Flutter 处理和实现这些 Widget 的方式，将有助于我们对应用进行架构设计。

本章还会讲解如何在 macOS、Windows 和 Linux 上安装 Flutter。我们要配置 Android Studio 从而安装 Flutter 插件，以便运行、调试和使用热重载。我们要安装 Dart 插件用于代码分析、代码校验和代码补全。

1.1 Flutter 简介

Flutter 是 Google 的移动端 UI 框架，用于构建现代、原生且反应式的 iOS 和 Android 应用。Google 还致力于开发 Flutter 桌面嵌入以及用于 Web 的 Flutter(Hummingbird)和用于嵌入式设备(树莓派、智能家居设备、汽车等)的 Flutter。Flutter 是一个开源项目，它托管在 GitHub 上，Google 及其社区都对其做出了贡献。Flutter 使用了 Dart，这是一种现代的面向对象语言，它可以编译成原生 ARM 代码以及可用于生产环境的 JavaScript 代码。Flutter 使用了 Skia 2D 渲染引擎，该引擎兼容各种类型的硬件和软件平台；Google Chrome、Chrome OS、Android、Mozilla Firefox、Firefox OS 等也都使用了该引擎。Skia 由 Google 赞助和管理，根据 BSD Free Software License(BSD 自由软件许可)，任何人都可以使用它。Skia 使用了基于 CPU 的路径渲染，还支持 OpenGL ES2 加速的后端。

Dart 是用于开发 Flutter 应用的语言，第 3 章中将更详尽地介绍它。Dart 会被预先编译为原生代码，从而让 Flutter 应用得以快速运行。Dart 可以是即时编译，从而让它可以快速呈现代码变更，比如通过 Flutter 的有状态热重载特性来呈现。

Flutter 使用 Dart 来创建用户界面，这样就不必使用像 Markup 标记语言这样的其他语言或可视化设计器了。Flutter 是声明式的；换句话说，Flutter 构建了 UI 来反映应用的状态。当状态(数据)发生变化时，就会重绘 UI，并且 Flutter 会构造一个新的 Widget 实例。本章的 1.3 节将介绍创建 Widget 树和 Element 树时如何配置和挂载 Widget，但就底层而言，渲染树(第三种树)会使用 RenderObject，它会计算和实现基础布局以及绘制协议(将不必与渲染树或 RenderObject 直接交互，因此本书不会进一步讨论它们)。

Flutter 运行速度很快，并且对于性能较高的设备，渲染速度可以是 60fps(帧/秒)和 120fps。渲染速度越高，动画和过渡效果就越平顺。

用 Flutter 开发的应用都是由单个代码库构建的，它们会被编译为原生 ARM 代码，使用图形处理器(GPU)，并可经由平台通道的通信来访问特定 iOS 和 Android API(如 GPS 定位、图片库)。第 12 章将更详尽地介绍平台通道。

Flutter 为开发人员提供了工具以便创建美观且看上去很专业的应用，还提供了自定义应用各个方面的能力。我们能为 UI 添加平滑的动画、手势检测以及水波纹反馈行为。Flutter 应用可以展现出 iOS 和 Android 平台的原生性能。在开发过程中，Flutter 使用了热重载以便在为了添加新功能或调整现有功能而修改源代码时可以毫秒级速度刷新运行中的应用。使用热重载是在保持运行中的应用状态、数据值不变的同时在模拟器或设备中观察代码变更效果的绝佳方式。

定义 Widget 和 Element

Flutter UI 通过使用来自现代反应式框架的 Widget 来实现。Flutter 使用其自有的渲染引擎来绘制 Widget。第 5 章将介绍 Widget，而第 6 章将介绍如何实现 Widget。

读者可能会问，Widget 是什么？可将 Widget 比作乐高积木；通过将各个积木堆叠在一起，我们就能创造一个物体，而通过添加不同种类的积木，我们就能修改该物体的外观和行为。Widget 就是 Flutter 应用的积木，并且每个 Widget 都是用户界面的一个不可变声明。换句话说，Widget 就是用于 UI 不同部分的配置(指令)。将各个 Widget 放在一起就会形成 Widget 树。例如，假设一名建筑师要绘制一栋房子的设计蓝图；像这栋房子的墙、窗户和门在内的所有物体都是 Widget，并且所有这些共同构成了房子，也就是我们所说的应用。

由于 Widget 是 UI 的各个配置部分，并且它们共同构成了 Widget 树，那么 Flutter 如何使用这些配置呢？Flutter 使用 Widget 作为配置来构建每个 Element，这意味着 Element 就是挂载(渲染)到界面上的 Widget。挂载到界面上的各个 Element 就构成了 Element 树。下一节将介绍与 Widget 树和 Element 树有关的更多信息。第 5 章将详细讲解 Widget 树的操作。

以下是对各种可用的 Widget 的简要介绍：

- 具有结构化 Element 的 Widget，比如列表、网格、文本和按钮。
- 具有输入 Element 的 Widget，比如表单、表单字段和键盘监听器。
- 具有样式 Element 的 Widget，比如字体类型、字号、粗细、颜色、边框和阴影。
- 对 UI 进行布局的 Widget，比如行、列、层叠、定位居中和内边距。
- 具有交互式 Element 的 Widget，这些交互式 Element 对应着触摸、手势、拖动和滑动删除。
- 具有动画和动作 Element 的 Widget，如 Hero 动画、动画容器、动画淡入淡出、透明渐变、旋转、缩放、大小、平移和不透明度。
- 具有像资源、图片和图标这样的 Element 的 Widget。
- 可以嵌套在一起创建所需 UI 的 Widget。
- 可以自行创建的自定义 Widget。

1.2 理解 Widget 生命周期事件

编程领域中，不同的生命周期事件通常是以线性模式发生的，每个阶段完成时逐个执行。这一节将介绍 Widget 生命周期事件及其用途。

为了构建 UI，需要使用两种主要类型的 Widget，即 StatelessWidget(无状态 Widget)和 StatefulWidget(有状态 Widget)。当值(状态)不会发生变化时，就要使用 StatelessWidget，而当值(状态)发生变化时，则要使用 StatefulWidget。第 2 章将详细介绍何时使用 StatelessWidget 或 StatefulWidget。每个无状态或有状态的 Widget 都有一个带有 BuildContext 的 build 方法，它会处理 Widget 在 Widget 树中的位置。BuildContext 对象实际上是 Element 对象，它们是 Widget 在树中位置的实例。

1.2.1 StatelessWidget 生命周期

StatelessWidget 是基于其自身配置来构建的，并且不会动态变化。例如，显示带有描述的图片的界面并且该界面不会发生变化。StatelessWidget 是用一个类来声明的，第 3 章将介绍这些类。可从三个不同场景中调用 StatelessWidget 的 build(UI 部分)方法。在一开始创建 Widget 时就会调用该方法，当该 Widget 的父 Widget 发生变化以及 InheritedWidget 发生变化时，也会调用该方法。第 15 章将介绍如何实现 InheritedWidget。

以下示例代码显示了 StatelessWidget 的基础结构；图 1.1 显示了 Widget 的生命周期。

```
class JournalList extends StatelessWidget {
   @override
   Widget build(BuildContext context) {
      return Container();
   }
}
```

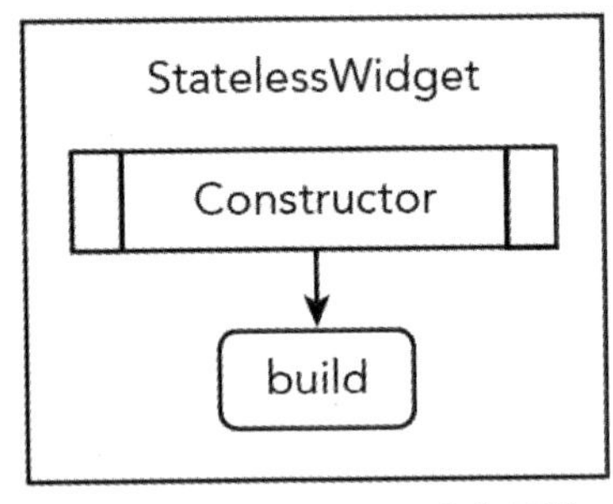

图 1.1 StatelessWidget 生命周期

1.2.2 StatefulWidget 生命周期

StatefulWidget 是基于其自有配置来构建的，但可动态变更。例如，界面显示了一个图标和一段描述，但值会根据用户的交互而变化，比如选择另一个图标或描述。这类 Widget 具有可以随时间而变化的可变状态。StatefulWidget 是用两个类声明的，即 StatefulWidget 类和 State 类。StatefulWidget 类会在 Widget 配置发生变化时被重新构建，而 State 类则可以保持不变(被保留)，从而提高性能。例如，当状态发生变化时，就会重建 Widget。如果从树中移除 StatefulWidget，然后在未来某个时候将其插入回去，就会创建一个新的 State 对象。注意，在某些特定情况和限制下，我们可使用 GlobalKey(跨整个应用的唯一键)来重用(而非重建)State 对象；不过，全局键成本很高，除非需要它们，否则大家可能不希望考虑使用它们。我们要调用 setState()方法来通知框架，这个对象发生了变化，并且调用(排定)了该 Widget 的 build 方法。我们要在 setState()方法内设置新的状态值。第 2 章将介绍如何调用 setState()方法。

下面这个示例显示了 StatefulWidget 基础结构，而图 1.2 显示了该 Widget 的生命周期。其中有两个类，JournalEdit StatefulWidget 类和_JournalEditState 类。

```
class JournalEdit extends StatefulWidget {
   @override
   _ JournalEditState createState() => _JournalEditState();
   }
   class _JournalEditState extends State<JournalEdit> {
    @override
    Widget build(BuildContext context) {
       return Container();
    }
}
```

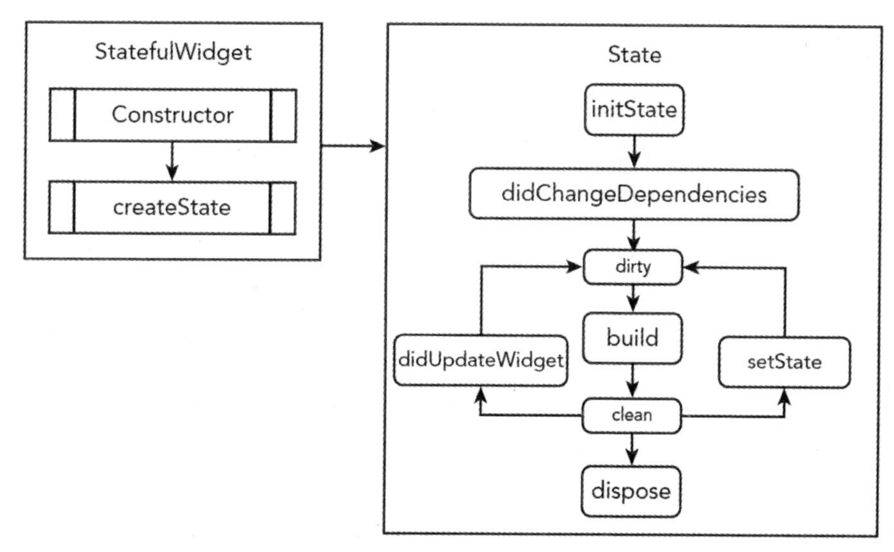

图 1.2　StatefulWidget 生命周期

我们可以重写 StatefulWidget 的不同部分，以便在该 Widget 生命周期的不同时间点自定义和操作数据。表 1.1 显示了 StatefulWidget 的一些主要重写，大部分时候我们都会用到 initState()、dispose()和 didChangeDependencies()方法。我们从始至终都要使用 build()方法来构建 UI。

表 1.1　StatefulWidget 生命周期

方法	描述	示例代码

initState()	当这个对象被插入树中时被调用一次	@override
		void initState () {
		super. initState ();
		print (' initState ');
		}

dispose()	当这个对象从树中被永久移除时调用	@override
		void dispose () {
		print (' dispose ');
		super. dispose ();
		}

didChangeDependencies()	当这个 State 对象发生变化时调用	@override
		void didChangeDependencies () {
		super. didChangeDependencies ();
		print (' didChangeDependencies ');
		}

(续表)

方法	描述	示例代码

didUpdateWidget(Contacts oldWidget)	当 Widget 配置发生变化时调用	@override
		void didUpdateWidget (Contacts oldWidget) {
		super. didUpdateWidget (oldWidget);
		print (' didUpdateWidget: $oldWidget ');
		}

deactivate()	当这个对象从树中被移除时调用	@override
		void deactivate () {
		print('deactivate');
		super.deactivate();
		}

build(BuildContext context)	可以被多次调用以构建 UI，BuildContext 会处理这个 Widget 在树中的位置	@override
		Widget build (BuildContext context) {
		print (' build ');
		return Container ();
		}

setState()	告知框架这个对象的状态已经发生变化，以便安排调用这个 State 对象的 build	setState(() {
		name = _newValue;
		});

1.3 理解 Widget 树和 Element 树

上一节已经介绍了，Widget 包含创建 UI 的指令，当我们将各个 Widget 组合(嵌套)在一起时，它们就会构成 Widget 树。Flutter 框架使用 Widget 作为被挂载(渲染)在界面上的每个 Element 的配置。所挂载的显示在界面上的各个 Element 构成 Element 树。目前有两种树，即具有 Widget 配置的 Widget 树，以及代表界面上所渲染 Widget 的 Element 树(见图 1.3)。

当应用启动时，main()函数会调用 runApp()方法，通常会采用 StatelessWidget 作为参数，并且被挂载作为该应用的根 Element。Flutter 框架会处理所有 Widget，并且每个对应的 Element 都会被挂载。

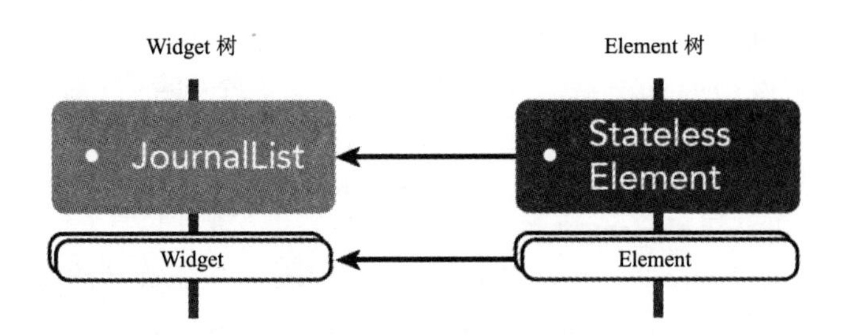

图 1.3　Widget 树和 Element 树

下面是一段示例代码，这段代码会启动一个 Flutter 应用，而 runApp()方法充当了 MyApp StatelessWidget，这意味着主应用本身就是一个 Widget。正如我们所见，Flutter 中的一切都是 Widget。

```
void main() => runApp(MyApp());

class MyApp extends StatelessWidget {
   @override
   Widget build(BuildContext context) {
     return MaterialApp(
        title: 'Flutter App',
        theme: ThemeData(
           primarySwatch: Colors.blue,
        ),
        home: MyHomePage(title: 'Home'),
     );
   }
}
```

Element 具有指向 Widget 的引用，并且它们要负责比较 Widget 的差异。如果一个 Widget 负责构建各个子 Widget，就要为每个子 Widget 创建 Element。当看到 BuildContext 对象的使用时，它们就是 Element 对象。为了避免对于 Element 对象的直接操作，我们要转而使用 BuildContext 接口。Flutter 框架使用 BuildContext 对象来防止我们操作 Element 对象。也就是说，我们要使用 Widget 来创建 UI 布局，但最好弄清楚 Flutter 框架是如何构建的，以及其背后的运行机制是怎样的。

正如之前所述，还有第三种树，被称为渲染树，它是继承自 RenderObject 的一种低级别布局和绘制系统。RenderObject 会计算和实现基础布局与绘制协议。不过，我们不需要直接与渲染树交互，而要使用 Widget 与之交互。

1.3.1　StatelessWidget 和 Element 树

StatelessWidget 具有创建无状态 Element 的配置。每个 StatelessWidget 都具有一个对应的

无状态 Element。Flutter 框架会调用 createElement 方法(创建一个实例)，进而创建该无状态 Element 并将其挂载到 Element 树。也就是说，Flutter 框架会对 Widget 进行请求以便创建一个 Element，然后将该 Element 挂载(添加)到 Element 树。每个 Element 都包含指回 Widget 的引用。Element 会调用 Widget 的 build 方法以检查各个子 Widget，而每个子 Widget(如 Icon 或 Text)都会创建其自己的 Element，并且这些 Element 也会被挂载到 Element 树。这一过程会生成两棵树：Widget 树和 Element 树。

图 1.4 显示了 JournalList StatelessWidget，它具有表示 Widget 树的 Row、Icon 和 Text Widget。Flutter 框架会要求每个 Widget 创建 Element，并且每个 Element 都具有指回 Widget 的引用。Widget 树上的每个 Widget 都会经历这一过程，并会创建 Element 树。Widget 包含构建挂载到界面上的 Element 的指令。注意，开发人员创建的是 Widget，而 Flutter 框架会处理 Element 挂载以及 Element 树的创建。

```
// Simplified sample code
class JournalList extends StatelessWidget {
  @override
  Widget build(BuildContext context) {
    return Row(
     children: <Widget>[
       Icon(),
       Text(),
     ],
    );
  }
}
```

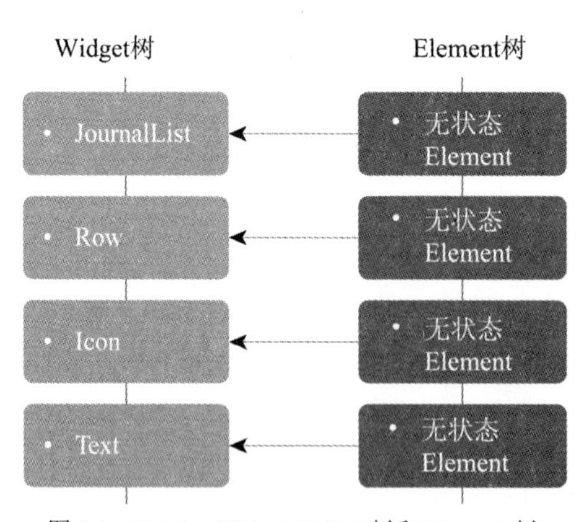

图 1.4　StatelessWidget Widget 树和 Element 树

1.3.2　StatefulWidget 和 Element 树

StatefulWidget 具有创建有状态 Element 的配置。每个 StatefulWidget 都有一个对应的有

状态 Element。Flutter 框架会调用 createElement 方法来创建有状态 Element，并且该有状态 Element 会被挂载到 Element 树。由于这是一个 StatefulWidget，因此该有状态 Element 表示，Widget 会通过调用 StatefulWidget 类的 createState 方法来创建一个 State 对象。

这样，该有状态 Element 就具有了指向 State 对象和位于 Element 树指定位置的 Widget 的引用。有状态 Element 会调用 State 对象 Widget 的 build 方法来检查各个子 Widget，并且每个子 Widget 都会创建自己的 Element 并被挂载到 Element 树。这一过程会生成两棵树：Widget 树和 Element 树。注意，如果一个显示状态的子 Widget(journal note，日记记录)是一个像 Text Widget 这样的 StatelessWidget，那么为这个 Widget 创建的 Element 就是一个无状态的 Element。State 对象维护着指向 Widget(StatefulWidget 类)的引用，还会用最新值来处理 Text Widget 的构造。图 1.5 显示了 Widget 树、Element 树和 State 对象。注意，有状态 Element 具有指向 StatefulWidget 和 State 对象的引用。

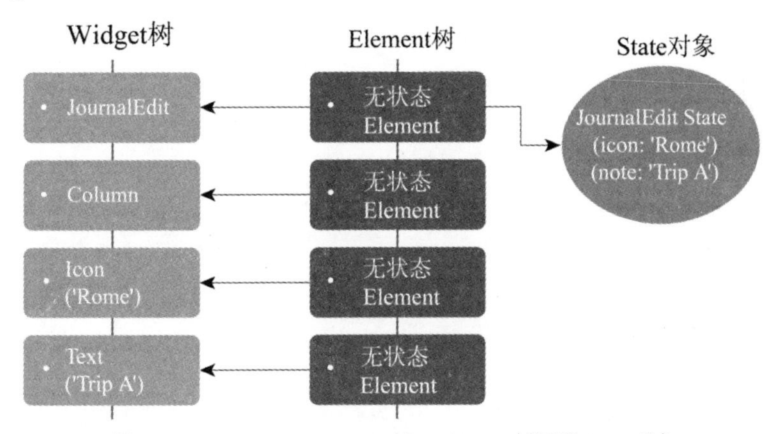

图 1.5 StatefulWidget Widget 树、Element 树以及 State 对象

要使用新数据更新 UI，可以调用 1.2.2 节中介绍过的 setState()方法。要设置新的数据(属性/变量)值，可以调用 setState()方法来更新 State 对象，而 State 对象会将 Element 标记为脏(已变更)并且造成 UI 被更新(编排)。有状态 Element 会调用 State 对象的 build 方法来重建各个子 Widget。根据新的状态值，会创建一个新的 Widget，同时会移除旧 Widget。

例如，有一个 StatefulWidget JournalEntry 类，并且在 State 对象类中调用了 setState()方法，通过将 note 变量的值设置为'Trip B'来将 Text Widget 描述从'Trip A'变更为'Trip B'。State 对象 note 变量被更新为'Trip B'值，然后 State 对象将 Element 标记为脏，并且 build 方法会重建 UI 子 Widget。使用新的'Trip B'值创建了新的 Text Widget，而值为'Trip A'的旧 Text Widget 则会被移除(见图 1.6)。

```
// Simplified sample code
class JournalEdit extends StatefulWidget {
  @override
  _JournalEditState createState() => _JournalEditState();
}
```

```
class _JournalEditState extends State<JournalEdit> {
  String note = 'Trip A';

  void _onPressed() {
     setState(() {
        note = 'Trip B';
     });
  }
@override
Widget build(BuildContext context) {
    return Column(
     children: <Widget>[
        Icon(),
        Text('$note'),
        FlatButton(
           onPressed: _onPressed,
        ),
     ],
    );
  }
}
```

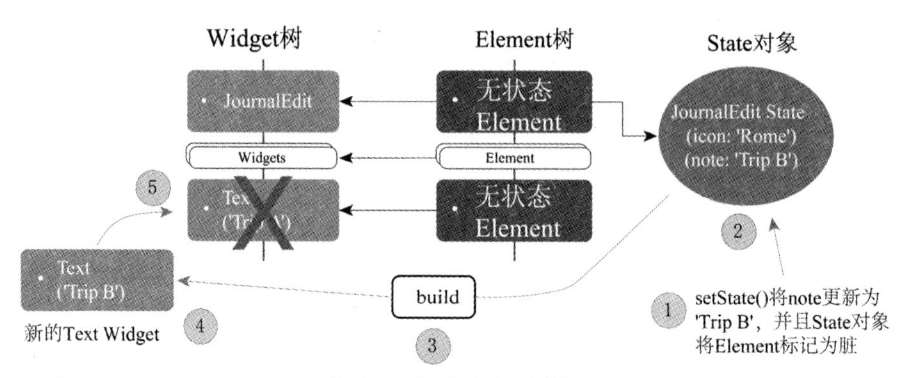

图 1.6　更新状态处理过程

由于旧的和新的 Widget 都是 Text Widget，因此现有 Element 会更新其引用以指向新的 Widget，而 Element 会保留在 Element 树中。Text Widget 是一个无状态的 Widget，并且其对应的 Element 也是一个无状态的 Element；尽管 Text Widget 已经被替换了，但其状态会保持不变(被保留)。State 对象具有较长的生命周期跨度，并且只要新 Widget 的类型与旧 Widget 的类型相同，则其仍旧会附加到 Element 树。

我们继续处理前面的示例；值为'Trip A'的旧 Text Widget 已被移除并被值为'Trip B'的新 Text Widget 替换掉了。由于旧的和新的 Widget 都是同一类型的 Text Widget，因此 Element 会留存在 Element 树上，并且具有更新后的指向新的 Text 'Trip B' Widget 的引用(见图 1.7)。

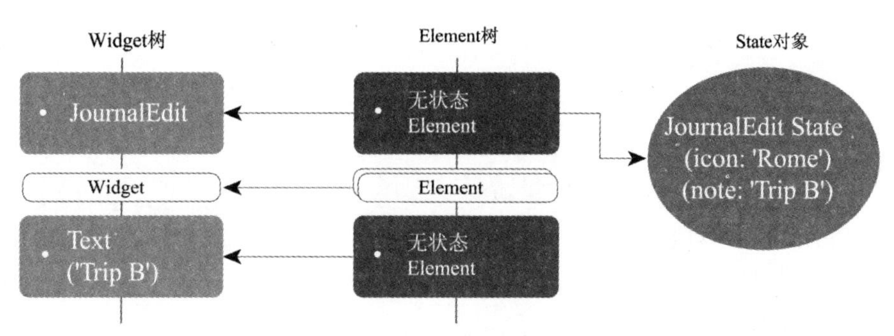

图 1.7　Widget 树和 Element 树更新后的状态

1.4　安装 Flutter SDK

安装 Flutter SDK 需要下载 Flutter 网站处 SDK 的最新版本，撰写本书时的最新版本是 1.5.4(读者使用的版本可能更高)。这一章包含在 macOS、Windows 和 Linux 上进行安装的内容(注意，针对 iOS 平台的编译需要一台 Mac 电脑和 Xcode，也就是 Apple 的开发环境)。不要被后面介绍的一系列步骤所困扰；这些步骤仅在一开始安装时执行。

我们将使用 Terminal 窗口来运行安装和配置命令。

1.4.1　在 macOS 上进行安装

在开始安装前，我们需要确保所用的 Mac 至少满足以下硬件和软件要求。

1. 系统要求

- macOS(64 位)
- 700MB 硬盘空间(不包括用于集成开发环境和其他工具的硬盘空间)
- 以下命令行工具：
  - Bash
  - mkdir
  - rm
  - git
  - curl
  - unzip
  - which

2. 获取 Flutter SDK

Flutter 网站在线提供了最新的安装详情，地址是 https://flutter.dev/docs/get-started/install/macos/。在所用 Mac 的 Terminal 窗口中执行步骤(2)及后续步骤。

(1) 下载以下安装文件以获取 Flutter SDK 的最新发布版本，即 v1.7.8 或更高版本：

```
https://storage.googleapis.com/flutter_infra/releases/stable/macos/flutter
```

```
_macos_v1.7.8+hotfix.4-stable.zip.
```

(2) 使用 Terminal 窗口在期望位置提取文件。

```
cd ~/development
unzip ~/Downloads/flutter_macos_v1.7.8+hotfix.4-stable.zip
```

(3) 将 Flutter 工具添加到路径(pwd 表示当前的工作目录；对于我们而言，这个目录就是 development 文件夹)。

```
export PATH="$PATH:`pwd`/flutter/bin"
```

(4) 永久更新路径。

a. 获取步骤(3)中所用的路径。例如，用我们自己的开发文件夹路径替换 MacUserName。

```
/Users/MacUserName/development/flutter/bin
```

b. 打开或创建$HOME/.bash_profile。读者电脑上的文件路径或文件名可能与此不同。

c. 编辑.bash_profile(将打开一个命令行编辑器)。

d. 输入 nano .bash_profile。

e. 输入 export PATH=/Users/MacUserName/development/flutter/bin:$PATH。

f. 按下^X(Control+X)进行保存，按下 Y(Yes)进行确认，按下 Enter 接受文件名。

g. 关闭 Terminal 窗口。

h. 重新打开 Terminal 窗口并且输入 echo $PATH 来验证路径已经被添加。然后输入 flutter 以确保该路径已生效。如果无法识别该命令，则表示 PATH 出了问题。应该执行检查以确保路径中包含电脑的正确用户名。

3. 检查依赖项

在 Terminal 窗口中运行以下命令，以检查完成设置所需安装的依赖项。

```
flutter doctor
```

浏览生成的报告并且检查可能需要的其他软件。

4. iOS 设置：安装 Xcode

需要具有 Xcode 10.0 或更新版本的 Mac。

(1) 打开 App Store 并且安装 Xcode。

(2) 在 Terminal 窗口中运行 sudo xcode-select --switch/Applications/Xcode.app/Contents/Developer 以便配置 Xcode 命令行工具。

(3) 在终端中运行 sudo xcodebuild –license 以确认签署了 Xcode 许可协议。

5. Android 设置：安装 Android Studio

可访问 https://flutter.dev/docs/get-started/install/macos#android-setup 了解完整的安装详情。Flutter

需要 Android Studio 的完整安装以满足 Android 平台依赖。要牢记的是，可以在不同的编辑器(Visual Code 或 IntelliJ IDEA)中编写 Flutter 应用。

(1) 从 https://developer.android.com/studio/处下载和安装 Android Studio。

(2) 启动 Android Studio 并且遵循 Setup Wizard(安装向导)，该向导会安装 Flutter 需要的所有 Android SDK。如果该向导询问是否要导入之前的设置，则可以单击 Yes 按钮以使用当前设置，或单击 No 按钮以启用默认设置。

6. 设置 Android 模拟器

可在 https://developer.android.com/studio/run/managing-avds 处查看关于如何创建和管理虚拟设备的详细介绍。

(1) 在电脑上启用 VM 加速。https://developer.android.com/studio/run/emulator-acceleration 处提供了操作说明。

(2) 如果是首次安装 Android Studio，那么要访问 AVD Manager，就需要创建一个新项目。启动 Android Studio，单击 Start A New Android Studio Project，可以随意取一个名称并且接受默认设置。项目创建后，继续执行这些步骤。

现在，在可以访问 Android 子菜单之前，Android Studio 需要打开一个 Android 项目。

(1) 在 Android Studio 中，选择 Tools | Android | AVD Manager | Create Virtual Device。

(2) 选择所选用设备并且单击 Next。

(3) 为要模拟的 Android 版本选择 x86 或 x86_64 映像。

(4) 如可能，请确保选择 Hardware – GLES 2.0 来启用硬件加速，以便让 Android 模拟器更快运行。

(5) 单击 Finish 按钮。

(6) 为了检查该模拟器映像已经被正确安装，可选择 Tools | AVD Manager，然后单击 Run 按钮(播放图标)。

1.4.2　在 Windows 上进行安装

在开始安装前，我们需要确保所用的 Windows 至少满足以下硬件和软件要求。

1. 系统要求

- Windows 7 SP1 或更新版本(64 位)
- 400MB 硬盘空间(不包括用于集成开发环境和其他工具的硬盘空间)
- 以下命令行工具：
  - PowerShell 5.0 或更新版本
  - Git for Windows(可以在 Windows 命令提示符中使用的 Git)

2. 获取 Flutter SDK

https://flutter.dev/docs/get-started/install/windows/处提供了最新的安装详细说明。

(1) 下载以下安装文件以获取 Flutter SDK 的最新发布版本，在撰写本书时是 v1.7.8(读者使用的版本可能更高)：

```
https://storage.googleapis.com/flutter_infra/releases/stable/windows/flutter_windows_v1.7.8+hotfix.4-stable.zip。
```

(2) 在期望的位置提取文件。

将 WindowsUserName 替换成我们自己的 Windows 用户名。不要将 Flutter 安装在需要提升权限的目录中，如 C:\Program Files\。我使用的是以下文件夹位置：

```
C:\Users\WindowsUserName\flutter
```

(3) 查看 C:\Users\WindowsUserName\flutter 并双击 flutter_console.bat 文件。

(4) 永久更新路径(以下是 Windows 10 的更新过程)。

a. 打开控制面板并且向下访问到 Desktop App | User Accounts | User Accounts | Change My Environment Variables。

b. 在 WindowsUserName 的 User Variables 下，选择 Path 变量并单击 Edit 按钮，如果 Path 变量缺失，则跳到子步骤 c。

c. 在 Edit 环境变量中，单击 New 按钮。

- 输入路径 C:\Users\WindowsUserName\flutter\bin。
- 单击 OK 按钮，然后关闭 Environment Variables 界面。

d. 在 WindowsUserName 的 User Variables 下，如果 Path 变量缺失，则要转而单击 New 按钮，并输入 Path 作为 Variable 名称，输入 C:\Users\WindowsUserName\flutter\bin 作为 Variable 值。

(5) 重启 Windows 以应用这些变更。

3. 检查依赖项

在 Windows 命令提示符中运行以下命令，以便检查是否具备完成设置需要安装的依赖项。

```
flutter doctor
```

浏览所生成的报告并检查可能需要安装的其他软件。

4. 安装 Android Studio

https://flutter.dev/docs/get-started/install/windows#android-setup 处提供了完整的安装详细说明。Flutter 需要 Android Studio 的完整安装以满足 Android 平台依赖。要牢记的是，可在不同的编辑器(如 Visual Code 或 IntelliJ IDEA)中编写 Flutter 应用。

(1) 从 https://developer.android.com/studio/处下载和安装 Android Studio。

(2) 启动 Android Studio 并且遵循 Setup Wizard(安装向导)，该向导会安装 Flutter 需要的所有 Android SDK。如果该向导询问是否要导入之前的设置，则可单击 Yes 按钮以使用当前设置，或单击 No 按钮以启用默认设置。

5. 设置 Android 模拟器

可在 https://developer.android.com/studio/run/managing-avds 处查看关于如何创建和管理虚拟设备的详细介绍。

(1) 在电脑上启用 VM 加速。https://developer.android.com/studio/run/emulator-acceleration 处提供了操作说明。

(2) 如果是首次安装 Android Studio，那么要访问 AVD Manager，就需要创建一个新项目。启动 Android Studio，单击 Start A New Android Studio 项目，可以随意取一个名称并且接受默认设置。项目创建后，继续执行这些步骤。

现在，在可以访问 Android 子菜单之前，Android Studio 需要打开一个 Android 项目。

(3) 在 Android Studio 中，选择 Tools | Android | AVD Manager | Create Virtual Device。

(4) 选择所选用设备并单击 Next 按钮。

(5) 为要模拟的 Android 版本选择 x86 或 x86_64 映像。

(6) 如有可能，请确保选择 Hardware – GLES 2.0 来启用硬件加速，以便让 Android 模拟器更快运行。

(7) 单击 Finish 按钮。

(8) 为了检查该模拟器映像已经被正确安装，可选择 Tools | AVD Manager，然后单击 Run 按钮(播放图标)。

1.4.3 在 Linux 上进行安装

在开始安装前，我们需要确保所用的 Linux 至少满足以下硬件和软件要求。

1. 系统要求

- Linux(64 位)
- 600MB 硬盘空间(不包括用于集成开发环境和其他工具的硬盘空间)
- 以下命令行工具：
  - Bash
  - curl
  - git 2.x
  - mkdir
  - rm
  - unzip
  - which
  - xz-utils
- mesa 包所提供的 libGLU.so.1 共享库(如 Ubuntu/Debian 上的 libglu1-mesa)

2. 获取 Flutter SDK

https://flutter.dev/docs/get-started/install/linux/处提供了最新的安装详细说明。

(1) 下载以下安装文件以获取 Flutter SDK 的最新发布版本，在撰写本书时是 v1.7.8(读者使用的版本可能更高)：

https://storage.googleapis.com/flutter_infra/releases/stable/linux/flutter_linux_v1.7.8+hotfix.4-stable.tar.xz。

(2) 使用 Terminal 窗口在期望的位置提取文件：

```
cd ~/development
tar xf ~/Downloads/flutter_linux_v1.7.8+hotfix.4-stable.tar.xz
```

(3) 将 Flutter 工具添加到路径(pwd 表示当前的工作目录；对于我们而言，这个目录就是 development 文件夹)。

```
export PATH="$PATH:`pwd`/flutter/bin"
```

(4) 永久更新路径。

a. 获取步骤(3)中所用的路径。例如，用我们自己的开发文件夹路径替换 PathToDev。

```
/PathToDev/development/flutter/bin
```

b. 打开或创建$HOME/.bash_profile。读者电脑上的文件路径或文件名可能与此不同。

c. 编辑.bash_profile(将打开一个命令行编辑器)。

e. 添加以下命令行并且确保用自己的路径替换 PathToDev。

```
export PATH="$PATH :/PathToDev/development/flutter/bin"
```

d. 运行 source $HOME/.bash_profile 以刷新当前窗口。

e. 在 Terminal 窗口中，输入 echo $PATH 以验证路径是否已被添加。然后输入 flutter 以确保该路径已生效。如果未能识别该命令，那么 PATH 一定出了问题。应该检查以确保使用正确的路径。

3. 检查依赖项

在 Terminal 窗口中运行以下命令以检查完成设置需要安装的依赖项。

```
flutter doctor
```

浏览生成的报告并检查可能需要的其他软件。

4. 安装 Android Studio

https://flutter.dev/docs/get-started/install/linux#android-setup 处提供了完整的安装详情。Flutter 需要 Android Studio 的完整安装以满足 Android 平台依赖。要牢记的是，可在不同的编辑器(如 Visual Code 或 IntelliJ IDEA)中编写 Flutter 应用。

(1) 从 https://developer.android.com/studio/处下载和安装 Android Studio。

(2) 启动 Android Studio 并且遵循 Setup Wizard(安装向导)，该向导会安装 Flutter 需要的所有 Android SDK。如果该向导询问是否要导入之前的设置，可以单击 Yes 按钮以使用当前设置，或者单击 No 按钮以启用默认设置。

5. 设置 Android 模拟器

可以在 https://developer.android.com/studio/run/managing-avds 处查看关于如何创建和管理虚拟设备的详细介绍。

(1) 在电脑上启用 VM 加速。https://developer.android.com/studio/run/emulator-acceleration 处提供了操作说明。

(2) 如果是首次安装 Android Studio，那么要访问 AVD Manager，就需要创建一个新项目。启动 Android Studio，单击 Start A New Android Studio Project，可以随意取一个名称并且接受默认设置。项目创建后，继续执行这些步骤。

现在，在可以访问 Android 子菜单之前，Android Studio 需要打开一个 Android 项目。

(3) 在 Android Studio 中，选择 Tools | Android | AVD Manager | Create Virtual Device。

(4) 选择所选用设备并且单击 Next 按钮。

(5) 为要模拟的 Android 版本选择 x86 或 x86_64 映像。

(6) 如有可能，请确保选择 Hardware – GLES 2.0 来启用硬件加速，以便让 Android 模拟器更快运行。

(7) 单击 Finish 按钮。

(8) 为了检查该模拟器映像已经被正确安装，可以选择 Tools | AVD Manager，然后单击 Run 按钮(播放图标)。

1.5 配置 Android Studio 编辑器

我们要使用的编辑器就是 Android Studio。Android Studio 是 Google Android 操作系统的官方集成开发环境，是专门为 Android 开发而设计的，也是使用 Flutter 开发应用的一个绝佳开发环境。在开始构建一个应用之前，需要为编辑器安装 Flutter 和 Dart 插件，以便让其更易于编写代码(支持这些插件的其他编辑器是 IntelliJ 或 Visual Studio Code)。这两个编辑器插件提供了自动补全、语法高亮、运行和调试支持等。使用一个不带任何插件的普通文本编辑器来编写代码也是可行的，但建议最好使用这些插件特性。

https://flutter.dev/docs/get-started/editor/处提供了安装不同代码编辑器的说明。为了支持 Flutter 开发，请安装以下插件。

- 用于开发人员工作流的 Flutter 插件，如支持运行、调试和热重载。
- 用于代码分析的 Dart 插件，如支持即时代码验证以及代码自动补全。

遵循以下步骤安装 Flutter 和 Dart 插件。

(1) 启动 Android Studio。

(2) 单击 Preferences | Plugins(macOS 系统)或 File | Settings | Plugins(Windows 和 Linux 系统)。

(3) 单击 Browse Repositories，选择 Flutter plug-in，然后单击 Install 按钮。

(4) 当提示安装 Dart 插件时单击 Yes 按钮。

(5) 当出现提示时单击 Restart 按钮。

1.6　本章小结

本章介绍了 Flutter 框架的后台运行机制。我们认识到，Flutter 是用于构建 iOS 和 Android 移动应用的绝佳移动端 UI 框架。Flutter 还计划支持桌面端、Web 端以及嵌入式设备的开发。可从本章了解到，Flutter 应用是从单一代码库构建的，会使用 Widget 创建 UI 并使用 Dart 语言进行开发。Flutter 使用了 Skia 2D 渲染引擎来兼容各种不同类型的硬件和软件。

Dart 语言预先编译为原生代码，从而让应用得到较好的性能。Dart 是 JIT 编译的，这样就能借助 Flutter 的有状态热重载来快速显示代码变更。Widget 就是构成 UI 的构造块，并且每个 Widget 都是 UI 的不可变声明。Widget 就是创建 Element 的配置。Element 是挂载和绘制在界面上的具化的、有意义的 Widget。RenderObject 实现了基础布局和绘制协议。

本章介绍了无状态和有状态 Widget 的生命周期事件。无状态的 Widget 是通过扩展(继承) StatelessWidget 类的单个类来声明的。有状态的 Widget 是使用两个类来声明的，即 StatefulWidget 类和 State 类。

Flutter 是声明式的，并且当状态发生变化时其 UI 会自行重建。Widget 是 Flutter 应用的构造块，并且 Widget 是用于 UI 的配置。

嵌套(复合)Widget 会引发 Widget 树的创建。Flutter 框架使用 Widget 作为构建每个 Element 的配置，从而创建 Element 树。Element 就是挂载(渲染)到界面上的 Widget。前面的过程会创建渲染树，这是一种低级别布局和绘制系统。我们要使用 Widget 并且不需要直接与渲染树交互。无状态的 Widget 具有创建无状态 Element 的配置。有状态的 Widget 具有创建有状态 Element 的配置，并且有状态 Element 会请求 Widget 创建一个状态对象。

本章讲解了如何安装 Flutter SDK、用于 iOS 编译的 Xcode，以及用于 Android 设备编译的 Android Studio。当 Mac 上安装了 Android Studio 时，它就可为 iOS(通过 Xcode)和 Android 设备处理编译工作。本章还介绍了如何安装 Flutter 和 Dart 插件以帮助开发人员的工作流程顺利进行，如代码补全、语法高亮、运行、调试、热重载以及代码分析。

下一章将介绍如何创建首个应用并使用热重载来实时查看变更，如何使用主题将应用样式化，何时使用无状态或有状态的 Widget，以及如何使用外部包来快速添加功能(如 GPS 和图表)。

1.7　本章知识点回顾

主题	关键概念
Flutter	Flutter 是一种移动端 UI 框架，用于从单个代码库中构建用于 iOS 和 Android 的现代、原生和反应式移动应用。Flutter 还扩展了桌面端、Web 端和嵌入式设备的开发体验
Skia	Flutter 使用 Skia 2D 渲染引擎，因此可兼容不同的硬件和软件平台
Dart	Dart 是用于开发 Flutter 应用的语言。Dart 是预先(AOT)编译为原生代码的，以便获得较高性能。Dart 是即时(JIT)编译的，以便通过 Flutter 的有状态热重载来快速显示代码变更

(续表)

主题	关键概念
声明式用户界面(UI)	Flutter 是声明式的，并且会构建 UI 来反映应用的状态。当状态发生变化时，UI 就会被重绘。Flutter 使用 Dart 来创建 UI
Widget	Widget 是 Flutter 应用的构造块，并且每个 Widget 都是用户界面(UI)的一个不可变声明。Widget 是创建 Element 的配置
Element	Element 是挂载(渲染)到界面上的 Widget。Element 是由 Widget 的配置创建的
RenderObject	RenderObject 是渲染树中的一个对象，它会计算和实现基础布局和绘制协议
Widget 生命周期事件	每个无状态或有状态的 Widget 都具有一个带有 BuildContext 的 build 方法，BuildContext 处理了该 Widget 在 Widget 树中的位置。BuildContext 对象都是 Element 对象，这表明 Element 对象是 Widget 在树中某个位置的实例
StatelessWidget	StatelessWidget 是基于其自有配置来构建的，并且不能动态变更。无状态的 Widget 是用一个类来声明的
StatefulWidget	StatefulWidget 是基于其自有配置来构建的，但是可以动态变更。有状态的 Widget 是用两个类来声明的，即 StatefulWidget 类和 State 类
Widget 树	在编排(嵌套)Widget 时，就会创建 Widget 树；这被称为复合。将会创建三棵树：Widget 树、Element 树以及渲染树
Element 树	Element 树代表着挂载(渲染)到界面上的每一个 Element
渲染树	渲染树是一种低级别布局和绘制系统，它继承自 RenderObject。RenderObject 实现了基础布局和绘制协议。我们要使用 Widget，却不需要与渲染树直接交互
Flutter SDK 和 Dart	该移动端软件开发工具集已扩展到桌面端、Web 端以及嵌入式设备
Xcode 和 Android Studio	构建 iOS 和 Android Mobile 应用的开发工具
Flutter 插件	这个插件有助于开发人员工作流程的处理，如运行、调试和热重载
Dart 插件	这个插件有助于代码分析，如即时代码验证和代码补全

第2章

创建一个 Hello World 应用

本章内容

- 如何创建一个新的 Flutter 移动应用？
- 如何使用热重载刷新运行中的应用？
- 如何使用主题对应用进行样式化？
- 何时使用无状态或有状态的 Widget？
- 如何添加外部包？

学习一门新的开发语言的一种绝佳方式就是编写一个基础应用。在编程领域中，Hello World 就是新手入门时会编写的最基础程序。它仅在界面上显示 Hello World 这两个单词。这一章将介绍如何将此基础程序作为 Flutter 应用来开发的主要步骤。大家不要担心还没有理解代码；后续章节将分步骤进行介绍。

编写此最简化示例有助于我们学习 Flutter 应用的基础结构，了解如何在 iOS 模拟器和 Android 模拟器上运行应用，以及如何对代码进行修改。

2.1 设置项目

每个应用的初始化项目设置都是相同的。本书使用 Android Studio 来创建示例应用，不过读者可选择另一款编辑器，如 IntelliJ 或 Visual Studio Code。Android Studio 中的处理步骤概述如下：创建一个新 Flutter 项目，选择 Flutter 应用作为项目类型(模板)，并且输入项目名称。然后，Flutter 软件开发工具集(Software Development Kit，SDK)就会为我们创建项目，其中包括创建一个与项目同名的项目目录。在这个项目目录中，lib 文件夹中包含具有源代码的 main.dart 文件(也就是 project_name/lib/main.dart)。还会有一个用于 Android 应用的 android 文件夹、用于 iOS 应用的 ios 文件夹，以及用于单元测试的 test 文件夹。

在本章中，lib 文件夹和 main.dart 文件就是我们的重点关注对象。第 4 章将介绍如何创建一个 Flutter 初学者项目以及如何将代码组织成不同的文件。

默认情况下，Flutter 应用会使用基于 Material Design 的 Material Components Widget。Material Design 是用于设计用户界面的一个最佳实践指导系统。Flutter 项目中的组件包括可视化、行为性以及动作丰富的 Widget。Flutter 项目还包括用于 Widget 的单元测试，也就是包含独立代码以便验证逻辑能否按照设计执行的测试文件。

Flutter 应用都是使用 Dart 编程语言构建的，第 3 章将讲解 Dart 的基础知识。

试一试：创建一个新应用

在此练习中，我们要创建一个名为 ch2_my_counter 的新 Flutter 应用。该应用与项目同名。这个应用要使用最小化的默认 Flutter 项目模板并且包含一个出现在设备屏幕右下角处的悬浮按钮(+按钮)。每次这个按钮被触碰时，计数器就会加 1。

目前的 Flutter 模板会创建具有一个计数器和一个+按钮(悬浮按钮)的基础应用。在未来的 Flutter 发布版本中，可能会有其他模板选项可用。为何 Flutter 团队会决定使用一个计数器作为模板呢？这是很明智的做法，因为该模板展示了如何采集数据、操作数据以及使用热重载维护状态(计数器值)。

(1) 启动 Android Studio。

(2) 如果已经打开了一个项目，则单击菜单栏并且选择 File | New | New Flutter Project。如果没有打开项目，则单击 Start A new Flutter project，如图 2.1 所示。

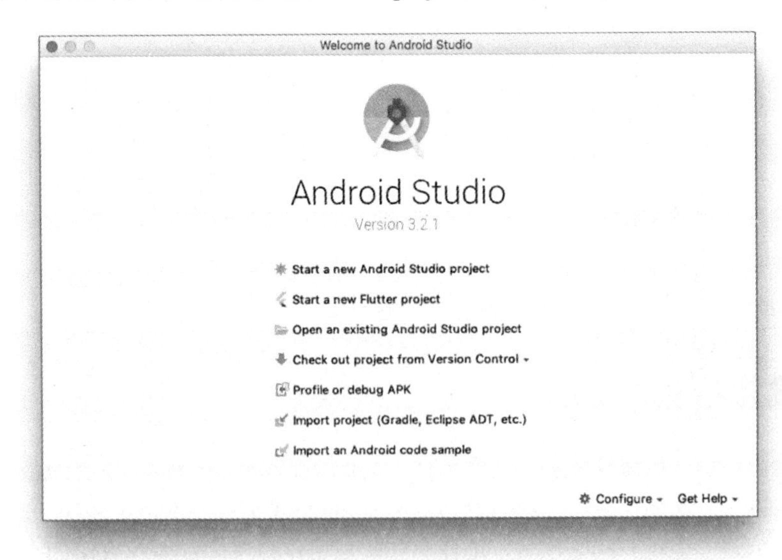

图 2.1 打开项目

(3) 选择 Flutter Application，如图 2.2 所示。

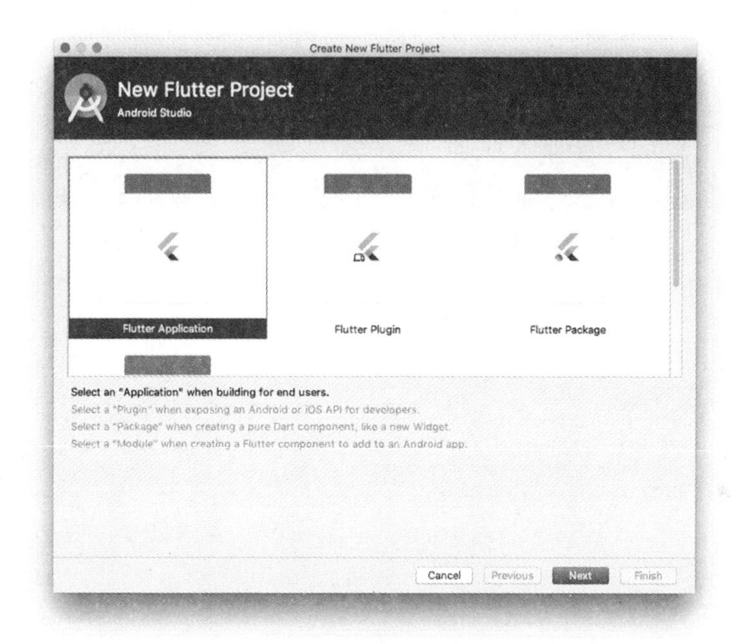

图 2.2　选择 Flutter Application

(4) 通常的命名约定是用下画线分隔单词，因此可输入项目名称 ch2_my_counter 然后单击 Next 按钮，如图 2.3 所示。注意，Flutter SDK 路径就是我们在第 1 章中选择的安装文件夹。也可以修改项目位置和描述。

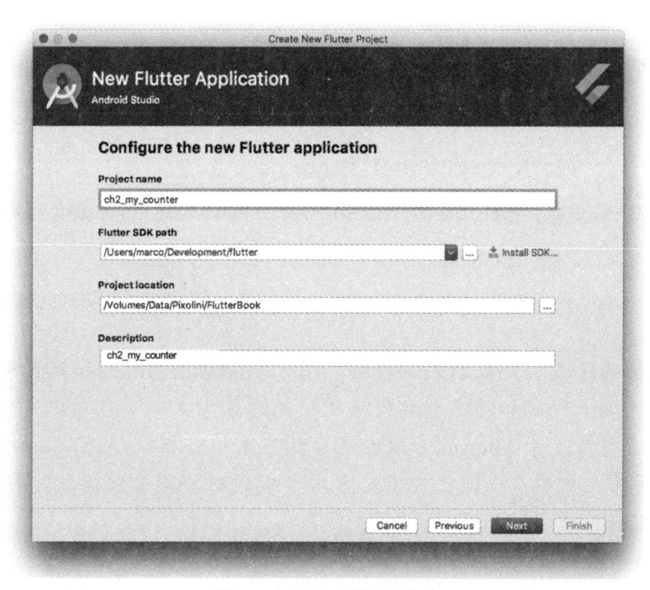

图 2.3　输入项目名称

(5) 在 Company domain 栏中输入公司名称，并且其格式应该类似于 domainname.com，如图 2.4 所示。如果没有公司名称，则可以使用任意一个唯一名称。

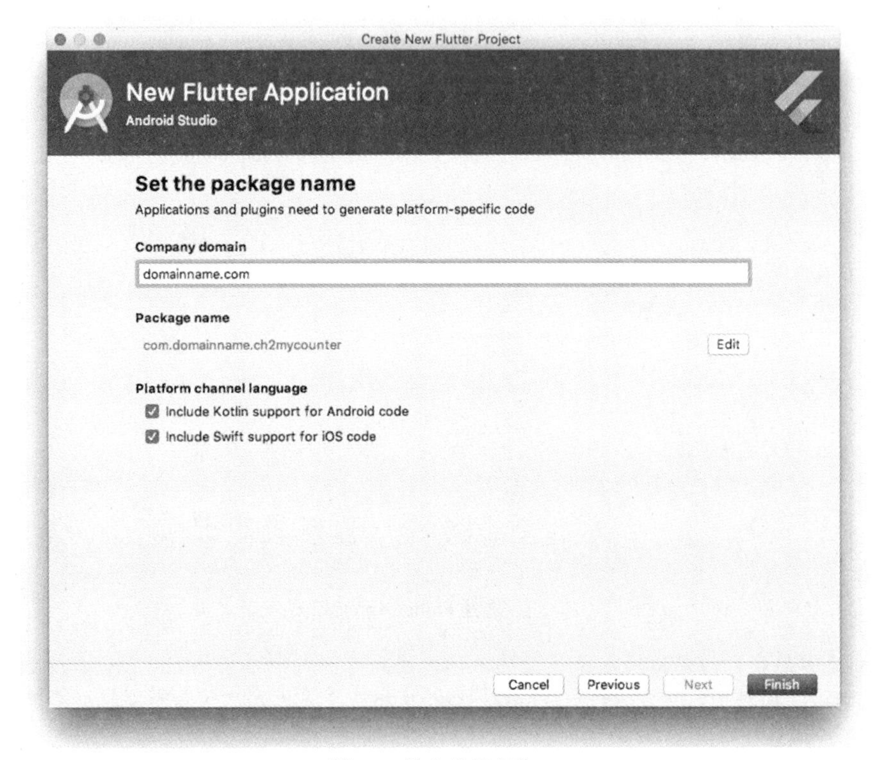

图 2.4 输入公司名称

(6) 在步骤(5)的界面上，为 Platform channel language 同时选中 Kotlin 和 Swift 选项，如图 2.5 所示。

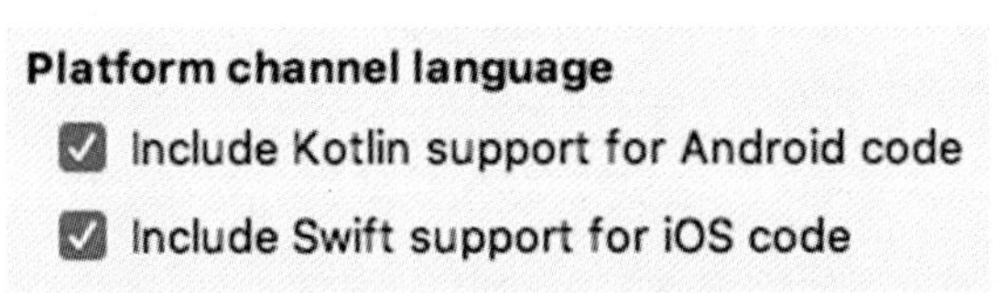

图 2.5 同时选中两个选项

这两个选项将确保我们将最新的编程语言用于 Android(Kotlin)和 iOS(Swift)。使用平台通道—— 一种应用 Dart 代码和特定平台代码之间的通信方式——让我们可以通过编写每种原生语言的代码来使用特定于 Android 和 iOS 平台的应用编程接口(API)，比如用 Kotlin(Android)和 Swift(iOS)编写原生代码，以便在应用处于后台模式时处理音频播放。第 12 章将较详细地介绍平台通道、Kotlin 和 Swift。

(7) 单击 Finish 按钮。

示例说明

所创建的 Flutter 项目将具有一个名为 ch2_my_counter 的文件夹，其名称与项目名称相同。该项目使用了标准的 Flutter 项目模板，这个模板展示了如何通过触碰+按钮来更新计数器。默认情况下，会使用 Android 的 Material Design 组件。在 Flutter 项目中，这些组件包括可视化、行为性以及动作丰富的 Widget。所创建的每一个项目都有一个名为 lib 的目录，应用运行时会首先执行 main.dart 文件。main.dart 文件包含了启动应用的 main()函数以及其中的 Dart 代码。创建这个应用的目标在于让大家熟悉 Flutter 应用是如何创建和组织的。

第 3 章将介绍 Dart 基础知识，第 4 章将更详尽地介绍 main.dart 文件，尤其是如何结构化和分离代码逻辑。

2.2 使用热重载

有了 Flutter 的热重载，我们可在保持运行 Dart 虚拟机的应用的状态的同时，即时查看代码和用户界面的变更。换句话说，每次我们修改代码时，都不必重新加载应用，因为当前页面会即时显示变更。这对于所有开发人员而言都是一种难以置信的省时特性。

在 Flutter 中，State 类存储了可变(易变)数据。例如，应用启动时计数器的值设置为零，但每次触碰+按钮时，计数器值都会加 1。当+按钮被触碰三次时，计数器值就会显示“3”这个值。计数器值是可变的，因此它可以随时间推移而发生变化。通过使用热重载，我们就可以变更代码逻辑，并且应用的计数器状态(值)不会被重置为零，而是保持“3”这个当前值。

试一试：运行应用

为了观察热重载的运行机制，我们要启动仿真器/模拟器，对页面标题进行修改，保存这些修改，并且即时查看所发生的变化。

第 1 章已经讲解过，iOS 模拟器会在安装 Xcode 时被自动创建，而 Android 是手动创建的。iOS 模拟器仅在 Mac 电脑上运行 Android Studio 时才可用，因为它需要安装 Apple 的 Xcode。我们假设你已经同时安装了 iOS 模拟器和 Android 模拟器。如果没有，则使用 Android 模拟器。

(1) 在 Android Studio 中，单击工具栏左侧的 Flutter 设备选择按钮。随后会出现一个下拉框显示可用的 iOS 模拟器和 Android 模拟器，如图 2.6 所示。

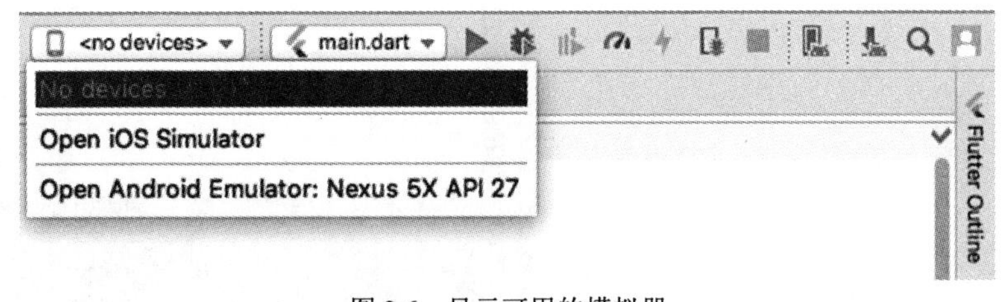

图 2.6　显示可用的模拟器

(2) 选择 iOS 模拟器或 Android 模拟器。

(3) 单击工具栏上的 Run 图标，如图 2.7 所示。

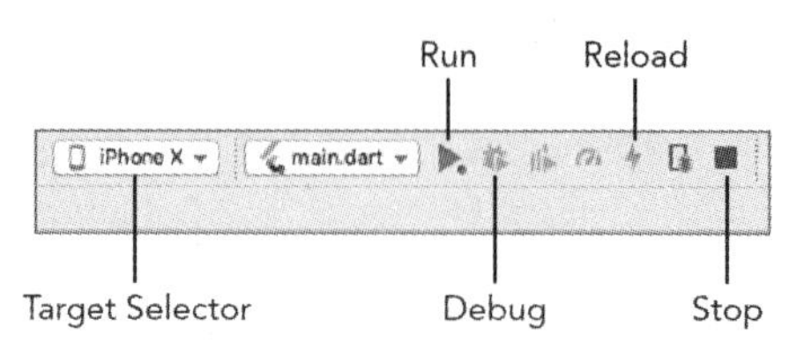

图 2.7 单击 Run 按钮

(4) 模拟器中应该会出现 ch2_my_counter 应用。遵循步骤(2)以便同时在 iOS 模拟器(如果有)和 Android 模拟器上运行该应用。同时在 iOS 和 Android 上运行该应用，显然该应用在这两个平台上的表现应该是一样的，不过会分别继承每种移动操作系统的特性。注意，在 iOS 模拟器中，应用标题是居中的，但在 Android 模拟器中，标题是位于左侧的。

(5) 单击底部右侧的+悬浮按钮，我们将发现，每次单击该按钮，计数器都会加 1，如图 2.8 所示。

图 2.8 每次单击按钮时，计数器会递增

(6) 在 main.dart 文件中，将 MyHomePage(title: 'Flutter Demo Home Page') 改为 MyHomePage(title: 'Hello World')，并且按下⌘进行保存(Windows 系统中)。随即我们就会看到，应用标题栏会发生变化，计数器的状态却保持不变，不会被重置为零，如图 2.9 所示。这一即时变更被称为热重载，我们将频繁使用它来提高生产效率。

图 2.9 热重载

示例说明

热重载是在保持当前状态的同时即时查看源代码变更结果的一种绝佳的省时特性。当 Dart 虚拟机运行时，热重载会注入更新后的源代码，并且 Flutter 框架会重建 Widget 树(第 5 章将详细讲解 Widget 树)。

2.3 使用主题将应用样式化

主题 Widget 是对应用进行样式化以及为应用定义全局颜色和字体样式的绝佳方式。使用主题 Widget 的方式有两种——对外观进行全局样式化或仅对应用的一部分进行样式化。可样式化的例子有：色彩明亮度(将暗色背景上的文本亮化或者反之)，主色和强调色，画布颜色，应用的栏、卡片、分隔线、选中和未选中选项、按钮、提示、错误、文本、图标等的颜色。Flutter 的优点在于大多数项都是 Widget，并且差不多所有一切都可以自定义。实际上，自定义 ThemeData 类使得我们可以修改 Widget 的颜色和布局(第 5 章和第 6 章将详细介绍与 Widget 有关的知识)。

2.3.1 使用全局应用主题

我们使用新的 ch2_my_counter 应用并且修改其主色。当前的颜色是蓝色，我们要将其改为淡绿色。在 primarySwatch 下方新加一行并添加代码行将背景色(canvasColor)改为 lightGreen。

```
primarySwatch: Colors.blue,
// Change it to
primarySwatch: Colors.lightGreen,
canvasColor: Colors.lightGreen.shade100,
```

按下⌘进行保存(Windows 系统中)。热重载会被调用，因此应用栏和画布现在都变成淡绿色。

为展示 Flutter 的卓越性，我们要在 canvasColor 属性后添加 TargetPlatform.iOS 这个 platform 属性，并在 Android 模拟器中运行该应用。iOS 功能立即就可运行在 Android 上了。应用栏的标题并非左对齐，而变更为居中，这是惯常的 iOS 样式(见图 2.10)。

```
primarySwatch: Colors.blue,
// Change it to
primarySwatch: Colors.lightGreen,
canvasColor: Colors.lightGreen.shade100,
platform: TargetPlatform.iOS
```

也可使用 TargetPlatform 进行反向处理。具体而言，要在 iOS 上展示 Android 特性，可将 platform 属性改为 TargetPlatform.android 并在 iOS 模拟器中运行该应用。应用栏的标题并非居中而是变为左对齐，这是惯常的 Android 样式(见图 2.11)。一旦实现了多个页面的导航，这一特性就会变得更明显。在 iOS 中，当我们导航到一个新页面时，通常会从屏幕右侧滑动到左侧来切换到下一个页面。在 Android 中，当我们导航到一个新页面时，通常是从底部滑动到顶部来切换到下一个页面。TargetPlatform 有三个选项：Android、Fuchsia(Google 正在开发的操作系统)和 iOS。

```
primarySwatch: Colors.blue,
// Change it to
```

```
primarySwatch: Colors.lightGreen,
canvasColor: Colors.lightGreen.shade100,
platform: TargetPlatform.android
```

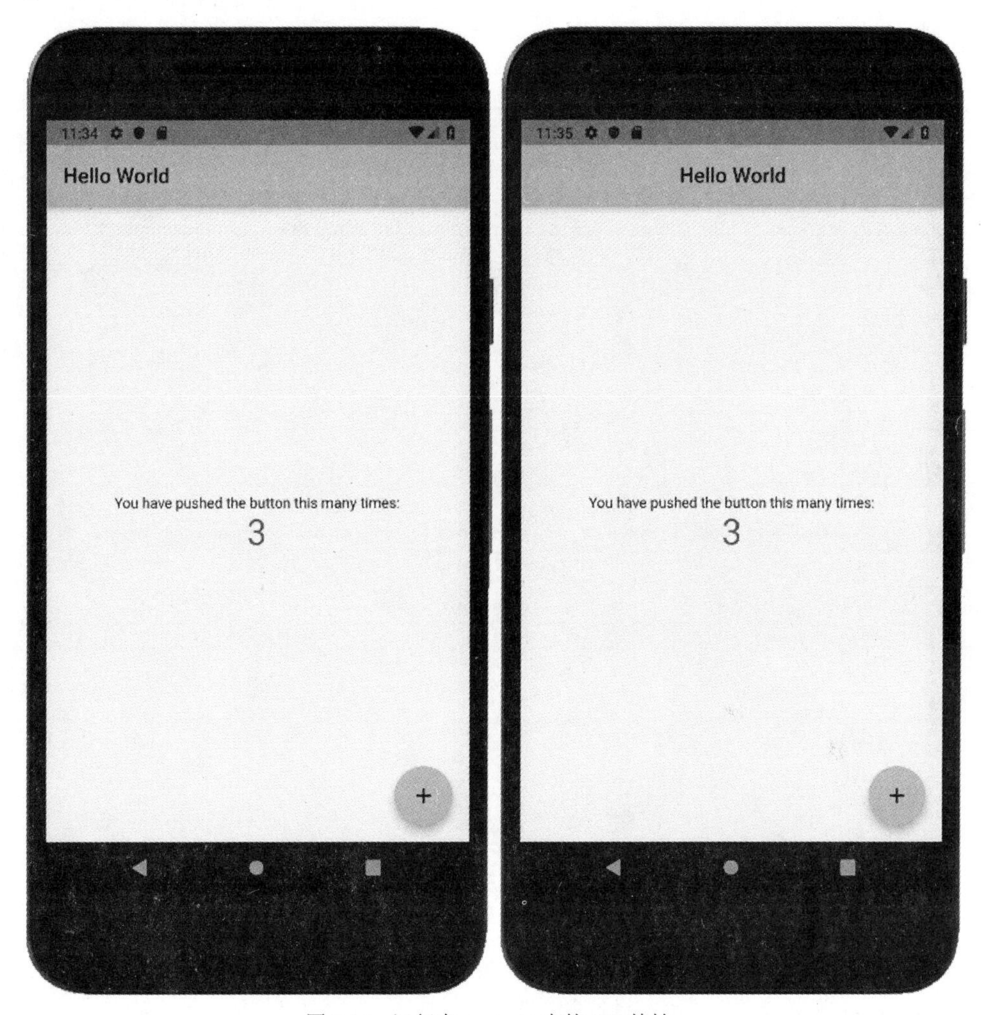

图 2.10　运行在 Android 中的 iOS 特性

这里列举另一个使用全局应用主题的示例：如果模拟器右上角有一个红色的调试横幅，则可使用以下代码来关闭它。Google 的目的是让开发人员知晓应用性能并非处于发布模式。Flutter 会构建一个应用的调试版本，并且其性能较低。使用发布(仅设备)模式，Flutter 就会创建一个速度优化的应用。添加 debugShowCheckedModeBanner 属性并将值设置为 false，就可移除红色的调试横幅。关闭红色调试横幅的目的仅是美化界面；当前仍旧在运行应用的调试版本。

```
return new MaterialApp(
   debugShowCheckedModeBanner: false,
```

```
title: 'My Counter',
theme: new ThemeData(
  ...
```

图 2.11 运行在 iOS 中的 Android 特性

2.3.2 将主题用于应用的局部

为重写应用全局主题，我们可在 Theme Widget 中嵌入 Widget。这个方法将完全重写 ThemeData 应用实例而不会继承任何样式。

在上一节中，我们将 primarySwatch 和 canvasColor 改为 lightGreen，这会影响应用中的所有 Widget。如果我们希望一个页面上的某个 Widget 具有不同的颜色模式，而其余 Widget 使用默认的全局应用主题，就要借助使用 data 属性的 Theme Widget 来重写默认主题，以便自定义 ThemeData(如 cardColor、primaryColor 和 canvasColor)，并让子 Widget 使用 data 属性来自定义颜色。

```
body: Center(
    child: Theme(
        // Unique theme with ThemeData - Overwrite
    data: ThemeData(
        cardColor: Colors.deepOrange,
    ),
    child: Card(
        child: Text('Unique ThemeData'),
    ),
  ),
),
```

建议对应用父主题进行扩展，仅修改需要的属性并且继承其余的属性。使用 copyWith 方法创建应用父主题的一个副本并且仅替换需要变更的属性。分解来看，Theme.of(context).copyWith()扩展了父 Theme，我们可在 copyWith(cardColor: Colors.deepOrange)内重写所需的属性。

```
body: Center(
    child: Theme(
      // copyWith Theme - Inherit (Extended)
      data: Theme.of(context).copyWith(cardColor: Colors.deepOrange),
      child: Card(
          child: Text('copyWith Theme'),
      ),
    ),
),
```

以下示例代码显示了如何使用 Theme 重写(ThemeData())和扩展(Theme.of().copyWith())将默认 Card 颜色改为 deepOrange，以便得到相同结果。两个 Theme Widget 都嵌入 Column Widget 内，以便将它们垂直对齐。目前，不必关心 Column Widget，因为第 6 章将对其进行介绍。

```
body: Column(
    children: <Widget>[
        Theme(
            // Unique theme with ThemeData - Overwrite
            data: ThemeData(
              cardColor: Colors.deepOrange,
            ),
            child: Card(
              child: Text('Unique ThemeData'),
            ),
```

```
        ),
        Theme(
          // copyWith Theme - Inherit (Extended)
          data: Theme.of(context).copyWith(cardColor: Colors.deepOrange),
          child: Card(
            child: Text('copyWith Theme'),
          ),
      ),
    ],
  ),
```

2.4 理解 StatelessWidget 和 StatefulWidget

Flutter Widget 是设计用户界面(UI)的构造块。Widget 是使用一种现代反应式框架来构建的。UI 是通过将各个 Widget 嵌套在一起形成 Widget 树来创建的。

Flutter 的反应式框架意味着，它会观察 Widget 的状态变化，然后将其与之前的状态进行对比以确定要处理的最小变更数量。Flutter 会管理状态和 UI 之间的关系并且仅在状态发生变更时才重建那些 Widget。

这一节将比较 StatelessWidget 和 StatefulWidget，介绍如何实现每一个类，如何根据需求确定使用哪种 Widget。在后续章节中，我们要为每一种场景都创建应用。适用的类是通过使用后面跟着 StatelessWidget 或 StatefulWidget 的关键字 extends 来扩展(让其成为一个子类)的。

当数据不会发生变化时，就要使用 StatelessWidget。StatelessWidget 依赖于初始信息，是没有状态的 Widget，值是不可更改的；例子有 Text、Button、Icon 和 Image。

```
class Instructions extends StatelessWidget {
  @override
  Widget build(BuildContext context) {
    return Text( ' When using a StatelessWidget... ' );
  }
}
```

当数据会发生变化时，就要使用 StatefulWidget。StatefulWidget 是一个状态可能随时间推移而发生变化的 Widget，需要两个类。对于需要传递到 UI 的变更，就必须对 setState()方法进行调用。

- **StatefulWidget 类**——会创建 State 类的一个实例。
- **State 类**——适用于可在构建 Widget 时被同步读取并可能随时间推移而发生变化的数据。
- **setState()**——在 State 类内部，我们可调用 setState()方法来刷新已变更数据，从而告知框架，该 Widget 应该重绘，因为其状态发生了变化。对于需要变更的所有变量而言，则要在 setState(() {_ myValue += 50.0;})中修改其值。在 setState()方法之外修改的所有变量值都不会刷新 UI。因此，最好是将不需要变更状态的计算放在 setState()方法之外。

思考一个页面示例，它会显示关于一个产品的最大竞价。每次触碰 Increase Bid 按钮时，出价都会增加 50 美元。我们首先要创建一个扩展 StatefulWidget 类的 MaximumBid 类。然后创建一个扩展了 MaximumBid 类的状态的_MaximumBidState 类。

在_MaximumBidState 类中，我们要声明一个名为_maxBid 的变量。_increaseMyMaxBid()方法会调用 setState()方法，它会以 50 美元这个值来递增_maxBid 值。UI 由一个显示' My Maximum Bid: $_maxBid '的 Text Widget 和一个具有 onPressed 属性以便调用_increaseMyMaxBid()方法的 FlatButton 构成。_increaseMyMaxBid()方法会执行 setState()方法，它会让_maxBid 变量加 50 美元，并且 Text Widget 的金额会重绘。

```
class MaximumBid extends StatefulWidget {
 @override
 _MaximumBidState createState() => _MaximumBidState();
}

class _MaximumBidState extends State<MaximumBid> {
 double _maxBid = 0.0;

 void _increaseMyMaxBid() {
   setState(() {
     // Add $50 to my current bid
     _maxBid += 50.0;
   });
 }

 @override
 Widget build(BuildContext context) {
   return Column(
     children: <Widget>[
       Text('My Maximum Bid: $_maxBid'),
       FlatButton.icon(
         onPressed: () => _increaseMyMaxBid(),
         icon: Icon(Icons.add_circle),
         label: Text('Increse Bid'),
       ),
     ],
   );
 }
}
```

2.5 使用外部包

有时并不值得全新构建一个 Widget。Flutter 支持将第三方包用于 Flutter 和 Dart 生态。这些包都包含源代码逻辑并且易于共享。这些包有两种类型，Dart 和插件。

- Dart 包是用 Dart 编写的并且可能包含特定于 Flutter 的依赖。
- 插件包也是用 Dart 编写的(使用 Dart 代码公开 API)，但其中结合了适用于 Android (Java 或 Kotlin)和/或 iOS(Objective-C 或 Swift)的特定于平台的代码实现。大部分插件包都旨在同时支持 Android 和 iOS。

假设我们正在寻求向应用追加一些功能，如展示一些图表、获取设备的 GPS 位置、播放背景音，或访问像 Firebase 这样的数据库。对于所有这些功能，都有对应的包可用。

2.5.1 搜索包

在应用中，假设我们需要在 iOS 和 Android 上都存储用户偏好，并且希望找到一个可以完成此任务的包。

(1) 启动 Web 浏览器并且导航到 https://pub.dartlang.org/flutter。其他开发人员和 Google 通常都会将包发布在这里。

(2) 单击 Search Flutter Packages 搜索栏。输入共享偏好，其结果将根据相关性进行排序。

(3) 单击 shared_preferences 包的链接(这个链接就是 https://pub.dartlang.org/packages/shared_preferences)。

(4) 这个页面提供了如何安装和使用 shared_preferences 包的详细信息。Flutter 团队编写了这个特别的包。单击 Installing 标签页以阅读详尽说明。每个包都具有关于如何安装和使用它的说明。大部分包的安装过程都是类似的，它们的区别仅在于如何使用和实现代码。其使用说明被放置在每个包的主页上。

试一试：安装包

我们已经了解了如何找到第三方包。接下来要介绍如何在我们的应用中实现 shared_preferences 这个外部包。

(1) 使用 Android Studio 打开 ch2_my_counter 应用。

(2) 双击打开 pubspec.yaml 文件。

(3) 在 dependencies:部分，添加 shared_preferences: ^0.5.1+1(读者的版本可能更高)。

(4) 保存该文件，然后安装包。如果没有看到该过程自动运行，则可以通过在 Android Studio 的 Terminal 窗口中输入 flutter packages get 来手动调用它。安装完成后，将出现 Process finished with exit code 0 这条提示消息，如图 2.12 所示。

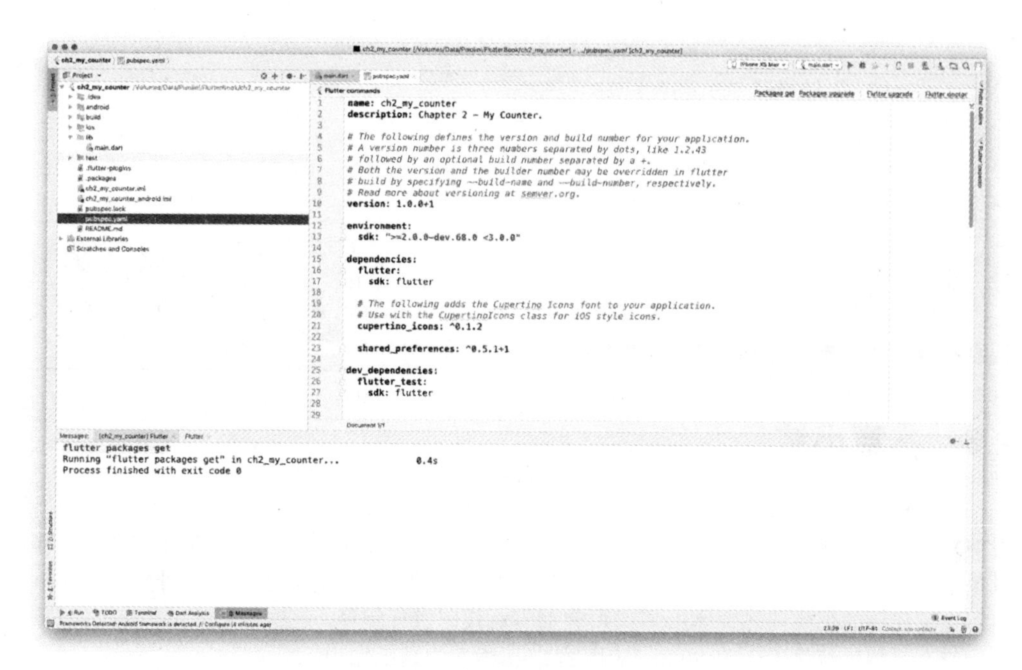

图 2.12　安装完成后将出现提示消息

(5) 在 main.dart 文件的 material.dart 导入行之后导入这个包，其位置在该文件的顶部。保存所做的变更。

```
import 'package:flutter/material.dart';
import ' package:shared_preferences/shared_preferences.dart ' ;
```

示例说明

通过在 pubspec.yaml 文件中添加 shared_preference 依赖，就会将这些依赖下载到本地项目。使用 import 语句，以便让 shared_preference 包可用。

2.5.2　使用包

每个包都有其独特的实现方式。阅读其文档总是比较好的做法。对于 shared_preferences 包，我们需要添加一些行来实现它。请记住，总的来说，此处主要的一点并不在于如何使用这个包，而是如何将外部包添加到应用中。

试一试：实现和初始化一个包

在_MyHomePageState 类中，添加一个名为_updateSharedPreferences()的函数。

```
class _MyHomePageState extends State<MyHomePage> {
  // ...
  void _updateSharedPreferences() async {
    SharedPreferences prefs = await SharedPreferences.getInstance();
```

```
        int counter = (prefs.getInt('counter') ?? 0) + 1;
        print('Pressed $counter times.');
        await prefs.setInt('counter', counter);
    }
  // ...
}
```

示例说明

这个包具有几行 Dart 代码以便在 iOS 和 Android 中保存用户偏好，这一功能非常强大。我们不必为 iOS 或 Android 编写原生代码。

2.6　本章小结

这一章介绍了如何创建首个应用以及使用热重载来即时查看变更。我们还学习了如何使用主题对应用进行样式化，何时使用 StatelessWidget 和 StatefulWidget，以及如何添加外部包以免重复造轮子。现在我们对于 Flutter 应用开发背后的主要概念有了基本的理解。目前不必担心实际代码的理解问题。本书后续内容都将对代码进行阐释。

第 3 章将讲解用于创建 Flutter 应用的 Dart 语言的基础知识。

2.7　本章知识点回顾

主题	关键概念
创建一个 Flutter 应用	现在我们可以编写一个基础应用并且对 Widget 进行布局
使用热重载	热重载可在维持状态的同时在运行的应用中即时展示代码变更
应用一个主题	主题会设置整个应用的样式和颜色
使用外部包	搜索外部包，以及安装第三方包以便增加 GPS、图表等功能

第3章

学习 Dart 基础知识

本章内容

- 为何使用 Dart？
- 如何注释代码？
- 如何使用顶层的 main()函数？
- 如何引用变量，如数字、String、Boolean、List、Map 和 Runes？
- 常见的流程语句(如 if、for、while 和三元运算符)、循环、switch 以及 case 如何运行？
- 如何将函数用于可重用逻辑分组？
- 如何将 import 语句用于外部包、库或类？
- 如何创建类？
- 如何使用异步编程来避免用户界面的阻塞？

Dart 是学习开发 Flutter 项目的基础。这一章将开始讲解 Dart 的基础结构。在后面几章中，我们要实现这些概念。所有示例代码都位于 ch3_dart_basics 文件夹中(在示例代码中，不要关注代码的组织形式；只要浏览一下我们就能明白 Dart 代码是如何编写的。触碰右下角加载的悬浮按钮以便查看日志结果)。

3.1 为何使用 Dart？

在开始开发 Flutter 应用之前，我们需要理解所使用的编程语言 Dart。Google 创造了 Dart 并在内部将其用于一些大型产品，如 Google AdWords。Dart 于 2011 年公开，用于构建移动端、Web 端和服务端应用。Dart 生产效率高、运行速度快、可移植、易理解，最重要的是，它是反应式的。

Dart 是一种面向对象的编程(OOP)语言，其风格是基于类的，并使用 C 语言风格的语法。如果读者熟悉 C#、C++、Swift、Kotlin 及 Java/JavaScript 语言，将能快速开始使用 Dart 进行开发。不过不要担心——即使不熟悉这些语言，Dart 也还是一门简单明了的语言可供直接学习，我们可以快速地入门。

那么使用 Dart 有什么好处呢？

- Dart 会被预先(AOT)编译为原生代码，从而让 Flutter 应用快速运行。换句话说，并没有中间介质将一种语言解释成另一种语言，因而不存在桥接层。在将应用编译为可发布模式(如发布到 Apple App Store 和 Google Play)时就会用到 AOT 编译。
- Dart 还是即时(JIT)编译的，从而让它可以快速显示代码变更，如通过 Flutter 的有状态热重载特性来实现。当通过在模拟器中运行应用以便对其进行调试时，就要使用 JIT 编译。
- 由于 Flutter 使用 Dart，因此本书中的所有示例用户界面(UI)代码都是以 Dart 编写的，从而避免了使用其他语言(标记语言、可视化设计器)来创建 UI 的需要。
- Flutter 渲染会以 60fps 和 120fps(对于性能较高的设备可达到 120Hz)的速度运行。渲染速度越高，应用就越顺畅。

3.2 代码注释

在任何应用中，注释都有助于代码的可阅读性，只要注释不要过度就行。注释可用于描述应用的逻辑和依赖。

注释有三种类型：单行、多行和文档注释。单行注释通常用于添加一个简短描述。多行注释最适用于跨多行的较长描述。文档注释用于全面记录一段代码逻辑，通常是在注释中提供详尽的说明和示例代码。

单行注释以//开始，并且 Dart 编译器会忽略这一整行的内容。

```
// Retrieve from the database the list filtered by company
listOrders.get(...
```

多行注释以/*开始并以*/结束。Dart 编译器会忽略两个斜杠之间的所有内容。

```
/*
 * Allow users to filter by multiple options
 _listOrders.get(filterBy: _userFilter...
 */
```

文档注释以///开始，并且 Dart 编译器会忽略这一整行内容，除非用中括号括起来。使用中括号，我们就能引用类、方法、字段、顶级变量、函数以及参数。在下面这个示例中，所生成的文档[FilterBy]将变成指向这个类的 API 文档的链接。我们可以使用 Dart SDK 的文档生成工具(dartdoc)来解析 Dart 代码并生成 HTML 文档。

```
/// Multiple filter options
///
```

```
/// Different [FilterBy]
enum FilterBy {
    COMPANY,
    CITY,
    STATE
}
```

3.3 运行 main()入口点

每一个应用都必须具有一个顶层 main()函数，该函数是应用的入口点。main()函数就是应用的启动位置并且会返回一个 void，该函数具有可选的 List<String>参数用作对象参数。每个函数都可以返回一个值，对于 main()函数而言，其数据返回类型是 void(空，不包含任何内容)，这意味着它不会返回任何值。

在以下代码中，我们将看到使用 main()函数的三种不同方式，不过在本书的所有示例项目中，我们都将使用箭头语法 void main() => runApp(MyApp());。调用 main()函数的所有三种方式都是可接受的，不过我比较喜欢使用箭头语法，因为它让代码保持为一行从而更容易阅读，而且在所有示例项目中，都不必调用多条语句。箭头语法=> runApp(MyApp())与 { runApp(MyApp()); }的作用是相同的。

```
// arrow syntax
void main() => runApp(MyApp());

// or
void main() {
    runApp(MyApp());
}

// or with a List of Strings parameters
void main(List<Strings> filters) {
  print('filters: $filters');
}
```

3.4 变量引用

上一节中介绍过，main()是一个应用的顶层入口，在我们开始编写代码之前，了解 Dart 变量很重要。变量存储了指向一个值的引用。其中一些内置变量类型是数字、String、Boolean、List、Map 和 Runes。我们可使用 var 来声明一个变量(下一节将介绍变量声明)而不必指定其类型。Dart 会自动推断变量的类型。尽管使用 var 并没有什么不对，不过作为个人喜好，我通常会避免使用它，除非确实需要这么做。声明变量类型会让代码更容易阅读，并且更易于知晓所期望的值的类型是什么。相对于使用 var，我们应该使用期望的变量类型：double、String 等(3.5 节将介绍变量类型)。

未初始化的变量都有一个 null 值。当声明一个变量而不为其提供一个初始值时，该变量就被称为未初始化的变量。例如，一个 String 类型的变量可声明为 String bookTitle；它是未初始化的，因为 bookTitle 的值等于 null(无值)。不过，如果使用 String bookTitle = 'Beginning Flutter'以便在声明时赋予一个初始值，那么 bookTitle 的值就等于'Beginning Flutter'。

当变量的初始值预期不会发生变化时，就要使用 final 或 const。可将 const 用于需要成为编译时常量的变量，这意味着其值在编译时是已知的。

3.5 变量声明

现在我们知道了，变量会存储指向一个值的引用。接下来将介绍声明变量的不同选项。

在 Dart 中，所有变量默认都会被声明为公共(对所有区域可用)，但是通过将一个下画线(_)作为变量名的起始字符，就可以将变量声明为私有。通过将一个变量声明为私有，就能让该变量不被外部类/函数所访问；换句话说，它仅能在类/函数的内部使用(稍后将介绍类和函数相关的知识)。注意，一些内置 Dart 变量类型的首字母是小写的，如 double，而另一些是大写的，如 String。

如果一个变量的值不需要变更呢？我们可以使用 final 或 const 作为变量声明的开始。当变量的值在运行时赋予时，就要使用 final(可被用户所修改)。当变量的值在编译时(在代码中)已知并且不会在运行时被修改时，就要使用 const。

```
// Declared without specifying the type - Infers type
var filter = 'company';

// Declared by type
String filter = 'company';

// Uninitialized variable has an initial value of null
String filter;

// Value will not change
final filter = 'company';

// or
final String filter = 'company';

// or
const String filter = 'company';

// or
const String filter = 'company' + filterOption;
```

```
// Public variable (variable name starts without underscore)
String userName = 'Sandy';

// Private variable (variable name starts with underscore)
String _userID = 'XW904';
```

3.5.1 数字

将变量声明为数字会将值限制为仅数字。Dart 允许 int(整数)或 double 类型的数字。如果数字不需要小数点精确位数，则可以使用 int 声明，如 10 或 40。如果数字需要小数点精确位数，则可以使用 double 声明，如 50.25 或 135.7521。int 和 double 都允许使用正数和负数，我们可以输入相当大的数字和小数点精确位数，因为它们都使用了 64 位(计算机内存)值。

```
// Integer
int counter = 0;
double price = 0.0;
price = 125.00;
```

3.5.2 String

将变量声明为 String 就允许将值输入为一个文本字符序列。要添加单行字符，可以使用单引号或双引号，如'car'或"car"。要添加多行字符，则可以使用三重引号，如'''car'''。可以使用加号(+)运算符，或者使用相邻的单引号或双引号将字符串合并。

```
// Strings
String defaultMenu = 'main';

// String concatenation
String combinedName = 'main' + ' ' + 'function';
String combinedNameNoPlusSign = 'main' ' ' 'function';

// String multi-line
String multilineAddress = '''
   123 Any Street
   City, State, Zip
''';
```

3.5.3 Boolean

将变量声明为 bool(Boolean)就允许输入一个 true 或 false 值。

```
// Booleans
bool isDone = false;
isDone = true;
```

3.5.4 List

将变量声明为 List(类似于数组)就允许输入多个值；一个 List 就是一组排过序的对象。在编程领域中，一个数组就是一个可迭代(按顺序访问)的对象集合，其中每个元素都可通过索引位置或一个键来访问。为了访问元素，List 使用了零基索引，其首个元素的索引位于 0 处，而最后一个元素位于 List 的长度(行数)减 1 处(因为第一个索引是 0，而非 1)。

一个 List 可以是固定长度也可以是可增长的，这取决于我们的需要。默认情况下，可以使用 List()或[]将 List 创建为可增长的。要创建一个固定长度的 List，可以使用 List(25)格式来添加所需的行数。以下示例为 print 语句使用了字符串插值：print(' filter: $filter ')。变量之前的$符号会将表达式的值转换成一个字符串。

```
// List Growable
List contacts = List();

// or
List contacts = [];
List contacts = ['Linda', 'John', 'Mary'];

// List fixed-length
List contact = List(25);

// Lists - In Dart List is an array
List listOfFilters = ['company', 'city', 'state'];
listOfFilters.forEach((filter) {
   print('filter: $filter');
});
// Result from print statement
// filter: company
// filter: city
// filter: state
```

3.5.5 Map

Map 通过 Key 和 Value 来关联 List 中的值，价值是非常重要的。Map 允许通过 Key ID 来召回值。Key 和 Value 可以是任意对象类型，如 String、Number 等。要牢记的是，Key 需要是唯一的，因为 Value 通过 Key 检索。

```
// Maps - An object that associates keys and values.
// Key: Value - 'KeyValue': 'Value'
Map mapOfFilters = {'id1': 'company', 'id2': 'city', 'id3': 'state'};

// Change the value of third item with Key of id3
mapOfFilters['id3'] = 'my filter';
```

```
print('Get filter with id3: ${mapOfFilters['id3']}');
// Result from print statement
// Get filter with id3: my filter
```

3.5.6 Runes

在 Dart 中，将变量声明为 Runes 也就是将变量声明为 UTF-32 代码点的 String，如众所周知的 Emojis 表情。

Unicode 为每个字母、数字和符号定义了一个数字值。Dart 使用 UTF-16 代码单元的序列来表示一个需要特殊语法(\uXXXX)的字符串中的 32 位 Unicode 值。一个 Unicode 代码点是 \uXXXX，其中 XXXX 是一个四位十六进制值。Runes 会返回 Unicode 整数值；之后我们可使用 String.fromCharCodes()为指定的 charCode 分配一个新 String。

```
// Emoji smiling angel Unicode is u+1f607
// Remove the Plus sign and replace with curly brackets
Runes myEmoji = Runes('\u{1f607}');
print(myEmoji);
// Result from print statement
// (128519)

print(String.fromCharCodes(myEmoji));
// Result from print statement
//😇
```

3.6 使用运算符

运算符就是用于执行算术运算、相等运算、关系运算、类型测试、赋值运算、逻辑运算、条件运算以及级联标记的符号。表 3.1~表 3.7 列出一些常用的运算符。注意，“示例代码”列中没有使用变量，而是直接使用了值以便简化示例。

表 3.1　算术运算符

运算符	描述	示例代码
+	加	7 + 3 = 10
-	减	7 - 3 = 4
*	乘	7 * 3 = 21
/	除	7 / 3 = 2.33

表 3.2 相等运算符和关系运算符

运算符	描述	示例代码
==	相等	7 == 3 = false
!=	不等于	7 != 3 = true
>	大于	7 > 3 = true
<	小于	7 < 3 = false
>=	大于或等于	7 >= 3 = true 4 >= 4 true
<=	小于或等于	7<= 3 = false 4 <= 4 = true

表 3.3 类型测试运算符

运算符	描述	示例代码
as	诸如导入库前缀的类型转换	import 'travelpoints .dart' as travel;
Is	如果对象包含指定类型，则为 true	if (points is Places) = true
is!	如果对象包含指定类型，则为 false(不常使用)	if (points is! Places) = false

表 3.4 赋值运算符

运算符	描述	示例代码
=	赋值	7 = 3 = 3
??=	仅在被赋值的变量具有 null 值时才进行赋值	Null ??= 3 = 3 7 ??= 3 = 7
+=	与当前值相加	7 += 3 = 10
-=	对当前值做减法	7 - = 3 = 4
*=	对当前值做乘法	7 *= 3 = 21
/=	对当前值做除法	7 /= 3 = 2.33

表 3.5 逻辑运算符

运算符	描述	示例代码
!	!是逻辑非。它会返回变量/表达式的相反值	if (!(7 > 3)) = false
&&	&&是逻辑与。如果变量/表达式的值都为 true 则返回 true	if ((7 > 3) && (3 < 7)) = true if ((7 > 3) && (3 > 7)) = false

(续表)

<table>
<tr><th>运算符</th><th>描述</th><th>示例代码</th></tr>
<tr><td>!!</td><td>!!是逻辑或。如果至少一个变量/表达式的值为 true，则返回 true</td><td>if ((7 > 3) ||
(3 > 7)) = true
if ((7 < 3) ||
(3 > 7)) = false</td></tr>
</table>

表 3.6　条件表达式

运算符	描述	示例代码
Condition ? value1 : value2	如果条件为 true，则返回 value1。如果条件为 false，则返回 value2。也可以通过调用方法来获取值	(7 > 3) ? true : false = true (7 < 3) ? true : false = false

表 3.7　级联标记(..)

运算符	描述	示例代码
..	级联标记用两个句点(..)来表示，它允许对同一对象执行一系列操作	Matrix4.identity() ..scale(1.0, 1.0) ..translate(30, 30);

3.7　使用流程语句

为了控制 Dart 代码的逻辑流，可以了解下面这些流程语句：

- if 和 else 是最常用的流程语句；它们会通过比较多个场景来确定要运行哪部分代码。
- 三元运算符类似于 if 和 else 语句，但仅在需要两个选项时使用。
- for 循环允许对列表中的值进行迭代。
- while 和 do-while 是一对常用配对。使用 while 循环在运行循环之前评估条件，使用 do-while 在循环之后评估条件。
- 如果需要在循环中停止评估条件，则要使用 while 和 break。
- 当需要停止当前循环并启动下一个循环迭代时，就使用 continue。
- switch 和 case 是 if 和 else 语句的替代方案，不过它们需要一个 default 子句。

3.7.1　if 和 else

if 语句会比较一个表达式，如果表达式为 true，则执行代码逻辑。表达式位于开括号和闭括号之间，后面跟着位于大括号之间的代码逻辑。if 语句也支持多个可选的 else 语句，它们用于评估多个场景。有两种 else 语句：else if 和 else。可以使用多个 else if 语句，但仅可以使用一个 else 语句，else 语句通常用作一种包含其余所有条件的场景。

在以下示例中，if 语句会检查店铺是开门了还是没开，以及商品是否已脱销或者无法匹配任何条件。isClosed、isOpen 和 isOutOfStock 都是 bool 变量。第一个 if 语句会检查 isClosed 变量是否为 true，如果是，则会打印日志'Store is closed'。在不使用相等运算符的情况下，程序如何知道我们正在检查 true 或 false？在检查 bool 值时，if 语句默认检查变量是否为 true；这等同于 isClosed == true。为了检查一个变量是否为 false，我们可以使用像 isClosed != true 这样的不等于(!=)运算符或像 isClosed == false 这样的等于(==)运算符。else if (isOpen)语句会检查 isOpen 变量是否等于 true，else if (isOutOfStock)变量也同理。最后一个 else 语句没有条件；它是一种当其他所有条件都不满足的情况下包含其余所有条件的场景。

```
// If and else
if (isClosed) {
   print('Store is closed');
}
else if (isOpen) {
   print('Store is open');
}
else if (isOutOfStock) {
   print('Item is out of stock');
}
else {
   print('Nothing matched');;
}
```

3.7.2 三元运算符

三元运算符接收三个参数，它通常仅用于需要两个操作的场景。三元运算符会检查用于比较的第一个参数，如果第一个参数为 true，则第二个参数就是会采取的操作；如果第一个参数为 false，则第三个参数才是会采取的操作(见表 3.8)。

表 3.8 三元运算符

比较		true		false
isClosed	?	askToOpen()	:	askToClose()

这类似于 3.6 节中的条件表达式，因为它通常用于代码流程决策。

```
// Shorter way of if and else statement
isClosed ? askToOpen() : askToClose();
```

3.7.3 for 循环

标准的 for 循环允许我们对列表中的值进行迭代。值是通过一个约束循环次数的已定义长度来获取的。举个例子，要循环遍历前三个值，意味着要指定执行循环的次数。使用值的列表还允许我们使用 for-in 类型的迭代。Iteration 类的类型应当是 Iterable(值的集合)，并且 List 类会遵从这一类型。不同于标准的 for 循环，for-in 循环会遍历 List 中的每个对象，公开每个对象的属性值。

我们来看看展示出如何使用标准 for 循环和 for-in 循环的两个示例。第一个示例中使用了标准 for 循环并会使用 listOfFilters 变量来遍历一个 String 值的 List。标准 for 循环接收三个参数。

- 第一个参数会将变量 i 初始化为一个 int 变量，从而对所执行的每一个循环进行计数。由于 List 使用了零基索引，因此 i 变量被初始化为 0 而非 1。
- 第二个参数通过将当前循环次数(i)和要执行的总循环次数(listOfFilters.length)进行比较来控制遍历 List 的次数。由于 List 使用零基索引，因此 i 变量值必须小于 List 中的行数。
- 第三个参数通过每次循环递增 i 变量来增加执行的循环次数。在循环内部，print 语句用于显示 listOfFilters List 的每一个值。

```
// Standard for loop
List listOfFilters = ['company', 'city', 'state'];
for (int i = 0; i < listOfFilters.length; i++) {
   print('listOfFilters: ${listOfFilters[i]}');
}
// Result from print statement
// listOfFilters: company
// listOfFilters: city
// listOfFilters: state
```

下面的示例中将使用 for-in 循环并且使用 listOfNumbers 变量来遍历一个 int 值的 List。for-in 循环接收一个公开对象(listOfNumbers)属性的参数。我们要声明 int number 变量来获取 listOfNumbers List 的属性。在循环内部，print 语句通过使用 number 变量值来显示 listOfNumbers 的每一个值。

```
// or for-in loop
List listOfNumbers = [10, 20, 30];
for (int number in listOfNumbers) {
   print('number: $number');
}
// Result from print statement
// number: 10
// number: 20
// number: 30
```

3.7.4 while 和 do-while

while 和 do-while 循环都会评估一个条件，并且只要该条件返回 true 值就持续执行循环。

while 循环会在循环执行前评估条件。do-while 循环会在循环至少被执行一次之后评估条件。我们来看两个示例，它们展示了如何使用 while 和 do-while 循环。

这两个示例中都在循环里调用了 askToOpen()方法，其中会执行将 isClosed 变量设置为 bool 值 true 或 false 的逻辑。如果在循环执行之前已经具有足够的信息对条件(isClosed)进行评估，则可以使用 while 循环。如果在具有足够的对条件(isClosed)进行评估的信息之前需要首先执行循环，则要使用 do-while。

在第一个示例中，我们要使用 while 循环并且只要 isClosed 变量返回 true 值就持续迭代。在这个例子中，只要 isClosed 变量是 true，循环就会持续执行，并且会继续循环。一旦 isClosed 变量返回 false，则 while 会停止执行下一个循环。

```
// While - evaluates the condition before the loop
while (isClosed){
     askToOpen();
}
```

在第二个示例中，我们要使用 do-while 循环并且只要 isClosed 变量返回 true 值就持续迭代，就像第一个示例一样。循环会首先执行一次，然后才评估条件，并且只要条件返回 true，就会继续循环。一旦 isClosed 变量返回 false，do-while 就会停止执行下一个循环。

```
// Do While - evaluates the condition after the loop
do {
   askToOpen();
} while (isClosed);
```

3.7.5 while 和 break

使用 break 语句，可以通过在 while 循环内部评估一个条件来停止循环。

在这个示例中，循环内部的 if 语句会调用 askToOpen()方法，从而执行返回 true 或 false 的逻辑。只要返回值是 false，就会通过调用 checkForNewOrder()方法如常继续执行循环。但一旦 askToOpen()返回一个 true 值，就会执行 break 语句，从而停止该循环。checkForNewOrder()方法不会被调用，整个 while 语句会再次停止运行。

```
// Break - to stop loop
while (isClosed) {
   if (askToOpen()) break;
   checkForNewOrder();
}
```

3.7.6 continue

使用 continue 语句，可以在当前循环位置停止并且跳转到下一次循环遍历的起始处。

在这个示例中，for 语句会循环遍历 List 中从 10 到 80 的数字。在循环内部，if 语句会检查数字是否小于 30 或大于 50；如果满足该条件，则 continue 语句会停止当前循环并启动下一次迭代。使用 print 语句就可以看到，只有数字 30、40 和 50 会被打印到日志。

```
// Continue - skip to the next loop iteration
List listOfNumbers = [10, 20, 30, 40, 50, 60, 70, 80];
for (int number in listOfNumbers) {
   if (number < 30 || number > 50) {
      continue;
   }
   print('number: $number'); // Will print number 30, 40, 50
}
```

3.7.7 switch 和 case

switch 语句会使用==(等于)来比较整数、字符串或编译时常量。switch 语句是 if 和 else 语句的备选方案。switch 语句会评估一个表达式并且使用 case 子句匹配一个条件，然后执行所匹配 case 内部的代码。每个 case 子句都在最后一行放置一个 break 语句。它并不常用，不过如果具有一个空(无代码)case 子句，则不需要 break 语句，因为 Dart 允许它落空。如果需要一种包含其余所有条件的场景，则可以使用 default 子句来执行未被其他所有 case 子句匹配的代码，该子句要放置在所有 case 子句之后。default 子句不需要 break 语句。要确保最后一个 case 是一个 default 子句，该子句要执行它之前所有 case 子句都没有匹配到的逻辑。

在我们的示例中，String coffee 被初始化为'espresso'值。switch 语句使用了 coffee 变量表达式，其中每一个 case 子句都需要匹配 coffee 变量值。当 case 子句匹配正确的值时，与该子句相关的代码就会被执行。如果没有匹配 coffee 变量值的 case 子句，则会选择 default 子句并执行相关代码。

```
// switch and case
String coffee = 'espresso';
switch (coffee) {
   case 'flavored':
      orderFlavored();
      break;
   case 'dark-roast':
      orderDarkRoast();
      break;
   case 'espresso':
      orderEspresso();
      break;
   default:
     orderNotAvailable();
}
```

3.8　使用函数

函数用于分组可重用逻辑。函数可以选择性接收参数并且返回值。我非常喜爱这一特性。因为 Dart 是一种面向对象的语言，所以函数可以被赋值到变量或者作为参数传递给其他函数。如果函数执行单个表达式，则可以使用箭头(=>)语法。所有函数默认都会返回一个值，如果没有指定返回语句，那么 Dart 会自动为函数体附加 return null 语句，这是隐式添加的。

由于所有函数都会返回一个值，因此在编写每个函数时可以首先指定期望的返回类型。当调用一个函数且不需要返回值时，可使用 void 类型作为函数开头，这意味着空。并非强制使用 void 类型，不过为了代码可读性还是建议使用它。当函数预期要返回一个值时，则要使用将被回传的数据类型(bool、int、String、List...)作为函数开头，并且使用 return 语句来传递值。

以下示例显示了创建/调用函数并且返回不同类型值的几种不同方式。第一个示例表明，应用的 main()是一个使用 void 作为返回类型的函数。

```
// Functions - Our main() is a function
void main() => runApp(new MyApp());
```

第二个示例使用 void 作为返回类型，不过该函数接收一个 int 作为参数；当代码执行时，print 语句会将值显示到日志终端。由于该函数需要一个参数，因此要通过 orderEspresso(3)这样的形式来调用它。

```
// Function - pass value
void orderEspresso(int howManyCups) {
   print('Cups #: $howManyCups');
}
orderEspresso(3);
// Result from print statement
// Cups #: 3
```

第三个示例基于接收一个参数的第二个示例而构建，会返回一个 bool 值作为返回类型。在该函数之后，通过调用该函数而初始化一个 bool isOrderDone 变量并传入了'3'这个值；然后 print 语句会显示出该函数返回的 bool 值。

```
// Function - pass value and return value
bool orderEspresso(int howManyCups) {
   print('Cups #: $howManyCups');
   return true;
}
bool isOrderDone = orderEspresso(3);
print('Order Done: $isOrderDone');
// Result from print statement
// Cups #: 3
// Order Done: true
```

第四个示例是基于第三个示例构建的，其中将[int howManyCups]变量包装到方括号内，从而让函数参数变得可选。

```
// Function - pass optional value and return value
// Optional value is enclosed in square brackets []
bool orderEspresso1([int howManyCups]) {
   print('Cups #: $howManyCups');
   bool ordered = false;
      if (howManyCups != null) {
         ordered = true;
      }
   return ordered;
}
bool isOrderDone1 = orderEspresso1();
print('Order Done1: $isOrderDone1');
// Result from print statement
// Cups #: null
// Order Done: false
```

3.9　导入包

要使用外部包、库或外部类，可使用 import 语句。将代码拆分到不同的类文件中就可将代码分离和分组成可管理的对象。import 语句允许访问外部包和类。仅需要一个参数，该参数会指定类/库的统一资源标识符(URI)。如果这个库是由包管理器创建的，则要在 URI 的前面指定 package:这样的结构。如果导入一个类，则要指定其位置以及类名，或者指定 package:指令。

```
// Import the material package
import 'package:flutter/material.dart';

// Import external class
import 'charts.dart';

// Import external class in a different folder
import 'services/charts_api.dart';

// Import external class with package: directive
import 'package:project_name/services/charts_api.dart';
```

3.10 使用类

所有的类都源自 Object，后者是所有 Dart 对象的基类。类具有成员(变量和方法)并会使用一个构造函数来创建对象。如果未声明构造函数，则会自动提供一个默认的构造函数。所提供的默认构造函数没有参数。

那么构造函数是什么呢，为何需要它呢？构造函数的名称与类名相同，具有可选参数。在首次初始化一个类时，这些参数会充当值的获取器。Dart 通过使用 this 关键字这一语法糖让值的获取变得容易，this 关键字指类中的当前状态。

```
// Getter
this.type = type;

// Syntactic Sugar
this.type;
```

具有构造函数的基础类会是这样的简单结构：

```
class Fruit {
   String type;

   // Constructor - Same name as class
   Fruit(this.type);
}
```

上例使用一个带有语法糖 Fruit(this.type)的构造函数，该构造函数是以这种方式来调用的：Fruit = Fruit('apple');。要使用命名参数，则要用大括号将该参数括起来，Fruit({this.type})，并以这种方式调用构造函数：Fruit = Fruit(type: 'Apple');。假设要传递三个或四个参数；那么我倾向于使用命名参数来保持代码的可读性。每一个参数都是可选的，除非使用@required 来指定它是一个必需的参数。

```
// Required parameter
Fruit({@required this.type});

// Constructor - With optional parameter name at init
Fruit({this.type});
```

除了对一个参数标记@required 之外，还可添加 assert 语句以便在值缺失时显示一条错误。assert 语句会在开发(调试)模式期间抛出一个错误并且不会对生产代码(发布)产生任何影响。

```
// Constructor - Required parameter plus assert
class Fruit {
   String type;
```

```
    Fruit({@required this.type}) : assert(type != null);
}

// Call the Fruit class
Fruit fruit = Fruit(type: 'Apple');
print('fruit.type: ${fruit.type}');
```

在类中，方法就是为对象提供逻辑的函数。方法可以返回一个值或 void(没有返回值，为空)。

```
// Method in the class
calculateFruitCalories() {
    // Logic to calculate calories
}
```

现在来看一个没有构造函数的类的示例，另外两个示例分别是具有一个构造函数的类和具有一个命名构造函数的类。

首先我们要创建一个未定义构造函数的类，并且声明两个变量来存留咖啡师的 name 和 experience。由于该示例并没有声明构造函数，因此会提供一个不带任何参数的默认构造函数。那么这是什么意思呢？这意味着，在这个类的内部，就如同使用了类型化 BaristaNoConstructor();一样，后者是一个不带参数的默认构造函数。通过声明由 BaristaNoConstructor()初始化的 BaristaNoConstructor baristaNoConstructor 变量来创建类的实例，BaristaNoConstructor()就是所提供的默认构造函数。借由 baristaNoConstructor 变量，就可以使用诸如 baristaNoConstructor.experience 的点运算符并赋予其 10 这个值。

```
// Declare Classes

// Class Default No Arguments Constructor
class BaristaNoConstructor {
    String name;
    int experience;
}

// Class Default No Arguments Constructor
BaristaNoConstructor baristaNoConstructor = BaristaNoConstructor();
baristaNoConstructor.experience = 10;
print('baristaNoConstructor.experience:
${baristaNoConstructor.experience}');
// baristaNoConstructor.experience: 10
```

接下来要创建一个类，这个类会定义一个构造函数，其中具有存留咖啡师 name 和 experience 的命名参数。这个示例显示了如何添加一个 whatIsTheExperience()方法，该方法可返回类的 experience 变量值。通过声明由 BaristaWithConstructor(name: ' Sandy ', experience: 10)构造函数初始化的 BaristaWithConstructor barista 变量来创建类的实例。在创建具有一个构造函数的类时，这样做的好处就会立即变得明显。可通过使用构造函数传递值来初始化每个类的变量。我们仍可使用点运算符来修改任意变量，如 barista.experience。

```
// Class Named Constructor
class BaristaWithConstructor {
   String name;
   int experience;

   // Constructor - Named parameters by using { }
   BaristaWithConstructor({this.name, this.experience});

   // Method - return value
   int whatIsTheExperience() {
      return experience;
   }
}

// Class Named Constructor and return value
BaristaWithConstructor barista = BaristaWithConstructor(name: 'Sandy',
experience: 10);
int experienceByProperty = barista.experience;
int experienceByFunction = barista.whatIsTheExperience();
print('experienceByProperty: $experienceByProperty');
print('experienceByFunction: $experienceByFunction');
// experienceByProperty: 10
// experienceByFunction: 10
```

命名构造函数允许我们为一个类实现多个构造函数并提供初始化数据的明确意图。

现在我们要创建一个类，这个类会定义一个存留咖啡师 name 和 experience 的命名构造函数。在这个示例中，我们要基于上一个示例进行构建并添加另一个构造函数——准确地说是一个命名构造函数。可使用这个类的名称、点运算符和构造函数名称来声明它，如 BaristaNamedConstructor.baristaDetails(name: ' Sandy ', experience: 10)，这样就能得到一个使用命名参数的命名构造函数。我们仍可以使用点运算符来修改任意变量，如 barista.experience。

```
// Class with additional named constructor
class BaristaNamedConstructor {
   String name;
   int experience;

   // Constructor - Named parameters { }
   BaristaNamedConstructor({this.name, this.experience});

   // Named constructor - baristaDetails - With named parameters
```

```
    BaristaNamedConstructor.baristaDetails({this.name, this.experience});
}

BaristaNamedConstructor barista =
BaristaNamedConstructor.baristaDetails(name:
'Sandy', experience: 10);
print('barista.name: ${barista.name} - barista.experience:
${barista.experience}');
// barista.name: Sandy - barista.experience: 10
```

3.10.1　类继承

在编程领域，继承允许对象共享特性。要继承其他类，可以使用 extends 关键字。使用 super 关键字来指代超类(即父类)。构造函数不能在子类中被继承。

在这个示例中，我们要使用之前的 BaristaNamedConstructor 类并且使用继承来创建一个新类，这个类会继承父类的特性。使用 extends 关键字和要扩展的类名称来声明一个名为 BaristaInheritance 的新类，此处要扩展的类名是 BaristaNamedConstructor。这一继承类的构造函数看起来与之前的声明有所不同；在该构造函数结尾处，增加冒号(:)和 super()，用于指代超类。当 BaristaInheritance 类被初始化时，会继承父类特性，这意味着它可访问 BaristaNamedConstructor 的变量和方法(类函数)。

```
// Class inheritance
class BaristaInheritance extends BaristaNamedConstructor {
    int yearsOnTheJob;

    BaristaInheritance({this.yearsOnTheJob}) : super();
}

// Init Inherited Class
BaristaInheritance baristaInheritance = BaristaInheritance(yearsOnTheJob:
7);
// Assign Parent Class variable
baristaInheritance.name = 'Sandy';
print('baristaInheritance.yearsOnTheJob:
${baristaInheritance.yearsOnTheJob}');
print('baristaInheritance.name: ${baristaInheritance.name}');
```

3.10.2　类混合

混合(Mixins)用于为类添加特性并且允许我们在其他类中重用这个类的代码。换句话说，混合允许我们在不相关的类之间访问类代码。要使用混合，就需要添加其后跟着一个或多个混合名称的 with 关键字。要将 with 关键字放在类名声明之后。实现混合的类不会声明构造函数。通常混合类就是一个方法集合。在第 7 章中，我们要创建两个使用混合的动画应用，如 AnimationController 的使用会依赖于 TickerProviderStateMixin。

在以下示例中，混合类 BaristaMixinNoConstructor 具有一个名为 findBaristaFromLocation (String location)的方法，这个方法调用了 locateBarista()服务并会返回指定位置的咖啡师姓名。通常，类中会有多个执行不同代码逻辑的方法。

BaristaWithMixin 类通过 with 关键字来使用 BaristaMixinNoConstructor 混合类。使用了混合的类可以声明两个构造函数。这个类中有一个 retrieveBaristaNameFromLocation()方法，它会调用混合类的 findBaristaFromLocation(this.location)方法来检索某个位置的咖啡师姓名。注意，调用 findBaristaFromLocation(this.location)时并没有指定它所归属的类。

```
// Mixin Class declared without a constructor
class BaristaMixinNoConstructor {

    String findBaristaFromLocation(String location) {
      // Call service to find barista
      String baristaName = BaristaLocator().locateBarista(location);
      return baristaName;
    }
}

// Class using a mixin
class BaristaWithMixin with BaristaMixinNoConstructor {
    String location;

    // Constructor
    BaristaWithMixin({this.location});

    // The power of mixin we have full access to BaristaNamedConstructor
    String retrieveBaristaNameFromLocation() {
       return findBaristaFromLocation(this.location);
    }
}

// Mixin
BaristaWithMixin baristaWithMixin = BaristaWithMixin();
String name = baristaWithMixin.findBaristaFromLocation('Huston');
print('baristaWithMixin name: $name');
// baristaWithMixin name: Sandy
```

3.11 实现异步编程

在移动端应用中，我们要使用大量的异步编程。异步函数在执行耗时操作时不会等待该操作完成。在 Dart 中，为了不阻塞 UI，我们要使用返回 Future 或 Stream 对象的函数。

Future 对象代表着一个在未来某个时间点可用的值。例如，调用一个检索值的 Web 服务可能会很快，也可能耗时较长，并且我们不希望让用户在该处理过程运行期间暂停使用应用。通过使用 Future 对象，在函数检索值的时候，它会将控制权返回给 UI，而用户可以继续使用该应用。一旦检索到值，它就会用新的数据更新 UI。第 13 章将介绍如何使用 Stream 对象，它允许在未来才添加或返回数据。为达成此目的，Dart 使用了 StreamController 和 Stream。

async 和 await 是结合起来使用的。将函数标记为 async 并将 await 关键字放在未来要返回数据的函数之前。注意，被标记为 async 的函数必须具有一个指定为 Future 的返回类型。

在这个示例中，totalCookiesCount()实现了一个返回 int 值的 Future 对象。为了实现 Future 对象，需要用 Future<int>(int 或任意有效的数据类型)、函数名以及 async 关键字作为函数开头。函数内返回一个 Future 值的代码会被 await 关键字标记。lookupTotalCookiesCountDatabase()方法代表了为检索数据而对一个 Web 服务端的调用，并且它前面带着 await 关键字。await 关键字允许进行请求，并非等待数据的返回，它会继续执行下一个代码块。一旦检索到数据，代码就会继续完成该函数，并返回检索到的值。

```
// Async and await Function with Future - return value of integer
Future<int> totalCookiesCount() async {
   int cookiesCount = await lookupTotalCookiesCountDatabase(); // Returns 33
   return cookiesCount;
}

// Async method to call web server
Future<int> lookupTotalCookiesCountDatabase() async {
   // In a real world app we call the web server to retrieve live data
   return 33;
}

// User pressed button
totalCookiesCount()
      .then((count) {
      print('cookiesCount: ${count}');
   });
print('This will print before cookiesCount');
// This will print before cookiesCount
// cookiesCount: 33
```

3.12　本章小结

本章涵盖了 Dart 语言的基础知识，讲解了如何对代码进行注释以便得到更好的可阅读性以及如何使用启动应用的 main()函数。本章介绍了如何声明变量以便引用不同类型的值(如数字、字符串、Boolean、列表等)，讲述了如何使用 List 来存储一组筛选器以及如何遍历每一个值。本章介绍了常用于执行算术运算、相等运算、逻辑运算、条件运算以及级联标记的运算符号。级联标记是一种功能强大的运算符，可对同一对象进行多个序列化调用，如对一个对象进行缩放和平移(定位)。

要使用外部包、库和类，可使用 import 语句。本章讲解了一个如何借助 Future 对象来使用异步编程的示例。该示例调用了一个模拟 Web 服务端以便在用户继续使用应用时在后台查找总的 cookie 计数，而不会打断用户的使用操作。

最后，本章介绍了如何使用类对代码逻辑进行分组，这些代码逻辑会使用变量来存留数据，如咖啡师姓名和工作年限。类还会定义执行代码逻辑的函数，如查找咖啡师工作年限。

在下一章，将创建一个初学者应用。这个初学者应用是用于开启每个新项目的基础模板。

3.13 本章知识点回顾

主题	关键概念
代码注释	注释分为单行、多行和文档注释
访问 main()	main()是顶层函数
使用变量	可以存储像数字、字符串、Boolean、列表、Map 和 Runes 这样的值
使用运算符	运算符是用于执行算术运算、相等运算、关系运算、类型测试、赋值运算、逻辑运算、条件运算以及级联标记的符号
使用流程语句	流程语句包括 if 和 else、三元运算符、for 循环、while 和 do-while、while 和 break、continue，以及 switch 和 case
使用函数	函数用于对可重用逻辑进行分组
导入包	可使用 import 语句来导入外部包、库或类
使用类	可创建类来分离代码逻辑
实现异步编程	可使用异步编程从而避免阻塞用户界面

第4章

创建一个初学者项目模板

本章内容

- 如何在项目中创建文件夹，从而根据文件类型对其进行分组？
- 如何将 Widget 分离并且结构化成不同的文件？

这一章将介绍如何创建一个 Flutter 初学者项目以及如何结构化 Widget(后三章将深度讲解 Widget)。在后续章节中，每次开始介绍一个新示例时，都会引用这一章的内容，其中包含了创建一个新的初学者项目的步骤。就像修建一幢房子时一样，地基是最关键的因素，对于创建新应用而言也是如此。

4.1 创建和组织文件夹与文件

本书中创建的所有示例应用都是从使用与这一章相同的步骤作为开始的，因此后续章节中将经常提及这一过程。为保持项目代码的组织结构，我们要创建不同的文件夹和文件以便将类似的逻辑分组到一起并对 Widget 进行结构化。

试一试：创建文件夹结构

遵循第 2 章中的步骤创建一个新的 Flutter 项目。

(1) 在第 2 章第 1 个“试一试”练习“创建一个新应用”的第(4)步中，输入 ch4_starter_exercise 作为项目名并单击 Next，如图 4.1 所示。这个应用是结构化未来项目的示例练习。注意，Flutter SDK 的路径就是在第 1 章中所选择的安装文件夹。我们可选择性地变更项目位置和描述。

图 4.1　输入相关信息

是时候创建文件夹结构以便保持组织有序化了。这一结构是我个人的偏好结构，文件夹结构取决于项目复杂性，我们也可能需要更多或更少的文件夹。最起码，对于每个新项目而言，都要创建 pages 文件夹。其中包含了为应用创建的所有新页面，这样就能保持它们的隔离性以方便维护。

(2) 单击 Android Studio 窗口底部的 Terminal 按钮，如图 4.2 所示。

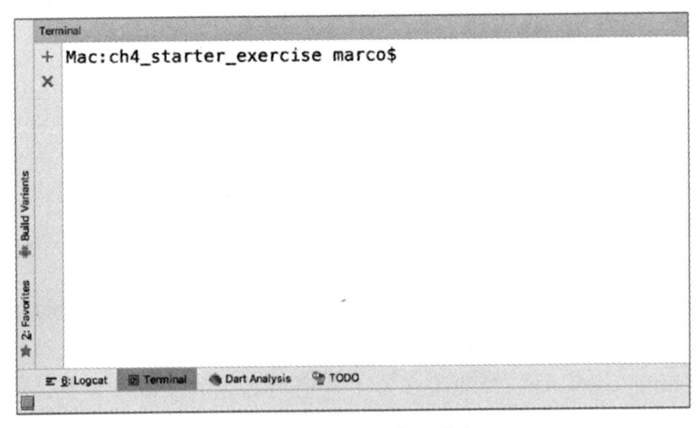

图 4.2　单击 Terminal 按钮

(3) 为了创建文件夹结构，需要执行 mkdir -p folder/subfolder 命令。这个 mkdir 命令会创建一个文件夹，并且-p 参数会一次性创建一个文件夹和子文件夹。所传入的最后一个参数就是 folder/subfolder 结构。

(4) 在 Terminal 窗口中运行每一个 mkdir 命令，以便创建每一个文件夹结构。例如，运行 mkdir -p assets/images 命令创建 assets/images 文件夹。为此处列出的每一个文件夹结构重复运行 mkdir 命令。为方便起见，这里列出了用于 macOS 和 Windows 的命令。

```
// From Terminal enter below commands
Mac:starter_exercise marco$ mkdir -p assets/images
Mac:starter_exercise marco$ mkdir -p lib/pages
Mac:starter_exercise marco$ mkdir -p lib/models
Mac:starter_exercise marco$ mkdir -p lib/utils
Mac:starter_exercise marco$ mkdir -p lib/Widgets
Mac:starter_exercise marco$ mkdir -p lib/services

// From Windows Command Prompt enter below commands
F:\Pixolini\Flutter\starter_exercise>mkdir assets\images
F:\Pixolini\Flutter\starter_exercise>mkdir lib\pages
F:\Pixolini\Flutter\starter_exercise>mkdir lib\models
F:\Pixolini\Flutter\starter_exercise>mkdir lib\utils
F:\Pixolini\Flutter\starter_exercise>mkdir lib\Widgets
F:\Pixolini\Flutter\starter_exercise>mkdir lib\services
```

看一下新文件夹的结构。并非每个项目都会用到所有这些结构，不过维持结构有序化是一种非常好的做法。assets 和 lib 文件夹都位于项目的根文件夹中。assets 文件夹包含像图像、数据文件和字体这样的内容文件，而 lib 文件夹包含源代码逻辑(包括 UI)，如图 4.3 所示。

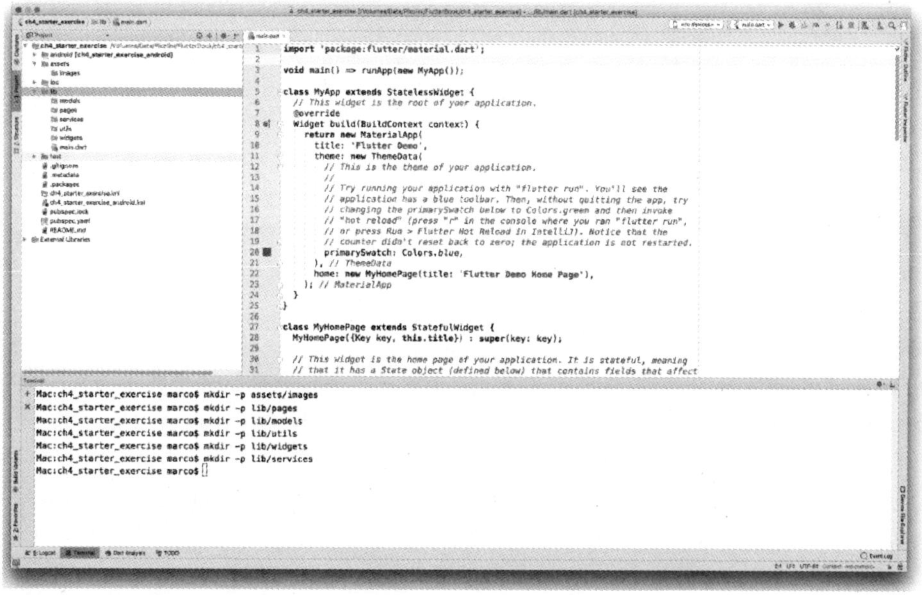

图 4.3　新文件夹的结构

- assets/images：assets 文件夹包含子文件夹，如图像、字体和配置文件。
- lib/pages：pages 文件夹包含用户界面(UI)文件，如登录页、内容列表、图表和设置。
- lib/models：models 文件夹包含用于数据的类，如顾客信息和库存项。
- lib/utils：utils 文件夹包含帮助类，如日期计算和数据转换。
- lib/Widgets：Widgets 文件夹包含不同的 Dart 文件，这些文件对各 Widget 进行了分离以便在应用中重用它们。
- lib/services：services 文件夹包含帮助从互联网上的服务处检索数据的类。例如，使用 Google Cloud Firestore、Cloud Storage、Realtime Database、Authentication 或 Cloud Functions。我们可从社交媒体账户、数据服务器等检索数据。第 14~16 章将介绍如何使用状态管理对用户进行身份验证，如何使用 Cloud Firestore 从云端检索和同步数据记录。

示例说明

通过 Mac Terminal 或 Windows 命令提示符，使用文件夹名称参数运行 mkdir 命令。mkdir 命令会在指定位置创建文件夹结构。

4.2 结构化 Widget

在开始开发一个应用之前，重要的是创建其结构；就像在修建一幢房子时一样，首先会夯实地基(第 5 章将更详细地讲解 Widget)。以一种组织有序化的方式来结构化 Widget 将提升代码的可读性和可维护性。在创建一个新的 Flutter 项目时，软件开发包(SDK)并不会自动创建单独的 home.dart 文件，该文件包含应用启动时的主呈现页面。因此，为了实现代码分离，我们必须手动创建 pages 文件夹及其内部的 home.dart 文件。main.dart 文件包含 main()函数，它会启动应用并且调用 home.dart 文件中的 Home Widget。

试一试：创建 Dart 文件和 Widget

学习 Flutter 如何运行的一种绝佳方式就是从空白状态开始。删除 main.dart 文件的所有内容。main.dart 文件具有三个主要内容部分：

- import 包/文件
- main()函数
- 一个扩展 StatelessWidget Widget 并将应用作为 Widget 返回的 class(就像之前说过的，所有一切都是 Widget)

请注意，导入包使用的是 Google 的 Material Design。本书中的所有示例都导入并使用了 Material Design。第 2 章介绍过，Material Design 是用户界面设计的最佳实践指南系统。Flutter 中的 Material Design 组成部分包括可视化、行为性以及动作丰富的 Widget。Cupertino 也可被用于遵循 Apple 的 iOS 设计语言，它支持 iOS 风格的 Widget。在应用的不同部分中可同时使用这两种标准。从一开始，Flutter 就足够智能，它能在 iOS 和 Android 这两种操作系统中展示原生操作活动，我们不必对这一点过于关注。

例如，通过导入 cupertino.dart 库，我们可将一些 Cupertino Widget 和 Material Design 混

合起来使用。在 Android 和 iOS 中，日期和时间选择器的使用方式是不同的，我们可根据操作系统在代码中指定要展示哪个 Widget。不过，我们需要预先为应用的整体外观选择使用 Material Design 还是 Cupertino。其原因在于，应用的基础构成需要是 MaterialApp Widget 或者 CupertinoApp Widget 中的一种，因为这会确定 Widget 的可用性。在本练习的步骤(3)中，我们将看到如何使用 MaterialApp Widget。

首先我们要将代码添加到 main.dart 文件并且保存它。

(1) 导入包/文件。默认的导入是 material.dart 库，以便允许使用 Material Design(要使用 Cupertino iOS 风格的 Widget，需要导入 cupertino.dart 库而不是 material.dart。本书中的应用都将使用 Material Design)。然后导入位于 pages 文件夹中的 home.dart 页面。

```
import 'package:flutter/material.dart';
import 'package:ch4_starter_exercise/pages/home.dart';
```

(2) 在这两个 import 语句后，留空一行再输入下面所列的 main()函数。这个 main()函数就是应用的入口点，它会调用 MyApp 类。

```
void main() => runApp(MyApp());
```

(3) 输入扩展 StatelessWidget 的 MyApp 类。

MyApp 类会返回一个声明了 title、theme 和 home 属性的 MaterialApp Widget。还有其他许多 MaterialApp 属性可用。注意，home 属性会调用 Home()类，稍后会在 home.dart 文件中创建该类。

```
class MyApp extends StatelessWidget {
  // This Widget is the root of your application.
  @override
  Widget build(BuildContext context) {
    return MaterialApp(
      debugShowCheckedModeBanner: false,
      title: 'Starter Template',
      theme: ThemeData(
        primarySwatch: Colors.blue,
      ),
      home: Home(),
    );
  }
}
```

Android Studio 会在导入语句 pages/home.dart 以及 Home()方法下显示波浪线，其中包含这条错误: The method "Home" isn't defined for the class ' MyApp '。将鼠标放在 pages/home.dart 和 Home()上，就可以阅读每一条错误，如图 4.4 所示。

```
main.dart ×
1   import 'package:flutter/material.dart';
2   import 'package:ch4_starter_exercise/pages/home.dart';
3
4   void main() => runApp(MyApp());
5
6   class MyApp extends StatelessWidget {
7     // This widget is the root of your application.
8     @override
9     Widget build(BuildContext context) {
10      return MaterialApp(
11        debugShowCheckedModeBanner: false,
12        title: 'Starter Template',
13        theme: ThemeData(
14          primarySwatch: Colors.blue,
15        ), // ThemeData
16        home: Home(),
17  The method 'Home' isn't defined for the class 'MyApp'.
18
19  }
20
21
22
```

图 4.4　显示错误消息

这是正常的，因为我们还没有创建包含主页的 home.dart 文件。这个名称我们可以任意指定，不过让每个页面具有一个描述性名称总是一种好做法。

(4) 在 pages 文件夹中创建一个新 Dart 文件。右击 pages 文件夹，选择 New | Dart File，输入 home.dart，并且单击 OK 按钮进行保存。

(5) 就像步骤(1)一样，导入 material.dart 包/文件。提醒一下，所有示例应用都将使用 Material Design。

```
import 'package:flutter/material.dart';
```

(6) 开始输入 st，很快将打开自动补全以提供帮助。在输入 StatefulWidget 类的缩写时，Android Studio Live Templates 会自动填充 Flutter Widget 的基础结构。选择 stful 缩写，如图 4.5 所示。

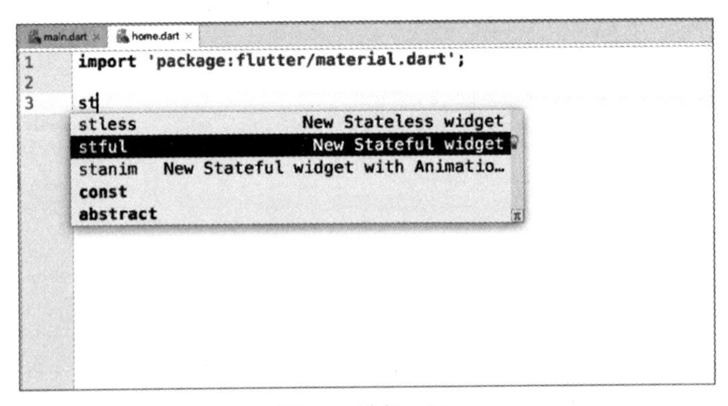

图 4.5　选择 stful

(7) 现在，我们所需要做的就是赋予 StatefulWidget 类一个名称：Home。由于它是一个类，因此命名规范是单词开头使用一个大写字母。

```
// home.dart
import 'package:flutter/material.dart';

class Home extends StatefulWidget {
   @override
   _HomeState createState() => _HomeState();
}

class _HomeState extends State<Home> {
   @override
   Widget build(BuildContext context) {
     return Container();
   }
}
```

这里使用 StatefulWidget 作为 Home 类，因为在现实世界应用程序中，最可能出现的情况就是需要使用一个保留数据的状态。何时需要一个状态的例子就是，AppBar Widget 上的一个 PopupMenuItem Widget，它会显示多个页面所使用的已选日期。如果 Home 类不需要保持状态，则可以使用 StatelessWidget。

```
class Home extends StatelessWidget {
   @override
   Widget build(BuildContext context) {
     return Container();
   }
}
```

(8) 使用 Scaffold Widget 替换 Container() Widget。Scaffold Widget 实现了基础的 Material Design 可视化布局，允许直接添加 AppBar、BottomAppBar、FloatingActionButton、Drawer、SnackBar、BottomSheet 等(如果这是一个 CupertinoApp，则可以使用 CupertinoPageScaffold 或 CupertinoTabScaffold)。

```
class _HomeState extends State<Home> {
   @override
   Widget build(BuildContext context) {
       return Scaffold(
         appBar: AppBar(
             title: Text('Home'),
         ),
       body: Container(),
   );
  }
}
```

下面是 main.dart 和 home.dart 文件的完整源代码:

```
// main.dart
import 'package:flutter/material.dart';
import 'package:ch4_starter_exercise/pages/home.dart';

void main() => runApp(MyApp());

class MyApp extends StatelessWidget {
   // This Widget is the root of your application.
   @override
   Widget build(BuildContext context) {
      return MaterialApp(
        debugShowCheckedModeBanner: false,
        title: 'Starter Template',
        theme: ThemeData(
          primarySwatch: Colors.blue,
        ),
        home: Home(),
     );
   }
}

// home.dart
import 'package:flutter/material.dart';

class Home extends StatefulWidget {
   @override
   _HomeState createState() => _HomeState();
}

class _HomeState extends State<Home> {
  @override
  Widget build(BuildContext context) {
    return Scaffold(
      appBar: AppBar(
        title: Text('Home'),
      ),
      body: Container(),
    );
  }
}
```

继续运行该项目，效果如图 4.6 所示。

图 4.6　运行效果

注意，这里对 Scaffold 和 AppBar 添加了这些 Widget：Container(可以是 TabController、PageController 等)和 FloatingActionButton。

示例说明

为了保持代码可读性和可维护性，我们要将合适的 Widget 结构化到专门的类和 Dart 文件中。我们要使用包含启动应用的 main()函数的 main.dart 文件来结构化这一初始项目。main()函数会调用 home.dart 文件中的 Home Widget。Home Widget 就是应用启动时会显示的主呈现页面。例如，Home Widget 可能包含一个 TabBar 或 BottomNavigationBar Widget。

4.3　本章小结

本章讲解了如何创建本书所有后续应用都将使用的初学者项目。使用 mkdir 命令创建文件夹并且相应地对它们进行了命名以便分组逻辑。还创建了两个 Dart 文件：用于启动应用的 mian()函数的 main.dart 以及包含 Home Widget 的代码的 home.dart。

第 5 章将分析 Widget 树并列举一个平面化 Widget 树的示例。Flutter 是通过将 Widget 嵌套在一起运行的，我们将很快发现，可读性和可维护性将遭到破坏。

4.4 本章知识点回顾

主题	关键概念
mkdir	这是根据名称创建文件夹的命令
main.dart	main()函数会启动应用并返回一个 MaterialApp(Android)或 CupertinoApp(iOS)
home.dart	该文件包含展示首页布局的 Widget 或主页

第5章

理解 Widget 树

本章内容

- Widget 基础知识。
- 如何使用完整的 Widget 树？
- 如何使用浅层 Widget 树？

Widget 树就是我们创建 UI 的方式；我们要将各个 Widget 彼此嵌套起来，以便构建简单和复杂的布局。由于 Flutter 框架中的所有一切都是 Widget，并且当我们开始将它们嵌套在一起时，代码就会变得难以理解和阅读。一种好的做法是，尝试尽可能地保持 Widget 树的层级较浅。为了理解深度树的全面影响，我们要研究一棵完整的 Widget 树，然后将其重构成浅层 Widget 树，以便让代码更易管理。本章将介绍三种通过重构来创建浅层 Widget 树的方法：使用常量、使用方法以及使用 Widget 类。

5.1 Widget 介绍

在分析 Widget 树之前，我们先来看看本章示例应用将使用的 Widget 简要列表。目前请不要担心对于每个 Widget 功能的理解问题；只要关注对 Widget 进行嵌套时会发生什么以及如何才能将它们分成较小的部分。第 6 章将根据功能深入介绍最常用的 Widget。

正如第 4 章中所提及的，本书所有示例都使用了 Material Design。以下是用于创建本章的完整和浅层 Widget 树属性的 Widget(仅可用于 Material Design)。

- Scaffold——实现 Material Design 可视化布局，允许使用 Flutter 的 Material Components Widget。

- AppBar——在界面顶部实现工具栏。
- CircleAvatar——通常用于显示一张圆形的用户资料照片，不过可将其用于任何图片。
- Divider——绘制一条具有上下边距的水平线。

如果使用 Cupertino 创建应用，则可改用以下 Widget。注意，借助 Cupertino 就可以使用两种不同的脚手架(scaffold)，即页面脚手架或者标签页脚手架。

- CupertinoPageScaffold——为页面实现 iOS 可视化布局。它与 CupertinoNavigationBar 结合使用即可提供 Flutter 的 Cupertino iOS 风格 Widget 的应用。
- CupertinoTabScaffold——实现 iOS 可视化布局。它用于导航多个页面，界面底部的标签允许我们使用 Flutter 的 Cupertino iOS 风格 Widget。
- CupertinoNavigationBar——在界面顶部实现 iOS 可视化布局工具栏。

表 5.1 简要列出了基于平台使用的不同 Widget。

表 5.1 Material Design 与 Cupertino Widget 对比

Material Design	Cupertino
Scaffold	CupertinoPageScaffold CupertinoTabScaffold
AppBar	CupertinoNavigationBar
CircleAvatar	n/a
Divider	n/a

以下 Widget 可同时用于 Material Design 和 Cupertino：

- SingleChildScrollview——可将垂直或水平滚动能力添加到单个子 Widget。
- Padding——可添加左、上、右和下内边距。
- Column——会显示子 Widget 的纵向列表。
- Row——会显示子 Widget 的横向列表。
- Container——这个 Widget 可用作空白占位符(不可见)或可指定高度、宽度、颜色、变换(旋转、平移、倾斜)以及其他许多属性。
- Expanded——可扩展和填充从属于 Column 或 Row Widget 的子 Widget 的可用空间。
- Text——Text Widget 是在界面上显示标签的绝佳方式。它可被配置为单行或多行，可应用可选的 style 参数以便修改颜色、字体、大小以及其他许多属性。
- Stack——这是一个功能强大的 Widget！Stack 允许我们将 Widget 堆叠在彼此之上，并且使用 Positioned(可选)Widget 来对齐 Stack 的每个子 Widget 以满足所需的布局。一个比较贴切的例子就是，在右上角使用带有红色小圆圈的购物车图标来表示要购买的商品数量。
- Positioned——Positioned Widget 与 Stack Widget 结合使用以便控制子 Widget 的位置和大小。Positioned Widget 允许我们设置高度和宽度。还可以指定 Stack Widget 与上、下、左、右四边的定位距离。

到此已经讲解了将要为本章后续内容所实现的每个 Widget。现在要创建完整的 Widget 树，然后介绍如何将其重构成浅层 Widget 树。

5.2　构建完整的 Widget 树

为了展示可以如何快速地开始扩展一棵 Widget 树，我们将结合使用 Column、Row、Container、CircleAvatar、Divider、Padding 和 Text Widget。第 6 章将更详细地介绍这些 Widget。我们要编写的代码是一个简单示例，并且我们将马上看到 Widget 树能够如何快速地扩展(见图 5.1)。

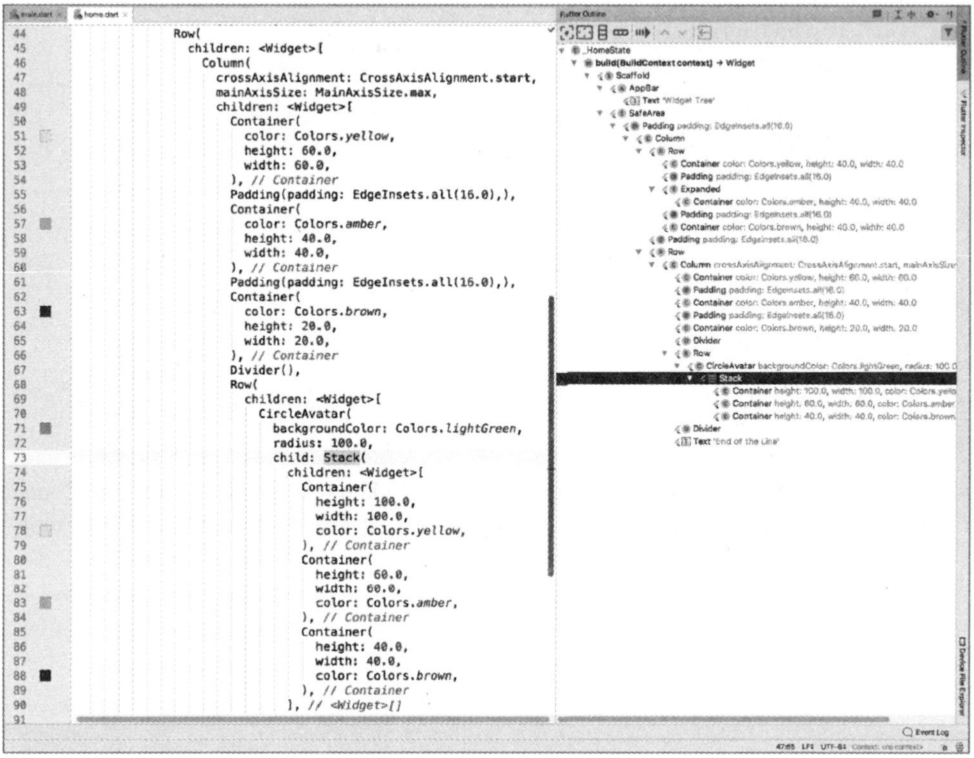

图 5.1　完整的 Widget 树视图

试一试：创建完整的 Widget 树

创建一个名为 ch5_widget_tree 的新 Flutter 项目。可以遵循第 4 章中的步骤说明。对于这个项目，我们仅需要创建 pages 文件夹。可在这些步骤结束处查看完整的 Widget 树。

(1) 打开 home.dart 文件。

(2) 将一个子属性设置为 SingleChildScrollView 的 SafeArea Widget 添加到 Scaffold body 属性。添加一个 Padding Widget 作为 SingleChildScrollView 的子 Widget。将 padding 属性设置为 EdgeInsets.all(16.0)。

```
body: SafeArea(
  child: SingleChildScrollView(
    child: Padding(
      padding: EdgeInsets.all(16.0),
```

```
      ),
    ),
  ),
```

(3) 将一个子属性设置为 Row 的 Column Widget 添加到 Padding child 属性。

```
body: SafeArea(
  child: SingleChildScrollView(
    child: Padding(
      padding: EdgeInsets.all(16.0),
      child: Column(
        children: <Widget>[
          Row(
            children: <Widget>[
            ],
          ),
        ],
      ),
    ),
  ),
),
```

(4) 以这个顺序添加 Row 子 Widget: Container、Padding、Expanded、Padding、Container 和 Padding。Widget 的添加还没结束；下一步，我们要添加具有多个嵌套 Widget 的 Row Widget。

```
Row(
    children: <Widget>[
      Container(
        color: Colors.yellow,
        height: 40.0,
        width: 40.0,
      ),
      Padding(padding: EdgeInsets.all(16.0),),
      Expanded(
        child: Container(
          color: Colors.amber,
          height: 40.0,
        width: 40.0,
      ),
    ),
    Padding(padding: EdgeInsets.all(16.0),),
    Container(
        color: Colors.brown,
        height: 40.0,
```

```
      width: 40.0,
    ),
  ],
),
```

(5) 添加一个 Padding Widget，以便在下一个 Row Widget 之前创建一个空白空间。

```
Padding(padding: EdgeInsets.all(16.0),),
```

(6) 添加一个子属性设置为 Column 的 Row Widget。添加 Container、Padding、Container、Padding、Container、Divider、Row、Divider 和 Text 作为 Column 子 Widget。Widget 仍未添加完成，在下一步中，我们要添加另一个具有多个嵌套 Widget 的 Row Widget。

```
Row(
  children: <Widget>[
    Column(
    crossAxisAlignment: CrossAxisAlignment.start,
    mainAxisSize: MainAxisSize.max,
    children: <Widget>[
      Container(
          color: Colors.yellow,
          height: 60.0,
          width: 60.0,
      ),
      Padding(padding: EdgeInsets.all(16.0),),
      Container(
          color: Colors.amber,
          height: 40.0,
          width: 40.0,
      ),
      Padding(padding: EdgeInsets.all(16.0),),
      Container(
          color: Colors.brown,
          height: 20.0,
          width: 20.0,
    ),
    Divider(),
    Row(
      children: <Widget>[
          // Next step we ' ll add more Widgets
      ],
    ),
    Divider(),
    Text('End of the Line'),
```

```
      ],
    ),
  ],
),
```

(7) 修改步骤(6)的 Row Widget，并将子属性设置为具有一个 child 作为 Stack 的 CircleAvatar。为 Stack 子属性添加三个 Container Widget。

```
Row(
  children: <Widget>[
    CircleAvatar(
      backgroundColor: Colors.lightGreen,
      radius: 100.0,
      child: Stack(
        children: <Widget>[
          Container(
            height: 100.0,
            width: 100.0,
            color: Colors.yellow,
          ),
          Container(
            height: 60.0,
            width: 60.0,
            color: Colors.amber,
          ),
          Container(
            height: 40.0,
            width: 40.0,
            color: Colors.brown,
          ),
        ],
      ),
    ),
  ],
),
```

(8) 在步骤(7)的 Stack Widget 之后，添加一个 Divider Widget，然后添加一个具有'End of the Line'字符串的 Text Widget。

```
Divider(),
Text('End of the Line'),
```

我们已经添加好了大量用于构建复杂布局的嵌套Widget。下面展示了完整代码。在一个现实世界应用中，这是很常见的。很快我们将开始发现该Widget树会扩展，从而让代码变得不可阅读和不可理解。为了让示例更聚焦于凸显Widget树会如何快速扩展，这里使用了基础的Widget。在一个可用于生产环境的应用中，我们应该会使用更多像文本输入框这样的Widget以便让用户可以输入文本。

```
import 'package:flutter/material.dart';

class Home extends StatefulWidget {
 @override
 _HomeState createState() => _HomeState();
}

class _HomeState extends State<Home> {
 @override
 Widget build(BuildContext context) {
 return Scaffold(
   appBar: AppBar(
     title: Text('Widget Tree'),
   ),
   body: SafeArea(
     child: SingleChildScrollView(
       child: Padding(
         padding: EdgeInsets.all(16.0),
         child: Column(
           children: <Widget>[
               Row(
                 children: <Widget>[
                   Container(
                       color: Colors.yellow,
                       height: 40.0,
                       width: 40.0,
                   ),
                   Padding(padding: EdgeInsets.all(16.0),),
                   Expanded(
                     child: Container(
                       color: Colors.amber,
                       height: 40.0,
                       width: 40.0,
                     ),
                   ),
                   Padding(padding: EdgeInsets.all(16.0),),
                   Container(
```

```
        color: Colors.brown,
        height: 40.0,
        width: 40.0,
      ),
    ],
  ),
  Padding(padding: EdgeInsets.all(16.0),),
  Row(
    children: <Widget>[
      Column(
        crossAxisAlignment: CrossAxisAlignment.start,
        mainAxisSize: MainAxisSize.max,
        children: <Widget>[
          Container(
            color: Colors.yellow,
            height: 60.0,
            width: 60.0,
          ),
          Padding(padding: EdgeInsets.all(16.0),),
          Container(
            color: Colors.amber,
            height: 40.0,
            width: 40.0,
          ),
          Padding(padding: EdgeInsets.all(16.0),),
          Container(
            color: Colors.brown,
            height: 20.0,
            width: 20.0,
          ),
          Divider(),
          Row(
            children: <Widget>[
              CircleAvatar(
                backgroundColor: Colors.lightGreen,
                radius: 100.0,
                child: Stack(
                  children: <Widget>[
                    Container(
                    height: 100.0,
                    width: 100.0,
                    color: Colors.yellow,
                  ),
```

```
                                    Container(
                                        height: 60.0,
                                        width: 60.0,
                                        color: Colors.amber,
                                    ),
                                    Container(
                                        height: 40.0,
                                        width: 40.0,
                                        color: Colors.brown,
                                    ),
                                  ],
                                ),
                              ),
                            ],
                          ),
                          Divider(),
                          Text('End of the Line'),
                        ],
                      ),
                    ],
                  ),
                ],
              ),
            ),
          ),
        ),
      );
    }
  }
```

图 5.2 显示了该 Widget 树所生成的页面布局。

示例说明

为了创建一个页面布局，需要嵌套 Widget 来创建一个自定义 UI。将 Widget 添加到一起的结果被称为 Widget 树。随着 Widget 数量的增长，Widget 树会开始快速扩展并且让代码变得难以阅读和管理。

图 5.2 页面布局

5.3 构建浅层 Widget 树

为了让示例代码更易阅读和维护，我们将前面代码的主要部分重构成单独的实体。有多个重构选项可供使用，最常用的技术是常量、方法和 Widget 类。

5.3.1 使用常量进行重构

使用常量进行重构会将 Widget 初始化成一个 final 变量。这一方法允许我们将 Widget 分成不同的部分，从而获得更好的代码可读性。在使用常量初始化 Widget 时，这些 Widget 会依赖父 Widget 的 BuildContext 对象。

这意味着什么呢？每次重绘父 Widget 时，所有常量也会重绘其 Widget，因此无法进行任何性能优化。下一节将详细介绍使用方法替代常量进行重构。这两种技术都具有让 Widget 树变得更为浅层的好处。

以下示例代码显示了如何使用常量和 Container Widget 将 container 变量初始化为 final。可在 Widget 树需要的位置插入 container 变量。

```
final container = Container(
   color: Colors.yellow,
   height: 40.0,
   width: 40.0,
);
```

5.3.2　使用方法进行重构

通过调用方法名来使用方法进行重构会返回 Widget。方法可根据通用 Widget(Widget)或指定 Widget(Container、Row 和其他 Widget)来返回一个值。

由方法初始化的 Widget 依赖于父 Widget 的 BuildContext 对象。如果这些种类的方法是嵌套的并会调用其他嵌套方法/函数，则可能出现不良的副作用。由于情况有所不同，因此不要认定使用方法并非好选择。这一方式允许我们将 Widget 分成不同部分，从而得到更好的代码可读性。不过，就像使用常量进行重构一样，每次重绘父 Widget 时，所有方法也将重绘其 Widget。这意味着该 Widget 树在性能方面并非最优。

以下示例代码显示了如何使用方法来返回 Container Widget。第一个方法会将 Container Widget 返回为通用 Widget，而第二个方法会将 Container Widget 返回为 Container Widget。这两种方式都是可接受的。可在 Widget 树中需要的位置插入_buildContainer()方法名称。

```
// Return by general Widget Name
Widget _buildContainer() {
   return Container(
     color: Colors.yellow,
     height: 40.0,
     width: 40.0,
  );
}

// Or Return by specific Widget like Container in this case
Container _buildContainer() {
  return Container(
     color: Colors.yellow,
       height: 40.0,
```

```
        width: 40.0,
    );
}
```

现在来看一个使用方法进行重构的示例。这一方式通过将 Widget 树的主要部分分成单独的方法来提升代码的可读性。使用常量进行重构时也可采用这一方式。

使用方法的好处是纯净且代码可读性好，缺点是失去了 Flutter 子树重建的好处：性能。

试一试：使用方法进行重构以便创建浅层 Widget 树

为了重构 Widget，可以使用方法模式来平面化 Widget 树。

(1) 打开 home.dart 文件。

(2) 将鼠标指针放置在第一个 Row Widget 并单击鼠标右键。

(3) 选择 Refactor | Extract | Method，如图 5.3 所示。

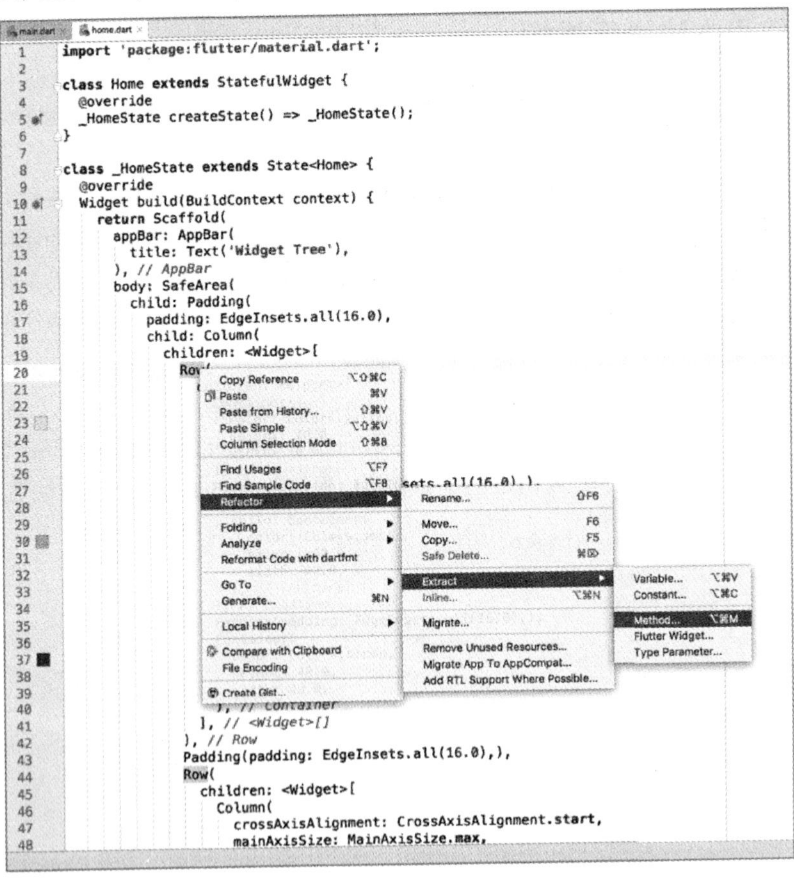

图 5.3 选择 Method

(4) 在 Extract Method 对话框中，输入_buildHorizontalRow 作为方法名。注意 build 之前的下画线；这个下画线会让 Dart 知道，该方法是一个私有方法。注意，整个 Row Widget 和子 Widget 都被高亮显示，以便你查看受影响的代码，如图 5.4 所示。

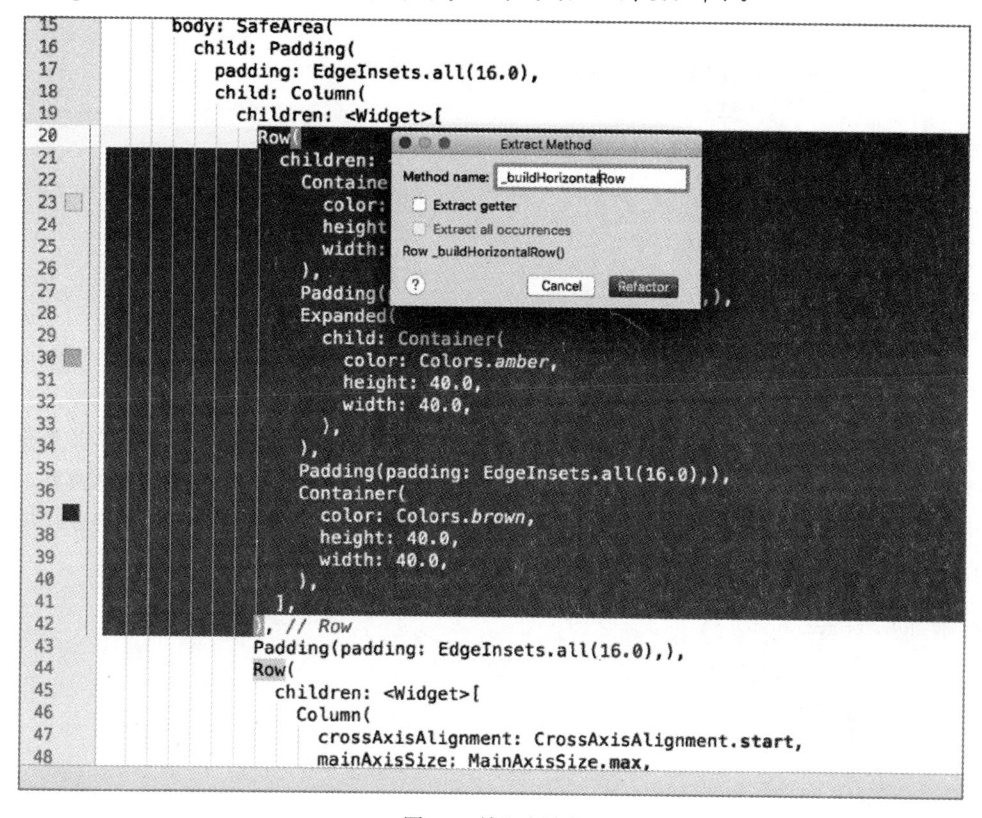

图 5.4　输入方法名

(5) 可用_buildHorizontalRow()方法替代 Row Widget。滚动到代码底部，方法和 Widget 都被很好地重构了。

```
Row _buildHorizontalRow() {
    return Row(
      children: <Widget>[
        Container(
          color: Colors.yellow,
          height: 40.0,
          width: 40.0,
        ),
        Padding(padding: EdgeInsets.all(16.0),),
        Expanded(
            child: Container(
```

```
            color: Colors.amber,
            height: 40.0,
            width: 40.0,
          ),
        ),
        Padding(padding: EdgeInsets.all(16.0),),
        Container(
          color: Colors.brown,
            height: 40.0,
            width: 40.0,
          ),
      ],
    );
  }
```

(6) 配置和重构其他 Row 以及 Row 和 Stack Widget。

下面显示了 home.dart 的完整源代码。注意对 Widget 树进行了平面化处理，让其更易于阅读。Widget 树浅层化的程度依赖于环境和个人偏好。假设我们正在编写代码并注意到，我们执行大量的垂直或水平滚动才能进行变更；这就是一个好迹象，表明我们可将部分代码重构成单独的部分。

```
// home.dart
import 'package:flutter/material.dart';

class Home extends StatefulWidget {
  @override
  _HomeState createState() => _HomeState();
}

class _HomeState extends State<Home> {
  @override
  Widget build(BuildContext context) {
    return Scaffold(
      appBar: AppBar(
        title: Text('Widget Tree'),
      ),
      body: SafeArea(
        child: SingleChildScrollView(
          child: Padding(
          padding: EdgeInsets.all(16.0),
            child: Column(
              children: <Widget>[
                _buildHorizontalRow(),
```

```
              Padding(padding: EdgeInsets.all(16.0),),
              _buildRowAndColumn(),
            ],
          ),
        ),
      ),
    ),
  );
}

Row _buildHorizontalRow() {
    return Row(
      children: <Widget>[
        Container(
          color: Colors.yellow,
          height: 40.0,
          width: 40.0,
        ),
        Padding(padding: EdgeInsets.all(16.0),),
        Expanded(
          child: Container(
            color: Colors.amber,
            height: 40.0,
            width: 40.0,
          ),
      ),
      Padding(padding: EdgeInsets.all(16.0),),
      Container(
          color: Colors.brown,
          height: 40.0,
          width: 40.0,
      ),
    ],
  );
}

Row _buildRowAndColumn() {
    return Row(
      children: <Widget>[
        Column(
          crossAxisAlignment: CrossAxisAlignment.start,
          mainAxisSize: MainAxisSize.max,
          children: <Widget>[
```

```
          Container(
            color: Colors.yellow,
             height: 60.0,
             width: 60.0,
            ),
            Padding(padding: EdgeInsets.all(16.0),),
            Container(
               color: Colors.amber,
               height: 40.0,
               width: 40.0,
            ),
            Padding(padding: EdgeInsets.all(16.0),),
            Container(
               color: Colors.brown,
               height: 20.0,
               width: 20.0,
            ),
            Divider(),
            _buildRowAndStack(),
            Divider(),
            Text('End of the Line'),
           ],
          ),
      ],
    );
}

Row _buildRowAndStack() {
  return Row(
    children: <Widget>[
       CircleAvatar(
         backgroundColor: Colors.lightGreen,
         radius: 100.0,
         child: Stack(
            children: <Widget>[
               Container(
                  height: 100.0,
                  width: 100.0,
                  color: Colors.yellow,
               ),
               Container(
                  height: 60.0,
                  width: 60.0,
```

```
                        color: Colors.amber,
                      ),
                      Container(
                        height: 40.0,
                        width: 40.0,
                        color: Colors.brown,
                      ),
                    ],
                  ),
                ),
              ],
            );
          }
        }
```

示例说明

创建浅层 Widget 树意味着每个 Widget 都可以根据功能被分解成独立的方法。要牢记的是，根据所需功能的不同，分解 Widget 的方式也会有所不同。根据方法来分解 Widget 会提升代码可读性，但将丢失 Flutter 子树重建的性能优势。方法中的所有 Widget 都依赖于父 Widget 的 BuildContext，这意味着每次重绘父 Widget 时，也会重绘方法。

在这个示例中，我们创建了_buildHorizontalRow()方法来构建具有子 Widget 的水平 Row Widget。_buildRowAndColumn()方法是平面化 Widget 树的一个绝佳示例，因为它会为某个 Column children Widget 调用_buildRowAndStack()方法。分解的_buildRowAndStack()会被完成以保持 Widget 树的平面化，因为_buildRowAndStack()方法会构建一个具有多个 children Widget 的 Widget。

5.3.3　使用 Widget 类进行重构

使用 Widget 类进行重构使得我们可通过对 StatelessWidget 类进行子类化来创建 Widget。我们可在当前或另一个 Dart 文件内创建可重用的 Widget 并在应用的任意位置初始化它们。注意，构造函数以 const 关键字开头，这个关键字允许我们缓存和重用 Widget。在调用该构造函数初始化 Widget 时，要使用 const 关键字。通过调用 const 关键字，当树中的其他 Widget 状态发生变化时，就不会重建该 Widget。如果省略 const 关键字，那么每次重绘父 Widget 时就会调用该 Widget。

Widget 类依赖于自己的 BuildContext，而不是像常量和方法方式那样依赖于父 Widget 的 BuildContext。BuildContext 负责处理 Widget 在 Widget 树中的位置。第 7 章将列举一个示例，该示例会使用多个 StatefulWidget 而非 StatelessWidget 类对 Widget 进行重构和分隔。

这意味着什么呢？每次父 Widget 被重绘时，所有 Widget 类都不会被重绘。它们仅会被构建一次，而这有利于性能优化。

以下示例代码展示了如何使用 Widget 类来返回一个 Container Widget。我们要在 Widget 树中需要的位置插入 const ContainerLeft() Widget。注意，这里使用了 const 关键字以便得到缓存的性能优势。

```
class ContainerLeft extends StatelessWidget {
  const ContainerLeft({
    Key key,
  }) : super(key: key);

@override
Widget build(BuildContext context) {
  return Container(
    color: Colors.yellow,
    height: 40.0,
    width: 40.0,
  );
 }
}

// Call to initialize the Widget and note the const keyword
const ContainerLeft(),
```

我们来看看使用 Widget 类(Flutter Widget)进行重构的一个示例。这一方式将提升代码可读性和性能，这是通过将 Widget 树的主要部分分解成不同的 Widget 类来实现的。

那么使用 Widget 类的好处是什么呢？它能为界面更新带来性能提升。在调用一个 Widget 类时，我们需要使用 const 声明；否则，它每次都被重建，而不会使用缓存。使用 Widget 类进行重构的一个例子就是，有一个 UI 布局，其中仅特定 Widget 的状态会发生变化，而其他 Widget 状态会保持不变。

试一试：使用 Widget 类进行重构以创建浅层 Widget 树

要重构 Widget，可使用 Widget 类模式将 Widget 树平面化。

创建一个名为 ch5_widget_tree_performance 的新 Flutter 项目。可遵循第 4 章的操作说明。对于这个项目，我们仅需要创建 pages 文件夹。为了保持这个示例的简单性，我们要在 home.dart 文件中创建 Widget 类，不过第 7 章将介绍如何将这些 Widget 类分解成不同的文件。

(1) 打开 home.dart 文件。将 home.dart 中原始的完整 Widget 树(创建于本章 5.2 节)复制到这个项目的 home.dart 文件中。

(2) 将鼠标指针放在第一个 Row Widget 并单击鼠标右键。

(3) 选择 Refactor | Extract | Flutter Widget，如图 5.5 所示。

(4) 在 Extract Widget 对话框中，输入 RowWidget 作为 Widget name，如图 5.6 所示。

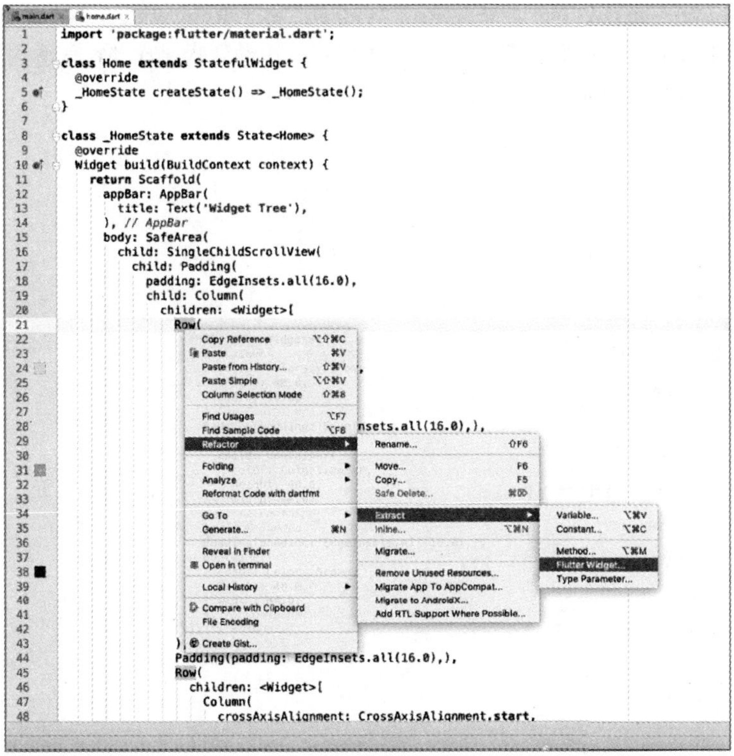

```
main.dart × home.dart ×
1  import 'package:flutter/material.dart';
2
3  class Home extends StatefulWidget {
4    @override
5    _HomeState createState() => _HomeState();
6  }
7
8  class _HomeState extends State<Home> {
9    @override
10   Widget build(BuildContext context) {
11     return Scaffold(
12       appBar: AppBar(
13         title: Text('Widget Tree'),
14       ), // AppBar
15       body: SafeArea(
16         child: SingleChildScrollView(
17           child: Padding(
18             padding: EdgeInsets.all(16.0),
19             child: Column(
20               children: <Widget>[
21                 Row(
22
23
24                                       ,
25
26
27
28                                       nsets.all(16.0),),
29
30
31
32
33
34
35
36
37
38
39
40
41
42
43                 ),
44                 Padding(padding: EdgeInsets.all(16.0),),
45                 Row(
46                   children: <Widget>[
47                     Column(
48                       crossAxisAlignment: CrossAxisAlignment.start,
```

Copy Reference ⌥⇧⌘C
Paste ⌘V
Paste from History... ⇧⌘V
Paste Simple ⌥⇧⌘V
Column Selection Mode ⇧⌘8
Find Usages ⌥F7
Find Sample Code ⌥F8
Refactor ▸
Folding ▸
Analyze ▸
Reformat Code with dartfmt
Go To ▸
Generate... ⌘N
Reveal in Finder
Open in terminal
Local History ▸
Compare with Clipboard
File Encoding
Create Gist...

Rename... ⇧F6
Move... F6
Copy... F5
Safe Delete... ⌘⌦
Extract ▸
Inline... ⌥⌘N
Migrate...
Remove Unused Resources...
Migrate App To AppCompat...
Migrate to AndroidX...
Add RTL Support Where Possible...

Variable... ⌥⌘V
Constant... ⌥⌘C
Method... ⌥⌘M
Flutter Widget...
Type Parameter...

图 5.5　选择 Flutter Widget

```
15        body: SafeArea(
16          child: Padding(
17            padding: EdgeInsets.all(16.0),
18            child: Column(
19              children: <Widget>[
20                Row(
21                  children: <Widget>[
22                    Contain
23                      color
24                      heigh
25                      width
26                    ), // Container
27                    Padding(padding: EdgeInsets.all(16.0),),
28                    Expanded(
29                      child: Container(
30                        color: Colors.amber,
31                        height: 40.0,
32                        width: 40.0,
33                      ), // Container
34                    ), // Expanded
35                    Padding(padding: EdgeInsets.all(16.0),),
36                    Container(
37                      color: Colors.brown,
38                      height: 40.0,
39                      width: 40.0,
40                    ), // Container
41                  ], // <Widget>[]
42                ), // Row
43                Padding(
44                  padding: EdgeInsets.all(16.0),
45                ), // Padding
46                Row(
47                  children: <Widget>[
48                    Column(
```

Extract Widget
Widget name: RowWidget
? Cancel Refactor

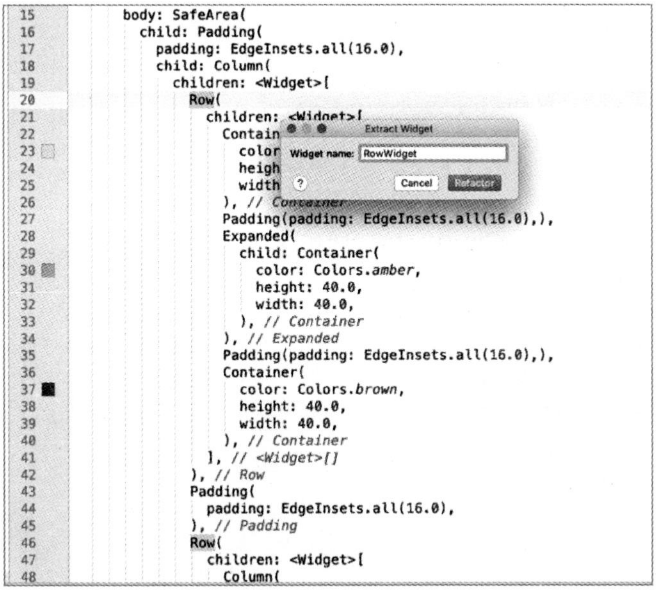

图 5.6　输入 Widget name

(5) 用 RowWidget() Widget 类替换 Row Widget。由于 Row Widget 不会发生状态变化，所以要在调用 RowWidget()类之前添加 const 关键字。滚动到代码底部，可看到 Widget 被很好地重构成 RowWidget(StatelessWidget)类。

```
class RowWidget extends StatelessWidget {
  const RowWidget({
    Key key,
  }) : super(key: key);

  @override
  Widget build(BuildContext context) {
    print('RowWidget');

    return Row(
      children: <Widget>[
        Container(
          color: Colors.yellow,
          height: 40.0,
          width: 40.0,
        ),
        Padding(
            padding: EdgeInsets.all(16.0),
        ),
        Expanded(
            child: Container(
                color: Colors.amber,
                height: 40.0,
                width: 40.0,
            ),
        ),
        Padding(
            padding: EdgeInsets.all(16.0),
        ),
        Container(
          color: Colors.brown,
              height: 40.0,
              width: 40.0,
          ),
        ],
      );
  }
}
```

(6) 继续重构其他 Row(RowAndColumnWidget 类)以及 Row 和 Stack(RowAndStackWidget 类)Widget。

下面列出 home.dart 的完整源代码。注意 Widget 树是如何被平面化的，从而让其更易于阅读。Widget 树浅层化程度依据环境和个人偏好而定。

```
// home.dart
import 'package:flutter/material.dart';

class Home extends StatefulWidget {
   @override
   _HomeState createState() => _HomeState();
}

class _HomeState extends State<Home> {
   @override
   Widget build(BuildContext context) {
     return Scaffold(
       appBar: AppBar(
          title: Text('Widget Tree'),
       ),
       body: SafeArea(
          child: SingleChildScrollView(
            child: Padding(
              padding: EdgeInsets.all(16.0),
              child: Column(
                children: <Widget>[
                  const RowWidget(),
                  Padding(
                    padding: EdgeInsets.all(16.0),
                  ),
                  const RowAndColumnWidget(),
                ],
              ),
            ),
          ),
       ),
     );
   }
}

class RowWidget extends StatelessWidget {
  const RowWidget({
```

```
    Key key,
  }) : super(key: key);

  @override
  Widget build(BuildContext context) {
    return Row(
      children: <Widget>[
        Container(
          color: Colors.yellow,
          height: 40.0,
          width: 40.0,
        ),
        Padding(
          padding: EdgeInsets.all(16.0),
        ),
        Expanded(
          child: Container(
            color: Colors.amber,
          height: 40.0,
          width: 40.0,
        ),
      ),
      Padding(
            padding: EdgeInsets.all(16.0),
        ),
        Container(
            color: Colors.brown,
            height: 40.0,
            width: 40.0,
        ),
      ],
    );
  }
}

class RowAndColumnWidget extends StatelessWidget {
  const RowAndColumnWidget({
      Key key,
  }) : super(key: key);

  @override
  Widget build(BuildContext context) {
```

```
    return Row(
      children: <Widget>[
        Column(
          crossAxisAlignment: CrossAxisAlignment.start,
          mainAxisSize: MainAxisSize.max,
          children: <Widget>[
            Container(
              color: Colors.yellow,
              height: 60.0,
              width: 60.0,
            ),
            Padding(
              padding: EdgeInsets.all(16.0),
            ),
            Container(
              color: Colors.amber,
              height: 40.0,
              width: 40.0,
            ),
            Padding(
              padding: EdgeInsets.all(16.0),
            ),
            Container(
              color: Colors.brown,
              height: 20.0,
              width: 20.0,
            ),
            Divider(),
            const RowAndStackWidget(),
            Divider(),
            Text('End of the Line. Date: ${DateTime.now()}'),
          ],
        ),
      ],
    );
  }
}

class RowAndStackWidget extends StatelessWidget {
  const RowAndStackWidget({
    Key key,
  }) : super(key: key);
```

```
  @override
  Widget build(BuildContext context) {
    return Row(
      children: <Widget>[
        CircleAvatar(
            backgroundColor: Colors.lightGreen,
          radius: 100.0,
          child: Stack(
              children: <Widget>[
                Container(
                    height: 100.0,
                    width: 100.0,
                    color: Colors.yellow,
                ),
                Container(
                    height: 60.0,
                    width: 60.0,
                    color: Colors.amber,

                ),
                Container(
                    height: 40.0,
                    width: 40.0,
                    color: Colors.brown,
                ),
              ],
            ),
          ),
      ],
    );
  }
}
```

示例说明

创建浅层 Widget 树意味着每个 Widget 都会按照功能被分解成单独的 Widget 类。要牢记的是，根据所需功能的不同，分解 Widget 的方式也会有所不同。

在这个示例中，我们创建了 RowWidget()Widget 类来构建具有子 Widget 的水平 Row Widget。RowAndColumnWidget() Widget 类是平面化 Widget 树的绝佳示例，因为它会为某个 Column children Widget 调用 RowAndStackWidget() 方法。完成通过添加额外的 RowAndStackWidget()进行分解的处理，可保持 Widget 树的平面化，因为 RowAndStackWidget()

类会构建一个具有多个 children Widget 的 Widget。

在本项目源代码中，为便于理解，添加了一个增加计数器值的按钮，并且每个 Widget 类都使用 print 语句来显示出每次计数器状态变更时调用每个 Widget 类的时间。

下面显示每次调用 Widget 的日志文件。在触碰按钮时，CounterTextWidget 会被重绘以便显示新的计数器值，但要注意，当状态发生变化时，RowWidget、RowAndColumnWidget 和 RowAndStackWidget 都仅会被调用一次并且不会被重绘。通过使用 Widget 类技术，只有需要被重绘的 Widget 时才会进行调用，从而提升整体性能。

```
// App first loaded
flutter: RowWidget
flutter: RowAndColumnWidget
flutter: RowAndStackWidget
flutter: CounterTextWidget 0

// Increase value button is called and notice the row Widgets are not redrawn
flutter: CounterTextWidget 1
flutter: CounterTextWidget 2
flutter: CounterTextWidget 3
```

5.4 本章小结

通过本章可了解到，Widget 树是嵌套 Widget 所产生的；随着 Widget 数量的增加，Widget 树会快速扩展从而降低代码可读性和可管理性。我将此称为完整的 Widget 树。为提升代码可读性和可管理性，可将 Widget 分解成单独的 Widget 类，从而创建较为浅层的 Widget 树。在每个应用中，都应该力求保持 Widget 树的浅层化。

通过使用 Widget 类进行重构，就可充分利用 Flutter 的子树重建，而这可提升性能。

第 6 章将介绍基础 Widget 的使用。还将讲解如何实现不同类型的按钮、图片、图标、装饰，如何实现具有文本框校验和定向功能的表单。

5.5 本章知识点回顾

主题	关键概念
嵌套 Widget	讲解了可用于 Material Design 和 Cupertino 的 Widget，以及如何嵌套 Widget 以便构成 UI 布局。 介绍了用于 Material Design 的基础 Widget，它们是 Scaffold、AppBar、CircleAvatar、Divider、SingleChildScrollView、Padding、Column、Row、Container、Expanded、Text、Stack 和 Positioned。 介绍了用于 Cupertino 的基础 Widget，它们是 CupertinoPageScaffold、CupertinoTabScaffold 和 CupertinoNavigationBar

(续表)

主题	关键概念
创建完整的 Widget 树	完整的 Widget 树是嵌套 Widget 以便创建页面 UI 的结果。添加的 Widget 越多，代码就越难以阅读和管理
创建浅层 Widget 树	浅层 Widget 树是将 Widget 分解成完成每一项任务的可管理部分的结果。可以通过常量变量、方法或 Widget 类来分解 Widget。目标是保持 Widget 树的浅层化以便提升代码可读性和可管理性。 为提升性能，可使用 Widget 类进行重构以便充分利用 Flutter 的子树重建

第 II 部分

充当媒介的 Flutter：具象化一个应用

第6章

使用常用 Widget

本章内容

- 如何使用基础的 Widget，如 Scaffold、AppBar、SafeArea、Container、Text、RichText、Column 和 Row，以及不同类型的按钮(Button)?
- 如何将 Column 和 Row Widget 嵌套在一起以创建不同的 UI 布局?
- 使用图片、图标和装饰的方式。
- 如何使用文本框 Widget 来检索、校验和操作数据?
- 如何检查应用的定向?

本章将介绍如何使用最常用的 Widget。我将其称为创建优美 UI 和 UX 的基础构造块。本章将讲解如何在本地加载图片或通过统一资源定位符(URL)经由 Web 加载图片，如何使用内置的丰富 Material Components 图标，以及如何应用装饰来增强 Widget 的外观体验或者使用它们作为录入域的输入指南。本章还会探究如何充分利用 Form Widget 将各个文本框录入 Widget 作为一个分组而非个体来校验。此外，为了说明设备大小的多样性，我们将看到，使用 MediaQuery 或 OrientationBuilder Widget 是检测定向的绝佳方式——因为基于纵向或横向相应地使用设备定向和布局 Widget 是极其重要的。例如，如果设备处于纵向模式，则可以一行展示三张图片，但当设备切换成横向模式时，则可以一行展示五张图片，因为其宽度区域要大于纵向模式。

6.1 使用基础 Widget

在构建移动应用时，通常都会为基础结构实现某些 Widget。因此熟悉它们是必要的。

Scaffold： 正如第 4 章中所介绍的，Scaffold Widget 实现了基础的 Material Design 可视化布局，让我们可以轻易地添加各种 Widget，如 AppBar、BottomAppBar、FloatingActionButton、Drawer、SnackBar、BottomSheet 等。

AppBar： AppBar Widget 通常包含标准的 title、flexibleSpace、leading 和 actions 属性(以及按钮)，还有许多自定义选项。

- **title** title 属性通常是由 Text Widget 实现的。可以使用其他的像 DropdownButton Widget 这样的 Widget 对其进行自定义。
- **leading** leading 属性显示在 title 属性之前。通常会是一个 IconButton 或 BackButton。
- **actions** actions 属性显示在 title 属性右侧。它是一组对齐到 AppBar Widget 的右上角的 Widget，通常会使用 IconButton 或 PopupMenuButton 来实现。
- **flexibleSpace** flexibleSpace 属性会被堆叠在 Toolbar 或 TabBar Widget 之后。其高度通常与 AppBar Widget 的高度相同。通常会将一张背景图片应用到 flexibleSpace 属性，不过也可以使用任意 Widget，如 Icon。

SafeArea： SafeArea Widget 对于如今的设备而言是很有必要的，比如使用刘海屏(通常是位于设备顶部的局部遮蔽屏幕的开口)的 iPhone X 或 Android 设备。SafeArea Widget 会为子 Widget 自动添加足够的内边距以避免操作系统侵入。可以选择传入一个最小内边距值或者 Boolean 值以避免强制在上、下、左或右四边留出内边。

Container： Container Widget 是一个常用的 Widget，它允许对其 child Widget 进行自定义。我们可以轻易地添加属性，如 color、width、height、padding、margin、border、constraint、alignment、transform(如旋转或缩放 Widget 大小)。Child 属性是可选的，并且 Container Widget 可用作空占位符(不可见)以便在 Widget 之间留空。

Text： Text Widget 用于显示一个字符串。Text 构造函数接收 string、style、maxLines、overflow、textAlign 以及其他参数。构造函数就是参数被传递以便初始化和自定义 Text Widget 的方式。

RichText： RichText Widget 是使用多种样式显示文本的绝佳方式。RichText Widget 采用 TextSpan 作为子 Widget 以便对字符串的不同部分进行样式化。

Column： Column Widget 会垂直显示其子 Widget。它采用一个 children 属性来包含一组 List<Widget>，这意味着我们可添加多个 Widget。子 Widget 会保持垂直对齐，而不会占据屏幕的全部高度。每个子 Widget 都可嵌入 Expanded Widget 中以便填充可用的空间。CrossAxisAlignment、MainAxisAlignment 和 MainAxisSize 可用于根据主轴上所占据的空间大小保持对齐和大小比例缩放。

Row： Row Widget 会水平显示其子 Widget。它采用一个 children 属性来包含一组 List<Widget>。Column 所包含的相同属性也会应用到 Row Widget，只不过这里是水平对齐，而非垂直对齐。

Button： 有各种按钮可供选择以用于不同场景，如 RaisedButton、FloatingActionButton、FlatButton、IconButton、PopupMenuButton 以及 ButtonBar。

试一试：添加 AppBar Widget

创建一个新的 Flutter 项目并将其命名为 ch6_basics；可遵循第 4 章中的处理说明。对于这个项目，我们仅需要创建 pages 文件夹。这个应用的目标在于，让大家理解如何使用基础的 Widget，而不一定要设计出最好看的 UI。第 10 章将专注于构建复杂且优美的布局。

(1) 打开 main.dart 文件。将 primarySwatch 属性从 blue 改为 lightGreen。

```
primarySwatch: Colors.lightGreen,
```

(2) 打开 home.dart 文件。首先自定义 AppBar Widget 属性，如图 6.1 所示。

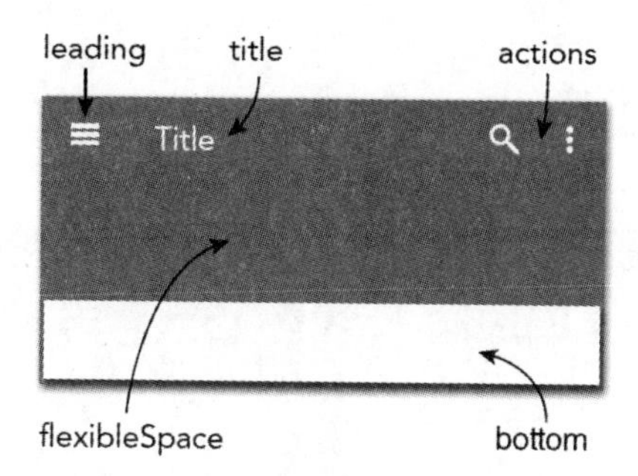

图 6.1　自定义 AppBar Widget 属性

(3) 向 AppBar 添加一个 leading IconButton。如果重写 leading 属性，那么通常会是 IconButton 或 BackButton。

```
leading: IconButton(
   icon: Icon(Icons.menu),
   onPressed: () { },
),
```

(4) title 属性通常是一个 Text Widget，但可使用其他 Widget 对其进行自定义，如 DropdownButton。通过遵循第 4 章的处理步骤，我们就已将 Text Widget 添加到 title 属性；如果没有，则可添加具有'Home'值的 Text Widget。

```
title: Text('Home'),
```

(5) actions 属性接收一组 Widget；添加两个 IconButton Widget。

```
actions: <Widget>[
  IconButton(
    icon: Icon(Icons.search),
    onPressed: () {},
  ),
  IconButton(
    icon: Icon(Icons.more_vert),
    onPressed: () {},
  ),
],
```

(6) 由于我们正在将 Icon 用于 flexibleSpace 属性，所以要添加一个 SafeArea 以及一个用作 child 的 Icon。

```
flexibleSpace: SafeArea(
    child: Icon(
    Icons.photo_camera,
    size: 75.0,
    color: Colors.white70,
  ),
),
```

图 6.2 显示了使用和未使用 SafArea 的效果。

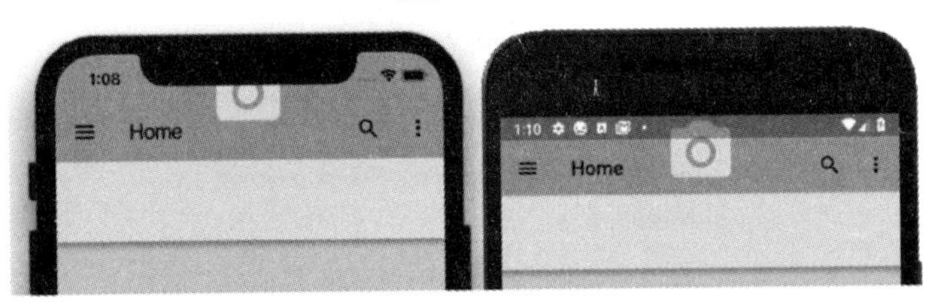

使用 SafeArea

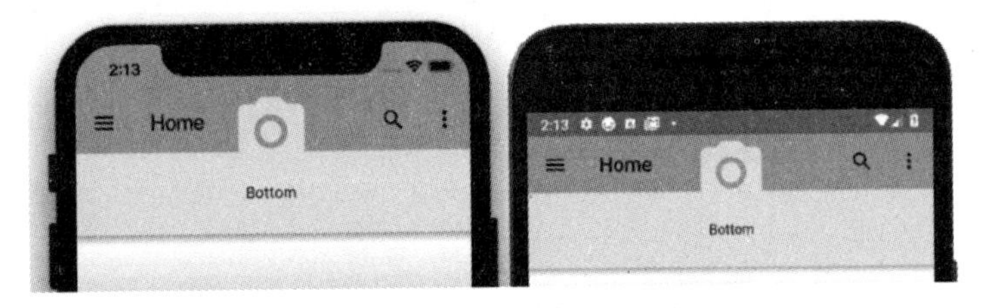

图 6.2　使用和未使用 SafArea 的效果

(7) 为 bottom 属性添加一个具有 Container 作为 child 的 PreferredSize。

```
bottom: PreferredSize(
  child: Container(
     color: Colors.lightGreen.shade100,
     height: 75.0,
     width: double.infinity,
     child: Center(
        child: Text('Bottom'),
     ),
  ),
  preferredSize: Size.fromHeight(75.0),
),
```

图 6.3 显示了效果。

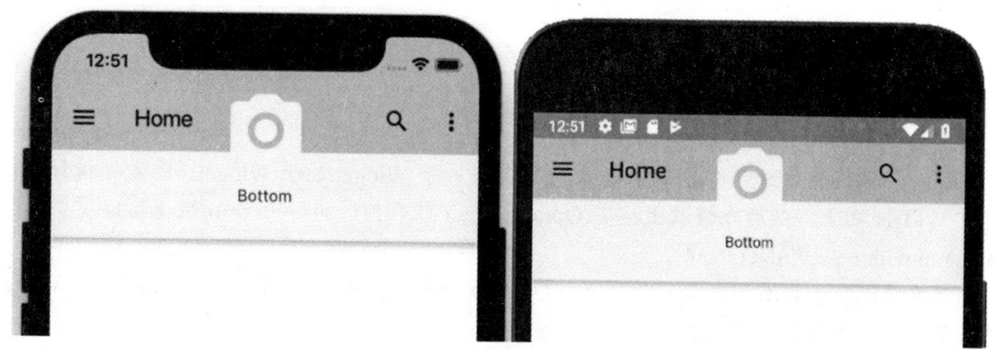

图 6.3 添加 PreferredSize

示例说明

我们已经了解了如何通过使用 Widget 设置 title、toolbar、leading 和 actions 属性来自定义 AppBar Widget。这个示例中讲解的所有属性都与自定义 AppBar 有关。

第 9 章将介绍 SliverAppBar Widget 的使用，它使用 CustomScrollView 嵌入 Sliver 中的 AppBar，以便让应用借助详尽的自定义而变得栩栩如生，如视差动画。我非常喜欢使用 Sliver，因为它们会添加一个额外的自定义层。

下一节将介绍如何通过嵌套 Widget 来自定义 Scaffold body 属性以便构建页面内容。

6.1.1 SafeArea

SafeArea Widget 对于如今的设备而言是一个必备项，比如具有刘海(通常是位于设备顶部的局部遮蔽屏幕的开口)的 iPhone X 或 Android 设备。SafeArea Widget 会自动将足够的内边距添加到子 Widget 以避免操作系统的侵入。可以选择传入一个最小内边距值或者 Boolean 值以避免强制在上、下、左或右四边留出内边。

试一试：将 SafeArea 添加到 body

继续修改 home.dart 文件。

将 Padding Widget 添加到具有 SafeArea 作为 child 的 body 属性。由于该示例包含 Widget 的不同用法，所以添加了一个 SingleChildScrollView 作为 SafeArea 的 child。SingleChildScrollView 允许用户滚动并查看隐藏的 Widget；否则，用户会看到一个黄色和黑色的色条，表明 Widget 溢出了。

```
body: Padding(
    padding: EdgeInsets.all(16.0),
      child: SafeArea(
        child: SingleChildScrollView(
          child: Column(
            children: <Widget>[

            ],
```

```
          ),
        ),
      ),
    ),
```

有一种很好的方式可将当前 Widget 包装为另一个 Widget 的子 Widget。将鼠标指针放在当前 Widget 之上，然后在键盘上按下 Option+Enter 组合键。将弹出 Dart/快速协助窗口。选择 Wrap with new Widget 选项。

不要将以下步骤添加到我们的项目；这是关于如何使用另一个 Widget 来包装某个 Widget 的提示。

(1) 将鼠标指针放在 Widget 上以便进行包装。

(2) 按下 Option+Enter 组合键(Windows 中是 Alt+Enter 组合键)。此时弹出 Dart/快速协助窗口，如图 6.4 所示。

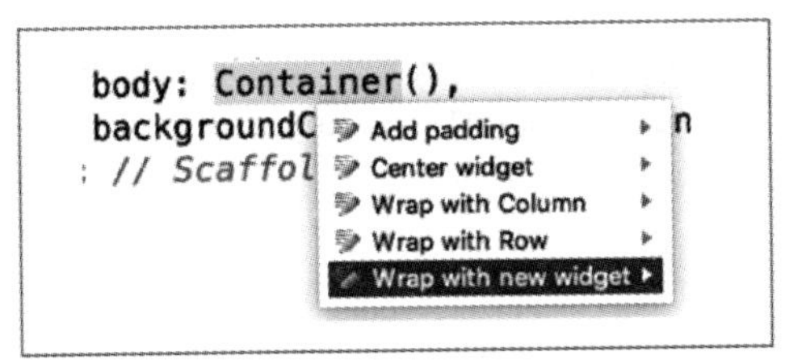

图 6.4　弹出协助窗口

(3) 选择 Wrap with new widget 选项，如 body: Widget(child: Container()),。

(4) 将该 Widget 重命名为 SafeArea。注意，child:会自动成为 Container() Widget。要确保在 Container() Widget 之后添加一个逗号，如此处所示。在每个属性后放置一个逗号将确保跨多行的正确 Flutter 格式化。

```
body: SafeArea(child: Container(),),
```

示例说明

添加 SafeArea Widget 将自动调整具有刘海的设备的内边距。任何 SafeArea child Widget 都会被约束到正确的内边距。

6.1.2 Container

Container Widget 有一个可选的 child Widget 属性，它可用作装饰 Widget，并且具有自定义的边框、颜色、约束、对齐方式、转换(如旋转 Widget)等。这个 Widget 可被用作空占位符(不可见)，如果省略子 Widget，它会放大到全部可用的屏幕大小。

试一试：添加一个 Container

继续修改 home.dart 文件。由于我们希望保持代码可读性和可管理性，所以我们要创建 Widget 类以便构建 Widget Colume 列表的每个 body Widget 部分。

(1) 将 child 属性被设置为 SafeArea Widget 的 Padding Widget 添加到 body 属性。将

SingleChildScrollView 添加到 SafeArea child。将 Column 添加到 SingleChildScrollView child。对于 Column children，添加对 ContainerWithBoxDecorationWidget() Widget 类的调用，接下来将创建该 Widget 类。要确保该 Widget 类使用 const 关键字来利用缓存(性能)。

```
body: Padding(
    padding: EdgeInsets.all(16.0),
    child: SafeArea(
      child: SingleChildScrollView(
          child: Column(
            children: <Widget>[
              const ContainerWithBoxDecorationWidget(),
            ],
          ),
      ),
    ),
),
```

(2) 在 class Home extends StatelessWidget {...}之后创建 ContainerWithBoxDecorationWidget() Widget 类。该 Widget 类将返回一个 Widget。注意，当通过创建 Widget 类进行重构时，它们的类型就是 StatelessWidget，除非我们指定使用一个 StatefulWidget。

```
class ContainerWithBoxDecorationWidget extends StatelessWidget {
    const ContainerWithBoxDecorationWidget({
      Key key,
    }) : super(key: key);

    @override
    Widget build(BuildContext context) {
      return Column(
        children: <Widget>[
          Container(),
        ],
      );
    }
}
```

(3) 通过添加 175.0 pixels 这一高度开始将属性添加到 Container。注意数字后的逗号，它会分隔属性并有助于保持 Dart 代码的格式化。在下一行添加 decoration 属性，它接收一个 BoxDecoration 类。BoxDecoration 类提供了不同方式来绘制一个框，在这个例子中，我们要将一个 BorderRadius 类添加到 Container 的 bottomLeft 和 bottomRight。

```
Container(

    height: 100.0,
```

```
    decoration: BoxDecoration(),
),
```

(4) 使用命名构造函数 BorderRadius.only()允许我们控制要绘制圆角的边。这里有意将 bottomLeft 的圆角半径绘制得比 bottomRight 大，以表明可以创建自定义形状。

```
BoxDecoration(
  borderRadius: BorderRadius.only(
    bottomLeft: Radius.circular(100.0),
    bottomRight: Radius.circular(10.0),
  ),
),
```

BoxDecoration 还支持 gradient 属性。我们正在使用 LinearGradient，不过也可能使用 RadialGradient。LinearGradient 会线性显示渐变色，而 RadialGradient 会以圆形方式显示渐变色。begin 和 end 属性允许我们使用 AlignmentGeometry 类来选择渐变的开始和结束位置。AlignmentGeometry 是 Alignment 的基类，它允许带有方向性的解析。有许多方向可供选择，如 Alignment.bottomLeft、Alignment.centerRight 等。

```
begin: Alignment.topCenter,
end: Alignment.bottomCenter,
```

colors 属性需要 Color 类型的一个 List，即 List<Color>。要在方括号中输入 Colors 列表并以逗号分隔。

```
colors: [
    Colors.white,
    Colors.lightGreen.shade500,
],
```

这是完整的 gradient 属性的源代码:

```
gradient: LinearGradient(
    begin: Alignment.topCenter,
    end: Alignment.bottomCenter,
    colors: [
        Colors.white,
        Colors.lightGreen.shade500,
    ],
),
```

(5) boxShadow 属性是自定义阴影的最好方式，它接收一个 BoxShadow 列表，被称为 List <BoxShadow>。要为 BoxShadow 设置 color、blurRadius 和 offset 属性。

```
boxShadow: [
    BoxShadow(
```

```
          color: Colors.white,
          blurRadius: 10.0,
          offset: Offset(0.0, 10.0),
        )
    ],
```

Container 的最后一个部分是添加一个通过 Center Widget 包装的子 Text Widget。Center Widget 允许我们将 child Widget 居中显示在屏幕上。

```
child: Center(
    child: Text('Container'),
),
```

(6) 添加一个 Center widge 作为 Container 的 child，并将具有字符串 Container 的 Text Widget 添加到 Center Widget child(下一节将详细讲解 Text Widget)。

```
child: Center(
    child: Text('Container'),
),
```

以下是完整的 ContainerWithBoxDecorationWidget() Widget 类的源代码:

```
class ContainerWithBoxDecorationWidget extends StatelessWidget {
  const ContainerWithBoxDecorationWidget({
    Key key,
  }) : super(key: key);

  @override
  Widget build(BuildContext context) {
    return Column(
      children: <Widget>[
        Container(
          height: 100.0,
          decoration: BoxDecoration(
            borderRadius: BorderRadius.only(
              bottomLeft: Radius.circular(100.0),
              bottomRight: Radius.circular(10.0),
            ),
            gradient: LinearGradient(
              begin: Alignment.topCenter,
              end: Alignment.bottomCenter,
              colors: [
                Colors.white,
                Colors.lightGreen.shade500,
              ],
```

```
          ),
          boxShadow: [
            BoxShadow(
              color: Colors.grey,
              blurRadius: 10.0,
              offset: Offset(0.0, 10.0),
            ),
          ],
        ),
        child: Center(
          child: RichText(
            text: Text('Container'), ),
        ),
      ],
    );
  }
}
```

图 6.5 显示了运行结果。

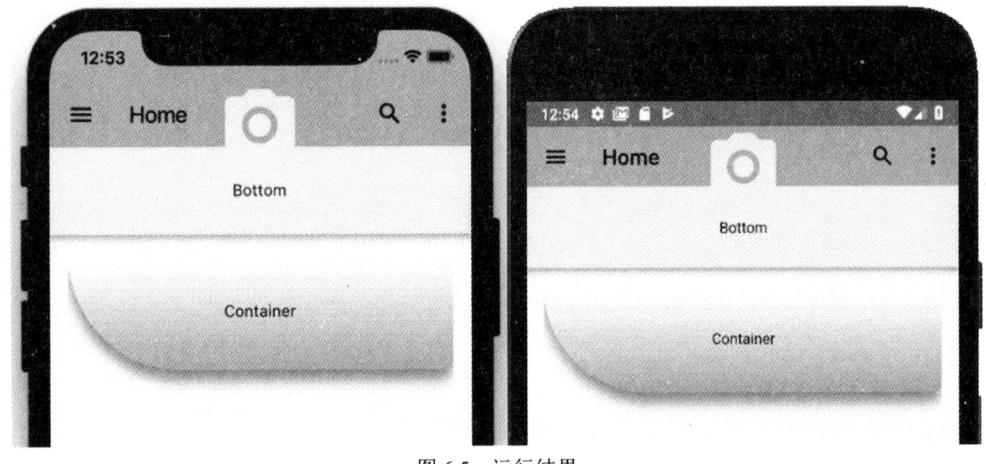

图 6.5　运行结果

示例说明

容器会成为自定义的功能强大的 Widget。通过使用装饰、渐变和阴影，我们就能创建出优美的 UI。我喜欢将容器视为对应用的效果强化，就如同给画作添加一个好看的画框一样。

6.1.3　Text

前面的示例中已经使用了 Text Widget；这是一个很容易使用的 Widget，不过也是可以自定义的。Text 构造函数接收的参数包括 string、style、maxLines、overflow、textAlign 等。

```
Text(
  'Flutter World for Mobile',
  style: TextStyle(
    fontSize: 24.0,
    color: Colors.deepPurple,
    decoration: TextDecoration.underline,
    decorationColor: Colors.deepPurpleAccent,
    decorationStyle: TextDecorationStyle.dotted,
    fontStyle: FontStyle.italic,
    fontWeight: FontWeight.bold,
   ),
   maxLines: 4,
   overflow: TextOverflow.ellipsis,
   textAlign: TextAlign.justify,
  ),
```

6.1.4　RichText

RichText Widget 是用多种样式显示文本的绝佳方式。RichText Widget 接收 TextSpan 作为子 Widget 以便对字符串的不同部分进行样式化(图 6.6)。

图 6.6　使用 TextSpan 的 RichText

试一试：使用 RichText 子 Container 替换 Text

相对于使用之前的 Container Text Widget 来显示普通文本属性，我们可以转而使用一个 RichText Widget 来强化和突显字符串中的文字。可以修改每个文字的颜色和样式。

(1) 找到 Container 子 Text Widget 并删除 Text('Container')。

```
child: Center(
    child: Text('Container'),
),
```

(2) 用 RichText Widget 替换 Container 子属性的 Text Widget。RichText text 属性是一个 TextSpan 对象(类)，它是通过将 TextStyle 用于 style 属性来自定义的。TextSpace 具有一个 TextSpan 的 children 列表，其中可放置不同的 TextSpan 对象以便对整个 RichText 的不同部分进行格式化。

通过使用 RichText Widget 并且结合不同的 TextSpan 对象，我们就能像使用字处理程序那样创建富文本格式。效果如图 6.7 所示。

```
child: Center(
    child: RichText(
      text: TextSpan(
        text: 'Flutter World',
        style: TextStyle(
          fontSize: 24.0,
          color: Colors.deepPurple,
          decoration: TextDecoration.underline,
          decorationColor: Colors.deepPurpleAccent,
          decorationStyle: TextDecorationStyle.dotted,
          fontStyle: FontStyle.italic,
          fontWeight: FontWeight.normal,
        ),
        children: <TextSpan>[
          TextSpan(
              text: ' for',
          ),
          TextSpan(
            text: ' Mobile',
            style: TextStyle(
                color: Colors.deepOrange,
                fontStyle: FontStyle.normal,
                fontWeight: FontWeight.bold),
            ),
        ],
      ),
    ),
),
```

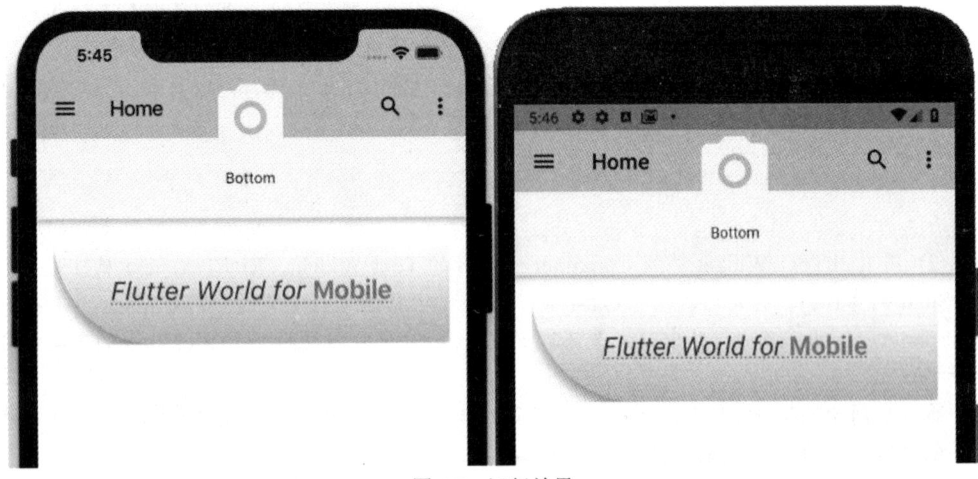

图 6.7　运行效果

示例说明

在与 TextSpan 对象(类)结合使用时，RichText 是一种功能强大的 Widget。有两个主要部分需要样式化，默认的 text 属性以及 TextSpan 的 children 列表。使用 TextSpan 的 text 属性会为 RichText 设置默认样式。TextSpan 的 children 列表允许我们使用多个 TextSpan 对象来格式化不同的字符串。

6.1.5 Column

Column Widget(图 6.8 和图 6.9)会垂直显示其子 Widget。它接收包含一个 List<Widget>数组的 children 属性。这些子 Widget 会垂直对齐，而不会占据屏幕的所有高度区域。每一个子 Widget 都可以嵌入 Expanded Widget 中以便填充可用空间。可以使用 CrossAxisAlignment、MainAxisAlignment 和 MainAxisSize 来对齐和测量主轴上所占据空间的大小尺寸。

```
Column(
   crossAxisAlignment: CrossAxisAlignment.center,
   mainAxisAlignment: MainAxisAlignment.spaceEvenly,
   mainAxisSize: MainAxisSize.max,
   children: <Widget>[
      Text('Column 1'),
      Divider(),
      Text('Column 2'),
      Divider(),
      Text('Column 3'),
   ],
),
```

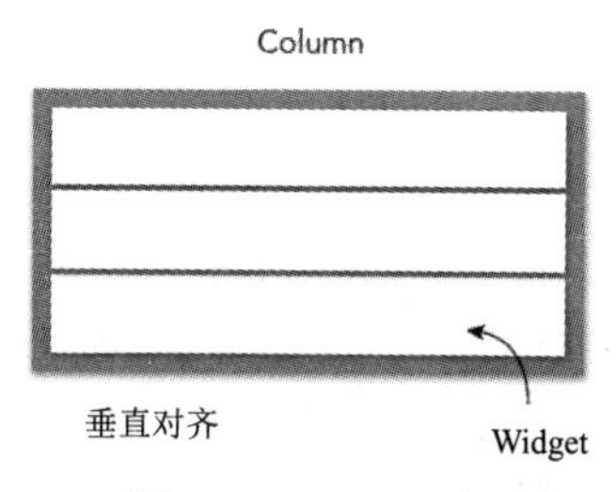

图 6.8　Column Widget

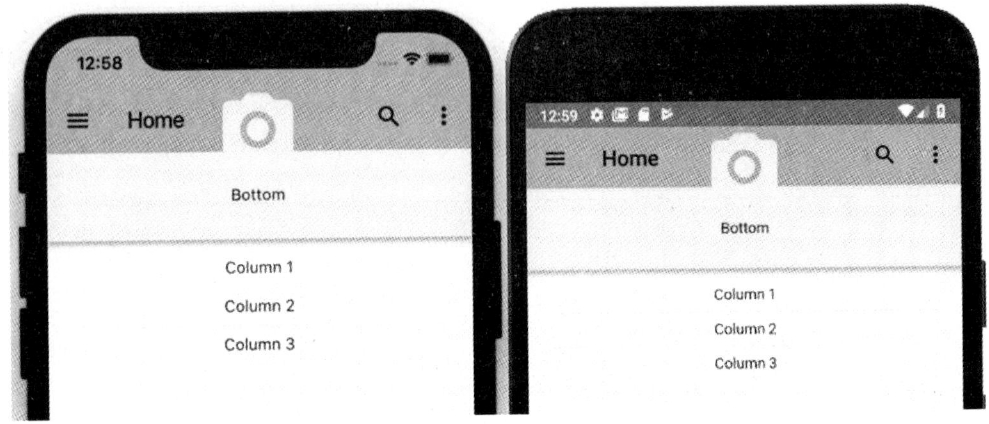

图 6.9　应用中渲染的 Column Widget

6.1.6　Row

Row Widget(图 6.10 和图 6.11)会水平显示其子 Widget。它接收包含一个 List<Widget>数组的 children 属性。Column 包含的属性同样适用于 Row Widget，只不过其对齐方式是水平，而非垂直。

```
Row(
   crossAxisAlignment: CrossAxisAlignment.start,
   mainAxisAlignment: MainAxisAlignment.
spaceEvenly,
   mainAxisSize: MainAxisSize.max,
   children: <Widget>[
     Row(
       children: <Widget>[
           Text('Row 1'),
           Padding(padding: EdgeInsets.all(16.0),),
           Text('Row 2'),
           Padding(padding: EdgeInsets.all(16.0),),
           Text('Row 3'),
       ],
     ),
  ],
),
```

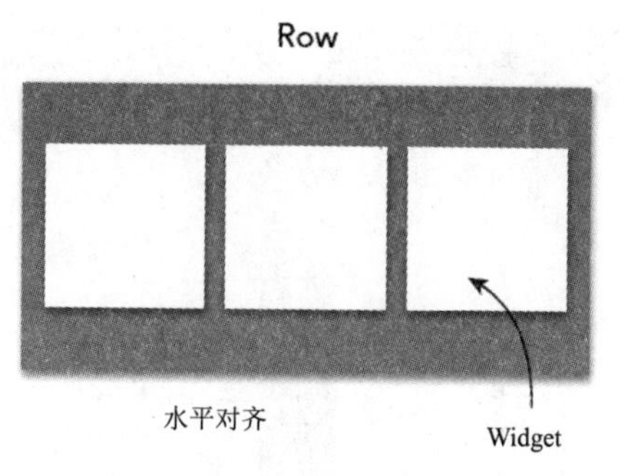

图 6.10　Row Widget

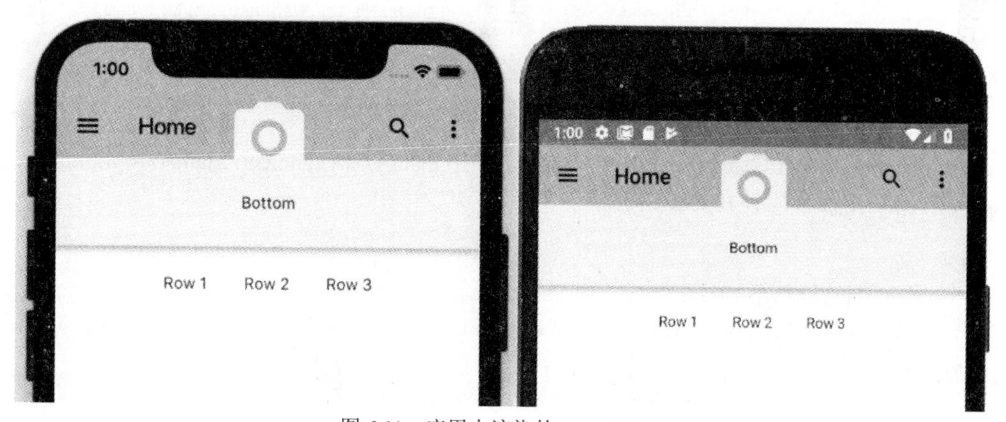

图 6.11　应用中渲染的 Row Widget

Column 和 Row 嵌套

创建独特布局的一种好方法就是根据个性化需要结合使用 Column 和 Row Widget。假设有一个 Column 中具有 Text 的日志页面，其中还有包含一组图片的嵌套 Row(图 6.12 和 6.13)。

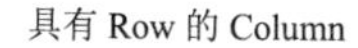

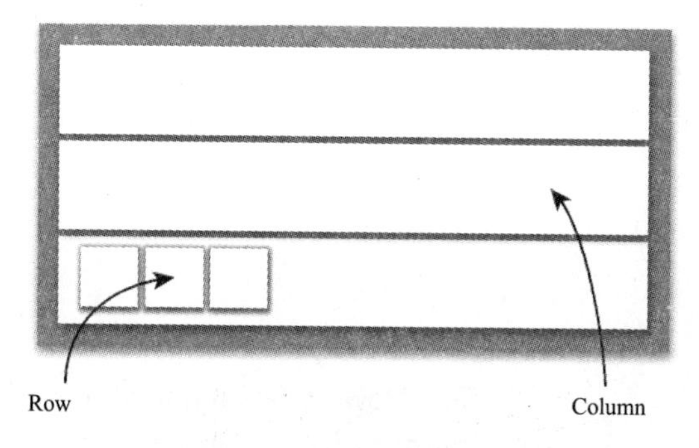

图 6.12　Column 和 Row 嵌套

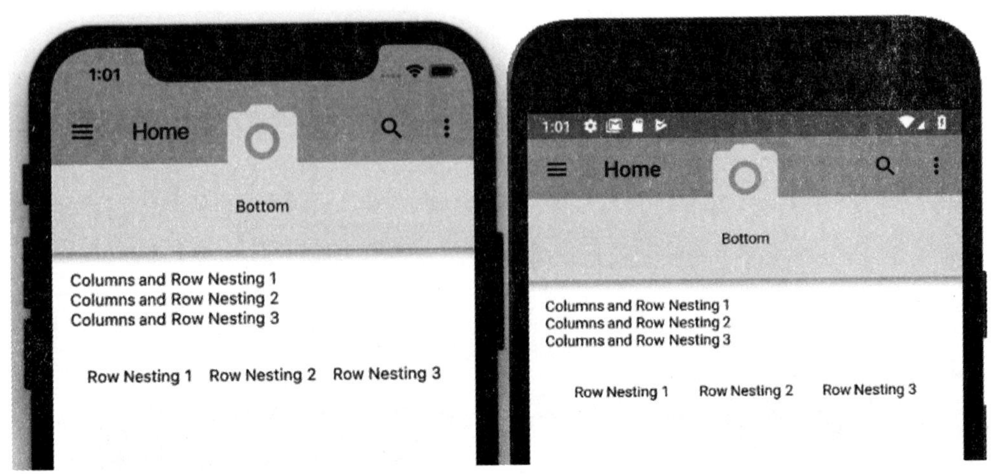

图 6.13　应用中渲染的 Column 和 Row Widget

在 Column Widget 中添加一个 Row Widget。使用 mainAxisAlignment: MainAxisAlignment-.spaceEvenly 并添加三个 Text Widget。

```
Column(
   crossAxisAlignment: CrossAxisAlignment.start,
   mainAxisAlignment: MainAxisAlignment.
spaceEvenly,
   mainAxisSize: MainAxisSize.max,
   children: <Widget>[
     Text('Columns and Row Nesting 1',),
     Text('Columns and Row Nesting 2',),
     Text('Columns and Row Nesting 3',),
     Padding(padding: EdgeInsets.all(16.0),),
     Row(
       mainAxisAlignment: MainAxisAlignment.spaceEvenly,
       children: <Widget>[
         Text('Row Nesting 1'),
         Text('Row Nesting 2'),
         Text('Row Nesting 3'),
       ],
     ),
   ],
),
```

试一试：添加 Column、Row 以及将 Row 和 Column 嵌套在一起作为 Widget 类

我们要将三个 Widget 类添加到 Widget 列表的 Column 的 body 属性部分。在每个 Widget 类之间，需要添加一个简单的 Divider() Widget 来绘制不同部分之间的分隔线。

(1) 将名为 ColumnWidget()、RowWidget()和 ColumnAndRowNestingWidget()的 Widget

类添加到 Column 子 Widget 列表。Column Widget 位于 body 属性中。在每个 Widget 类名称之间添加一个 Divider() Widget。要确保每个 Widget 类都使用 const 关键字。

```
body: Padding(
    padding: EdgeInsets.all(16.0),
    child: SafeArea(
      child: SingleChildScrollView(
        child: Column(
          children: <Widget>[
            const ContainerWithBoxDecorationWidget(),
            Divider(),
            const ColumnWidget(),
            Divider(),
            const RowWidget(),
            Divider(),
            const ColumnAndRowNestingWidget(),
          ],
        ),
      ),
    ),
),
```

(2) 在 ContainerWithBoxDecorationWidget() Widget 类之后创建 ColumnWidget() Widget 类。

```
class ColumnWidget extends StatelessWidget {
  const ColumnWidget({
      Key key,
  }) : super(key: key);

  @override
  Widget build(BuildContext context) {
      return Column(
        crossAxisAlignment: CrossAxisAlignment.center,
        mainAxisAlignment: MainAxisAlignment.spaceEvenly,
        mainAxisSize: MainAxisSize.max,
        children: <Widget>[
          Text('Column 1'),
          Divider(),
          Text('Column 2'),
          Divider(),
          Text('Column 3'),
        ],
      );
  }
}
```

(3) 在 ColumnWidget() Widget 类之后创建 RowWidget() Widget 类。

```
class RowWidget extends StatelessWidget {
  const RowWidget({
     Key key,
  }) : super(key: key);

  @override
  Widget build(BuildContext context) {
    return Row(
      crossAxisAlignment: CrossAxisAlignment.start,
      mainAxisAlignment: MainAxisAlignment.spaceEvenly,
      mainAxisSize: MainAxisSize.max,
      children: <Widget>[
        Row(
            children: <Widget>[
              Text('Row 1'),
              Padding(padding: EdgeInsets.all(16.0),),
              Text('Row 2'),
              Padding(padding: EdgeInsets.all(16.0),),
              Text('Row 3'),
            ],
        ),
      ],
    );
  }
}
```

(4) 在 RowWidget() Widget 类之后创建 ColumnAndRowNestingWidget() Widget 类。

```
class ColumnAndRowNestingWidget extends StatelessWidget {
  const ColumnAndRowNestingWidget({
    Key key,
  }) : super(key: key);

  @override
  Widget build(BuildContext context) {
    return Column(
      crossAxisAlignment: CrossAxisAlignment.start,
      mainAxisAlignment: MainAxisAlignment.spaceEvenly,
      mainAxisSize: MainAxisSize.max,
      children: <Widget>[
        Text('Columns and Row Nesting 1',),
        Text('Columns and Row Nesting 2',),
```

```
            Text('Columns and Row Nesting 3',),
            Padding(padding: EdgeInsets.all(16.0),),
            Row(
              mainAxisAlignment: MainAxisAlignment.spaceEvenly,
              children: <Widget>[
                Text('Row Nesting 1'),
                Text('Row Nesting 2'),
                Text('Row Nesting 3'),
              ],
            ),
          ],
        );
      }
    }
```

示例说明

Column 和 Row 是进行垂直或水平布局的便利 Widget。嵌套 Column 和 Row Widget 会创建出适用于每种场景的灵活布局。嵌套 Widget 是设计 Flutter UI 布局的核心。

6.1.7 Button

根据场景，我们有各种按钮(Button)可选择，如 FloatingActionButton、FlatButton、IconButton、RaisedButton、PopupMenuButton 和 ButtonBar。

1. FloatingActionButton

FloatingActionButton Widget 通常放置在 Scaffold floatingActionButton 属性中主界面的右下角或中心位置。使用 FloatingActionButtonLocation Widget 以便将按钮以凹口形式嵌入导航栏或悬浮在导航栏。要将一个按钮以凹口形式嵌入导航栏，可使用 BottomAppBar Widget。默认情况下，它会是一个圆形按钮，但可使用命名构造函数 FloatingActionButton.extended 将其自定义为圆角方框形状。这段示例代码中注释掉了圆角方框形状按钮以便你进行测试。

```
floatingActionButtonLocation: FloatingActionButtonLocation.endDocked,
floatingActionButton: FloatingActionButton(
    onPressed: () {},
    child: Icon(Icons.play_arrow),
    backgroundColor: Colors.lightGreen.shade100,
),
// or
// This creates a Stadium Shape FloatingActionButton
// floatingActionButton: FloatingActionButton.extended(
// onPressed: () {},
// icon: Icon(Icons.play_arrow),
```

```
// label: Text('Play'),
// ),
bottomNavigationBar: BottomAppBar(
  hasNotch: true,
  color: Colors.lightGreen.shade100,
  child: Row(
    mainAxisAlignment: MainAxisAlignment.spaceEvenly,
    children: <Widget>[
      Icon(Icons.pause),
      Icon(Icons.stop),
      Icon(Icons.access_time),
      Padding(
        padding: EdgeInsets.all(32.0),
      ),
    ],
  ),
),
```

在图 6.14 中，界面右下角上启用了以凹口形式嵌入的 FloatingActionButton Widget。

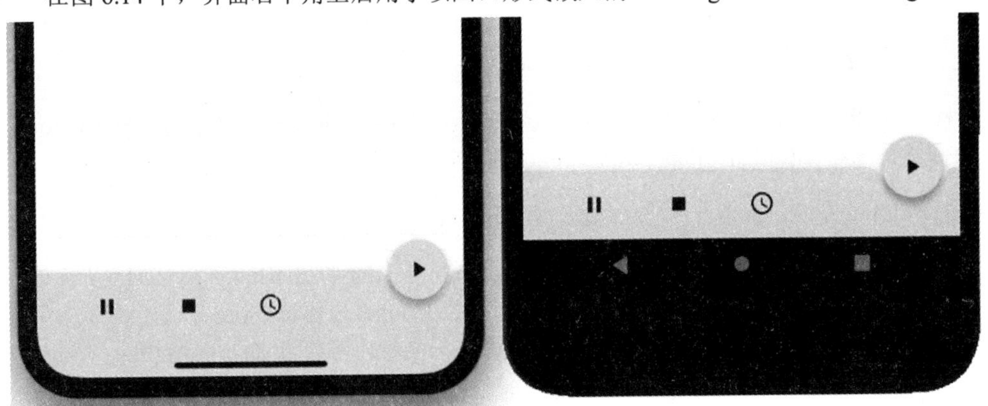

图 6.14 以凹口形式嵌入的 FloatingActionButton

2. FlatButton

FlatButton Widget 是用到的极简的按钮；它会显示一个文本标签，不带有任何边框或标高效果(阴影)。由于文本标签是一个 Widget，所以可使用一个 Icon Widget 作为替代或用另一个 Widget 来自定义该按钮。color、highlightColor、splashColor、textColor 以及其他属性都可以被自定义。

```
// Default - left button
FlatButton(
  onPressed: () {},
  child: Text('Flag'),
```

```
),

// Customize - right button
FlatButton(
   onPressed: () {},
   child: Icon(Icons.flag),
   color: Colors.lightGreen,
   textColor: Colors.white,
),
```

在图 6.15 中可以看到，默认的 FlatButton Widget 位于左侧，而自定义的 FlatButton Widget 位于右侧。

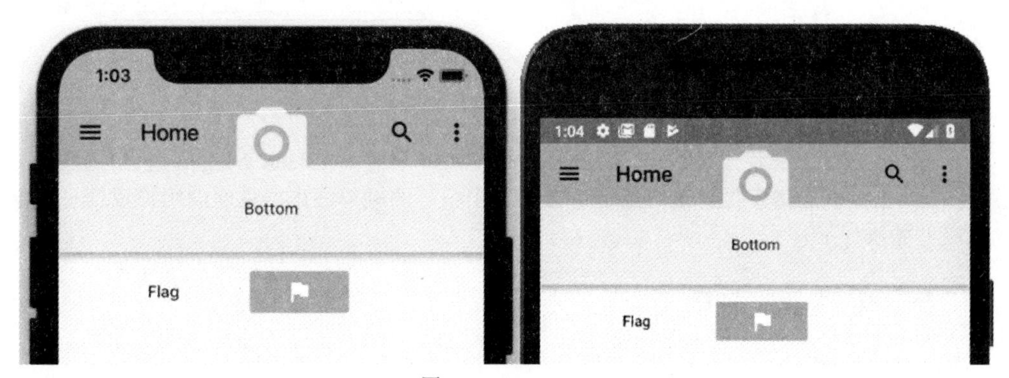

图 6.15　FlatButton

3. RaisedButton

RaisedButton Widget 增加了一个处理方式，当用户按下按钮时，标高效果(阴影)会增加。

```
// Default - left button
RaisedButton(
   onPressed: () {},
   child: Text('Save'),
),

// Customize - right button
RaisedButton(
   onPressed: () {},
   child: Icon(Icons.save),
   color: Colors.lightGreen,
),
```

在图 6.16 中可以看到，默认的 RaisedButton Widget 位于左侧，而自定义 RaisedButton Widget 位于右侧。

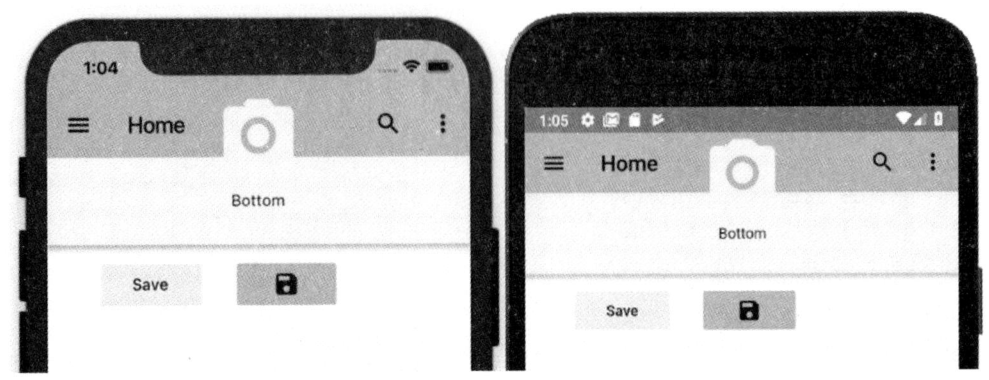

图 6.16　RaisedButton

4. IconButton

IconButton Widget 使用 Material Component Widget 上的一个 Icon Widget，它会通过填充颜色(油墨)来响应触碰事件。这一组合可以创建出很好的触摸效果，从而向用户反馈一个活动已经开始执行了。

```
// Default - left button
IconButton(
   onPressed: () {},
   icon: Icon(Icons.flight),
),

// Customize - right button
IconButton(
   onPressed: () {},
   icon: Icon(Icons.flight),
   iconSize: 42.0,
   color: Colors.white,
   tooltip: 'Flight',
),
```

在图 6.17 中可以看到，默认的 IconButton Widget 位于左侧，而自定义 IconButton Widget 位于右侧。

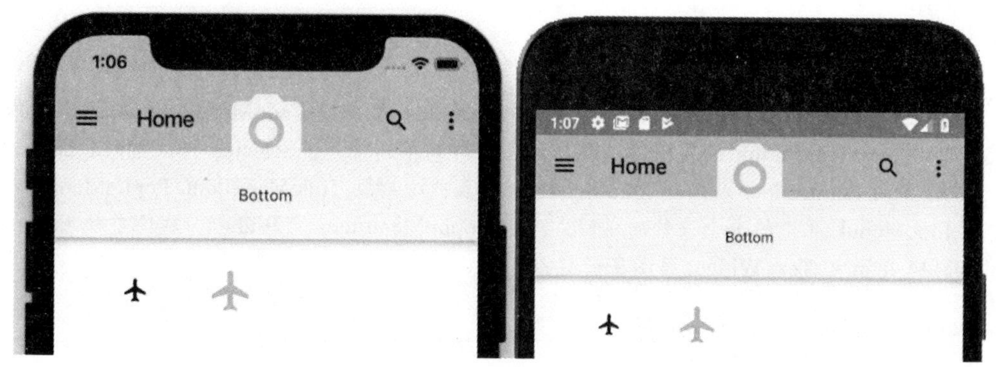

图 6.17　IconButton

5. PopupMenuButton

PopupMenuButton Widget 会显示菜单项列表。当一个菜单项被按下时，其值会传递到 onSelected 属性。这个 Widget 的常见用途就是将其放在 AppBar Widget 的右上角，以便用户选择不同的菜单选项。另一个例子是将 PopupMenuButton Widget 放在 AppBar Widget 的中间位置以显示一组搜索过滤器。

试一试：创建 PopupMenuButton 以及内容项的 Class 和 List

在添加 PopupMenuButton Widget 之前，我们首先来构建要展示的内容项所需的 Class 和 List。通常，TodoMenuItem(模型)类会被创建到单独的 Dart 文件中，但为了保持本示例的专注点，我们要将其添加到 home.dart 文件中。在本书最后三章中，要将这些类分隔成专属的文件。

(1) 创建 TodoMenuItem 类。在创建这个类时，请确保它不位于另一个类中。创建这个类并在最后一个反向花括号}之后的文件结尾处将其列出。TodoMenuItem 类包含一个 title 和一个 icon。

```
class TodoMenuItem {
  final String title;
  final Icon icon;

  TodoMenuItem({this.title, this.icon});
}
```

(2) 创建 TodoMenuItem 的 List。这个 List<TodoMenuItem>将被称为 foodMenuList 并将包含 TodoMenuItems 的 List(数组)。

```
// Create a List of Menu Item for PopupMenuButton
List<TodoMenuItem> foodMenuList = [
  TodoMenuItem(title: 'Fast Food', icon: Icon(Icons.fastfood)),
  TodoMenuItem(title: 'Remind Me', icon: Icon(Icons.add_alarm)),
  TodoMenuItem(title: 'Flight', icon: Icon(Icons.flight)),
```

```
    TodoMenuItem(title: 'Music', icon: Icon(Icons.audiotrack)),
];
```

(3) 创建 PopupMenuButton。我们要使用 itemBuilder 来构建 TodoMenuItem 的 List。如果没有为 PopupMenuButton 设置图标，则默认会使用菜单图标。onSelected 将检索列表上被选中的项。使用 itemBuilder 来构建 foodMenuList 列表并映射到 TodoMenuItem。PopupMenuItem 会为 foodMenuList 中的每个项目的返回。对于 PopupMenuItem 子 Widget，我们要使用 Row Widget 将 Icon 和 Text Widget 显示在一起。

```
PopupMenuButton<TodoMenuItem>(
    icon: Icon(Icons.view_list),
    onSelected: ((valueSelected) {
      print('valueSelected: ${valueSelected.title}');
    }),
    itemBuilder: (BuildContext context) {
      return foodMenuList.map((TodoMenuItem todoMenuItem) {
          return PopupMenuItem<TodoMenuItem>(
            value: todoMenuItem,
            child: Row(
              children: <Widget>[
                  Icon(todoMenuItem.icon.icon),
                  Padding(padding: EdgeInsets.all(8.0),),
                  Text(todoMenuItem.title),
              ],
            ),
          );
      }).toList();
    },
),
```

效果如图 6.18 所示。

图 6.18　创建 PopupMenuButton

(4) 通过添加 Widget 类名 PopupMenuButtonWidget()来修改 AppBar bottom 属性。

```
bottom: PopupMenuButtonWidget(),
```

(5) 在 ColumnAndRowNestingWidget() Widget 类之后创建 PopupMenuButtonWidget() Widget 类。由于 bottom 属性需要一个 PreferredSizeWidget，所以要在类声明中使用 implements PreferredSizeWidget。这个类扩展 StatelessWidget 并实现了 PreferredSizeWidget。

构建该 Widget 后，就要实现@override preferredSize 获取器；这是一个必要的步骤，因为 PreferredSizeWidget 的目的在于为 Widget 提供尺寸；在这个示例中，我们要设置 height 属性。如果没有这一步骤，就没有指定的尺寸。

```
@override
// implement preferredSize
Size get preferredSize => Size.fromHeight(75.0);
```

以下是完整的 PopupMenuButtonWidget Widget 类。注意，Container Widget 的 height 属性使用了 PreferredSizeWidget 获取器中所设置的 preferredSize.height 属性。

```
  class PopupMenuButtonWidget extends StatelessWidget implements
PreferredSizeWidget {
   const PopupMenuButtonWidget({
     Key key,
   }) : super(key: key);

   @override
   Widget build(BuildContext context) {
     return Container(
       color: Colors.lightGreen.shade100,
       height: preferredSize.height,
       width: double.infinity,
       child: Center(
         child: PopupMenuButton<TodoMenuItem>(
           icon: Icon(Icons.view_list),
           onSelected: ((valueSelected) {
             print('valueSelected: ${valueSelected.title}');
           }),
           itemBuilder: (BuildContext context) {
             return foodMenuList.map((TodoMenuItem todoMenuItem) {
               return PopupMenuItem<TodoMenuItem>(
                 value: todoMenuItem,
                 child: Row(
                   children: <Widget>[
                     Icon(todoMenuItem.icon.icon),
                     Padding(
                        padding: EdgeInsets.all(8.0),
                     ),
                     Text(todoMenuItem.title),
```

```
                ],
              ),
            );
          }).toList();
        },
      ),
    ),
  );
}

@override
// implement preferredSize
Size get preferredSize => Size.fromHeight(75.0);
}
```

示例说明

PopupMenuButton Widget 是显示内容项 List(如菜单选项)的一个绝佳 Widget。对于内容项列表，我们创建了一个 TodoMenuItem Class 来存留 title 和 icon。我们创建了 foodMenuList，它是包含每个 TodoMenuItem 的 List。在这个例子中，List 项都是硬编码的，不过在真实应用中，可从 Web 服务处读取这些值。在第 14~16 章中，我们将实现 Cloud Firestore 以便从 Web 服务端访问数据。

6. ButtonBar

ButtonBar Widget(图 6.19)会水平对齐按钮。在这个示例中，ButtonBar Widget 是 Container Widget 的子 Widget 以便为其提供背景色。

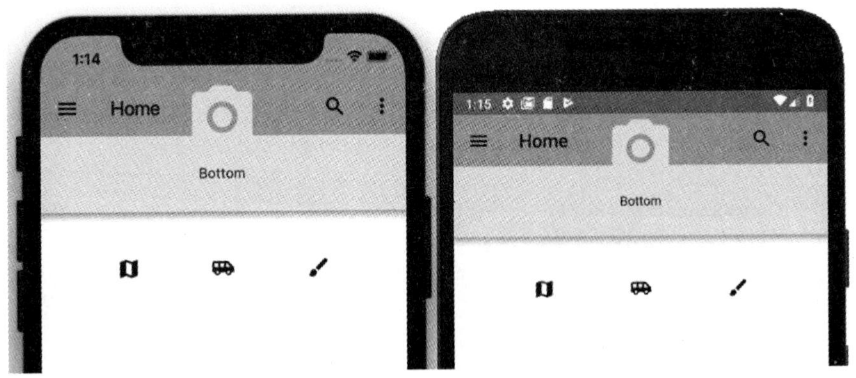

图 6.19 ButtonBar

```
Container(
  color: Colors.white70,
  child: ButtonBar(
    alignment: MainAxisAlignment.spaceEvenly,
```

```
        children: <Widget>[
          IconButton(
              icon: Icon(Icons.map),
              onPressed: () {},
          ),
          IconButton(
              icon: Icon(Icons.airport_shuttle),
              onPressed: () {},
          ),
          IconButton(
            icon: Icon(Icons.brush),
            onPressed: () {},
          ),
        ],
      ),
    ),
```

试一试：添加按钮作为 Widget 类

前面已经介绍过 FloatingActionButton、FlatButton、RaisedButton、IconButton、PopupMenuButton 和 ButtonBar Widget。这里要创建两个 Widget 类来组织按钮的布局。

(1) 将名为 ButtonsWidget()和 ButtonBarWidget()的 Widget 类添加到 Column 子 Widget 列表。Column 位于 body 属性中。在每个 Widget 类名称之间添加一个 Divider()Widget。要确保每个 Widget 类都使用 const 关键字。

```
body: Padding(
    padding: EdgeInsets.all(16.0),
    child: SafeArea(
      child: SingleChildScrollView(
        child: Column(
          children: <Widget>[
              const ContainerWithBoxDecorationWidget(),
              Divider(),
              const ColumnWidget(),
              Divider(),
              const RowWidget(),
              Divider(),
              const ColumnAndRowNestingWidget(),
              Divider(),
              const ButtonsWidget(),
              Divider(),
              const ButtonBarWidget(),
          ],
        ),
```

```
      ),
    ),
  ),
```

(2) 在 ColumnAndRowNestingWidget() Widget 类之后创建 ButtonsWidget() Widget 类。这个类会为 Widget 的 children 列表返回具有三个 Row Widget 的 Column。Widget 的每个 Row children 列表都包含不同按钮，如 FlatButton、RaisedButton 和 IconButton 按钮。

```
class ButtonsWidget extends StatelessWidget {
  const ButtonsWidget({
    Key key,
  }) : super(key: key);

  @override
  Widget build(BuildContext context) {
    return Column(
      children: <Widget>[
        Row(
          children: <Widget>[
            Padding(padding: EdgeInsets.all(16.0)),
            FlatButton(
              onPressed: () {},
            child: Text('Flag'),
          ),
          Padding(padding: EdgeInsets.all(16.0)),
          FlatButton(
            onPressed: () {},
            child: Icon(Icons.flag),
            color: Colors.lightGreen,
            textColor: Colors.white,
          ),
        ],
      ),
      Divider(),
      Row(
        children: <Widget>[
          Padding(padding: EdgeInsets.all(16.0)),
          RaisedButton(
            onPressed: () {},
            child: Text('Save'),
          ),
          Padding(padding: EdgeInsets.all(16.0)),
          RaisedButton(
            onPressed: () {},
```

```
                child: Icon(Icons.save),
                color: Colors.lightGreen,
              ),
            ],
          ),
          Divider(),
          Row(
            children: <Widget>[
              Padding(padding: EdgeInsets.all(16.0)),
              IconButton(
                icon: Icon(Icons.flight),
                onPressed: () {},
              ),
              Padding(padding: EdgeInsets.all(16.0)),
              IconButton(
                  icon: Icon(Icons.flight),
                  iconSize: 42.0,
                  color: Colors.lightGreen,
                  tooltip: 'Flight',
                  onPressed: () {},
              ),
            ],
          ),
          Divider(),
        ],
      );
  }
}
```

(3) 在 ButtonsWidget() Widget 类之后创建 ButtonBarWidget() Widget 类。这个类会返回一个具有 ButtonBar 作为 child 的 Container。Widget 的 ButtonBar children 列表包含三个 IconButton Widget。

```
class ButtonBarWidget extends StatelessWidget {
  const ButtonBarWidget({
    Key key,
  }) : super(key: key);

  @override
  Widget build(BuildContext context) {
    return Container(
      color: Colors.white70,
      child: ButtonBar(
        alignment: MainAxisAlignment.spaceEvenly,
```

```
        children: <Widget>[
          IconButton(
            icon: Icon(Icons.map),
            onPressed: () {},
          ),
          IconButton(
            icon: Icon(Icons.airport_shuttle),
            onPressed: () {},
          ),
          IconButton(
            icon: Icon(Icons.brush),
            highlightColor: Colors.purple,
            onPressed: () {},
          ),
        ],
      ),
    );
  }
}
```

效果如图 6.20 所示。

图 6.20　创建 ButtonBarWidget() Widget 类的效果

示例说明

FloatingActionButton、FlatButton、RaisedButton、IconButton、PopupMenuButton 和 ButtonBar Widget 都通过设置 icon、iconSize、tooltip、color、text 等属性来配置。

6.2 使用图片和图标

图片会让应用看起来很精彩或很难看，这取决于原图的质量。图片、图标及其他资源都经常会被嵌入应用中。

6.2.1 AssetBundle

AssetBundle 类会提供对自定义资源(如图片、字体、音频、数据文件等)的访问。在 Flutter 应用可以使用一项资源之前，必须在 pubspec.yaml 文件中声明它。

```
// pubspec.yaml file to edit
# To add assets to your application, add an assets section, like this:
assets:
    —assets/images/logo.png
    —assets/images/work.png
    —assets/data/seed.json
```

相对于因声明每一项资源而得到非常长的声明内容而言，我们可声明每个目录中的所有资源。要确保以正斜杠作为目录名称的结尾。在本书所有内容中，我都会在将资源添加到项目时使用这一方式。

```
// pubspec.yaml file to edit
# To add assets to your application, add an assets section, like this:
assets:
   —assets/images/
   —assets/data/
```

6.2.2 Image

Image Widget 会显示一张来自本地或 URL(Web)源的图片。要加载一个 Image Widget，有几个不同的构造函数可供使用。

- Image()——从 ImageProvider 类中检索图片
- Image.asset()——使用一个键从 AssetBundle 类中检索图片
- Image.file()——从 File 类中检索图片
- Image.memory()——从 Uint8List 类中检索图片
- Image.network()——从一个 URL 路径处检索图片

按下 Ctrl+Spacebar 以便调用代码补全从而提供可用选项(图 6.21)。

```
Image
Image({@required ImageProvider<dynamic> image, Key key, …  Image
Image.asset(String name, {Key key, AssetBundle bundle, d…  Image
Image.file(File file, {Key key, double scale: 1.0, doubl…  Image
Image.memory(Uint8List bytes, {Key key, double scale: 1.…  Image
Image.network(String src, {Key key, double scale: 1.0, d…  Image
ImageCache
ImageCache()                                              ImageCache
ImageConfiguration
ImageConfiguration({AssetBundle bundle, dou…  ImageConfiguration
ImageIcon
Dot, space and some other keys will also close this lookup and be inserted into editor
```

图 6.21　Image 代码补全

顺便说一下，Image Widget 还支持动画 GIF。

以下示例使用默认的 Image 构造函数来初始化 image 和 fit 参数。image 参数是通过 AssetImage()构造函数使用 logo.png 文件的默认包位置来设置的。可使用 fit 参数通过多种 BoxFit 选项来调整 Image Widget 的大小，这些选项的例子有 contain、cover、fill、fitHeight、fitWidth 或 none(图 6.22)。

```
// Image - on the left side
Image(
   image: AssetImage("assets/images/logo.png"),
   fit: BoxFit.cover,
),

// Image from a URL - on the right side
Image.network(
'https://flutter.io/images/catalog-Widget-placeholder.png',
),
```

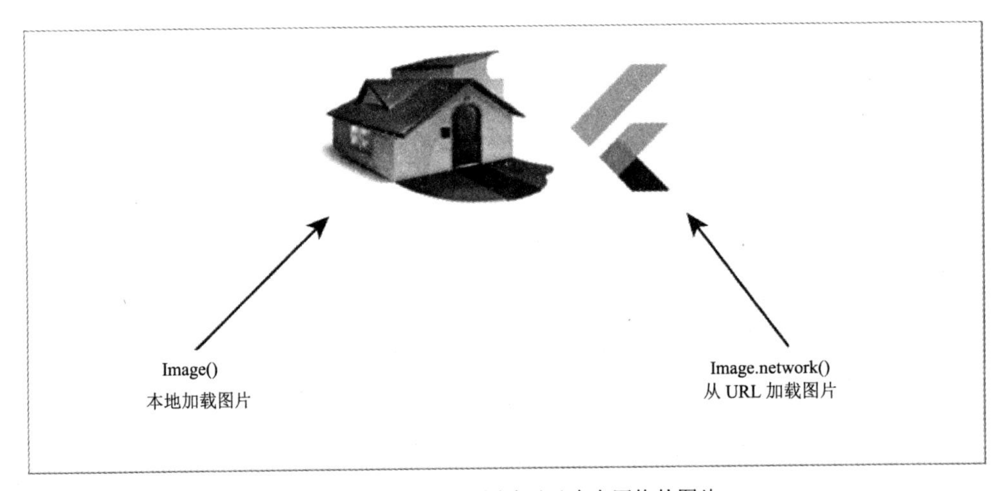

图 6.22　本地加载的图片以及来自网络的图片

如果为图片添加颜色，则会为图片部分着色并且不会处理任何透明区域，从而生成轮廓外观(图 6.23)。

```
// Image
   Image(
   image: AssetImage("assets/images/logo.png"),
   color: Colors.deepOrange,
   fit: BoxFit.cover,
),
```

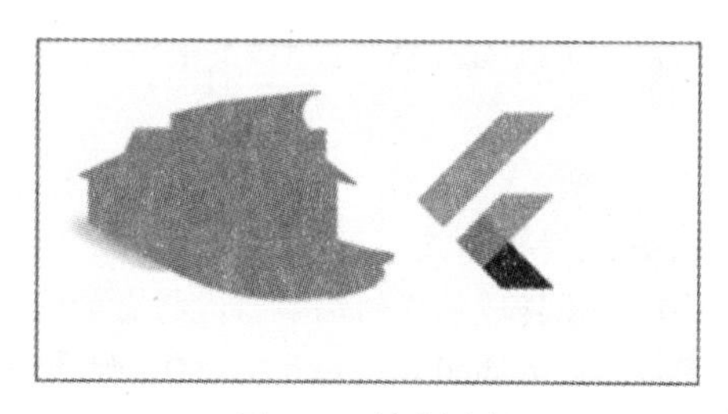

图 6.23　轮廓图片

6.2.3 Icon

Icon Widget 是用 IconData 中描述的一种字体字形来绘制的。Flutter 的 icons.dart 文件完整列出字体 MaterialIcons 中可用的图标。一种添加自定义图标的好方式就是，将其添加到包含字形的 AssetBundle 字体。一个例子就是 Font Awesome，它包含一组高质量的图标和一个 Flutter 包。当然，还有许多来自其他源的可用高质量图标。

Icon Widget 允许我们修改 Icon Widget 的颜色、大小以及其他属性(图 6.24)。

```
Icon(
   Icons.brush,
     color: Colors.lightBlue,
     size: 48.0,
),
```

图 6.24　自定义大小的 Icon

试一试：创建 Images 项目；添加资源；加载图片、图标和装饰

创建一个新的 Flutter 项目并将其命名为 ch6_images；可遵循第 4 章中的步骤说明进行处理。对于这个项目而言，仅需要创建 pages 和 assets/images 文件夹。创建 Home 类作为一个 StatelessWidget。这个应用的目的是让大家了解如何使用 Image 和 Icon Widget。

在这个示例中，我们要根据设备屏幕大小自定义两个 Image Widget 的 width 属性。为了获取设备屏幕大小，可以使用 MediaQuery.of()方法。

(1) 打开 pubspec.yaml 文件以便添加资源。在 assets 部分，添加 assets/images/文件夹声明。我喜欢在项目的根目录添加 assets 文件夹并为每种资源类型添加子文件夹，如第 4 章所述。

```
# To add assets to your application, add an assets section, such as this:
assets:
   - assets/images/
```

在项目的根目录添加 assets 文件夹以及 images 子文件夹，然后将 logo.png 文件复制到 images 文件夹。单击 Save 按钮，根据所使用的编辑器，将自动运行 flutter packages get。完成后，就会显示这条消息：Process finished with exit code 0。如果没有自动运行此命令，则可打开 Terminal 窗口(位于编辑器底部)并输入 flutter packages get。

(2) 打开 home.dart 文件并修改 body 属性。将 SafeArea Widget 添加到 body 属性，并使用 SingleChildScrollView 作为 SafeArea Widget 的 child。添加 Padding 作为 SingleChildScrollView 的 child，然后添加 Column 作为 Padding 的 child。

```
body: SafeArea(
  child: SingleChildScrollView(
    child: Padding(
      padding: EdgeInsets.all(16.0),
      child: Column(
        children: <Widget>[
        ],
      ),
    ),
  ),
),
```

(3) 将名为 ImagesAndIconWidget()的 Widget 类添加到 Column 子 Widget 列表。Column 位于 body 属性中。

```
body: SafeArea(
  child: SingleChildScrollView(
    child: Padding(
      padding: EdgeInsets.all(16.0),
      child: Column(
        children: <Widget>[
          const ImagesAndIconWidget(),
```

```
          ],
        ),
      ),
    ),
  ),
```

(4) 在 class Home extends StatelessWidget {...}之后添加 ImagesAndIconWidget() Widget 类。在这个 Widget 类中，会通过 AssetImage 类加载一张本地图片。使用 Image.network 构造函数通过 URL 字符串加载一张图片。Image Widget 的 width 属性使用了 MediaQuery.of (context).size.width/3 来计算设备屏幕宽度的三分之一 width 值。

```
class ImagesAndIconWidget extends StatelessWidget {
  const ImagesAndIconWidget({
    Key key,
  }) : super(key: key);

  @override
  Widget build(BuildContext context) {
    return Row(
      mainAxisAlignment: MainAxisAlignment.spaceEvenly,
      children: <Widget>[
        Image(
          image: AssetImage("assets/images/logo.png"),
          //color: Colors.orange,
          fit: BoxFit.cover,
          width: MediaQuery.of(context).size.width / 3,
        ),
        Image.network(
          'https://flutter.io/images/catalog-Widget-placeholder.png',
          width: MediaQuery.of(context).size.width / 3,
        ),
        Icon(
          Icons.brush,
          color: Colors.lightBlue,
          size: 48.0,
        ),
      ],
    );
  }
}
```

示例说明

通过在 pubspec.yaml 文件中声明资源，就可通过 AssetBundle 中的 AssetImage 类来访问它们。image 属性中的 Image Widget 会使用 AssetBundle 类加载一幅本地图片。要通过一种网络(如互联网)加载一幅图片，则要通过传递一个 URL 字符串来使用 Image.network 构造函数。Icon Widget 使用了 MaterialIcons 字体库，来绘制 IconData 类中描述的字体。

6.3 使用装饰

装饰(Decorator)有助于根据用户的行为来传递消息，也有助于自定义 Widget 的外观体验。对于每个任务而言，都有不同的装饰类型可用。

- Decoration——定义其他装饰的基类。
- BoxDecoration——提供多种方式以绘制具有 border、body 和 boxShadow 的方框。
- InputDecoration——在 TextField 和 TextFormField 使用以便自定义边框、标签、图标和样式。这一方式很有用，可为用户提供关于数据录入的反馈，还可指定一条提示、一条错误、一个告警图标等。

BoxDecoration 类(图 6.25)是自定义 Container Widget 的绝佳方式，以便通过设置 borderRadius、color、gradient 和 boxShadow 属性来创建形状。

```
// BoxDecoration
Container(
  height: 100.0,
  width: 100.0,
  decoration: BoxDecoration(
    borderRadius: BorderRadius.all(Radius.
circular(20.0)),
    color: Colors.orange,
    boxShadow: [
      BoxShadow(
        color: Colors.grey,
      blurRadius: 10.0,
      offset: Offset(0.0, 10.0),
      )
    ],
  ),
),
```

图 6.25 应用到 Container 的 BoxDecoration

将 InputDecoration 类(图 6.26)与 TextField 或 TextFormField 结合使用以便指定标签、边框、图标、提示、错误和样式。这有助于在用户输入数据时与其进行通信。对于此处显示的 border 属性，我们实现了两种方式进行自定义，一种使用了 UnderlineInputBorder，另一种使用了 OutlineInputBorder：

```
  // TextField
  TextField(
  keyboardType: TextInputType.text,
  style: TextStyle(
     color: Colors.grey.shade800,
     fontSize: 16.0,
  ),
  decoration: InputDecoration(
     labelText: "Notes",
     labelStyle: TextStyle(color: Colors.purple),
     //border: UnderlineInputBorder(),
     border: OutlineInputBorder(),

  ),
 ),

 // TextFormField
 TextFormField(
  decoration: InputDecoration(
   labelText: 'Enter your notes',
 ),
),
```

图 6.26　InputDecoration 与 OutlineInputBorder 以及默认边框

试一试：通过添加装饰继续处理 Images 项目

仍然继续编辑 home.dart 文件，我们要添加 BoxDecoratorWidget() 和 InputDecoratorsWidget() Widget 类。

(1) 在 ImagesAndIconWidget() Widget 类之后添加名为 BoxDecoratorWidget() 和

InputDecoratorsWidget()的 Widget 类。在每个 Widget 类名称之间添加 Divider() Widget。

```
body: SafeArea(
    child: SingleChildScrollView(
      child: Padding(
          padding: EdgeInsets.all(16.0),
          child: Column(
            children: <Widget>[
                const ImagesAndIconWidget(),
                Divider(),
                const BoxDecoratorWidget(),
                Divider(),
                const InputDecoratorsWidget(),
            ],
          ),
        ),
    ),
),
```

(2) 在 ImagesAndIconWidget() Widget 类之后添加 BoxDecoratorWidget() Widget 类。这个 Widget 类会返回使用 Container Widget 作为子 Widget 的 Padding Widget。Container decoration 属性使用了 BoxDecoration 类。使用 BoxDecoration borderRadius、color 以及 boxShadow 属性，就能创建一个像图 6.25 那样的圆角按钮形状。

```
class BoxDecoratorWidget extends StatelessWidget {
    const BoxDecoratorWidget({
      Key key,
    }) : super(key: key);

    @override
    Widget build(BuildContext context) {
      return Padding(
        padding: EdgeInsets.all(16.0),
        child: Container(
          height: 100.0,
          width: 100.0,
          decoration: BoxDecoration(
              borderRadius: BorderRadius.all(Radius.circular(20.0)),
              color: Colors.orange,
              boxShadow: [
                BoxShadow(
                    color: Colors.grey,
                    blurRadius: 10.0,
                    offset: Offset(0.0, 10.0),
```

```
              )
          ],
        ),
      ),
    );
  }
}
```

(3) 在 BoxDecoratorWidget() Widget 类之后添加 InputDecoratorsWidget() Widget 类。我们使用了 TextField 和 TextStyle 来修改 color 和 fontSize 属性。InputDecoration 类用于设置 labelText、labelStyle、border 和 enabledBorder 值以便自定义 border 属性。此处使用的是 OutlineInputBorder，不过也可以改用 UnderlineInputBorder 类。这里将 border UnderlineInputBorder 和 enabledBorder OutlineInputBorder()注释掉了，以便让大家可以测试这两个类。

以下代码添加了通过两个不同装饰来自定义的两个 TextField Widget。第一个 TextField 自定义了不同的 InputDecoration 属性以便显示具有 OutlineInputBorder()的紫色笔记标签。第二个 TextField Widget 使用未自定义 border 属性的装饰。

```
class InputDecoratorsWidget extends StatelessWidget {
   const InputDecoratorsWidget({
   Key key,
}) : super(key: key);

@override
Widget build(BuildContext context) {
  return Column(
      children: <Widget>[
        TextField(
            keyboardType: TextInputType.text,
            style: TextStyle(
              color: Colors.grey.shade800,
              fontSize: 16.0,
            ),
            decoration: InputDecoration(
            labelText: "Notes",
            labelStyle: TextStyle(color: Colors.purple),
            //border: UnderlineInputBorder(),
            //enabledBorder: OutlineInputBorder(borderSide: BorderSide(color.
            Colors.purple)),
            border: OutlineInputBorder(),
        ),
      ),
      Divider(
```

```
          color: Colors.lightGreen,
          height: 50.0,
        ),
        TextFormField(
          decoration: InputDecoration(labelText: 'Enter your notes'),
        ),
      ],
    );
  }
}
```

显示效果如图 6.27 所示。

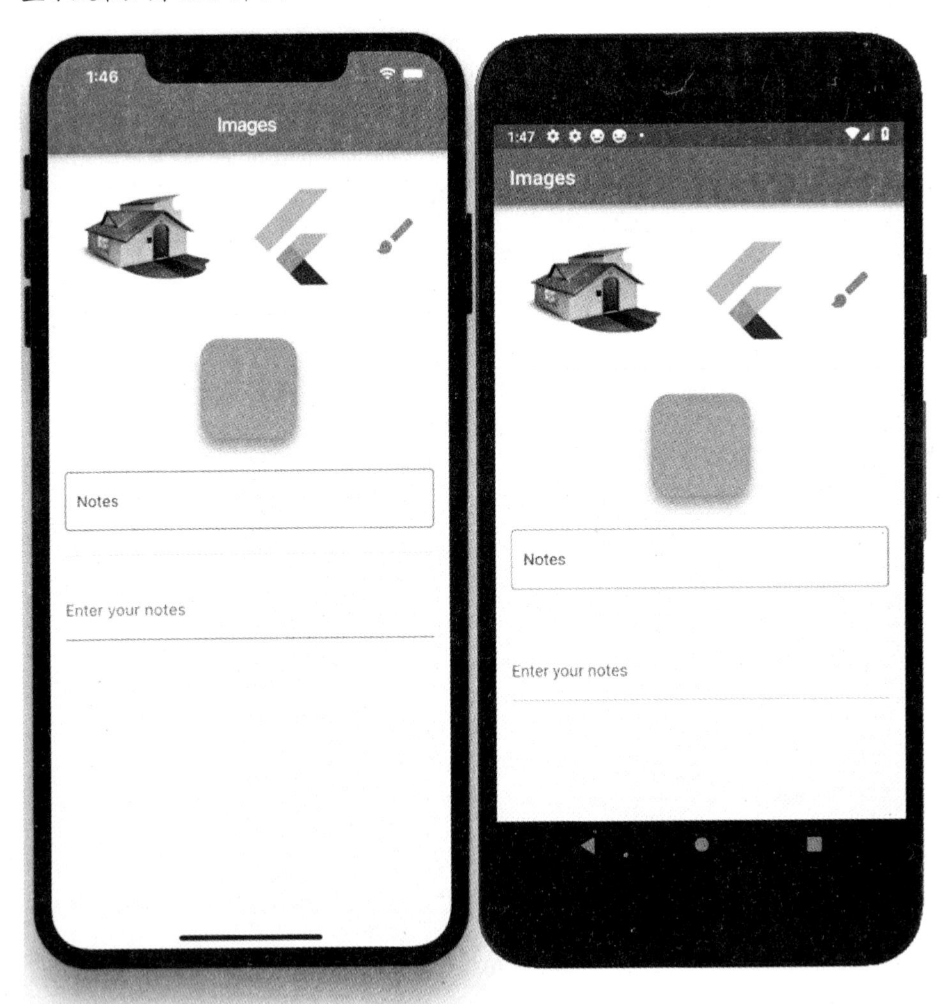

图 6.27　显示效果

示例说明

装饰对于增强 Widget 的外观体验而言极其有价值。BoxDecoration 提供了许多方式来绘制具有 border、body 和 boxShadow 的方框。InputDecoration 可用在 TextField 或 TextFormField 中。它不仅可对 border、label、icon 和 styles 进行自定义，还可以使用提示、错误、图标等对用户进行关于数据录入的反馈。

6.4 使用 Form Widget 验证文本框

有几种不同的方式可用于使用文本框 Widget 来检索、验证和操作数据。Form Widget 就是可供选择的一种方式，不过使用 Form Widget 的好处在于，它可将每个文本框作为一个小组来验证。可对多个 TextFormField Widget 进行分组以便手动或自动验证它们。TextFormField Widget 包装了一个 TextField Widget 以便在使用 Form Widget 时提供验证。

如果所有文本框都传递 FormState validate 方法，则会返回 true。如果任何一个文本框包含错误，则会为每一个文本框显示合适的错误消息，并且 FormState validate 方法会返回 false。这一处理让我们能够使用 FormState 来检查所有验证错误，而不是检查每一个文本框是否存在错误，这样就能轻易地禁止提交无效数据。

Form Widget 需要一个唯一键来对其进行标识并且要使用 GlobalKey 来创建这个键。这个 GlobalKey 值在整个应用中是唯一的。

在下一个示例中，我们要创建具有两个 TextFormField 的表单(图 6.28)以便输入要订购的商品和数量。我们要创建一个 Order 类来存留商品项以及数量，并在验证通过时填充订单。

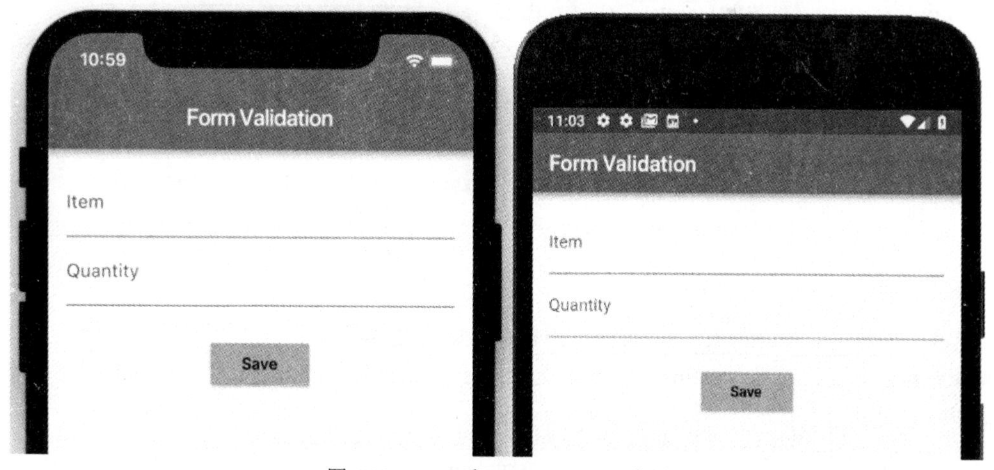

图 6.28　Form 和 TextFormField 布局

试一试：创建表单验证应用

创建一个新的 Flutter 项目并且将其命名为 ch6_form_validation。可以遵循第 4 章中的处理步骤。对于这个项目而言，仅需要创建 pages 文件夹。这个应用的目的是展示如何验证数据录入值。

(1) 打开 home.dart 文件并且为 body 添加一个使用 Column 作为 child 的 SafeArea Widget。在 Column children 中，添加 Form() Widget，我们要在步骤(7)中对其进行修改。

```
body: SafeArea(
  child: Column(
    children: <Widget>[
      Form(),
    ],
  ),
),
```

(2) 在 class _HomeState extends State<Home> {...}之后创建 Order 类。Order 类会将 item 作为 String 值来存留，将 quantity 作为 int 值来存留。

```
class _HomeState extends State<Home> {
   //...
}

class Order {
   String item;
   int quantity;
}
```

(3) 在 class _HomeState extends State<Home>声明和@override 之前，添加变量_formStateKey 用于保存 GlobalKey 值以及添加_order 以便初始化 Order 类。

使用 GlobalKey<FormState>创建用于表单的唯一键，并将其标记为 final，因为它不会发生变更。

```
class _HomeState extends State<Home> {
   final GlobalKey<FormState> _formStateKey = GlobalKey<FormState>();

   // Order to Save
   Order _order = Order();
```

(4) 创建_validateItemRequired(String value)方法，它接收一个 String 值。使用三元运算符来检查其值是否被设置为 isEmpty，如果是，则返回 Item Required。否则返回 null。

```
String _validateItemRequired(String value) {
   return value.isEmpty ? 'Item Required' : null;
}
```

(5) 创建_validateItemCount(String value)方法，它接收一个 String 值。使用三元运算符将 String 转换为 int。然后检查 int 是否大于零；如果不是，则返回 At least one Item is Required。

```
String _validateItemCount(String value) {
   // Check if value is not null and convert to integer
```

```
    int _valueAsInteger = value.isEmpty ? 0 : int.tryParse(value);
    return _valueAsInteger == 0 ? 'At least one Item is Required' : null;
}
```

(6) 创建 FlatButton Widget 要调用的_submitOrder()方法，以便检查是否所有的 TextFormField 输入框都通过验证并调用 Form save()将所有 TextFormField 值收集到 Order 类。

```
void _submitOrder() {
    if(_formStateKey.currentState.validate()) {
        _formStateKey.currentState.save();
        print('Order Item: ${order.item}');
        print('Order Quantity: ${order.quantity}');
    }
}
```

(7) 为 Form() Widget 添加一个名为_formStateKey 的私有键变量，将 autovalidate 设置为 true，为 child 属性添加 Padding，并且添加 Column 作为 Padding 的一个子 Widget。

将 autovalidate 设置为 true 就可让 Form() Widget 在用户输入信息时检查所有输入框，并且显示一条合适的消息。如果 autovalidate 被设置为 false，那么在手动调用_formStateKey.currentState.validate()方法之前都不会进行验证处理。

```
Form(
  key: _formStateKey,
  autovalidate: true,
  child: Padding(
    padding: EdgeInsets.all(16.0),
    child: Column(
      children: <Widget>[
      ],
    ),
  ),
),
```

(8) 将两个 TextFormField Widget 添加到 Widget 的 Column children 列表。第一个 TextFormField 是一个商品项描述，而第二个 TextFormField 是要订购的商品数量。

(9) 为每个 TextFormField 添加一个具有 hintText 和 labelText 的 InputDecoration 类。

```
hintText: 'Espresso',
labelText: 'Item',
```

(10) 添加对于 validator 和 onSaved 方法的调用。调用 validator 方法是为了在输入字符时对其进行验证，而 Form save()方法则调用 onSaved 方法来收集每个 TextFormField 的值。

对于 validator，要通过将括号内的变量命名为 value 来传递 TextFormField Widget 中所输入的值，并用胖箭头语法(=>)来调用方法_validateItemRequired(value)。胖箭头语法是{ return mycustomexpression; }的简写。

```
validator: (value) => _validateItemRequired(value),
```

注意，步骤(2)中创建了一个 Order 类，以便存留要被 onSaved 方法收集的 item 和 quantity 值。当 Form save()方法被调用时，所有 TextFieldForm onSaved 方法都会被调用，并且这些值会被收集到 Order 类中，如 order.item = value。

```
onSaved: (value) => order.item = value,
```

以下代码显示了这两个 TextFormField:

```
TextFormField(
   decoration: InputDecoration(
     hintText: 'Espresso',
     labelText: 'Item',
  ),
  validator: (value) => _validateItemRequired(value),
  onSaved: (value) => order.item = value,
),
TextFormField(
  decoration: InputDecoration(
     hintText: '3',
     labelText: 'Quantity',
  ),
  validator: (value) => _validateItemCount(value),
  onSaved: (value) => order.quantity = int.tryParse(value),
),
```

注意，我们使用了 int.tryParse()将 quantity 值从 String 转换为 int。

(11) 在最后一个 TextFormField 之后添加一个 Divider 和一个 RaisedButton。对于 TextFormField，要调用步骤(6)中创建的_submitOrder()方法。

```
Divider(height: 32.0,),
RaisedButton(
   child: Text('Save'),
   color: Colors.lightGreen,
   onPressed: () => _submitOrder(),
),
```

最终效果如图 6.29 所示。

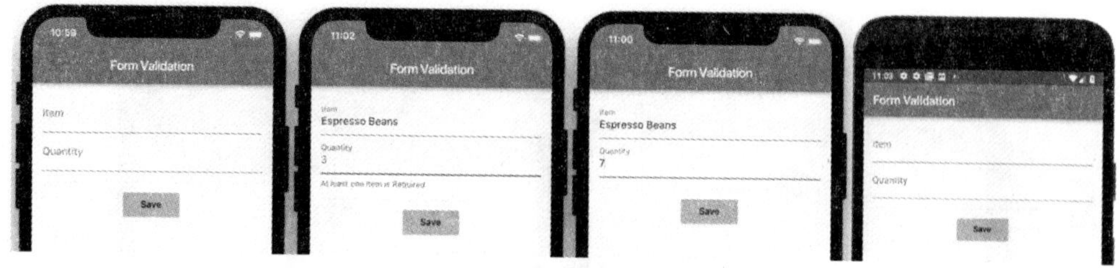

图 6.29　最终效果

示例说明

在从输入框中检索数据时，Form Widget 是一个非常有用的帮助工具，我们使用了 GlobalKey 类对其赋予一个唯一键以便标识它。使用 Form Widget 对 TextFormField Widget 进行分组以便手动或自动验证它们。FormState validate 方法会对数据进行验证，如果通过验证，则返回 true。如果 FormState validate 方法验证失败，则返回 false，并且每一个文本框都会显示合适的错误消息。每一个 TextFormField validator 属性都有一个方法来检查是否使用了合适的值。每一个 TextFormField onSaved 属性都将当前输入的值传递到 Order 类。在真实的应用中，通常会使用 Order 类值并将其保存到本地数据库或 Web 服务器中。在第 14、15 和 16 章中，我们将了解如何实现 Cloud Firestore 以便访问 Web 服务器上的数据。

6.5　检查设备方向

某些情况下，知道设备方向有助于布局合适的 UI。有两种方式可以弄清楚方向，MediaQuery.of(context).orientation 和 OrientationBuilder。

关于 OrientationBuilder 的一点重要提示：它会返回父 Widget 可用的空间大小以便弄清楚方向。这意味着它并不会确保实际的设备方向。我喜欢使用 MediaQuery 来获取实际设备方向，因为它比较准确。

试一试：创建定向应用

创建一个新的 Flutter 项目，将其命名为 ch6_orientation。可以遵循第 4 章中的处理步骤。对于这个项目而言，仅需要创建 pages 文件夹。

在这个示例中，UI 布局将根据设备方向而发生变化。当设备处于纵向模式时，界面会显示一个 Icon，而当设备处于横向模式时，则会显示两个 Icon。本示例将展示一个 Container Widget，它的大小将增加并且颜色会发生改变，我们要使用 GridView Widget 来展示两列或四列。最后，我们要添加 OrientationBuilder Widget 以表明，当 OrientationBuilder 并非父 Widget 时，则无法正确计算方向。但如果将 OrientationBuilder 放置为父 Widget，则它会正常工作；注意，使用 SafeArea 并不影响结果。图 6.30 显示了最终的项目。

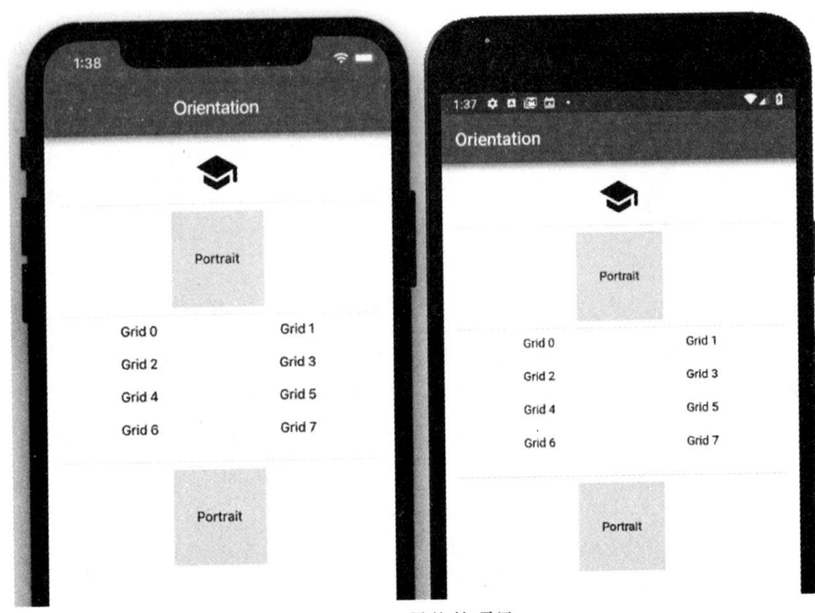

图 6.30　最终的项目

(1) 打开 home.dart 文件并为 body 添加一个使用 SingleChildScrollView 作为 child 的 SafeArea。添加 Padding 作为 SingleChildScrollView 的 child。添加 Column 作为 Padding 的 child。在 Column children 属性中，添加名为 OrientationLayoutIconsWidget()的 Widget 类，接下来我们要创建它。要确保在 Widget 类名称之前添加 const 关键字，以便充分利用缓存来提高性能。

```
body: SafeArea(
  child: SingleChildScrollView(
    child: Padding(
      padding: EdgeInsets.all(16.0),
      child: Column(
        children: <Widget>[
          const OrientationLayoutIconsWidget(),
        ],
      ),
    ),
  ),
),
```

(2) 在 class Home extends StatelessWidget {...}之后添加 OrientationLayoutIconsWidget() Widget 类。在 Widget build(BuildContext context)之后要通过调用 MediaQuery.of()来初始化的第一个变量就是当前设备方向。

```
class OrientationLayoutIconsWidget extends StatelessWidget {
  const OrientationLayoutIconsWidget({
```

```
      Key key,
    }) : super(key: key);

    @override
    Widget build(BuildContext context) {
      Orientation _orientation = MediaQuery.of(context).orientation;
      return Container();
    }
}
```

(3) 根据当前 Orientation，我们可返回 Icon Widget 的另一种布局。使用三元运算符来检查 Orientation 是不是纵向，如果是，则返回单个 Row 图标。如果 Orientation 是横向，则返回具有两个 Icon Widget 的 Row。用以下代码替换当前的 return Container():

```
return _orientation == Orientation.portrait
    ? Row(
        mainAxisAlignment: MainAxisAlignment.center,
        children: <Widget>[
          Icon(
            Icons.school,
            size: 48.0,
          ),
        ],
    )
    : Row(
        mainAxisAlignment: MainAxisAlignment.center,
        children: <Widget>[
          Icon(
            Icons.school,
            size: 48.0,
          ),
          Icon(
            Icons.brush,
            size: 48.0,
          ),
        ],
);
```

(4) 将所有这些代码放在一起，就会得到以下代码。

```
class OrientationLayoutIconsWidget extends StatelessWidget {
  const OrientationLayoutIconsWidget({
    Key key,
  }) : super(key: key);
```

```
  @override
  Widget build(BuildContext context) {
    Orientation _orientation = MediaQuery.of(context).orientation;
    return _orientation == Orientation.portrait
        ? Row(
      mainAxisAlignment: MainAxisAlignment.center,
      children: <Widget>[
        Icon(
          Icons.school,
          size: 48.0,
        ),
      ],
  )
        : Row(
    mainAxisAlignment: MainAxisAlignment.center,
    children: <Widget>[
      Icon(
        Icons.school,
        size: 48.0,
      ),
      Icon(
          Icons.brush,
          size: 48.0,
      ),
    ],
   );
  }
}
```

显示效果如图 6.31 所示。

图 6.31　显示效果

(5) 在 OrientationLayoutIconsWidget()之后，添加一个 Divider Widget 以及要创建的 OrientationLayoutWidget() Widget 类。

这些步骤类似于之前的步骤，不过相对于使用行和图标，我们使用的是容器：获取 Orientation 模式，并为纵向模式返回宽度为 100.0 像素的黄色 Container Widget。当设备旋转时，横向模式会返回宽度为 200.0 像素的绿色 Container Widget。

```
class OrientationLayoutWidget extends StatelessWidget {
  const OrientationLayoutWidget({
      Key key,
  }) : super(key: key);

  @override
  Widget build(BuildContext context) {
      Orientation _orientation = MediaQuery.of(context).orientation;

      return _orientation == Orientation.portrait
          ? Container(
        alignment: Alignment.center,
        color: Colors.yellow,
        height: 100.0,
        width: 100.0,
        child: Text('Portrait'),
      )
        : Container(
      alignment: Alignment.center,
      color: Colors.lightGreen,
      height: 100.0,
      width: 200.0,
      child: Text('Landscape'),
    );
  }
}
```

(6) 在 OrientationLayoutWidget()之后，添加一个 Divider Widget 以及要创建的 GridViewWidget() Widget 类。

虽然第 9 章中才会较为详尽地介绍 GridView Widget，但目前使用它也是合适的，因为它最接近于真实示例。在纵向模式中，GridView Widget 会显示两列，而在横向模式中，它会显示四列。

这里有需要注意一些要点。由于 GridView Widget 位于 Column Widget 中，所以要将 GridView.count constructor shrinkWrap 参数设置为 true，否则将破坏约束。这里还将 physics 参数设置为 NeverScrollableScrollPhysics()，否则 GridView 将由内而外地滚动其子 Widget。记住，所有这些 Widget 都位于 SingleChildScrollView 中。

```
class GridViewWidget extends StatelessWidget {
  const GridViewWidget({
    Key key,
  }) : super(key: key);

  @override
  Widget build(BuildContext context) {
    Orientation _orientation = MediaQuery.of(context).orientation;

    return GridView.count(
      shrinkWrap: true,
      physics: NeverScrollableScrollPhysics(),
      crossAxisCount: _orientation == Orientation.portrait ? 2 : 4,
      childAspectRatio: 5.0,
      children: List.generate(8, (int index) {
        return Text("Grid $index", textAlign: TextAlign.center,);
      }),
    );
  }
}
```

(7) 在 GridViewWidget()之后，添加一个 Divider Widget 以及要创建的 OrientationBuilderWidget() Widget 类。

正如之前所提及的，我喜欢使用 MediaQuery.of()来获取设备方向，因为它更准确，不过知道如何使用 OrientationBuilder 也是很好的。

OrientationBuilder 需要传递一个 builder 属性并且它不能为 null。builder 属性接收两个参数：BuildContext 和 Orientation。

```
builder: (BuildContext context, Orientation orientation) {}
```

这些步骤和结果与使用_buildOrientationLayout()时相同。使用三元运算符来检查设备方向，对于纵向模式，返回宽度为 100.0 像素的黄色 Container Widget。当旋转设备时，横向模式会返回宽度为 200.0 像素的绿色 Container Widget。

注意，OrientationBuilder 的运行面临着无法检测出当前设备方向模式的风险，因为它是一个 child Widget 并且依赖于父 Widget 界面大小而非设备方向。有鉴于此，我建议改用 MediaQuery.of()。

```
// OrientationBuilder as a child does not give correct Orientation. i.e Child
of Column...
// OrientationBuilder as a parent gives correct Orientation
class OrientationBuilderWidget extends StatelessWidget {
  const OrientationBuilderWidget({
    Key key,
  }) : super(key: key);
```

```
    @override
    Widget build(BuildContext context) {
      return OrientationBuilder(
        builder: (BuildContext context, Orientation orientation) {
          return orientation == Orientation.portrait
            ? Container(
          alignment: Alignment.center,
          color: Colors.yellow,
          height: 100.0,
          width: 100.0,
          child: Text('Portrait'),
        )
          : Container(
          alignment: Alignment.center,
          color: Colors.lightGreen,
          height: 100.0,
          width: 200.0,
          child: Text('Landscape'),
        );
      },
    );
  }
}
```

显示效果如图 6.32 所示。

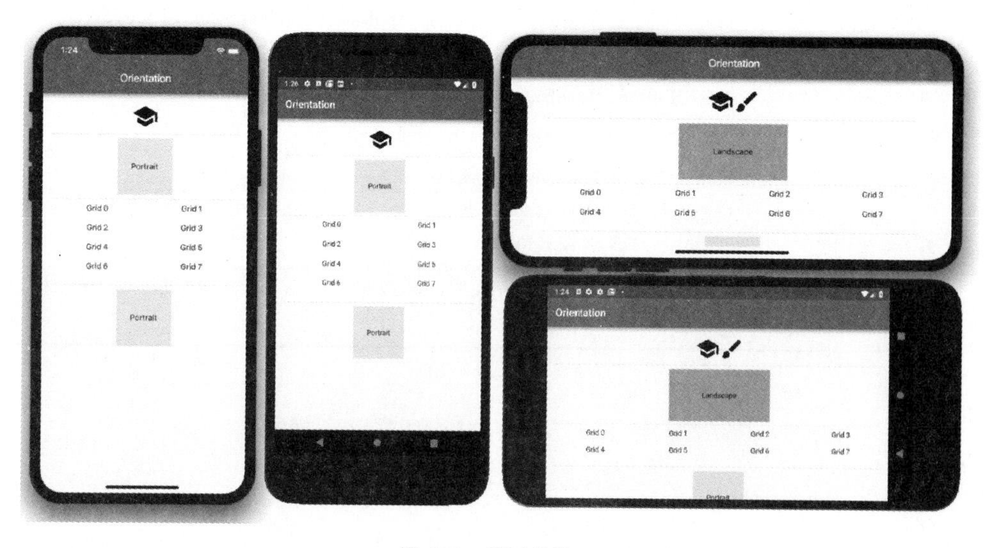

图 6.32　显示效果

示例说明

可以通过调用 MediaQuery.of(context).orientation 来检测设备方向，它会返回 portrait 或 landscape 值。还有 OrientationBuilder，它会返回父 Widget 的可用空间大小，以便弄明白设备方向。我建议使用 MediaQuery 来检索正确的设备方向。

6.6　本章小结

本章介绍了最常用的基础 Widget。这些基础 Widget 都是设计移动应用的构造块。还探究了可根据场景选择的不同按钮类型。本章讲解了如何借助 AssetBundle 通过在 pubspec.yaml 文件中列出资源项将资源添加到应用中。我们使用了 Image Widget 加载来自本地设备的图片，或者通过 URL 字符串加载来自 Web 服务器的图片。本章介绍了 Icon Widget 通过使用 MaterialIcons 字体库来加载图标的能力。

为修改 Widget 的外观，本章讲解了如何使用 BoxDecoration。为了提升用户在数据录入时收到的反馈，我们实现了 InputDecoration。验证多个文本框的数据录入十分繁杂，不过我们可以使用 Form Widget，以便手动或自动验证它们。最后，使用 MediaQuery 弄清楚当前设备方向对于任何移动应用而言都是极其有用的，因为这样才能根据设备方向来布局 Widget。

第 7 章将介绍如何使用动画效果。首先讲解像 AnimatedContainer、AnimatedCrossFade 和 AnimatedOpacity 这样的 Widget 的用法，最后讲解用于自定义动画效果的功能强大的 AnimationController。

6.7　本章知识点回顾

主题	关键概念
使用基础 Widget	讲解如何使用 Scaffold、SafeArea、AppBar、Container、Text、RichText、Column、Row、Column 嵌套、Row 嵌套、Buttons、FloatingActionButton、FlatButton、RaisedButton、IconButton、PopupMenuButton 以及 ButtonBar
使用图片	讲解如何使用 AssetBundle、Image 和 Icon
使用装饰	讲解如何使用 Decoration、BoxDecoration 和 InputDecoration
使用表单进行文本框验证	讲解如何使用 Form Widget 将每个 TextFormField 作为一个分组进行验证
检测设备方向	讲解如何使用 MediaQuery.of(context).orientation 和 OrientationBuilder 来检测设备方向

第7章 为应用添加动画效果

本章内容

- 如何使用 AnimatedContainer 以便随时间推移逐渐变更值？
- 如何使用 AnimatedCrossFade 在两个子 Widget 之间交叉淡入淡出？
- 如何使用 AnimatedOpacity 以便通过随时间推移的动画淡入淡出来显示或隐藏 Widget 可见性？
- 如何使用 AnimationController 创建自定义动画效果？
- 如何使用 AnimationController 控制交错动画？

本章将介绍如何为应用添加动画效果以表达动作，如果使用恰当，这些动画效果就能提升用户体验(UX)。无法表达恰当动作的过多动画效果会让 UX 变得糟糕。Flutter 有两类动画效果：physics-based(基于物理的动画)和 Tween(补间动画)。本章主要介绍 Tween 动画。

基于物理的动画用于模拟真实行为。例如，当一个对象下坠并且撞击地面时，它将会反弹起来并且持续向前移动，不过在每次弹起时，它都会减缓为较小的弹起幅度并且最终停止。随着该对象每次弹起后逐渐接近地面，其速度会增加，但弹起的高度会降低。

Tween 是“in-between(补间)”的缩写，意思是该动画具有开始点和结束点、时间轴以及一条指定变迁时间和速度的曲线。其好处在于框架会自动计算从开始点到结束点的变迁。

7.1 使用 AnimatedContainer

我们首先通过使用 AnimatedContainer Widget 来处理简单动画效果。这是一个 Container Widget，会在一段时间内逐渐变更值。AnimatedContainer 构造函数的参数包括 duration、curve、color、height、width、child、decoration、transform 等。

试一试：创建 AnimatedContainer 应用

在这个项目中，我们要通过触摸 Container Widget 来动画处理其宽度。例如，可以使用这一动画类型来处理一个水平柱状图。

(1) 创建一个新的 Flutter 项目并将其命名为 ch7_animations。可遵循第 4 章中的处理步骤。对于这个项目而言，仅需要创建 pages 和 Widgets 文件夹。

(2) 在 Widgets 文件夹中创建一个新的 Dart 文件。鼠标右击 Widgets 文件夹，选择 New | Dart File，输入 animated_container.dart，然后单击 OK 按钮进行保存。

(3) 导入 material.dart 库，添加一个新行，然后开始输入 st。自动补全将介入提供帮助。选择 stful 缩写并将其命名为 AnimatedContainerWidget。

(4) 在 class AnimatedContainerWidgetState extends State<AnimatedContainerWidget>之后和@override 之前，添加变量_height 和_width 以及_increaseWidth()方法。

_height 和_width 变量都是 double 类型。

```
double _height = 100.0;
```

increaseWidth()方法会调用 setState()方法以便通知框架_width 值已经发生变化，并为这个对象的状态安排一次构建以便重绘子树。如果不调用 setState()，_width 值仍然会发生变化，但 AnimatedContainer Widget 不会用新值进行重绘。

```
class _AnimatedContainerWidgetState extends State<AnimatedContainerWidget> {
  double _height = 100.0;
  double _width = 100.0;

  _increaseWidth() {
    setState(() {
      _width = _width >= 320.0 ? 100.0 : _width += 50.0;
    });
  }

  @override
  Widget build(BuildContext context) {
```

当页面加载时，会使用 100.0 像素值来初始化_height 和_width 变量。当触碰 FlatButton 时，onPressed 属性会调用_ increaseWidth()方法。

此处我们要使用 320.0 像素作为最大可允许宽度，但这也可能被设备宽度所替代。通过每次触碰事件，都可从 100.0 像素开始将当前宽度增加 50.0 像素。随着宽度增加，一旦超过 320.0 像素，就将大小重置为 100.0 像素。为计算 AnimatedContainer 的新_width，需要使用三元运算符。如果_width 大于或等于 320.0 像素，然后将_width 设置为初始的 100.0 像素。这样就会将 AnimatedContainer 动画处理回初始大小。否则，就会使用当前_width 值并增加 50.0 像素。注意，加号和等号(+=)用于使用当前值并对其执行加法。

请注意，高度和宽度值都是私有变量，即_height 和_width，因为它们的前面有下画线符号。

FlatButton 子 Widget 是显示消息 Tap to Grow Width 的标签。这里使用\n 以便将文本转到下一行，并用$符号来传递_width 值。

一旦按下 FlatButton，就会增加对 onPressed 属性中的_increaseWidth()方法的调用。请忽略代码编辑器的红色波浪线，因为我们还没有创建这些变量和方法。

duration 参数接收 Duration()对象以便指定要使用的时间类型，比如 microseconds、milliseconds、seconds、minutes、hours 和 days。

```
duration: Duration(milliseconds: 500),
```

curve 参数接收 Curves 类并会使用 Curves.elasticOut。一些可用的 Curves 类型包括 bounceIn、bounceInOut、bounceOut、easeIn、easeInOut、easeOut、elasticIn、elasticInOut 和 elasticOut。

```
curve: Curves.elasticOut,
```

这里是完整的_AnimatedContainerWidget() Widget 类：

```
import 'package:flutter/material.dart';

class AnimatedContainerWidget extends StatefulWidget {
  const AnimatedContainerWidget({
    Key key,
  }) : super(key: key);

  @override
  _AnimatedContainerWidgetState createState() =>
_AnimatedContainerWidgetState();
}

class_AnimatedContainerWidgetState extends State<AnimatedContainerWidget>
{
  double _height = 100.0;
  double _width = 100.0;

  void _increaseWidth() {
    setState(() {
      _width = _width >= 320.0 ? 100.0 : _width += 50.0;
    });
  }

  @override
  Widget build(BuildContext context) {
    return Row(
      children: <Widget>[
```

```
          AnimatedContainer(
            duration: Duration(milliseconds: 500),
            curve: Curves.elasticOut,
            color: Colors.amber,
            height: _height,
            width: _width,
            child: FlatButton(
              child: Text('Tap to\nGrow Width\n$_width'),
              onPressed: () {
                _increaseWidth();
              },
            ),
          ),
        ],
      );
    }
  }
```

(5) 打开 home.dart 文件并且在页面顶部导入 animated_container.dart 文件。

```
import 'package:flutter/material.dart';
import 'package:ch7_animations/Widgets/animated_container.dart';
```

(6) 向 body 添加一个使用 Column 作为 child 的 SafeArea Widget。在 Column children 中，添加对 Widget 类 AnimatedContainerWidget()的调用。

```
body: SafeArea(
  child: Column(
    children: <Widget>[
      AnimatedContainerWidget(),
    ],
  ),
),
```

显示效果如图 7.1 所示。

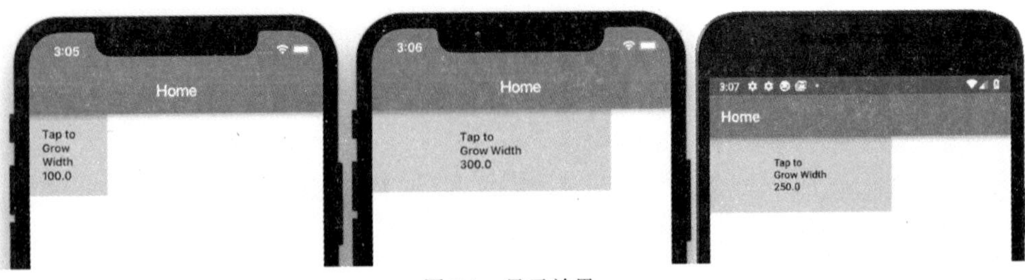

图 7.1　显示效果

示例说明

AnimatedContainer 构造函数接收一个 duration 参数，并且要使用 Duration 类来指定 500 毫秒。500 毫秒等于半秒钟。curve 参数通过使用 Curves.elasticOut 为动画提供回弹效果。onPressed 参数会调用_increaseWidth()方法来动态修改_width 变量。setState()方法会通知 Flutter 框架对象的内部状态发生了变化，从而引发框架为这个 State 对象安排一次构建。AnimatedContainer Widget 会自动处理旧的_width 值和新的_width 值之间的动画效果。

7.2 使用 AnimatedCrossFade

AnimatedCrossFade Widget 可提供两个子 Widget 之间极为平滑的交叉淡入淡出效果。AnimatedCrossFade 构造函数接收 duration、firstChild、secondChild、crossFadeState、sizeCurve，以及其他许多参数。

试一试：添加 AnimatedCrossFade Widget

这个示例会创建通过触碰 Widget 而产生的颜色和大小之间的交叉淡入淡出效果。该 Widget 会将大小变化以及从黄色变为绿色的颜色变化以交叉淡入淡出的效果呈现出来。

(1) 在 Widgets 文件夹中创建一个新的 Dart 文件。鼠标右击该 Widgets 文件夹，选择 New | Dart File，输入 animated_cross_fade.dart，并且单击 OK 按钮以便保存。

(2) 导入 material.dart 库，添加一个新行，并且开始输入 st。自动补全将会打开以提供帮助。选择 stful 缩写并且将其命名为 AnimatedCrossFadeWidget。

(3) 在 class AnimatedCrossFadeWidgetState extends State<AnimatedCrossFadeWidget>之后和@override 之前，添加一个_crossFadeStateShowFirst 变量以及_ crossFade()方法。

_crossFadeStateShowFirst 变量是 Boolean(bool)类型。

```
bool _crossFadeStateShowFirst = true;
```

_crossFade()方法会调用 setState()以通知框架，_crossFadeStateShowFirst 值已经发生了变更，并且为这个对象的状态安排一次构建以便重绘子树。如果不调用 setState()，_width 值仍旧会发生变化，但是 AnimatedCrossFade Widget 将不会使用新值进行重绘。

```
class _AnimatedCrossFadeWidgetState extends State<AnimatedCrossFadeWidget> {
  bool _crossFadeStateShowFirst = true;
   void _crossFade() {
     setState(() {
       _crossFadeStateShowFirst = _crossFadeStateShowFirst ? false : true;
     });
  }

  @override
  Widget build(BuildContext context) {
```

当页面被加载时，会使用 true 这个值来初始化_crossFadeStateShowFirst 变量。当触碰

FlatButton 时，onPressed 属性会调用_crossFade()方法。

为了追踪 AnimatedCrossFade Widget 应该显示和动画处理哪个子 Widget(firstChild、secondChild)，可以使用三元运算符。如果_crossFadeStateShowFirst 为 true，则会将_crossFadeStateShowFirst 值设置为 false。否则，会将其值设置为 true，因为当前值是 false。

(4) 为了保持 UI 的整洁，可以将每一个动画 Widget 添加到一个单独的 Row 中。将 AnimatedCrossFade Widget 嵌入 Row 中，这个 Row 要使用 Stack 作为子 Widget。使用 Stack 的原因在于，在 AnimatedCrossFade Widget 之上添加一个 FlatButton 从而为其提供一个标签和一个 onPressed 事件。也可以使用 GestureDetector Widget。

```
@override
  Widget build(BuildContext context) {
    return Row(
      children: <Widget>[
        Stack(
          alignment: Alignment.center,
          children: <Widget>[
            AnimatedCrossFade(
                duration: Duration(milliseconds: 500),
                sizeCurve: Curves.bounceOut,
                crossFadeState: _crossFadeStateShowFirst ?
CrossFadeState.showFirst :CrossFadeState.showSecond,
                firstChild: Container(
                  color: Colors.amber,
                  height: 100.0,
                  width: 100.0,
                ),
                secondChild: Container(
                  color: Colors.lime,
                  height: 200.0,
                  width: 200.0,
                ),
            ),
            Positioned.fill(
              child: FlatButton(
                child: Text('Tap to\nFade Color & Size'),
                onPressed: () {
                  _crossFade();
                },
              ),
            ),
          ],
        ),
      ],
```

```
  );
}
```

(5) 像上一个动画效果一样使用 500 毫秒作为 duration。

```
duration: Duration(milliseconds: 500),
```

(6) 对于 sizeCurve，要使用 Curves.bounceOut 来查看 Curves 类会如何影响动画效果。

```
sizeCurve: Curves.bounceOut,
```

(7) 为了在完成动画处理时确定显示哪个 Container Widget，要使用三元运算符来设置 crossFadeState 参数的值以便检查_crossFadeStateShowFirst 的值是否为 true；如果是，则显示 CrossFadeState.showFirst；否则显示 CrossFadeState.showSecond。

```
crossFadeState: _crossFadeStateShowFirst ? CrossFadeState.showFirst :
CrossFadeState.showSecond,
```

(8) 动画处理将在颜色和大小之间交替淡入淡出；对于 firstChild 和 secondChild，要使用 Container。firstChild Container 有一个 Colors.amber 颜色属性，并且 height 和 width 值都是 100.0 像素。secondChild Container 有一个 Colors.lime 颜色属性，并且 height 和 width 值都是 200.0 像素。

```
firstChild: Container(
   color: Colors.amber,
   height: 100.0,
   width: 100.0,
),
secondChild: Container(
   color: Colors.lime,
   height: 200.0,
   width: 200.0,
),
```

(9) 添加第二个 Stack 子 Widget，并且使用 FlatButton 的一个子 Widget 来调用 Positioned.fill 构造函数。使用 Positioned.fill 就能让 FlatButton Widget 自行缩放为 Stack Widget 的最大尺寸。对于 onPressed 属性，要添加一个对_crossFade()方法的调用。

```
Positioned.fill(
   child: FlatButton(
      child: Text('Tap to\nFade Color & Size'),
      onPressed: () {
         _crossFade();
      },
   ),
),
```

这里是完整的_AnimatedCrossFadeWidget() Widget 类：

```
import 'package:flutter/material.dart';

class AnimatedCrossFadeWidget extends StatefulWidget {
  const AnimatedCrossFadeWidget({
      Key key,
  }) : super(key: key);

  @override
  _AnimatedCrossFadeWidgetState createState() =>
_AnimatedCrossFadeWidgetState();
}

class _AnimatedCrossFadeWidgetState extends State<AnimatedCrossFadeWidget> {
  bool _crossFadeStateShowFirst = true;

  void _crossFade() {
    setState(() {
      _crossFadeStateShowFirst = _crossFadeStateShowFirst ? false : true;
    });
}

@override
Widget build(BuildContext context) {
  return Row(
    children: <Widget>[
      Stack(
        alignment: Alignment.center,
        children: <Widget>[
          AnimatedCrossFade(
            duration: Duration(milliseconds: 500),
            sizeCurve: Curves.bounceOut,
            crossFadeState: _crossFadeStateShowFirst ?
CrossFadeState.showFirst :
CrossFadeState.showSecond,
            firstChild: Container(
              color: Colors.amber,
              height: 100.0,
              width: 100.0,
            ),
            secondChild: Container(
              color: Colors.lime,
```

```
              height: 200.0,
              width: 200.0,
            ),
          ),
          Positioned.fill(
            child: FlatButton(
              child: Text('Tap to\nFade Color & Size'),
                onPressed: () {
                  _crossFade();
                },
              ),
            ),
          ],
        ),
      ],
    );
  }
}
```

(10) 继续编辑 home.dart 文件并在页面顶部导入 animated_cross_fade.dart 文件。

```
import 'package:flutter/material.dart';
import 'package:ch7_animations/Widgets/animated_container.dart';
import 'package:ch7_animations/Widgets/animated_cross_fade.dart';
```

(11) 在 AnimatedContainerWidget() Widget 类后，添加一个 Divider() Widget。在下一行中，添加对 Widget 类 AnimatedCrossFadeWidget()的调用。

```
body: SafeArea(
    child: Column(
        children: <Widget>[
          AnimatedContainerWidget(),
          Divider(),
          AnimatedCrossFadeWidget(),
        ],
    ),
),
```

这段代码看起来很整洁，并通过分隔 Widget 树的每个主要部分来提升代码的可读性。更重要的是，仅会重建运行中的 Widget 类，而其他的动画 Widget 类则不会被重建，以便提供良好性能。

显示效果如图 7.2 所示。

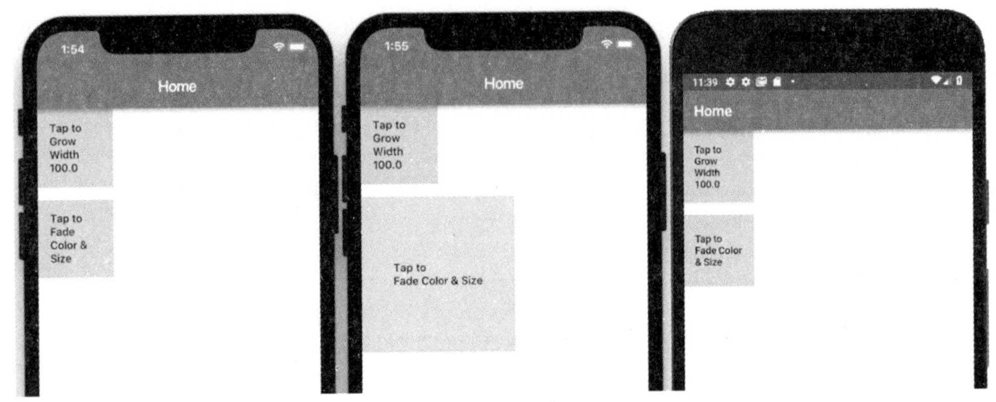

图 7.2 显示效果

示例说明

AnimatedCrossFade 构造函数接收一个 duration 参数，并使用 Duration 类来指定 500 毫秒。sizeCurve 参数通过使用 Curves.bounceOut 为两个子 Widget 的尺寸之间的动画提供了回弹效果。crossFadeState 参数将 child Widget 设置为动画完成时显示。通过使用_crossFadeStateShowFirst 变量，就会显示正确的 crossFadeState child。firstChild 和 secondChild 参数会存留需要动画处理的两个 Widget。

7.3 使用 AnimatedOpacity

如果需要隐藏或部分隐藏一个 Widget，那么 AnimatedOpacity 就是一种很好的动画处理随时间推移而淡入淡出的方式。AnimatedOpacity 构造函数接收 duration、opacity、curve 和 child 参数。对于这个示例，我们没有使用 curve；因为我们想要平滑的淡入淡出，所以 curve 不是一定需要的。

试一试：添加 AnimatedOpacity Widget

本示例使用 opacity 来局部地逐渐淡出一个 Container Widget。该 Widget 会将 opacity 值从完全可见动画处理为几乎全部淡出。

(1) 在 Widgets 文件夹中创建一个新的 Dart 文件。鼠标右击 Widgets 文件夹，选择 New | Dart File，输入 animated_opacity.dart，并且单击 OK 按钮以便保存。

(2) 导入 material.dart 库，添加一个新行，然后开始输入 st。自动补全将会打开并提供帮助。选择 stful 缩写并为其提供 AnimatedOpacityWidget 这个名称。

(3) 在 class _AnimatedOpacityWidgetState extends State<AnimatedOpacityWidget>之后和@override 之前，添加_opacity 变量以及_animatedOpacity()方法。

_opacity 变量是 double 类型。

```
double _opacity = 1.0;
```

_animatedOpacity()方法会调用 setState()来通知框架，_opacity 值已经发生了变化，并且为这个对象的状态安排一次构建以便重绘子树。如果没有调用 setState()，那么_opacity 值仍然会发生变化，但并不会使用新的值来重绘 AnimatedOpacity Widget。

```
Class _AnimatedOpacityWidgetState extends State<AnimatedOpacityWidget> {
  double _opacity = 1.0;

  void _animatedOpacity() {
    setState(() {
      _opacity = _opacity == 1.0 ? 0.3 : 1.0;
    });
  }

  @override
  Widget build(BuildContext context) {
```

(4) 当加载该页面时，会使用 1.0 这个值来初始化_opacity 变量，这个值的意思是完全可见。在触碰 FlatButton Widget 时，onPressed 属性会调用_animatedOpacity()方法。

为了计算 Widget 不透明度，需要使用三元运算符。如果_opacity 值是 1.0，则会将_opacity 设置为 0.3。否则，将其设置为 1.0，因为其当前值是 0.3。

为保持 UI 的整洁性，可将每个动画效果 Widget 添加到单独的一个 Row。将 AnimatedOpacity Widget 嵌入一个 Row 中。

```
@override
Widget build(BuildContext context) {
  return Row(
    children: <Widget>[
      AnimatedOpacity(
        duration: Duration(milliseconds: 500),
        opacity: _opacity,
        child: Container(
          color: Colors.amber,
          height: 100.0,
          width: 100.0,
          child: FlatButton(
            child: Text('Tap to Fade'),
            onPressed: () {
              _animatedOpacity();
            },
          ),
        ),
      ),
    ],
```

```
  );
}
```

(5) 像之前的动画处理中一样，使用 500 毫秒这一持续时长。

```
duration: Duration(milliseconds: 500),
```

(6) 该动画效果会将 AnimatedOpacity 子 Widget 的 opacity 值进行动画处理，在这个例子中该子 Widget 就是 Container。根据 opacity 的值，Container Widget 会淡出或淡入。1.0 这个 opacity 值表示完全可见，而 0.0 这个 opacity 值表示不可见。我们要将_opacity 变量的值从 1.0 动画处理为 0.3，反之亦然。

```
opacity: _opacity,
```

(7) 添加一个 Container Widget 作为 AnimatedOpacity Widget 的子 Widget。添加一个 FlatButton Widget 作为 Container Widget 的子 Widget，它具有调用_animatedOpacity()方法的 onPressed 属性。

```
child: Container(
    color: Colors.amber,
    height: 100.0,
    width: 100.0,
    child: FlatButton(
       child: Text('Tap to Fade'),
       onPressed: () {
           _animatedOpacity();
       },
    ),
),
```

这里是完整的_buildAnimatedOpacity() Widget 类：

```
import 'package:flutter/material.dart';

class AnimatedOpacityWidget extends StatefulWidget {
  const AnimatedOpacityWidget({
     Key key,
  }) : super(key: key);

  @override
  _AnimatedOpacityWidgetState createState() =>
_AnimatedOpacityWidgetState();
}

class _AnimatedOpacityWidgetState extends State<AnimatedOpacityWidget> {
  double _opacity = 1.0;
```

```
  void _animatedOpacity() {
    setState(() {
      _opacity = _opacity == 1.0 ? 0.3 : 1.0;
    });
  }

  @override
  Widget build(BuildContext context) {
      return Row(
          children: <Widget>[
            AnimatedOpacity(
              duration: Duration(milliseconds: 500),
              opacity: _opacity,
              child: Container(
                color: Colors.amber,
                height: 100.0,
                width: 100.0,
                child: FlatButton(
                    child: Text('Tap to Fade'),
                    onPressed: () {
                        _animatedOpacity();
                    },
                ),
              ),
            ),
          ],
      );
    }
}
```

(8) 继续编辑 home.dart 文件并在页面顶部导入 animated_opacity.dart 文件。

```
import 'package:flutter/material.dart';
import 'package:ch7_animations/Widgets/animated_container.dart';
import 'package:ch7_animations/Widgets/animated_cross_fade.dart';
import 'package:ch7_animations/Widgets/animated_opacity.dart';
```

(9) 在 AnimatedCrossFadeWidget() Widget 类之后，添加一个 Divider() Widget。在下一行中，添加对 Widget 类 AnimatedOpacityWidget()的调用。

```
body: SafeArea(
  child: Column(
    children: <Widget>[
```

```
            AnimatedContainerWidget(),
            Divider(),
            AnimatedCrossFadeWidget(),
            Divider(),
            AnimatedOpacityWidget(),
          ],
        ),
      ),
```

同样，注意这些代码是非常整洁的，并且它通过分隔 Widget 树的每一个主要部分而明显提升了可读性，如图 7.3 所示。

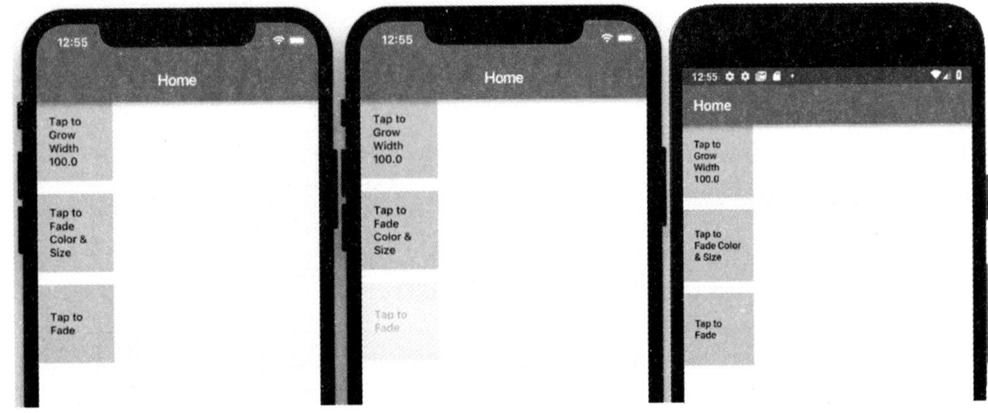

图 7.3　显示效果

示例说明

AnimatedOpacity Widget 接收一个 duration 参数，并用 Duration 类来指定 500 毫秒。opacity 参数是一个范围从 0.0 到 1.0 的值。1.0 这个 opacity 值表示完全可见，而当这个值逐步变化趋近于零时，Widget 就开始逐渐淡出。一旦这个值等于零，Widget 就不可见了。

7.4　使用 AnimationController

AnimationController 类提升了动画效果的灵活性。可以前向或后向播放动画效果，也可以停止它。fling 动画使用了像回弹效果这样的真实物理模拟。

AnimationController 类会为指定持续时长生成线性值，并尝试以约 60 帧/秒的速度显示一个新帧。AnimationController 类需要一个 TickerProvider 类，这是通过在构造函数中传递 vsync 参数来实现的。vsync 会阻止后台动画处理，以免消耗不必要的资源。如果该动画处理仅需要一个 AnimationController，则要使用 SingleTickerProviderStateMixin。如果动画处理需要多个 AnimationController，则要使用 TickerProviderStateMixin。Ticker 类是通过 ScheduleBinding.scheduleFrameCallback 针对每个动画帧报告一次来驱动的。它会尝试尽可能平滑地同步动画处理。

AnimationController 默认对象的范围是 0.0 到 1.0，但是如果需要一个不同的范围，则可使用 Animation 类(使用 Tween)来接收另一种数据类型。Animation 类是通过设置 Tween 类(补间)begin 和 end 属性值来初始化的。例如，假设有一个气球从屏幕底部上浮到顶部，则可将 Tween 类的 begin 值设置为 400.0，也就是屏幕底部，并将 end 值设置为 0.0，也就是屏幕顶部。然后就可以串联 Tween 的 animate 方法，它会返回一个 Animation 类。简而言之，它会基于像 CurvedAnimation 类这样的动画效果对 Tween 进行动画处理。

一开始 AnimationController 类的使用似乎很复杂，因为需要不同的类。可以采用以下这些基本步骤来创建一个自定义动画，或者，像本示例最后那样，同时运行多个动画处理。

(1) 添加 AnimationController。

(2) 添加 Animation。

(3) 使用 Duration(毫秒、秒等)初始化 AnimationController。

(4) 使用具有 begin 和 end 值的 Tween 来初始化 Animation，并使用 CurvedAnimation(像本示例一样)来串联 animate 方法。

(5) 将 AnimatedBuilder 和 Animation 结合使用，Animation 要使用一个 Container，这个 Container 包含一个气球，通过调用 AnimationController.forward()来启动 Animation，并且调用.reverse()来反向运行该动画。AnimatedBuilder Widget 用于创建一个执行可重用动画效果的 Widget。

如图 7.4 所示，一旦分解成这些步骤，代码就会变得更易于管理并且不那么复杂了。

图 7.4　使用 AnimationController 的构建结果

试一试：创建 AnimationController 应用

在这个项目中，我们要对一开始位于屏幕底部的小气球进行动画处理，随着这个气球的膨胀，它会飘向顶部，并且我们要为这一过程添加一些良好的回弹效果。通过在这个气球上使用 GestureDetector 触碰监听，这一动画效果将反向执行，显示出气球逐渐缩小并且飘回屏幕底部。每次触碰该气球时，其动画效果就会再次开始执行。

(1) 创建一个新的 Flutter 项目并将其命名为 ch7_animation_controller。可以遵循第 4 章中的处理步骤。对于这个项目而言，仅需要创建 pagets、Widgets 和 assets/images 文件夹。

(2) 打开 pubspec.yaml 文件，在 assets 中添加 images 文件夹。

```
# To add assets to your application, add an assets section, like this:
assets:
    - assets/images/
```

在项目根目录中添加 assets 文件夹和 images 子文件夹，然后将 BeginningGoogleFlutter-Balloon.png 文件复制到 images 文件夹。

(3) 单击 Save 按钮，根据所用的编辑器，这样会自动运行 flutter packages get。完成后，就会显示 Process finished with exit code 0 这条消息。不过，该命令不会自动运行。打开 Terminal 窗口(位于编辑器底部)并输入 flutter packages get。

(4) 在 Widgets 文件夹中创建一个新的 Dart 文件。鼠标右击 Widgets 文件夹，选择 New | Dart File，输入 animated_balloon.dart，并单击 OK 按钮以便保存。

(5) 导入 material.dart 库，添加一个新行，然后开始输入 st。自动补全将开启以便提供帮助。选择 stful 缩写并将其命名为 AnimatedBalloonWidget。

(6) 在代码中引用 AnimationController 和 Animation 变量之前，首先需要创建它们。添加 TickerProviderStateMixin 以便在 _AnimatedBalloonWidgetState 类中声明它。AnimationController vsync 参数将使用它。vsync 是通过 this 来引用的，表明这是对 _AnimatedBalloonWidgetState 类的引用。

```
class _AnimatedBalloonWidgetState extends State<AnimatedBalloonWidget> with
TickerProviderStateMixin {
```

(7) 在 class _AnimatedBalloonWidgetState extends State<AnimatedBalloonWidget>之后和@override 之前，添加两个 AnimationController 以便处理气球向上飘浮的持续时间以及气球膨胀的速度。创建两个 Animation 以便处理实际的移动范围和膨胀大小。重写 initState()和 dispose()方法以便初始化 AnimationController 并在页面关闭时销毁它们。

就使用两个 AnimationController 而言，值得注意的重要一点是，也可以使用一个 AnimationController 并利用 Interval() curve 对 Animation 进行交错处理。交错动画使用 Interval()来依序开启和结束动画效果，或将动画效果彼此交叠。稍后将创建一个交错动画应用。

```
class _AnimatedBalloonWidgetState extends State<AnimatedBalloonWidget> with
TickerProviderStateMixin {
  AnimationController _controllerFloatUp;
  AnimationController _controllerGrowSize;
```

```
    Animation<double> _animationFloatUp;
    Animation<double> _animationGrowSize;

    @override
    void initState() {
        super.initState();
        _controllerFloatUp = AnimationController(duration: Duration( seconds:
4),vsync: this);
        _controllerGrowSize = AnimationController(duration: Duration(seconds:
2),vsync: this);
    }

    @override
    void dispose() {

        _controllerFloatUp.dispose();
        _controllerGrowSize.dispose();
        super.dispose();
    }
```

注意，在 initState()方法中，可在 AnimationController 之后调用 Animation 类，以便在页面加载时开启动画效果，不过这里我们要将 Animation 类放置在 Widget build(BuildContext context)中作为替代。这样做的原因在于，要使用 MediaQuery 类来获取屏幕大小以便相应地放置气球并设置其大小。initState()方法不包含 MediaQuery 所需的 Widget context 对象。不过，在调用 Widget build(BuildContext context)时，动画效果就会在页面加载时开启。如果用户旋转设备，就会再次调用 Widget build(BuildContext context)，并且气球会相应地自行缩放，而如果气球位于屏幕底部，则会开启动画效果。

(8) 在 Widget build(BuildContext context)之后，使用 MediaQuery.of(context).size 来创建气球高度、宽度以及页面底部位置。我推导出以下计算大小尺寸的公式，这是通过对不同设备屏幕大小和方向进行不同选项的测试而得到的最佳外形：

```
  Widget build(BuildContext context) {
    double _balloonHeight = MediaQuery.of(context).size.height / 2;
    double _balloonWidth = MediaQuery.of(context).size.height / 3;
    double _balloonBottomLocation = MediaQuery.of(context).size.height -
_balloonHeight;
```

通过声明具有 CurvedAnimation 的 Tween 来创建 Animation 类。对于 animationFloatUp 值，begin 属性是_balloonBottomLocation 变量，而 end 属性是 0.0。这意味着向上飘浮的动画效果会从屏幕底部开始并且一路向上飘浮到顶部。

对于_animationGrowSize 值，begin 属性是 50.0 像素。将 end 值设置为_balloonWidth 变量。这意味着可以设置气球初始宽度为 50.0 像素，并将其逐渐递增到 MediaQuery 所计算出的最大_balloonWidth 值。使用 elasticInOut curve 以便提供优美的回弹动画效果，这样看起来像是空气快速膨胀一样。

(9) 同时调用_controllerFloatUp.forward()和_controllerGrowSize.forward()以前开启该动画效果。

```
    _animationFloatUp = Tween(begin: _balloonBottomLocation, end: 0.0).
  animate(CurvedAnimation(parent: _controllerFloatUp, curve:
Curves.fastOutSlowIn));
    _animationGrowSize = Tween(begin: 50.0, end: _balloonWidth).
  animate(CurvedAnimation(parent: _controllerGrowSize, curve:
Curves.elasticInOut));
    _controllerFloatUp.forward();
    _controllerGrowSize.forward();
  }
```

(10) 创建 AnimatedBuilder，我们来看看对于 AnimatedBuilder 参数的高层次结构化分解，以便查看 AnimatedBuilder child(具有 Image 的 GestureDetector)是如何被传递到 builder 的，这个 builder 就是接收动画处理的 Widget。

```
return AnimatedBuilder(
   animation: _animationFloatUp,
   builder: (context, child) {
     return Container(
        child: child,
     );
   },
   child: GestureDetector(/* Image*/) */
);
```

AnimatedBuilder 构造函数会将参数_animationFloatUp 传递给 animation。对于 builder 参数，则会返回一个具有 child 这一 child 属性的 Container Widget。的确，child 属性这里读起来很绕口，不过这就是 builder 智能重绘将要被动画处理的 child 控件的方式。接下来要声明将被传递的 child Widget，它将包含一个 GestureDetector Widget 和 Image(气球)的一个 child Widget。

AnimatedBuilder 构造函数具有 animation、builder 和 child 参数。

为 GestureDetector() Widget 添加 onTap 属性。对于 GestureDetector() Widget 而言，onTap 属性会检查_controllerFloatUp.isCompleted(表明动画处理已完成)，如果结果是肯定的，则会反向开启动画效果。这样就会让气球缩小并且开始让其向下飘浮到页面底部。else 部分会处理已经位于屏幕底部的气球，并通过向上飘浮以及将气球膨胀回正常大小来开启正向的动画效果。

(11) 为 GestureDetector child 属性添加对 Image.asset()构造函数的调用，该构造函数会加载 BeginningGoogleFlutter-Balloon.png 文件并将 height 设置为_balloonHeight，将 width 设置为_balloonWidth。

```
return AnimatedBuilder(
   animation: _animationFloatUp,
   builder: (context, child) {
     return Container(
       child: child,
       margin: EdgeInsets.only(
         top: _animationFloatUp.value,
       ),
         width: _animationGrowSize.value,
       );
     },
     child: GestureDetector(
       onTap: () {
         if (_controllerFloatUp.isCompleted) {
            _controllerFloatUp.reverse();
            _controllerGrowSize.reverse();
         }
         else {
           _controllerFloatUp.forward();
           _controllerGrowSize.forward();
         }
       },
       child: Image.asset(
           'assets/images/BeginningGoogleFlutter-Balloon.png',
           height: _balloonHeight,
           width: _balloonWidth),
     ),
);
```

(12) 打开 home.dart 文件并在页面顶部导入 animated_balloon.dart 文件。

```
import 'package:flutter/material.dart';
import 'package:ch7_animation_controller/Widgets/animated_balloon.dart';
```

(13) 向 body 添加一个使用 SingleChildScrollView 作为 child 的 SafeArea。

(14) 将 Padding 添加为 SingleChildScrollView 的子 Widget。

(15) 添加 Column 作为 Padding 的 child。

(16) 在 Column children 中，添加对 Widget 类 AnimatedBalloonWidget()的调用。注意，这里使用了 NeverScrollableScrollPhysics()以便滚动内容。

```
body: SafeArea(
  child: SingleChildScrollView(
    physics: NeverScrollableScrollPhysics(),
    child: Padding(
```

```
        padding: EdgeInsets.all(16.0),
        child: Column(
          children: <Widget>[
            AnimatedBalloonWidget(),
          ],
        ),
      ),
    ),
),
```

显示效果如图 7.5 所示。

图 7.5　显示效果

示例说明

为 AnimatedBalloonWidget Widget 类声明 TickerProviderStateMixin 以便让我们可以设置 AnimationController vsync 参数。我们添加了 AnimationController 并且声明了_controllerFloatUp 变量以便动画处理向上和向下的飘浮动作。我们声明了 AnimationController _controllerGrowSize 变量以便动画处理膨胀和缩小动作。我们声明了_animationFloatUp 变量以便存留 Tween 动画效果的值，从而显示气球向上或向下飘浮，这是通过设置 Container Widget 的顶部边距来实现的。我们声明了_animationGrowSize 变量来存留 Tween 动画效果的值，从而显示气球的膨胀或者缩小，这是通过设置 Container Widget 的 width 值来实现的。

AnimatedBuilder 构造函数接收 animation、builder 和 child 参数。接下来，我们将_animationFloatUp 动画效果传递给 AnimatedBuilder 构造函数。AnimatedBuilder builder 参数会返回一个 Container Widget，它使用包装在 GestureDetector Widget 中的 Image Widget 作为子 Widget。

前面的示例中展示出，我们可以使用多个 AnimationController 以便同时使用不同的 Duration 值来运行。下一节会为交错动画使用单个 AnimationController。

使用交错动画

交错动画会按连续顺序触发可视化变更。动画效果的变化可以挨个顺次发生；它们可能会产生没有动画效果的间隙，并且彼此重叠。一个 AnimationController 类会控制多个 Animation 对象，这些对象按照时间先后顺序(Interval)指定了动画效果。现在将介绍一个使用单个 AnimationController 类和 Interval() curve 属性以便在不同时间点启动不同动画效果的示例。正如上一节中介绍过的，交错动画使用 Interval()来按照顺序启动和结束动画或者将动画彼此叠加起来。

试一试：创建交错动画应用

在这个项目中，我们要重新创建气球动画以便重现之前示例的效果，但这次仅使用一个 AnimationController 以便充分利用交错动画。通过使用 Interval()，就可以标记每一个动画的 begin 和 end 时间以便实现交错动画。

像上一个项目一样，我们要对一个开始时位于屏幕底部并且很小的气球进行动画处理，随着气球的膨胀，它会向上飘浮到顶部，并且其间提供一些很好的回弹动画。通过在气球上使用 GestureDetector 触碰监听，这一动画效果将反向执行，显示出气球逐渐缩小并且飘回屏幕底部。每次触碰该气球时，其动画效果就会再次开始执行。

(1) 创建一个新的 Flutter 项目并且将其命名为 ch7_ac_staggered_animations。可以遵循第 4 章中的处理步骤。对于这个项目而言，仅需要创建 pagets、Widgets 和 assets/images 文件夹。

(2) 打开 pubspec.yaml 文件，在 assets 中添加 images 文件夹。

```
# To add assets to your application, add an assets section, like this:
assets:
     - assets/images/
```

在项目根目录中添加 assets 文件夹和 images 子文件夹，然后将 BeginningGoogleFlutter-Balloon.png 文件复制到 images 文件夹。

(3) 在 Widgets 文件夹中创建一个新的 Dart 文件。鼠标右击 Widgets 文件夹，选择 New | Dart File，输入 animated_balloon.dart，并且单击 OK 按钮以便保存。导入 material.dart 库，添加一个新的行，然后开始输入 st。自动补全将开启以便提供帮助。选择 stful 缩写并且将其命名为 AnimatedBalloonWidget。

(4) 在代码中引用 AnimationController 和 Animation 变量之前，首先需要创建它们。通过添加 SingleTickerProviderStateMixin 以便在 HomeState 类中声明它。AnimationController 构造函数接收 vsync 参数。vsync 是通过 this 来引用的，表明这是对_HomeState 类的引用。

```
class _AnimatedBalloonWidgetState extends State<AnimatedBalloonWidget> with
SingleTickerProviderStateMixin {
```

(5) 仅创建一个 AnimationController 以便处理动画持续时间。创建两个 Animation 以便处理实际的移动范围和膨胀大小。重写 initState()和 dispose()方法以便初始化 AnimationController 并且在页面关闭时销毁它们。

```
class _HomeState extends State<Home> with SingleTickerProviderStateMixin {
    AnimationController _controller;
    Animation<double> _animationFloatUp;
    Animation<double> _animationGrowSize;

    @override
    void initState() {
      super.initState();
    _controller = AnimationController(duration: Duration(seconds: 4), vsync:
this);
  }

  @override
  void dispose() {

    _controller.dispose();
    super.dispose();
  }
```

注意，正如上一节中所介绍的，在initState()方法中仅可以在AnimationController之后调用Animation，这样才能在页面加载时启动动画效果，不过这里我们要转而将它放在_animatedBalloon()方法中。这样做的原因在于，要使用MediaQuery类来获取屏幕大小以便相应地放置气球并且设置其大小。initState()方法不包含MediaQuery所需的Widget context对象。不过，在调用_animateBalloon()方法时，动画效果就会在页面加载时开启。如果用户旋转设备，就会再次调用_animateBalloon()方法，并且气球会相应地自行缩放，而如果气球位于屏幕底部，则会开启动画效果。

(6) 在Widget build(BuildContext context)之后，使用MediaQuery.of(context).size来创建气球高度、宽度以及页面底部位置。我推导出以下计算大小尺寸的公式，这是通过对不同设备屏幕大小和方向进行不同选项的测试而得到的最佳外形。

```
Widget build(BuildContext context) {
    double _balloonHeight = MediaQuery.of(context).size.height / 2;
    double _balloonWidth = MediaQuery.of(context).size.height / 3;
    double _balloonBottomLocation = MediaQuery.of(context).size.height -
_balloonHeight;
```

创建一个Tween动画效果的过程几乎与上一个示例中的步骤相同，只不过此处的CurvedAnimation parent是_controller。curve使用Interval()来标记每一个动画的开始和结束时间。零意味着begin，而1.0意味着end。

_controller duration值为4秒，_animationGrowSize Interval begin是0.0，而end是0.5。这意味着动画一开始气球就会开始膨胀，但在0.5时会停止膨胀，也就是两秒钟时间。可以将Interval begin和end视作动画持续总时长的百分比。

```
void _animationFloatUp = Tween(begin: _balloonBottomLocation, end:
0.0).animate(
    CurvedAnimation(
      parent: _controller,
      curve: Interval(0.0, 1.0, curve: Curves.fastOutSlowIn),
    ),
);
void _animationGrowSize = Tween(begin: 50.0, end: _balloonWidth).animate(
  CurvedAnimation(
    parent: _controller,
    curve: Interval(0.0, 0.5, curve: Curves.elasticInOut),
  ),
);
```

(7) 仅创建 AnimatedBuilder，我们来看看对于 AnimatedBuilder 构造函数的高层次结构化分解，以便查看 AnimatedBuilder child(具有 Image 的 GestureDetector)是如何被传递到 builder 的，这个 builder 就是接收 animation 参数的 Widget。

```
return AnimatedBuilder(
    animation: _animationFloatUp,
    builder: (context, child) {
      return Container(
        child: child,
      );
    },
    child: GestureDetector(/* Image*/) */
);
```

AnimatedBuilder 的使用几乎与上一个示例相同，只不过这里仅使用了一个 AnimationController 以便通过_controller 变量来正向或反向开启动画。

会将参数_animationFloatUp 传递给 animation。对于 builder 参数，则会返回一个具有 child 这一 child 属性的 Container Widget。的确，child 属性这里读起来很绕口，不过这就是 builder 智能重绘将要被动画处理的 child 控件的方式。接下来要声明将被传递的 child Widget，它将包含一个 GestureDetector Widget 和 Image(气球)的一个 child Widget。

AnimatedBuilder 构造函数具有 animation、builder 和 child 参数。

为 GestureDetector() Widget 添加 onTap 属性。对于 GestureDetector()而言，onTap 属性回调会检查_controllerFloatUp.isCompleted(表明动画处理已完成)，如果结果是肯定的，则会反向开启动画效果。这样就会让气球缩小并且开始让其向下飘浮到页面底部。else 部分会处理已经位于屏幕底部的气球；并且会通过向上飘浮以及将气球膨胀回正常大小来开启正向的动画效果。可以看到，由于仅使用了一个 AnimationController，所以要使用_controller 变量来反向或正向执行动画。

(8) 为 GestureDetector child 属性添加对 Image.asset()构造函数的调用，该构造函数会加

载 BeginningGoogleFlutter-Balloon.png 文件并将 height 值设置为_balloonHeight，将 width 值设置为_balloonWidth。

```
return AnimatedBuilder(
    animation: _animationFloatUp,
    builder: (context, child) {
      return Container(
        child: child,
        margin: EdgeInsets.only(
            top: _animationFloatUp.value,
        ),
        width: _animationGrowSize.value,
      );
    },
    child: GestureDetector(
      onTap: () {
        if (_controller.isCompleted) {
          _controller.reverse();
        } else {
          _controller.forward();
        }
      },
      child: Image.asset('assets/images/BeginningGoogleFlutter-Balloon.png',
          height: _balloonHeight, width: _balloonWidth),
    ),
);
```

(9) 打开 home.dart 文件并且在页面顶部导入 animated_balloon.dart 文件。

```
import 'package:flutter/material.dart';
import 'package:ch7_ac_staggered_animations/Widgets/animated_balloon.dart';
```

(10) 向 body 添加一个使用 SingleChildScrollView 作为 child 的 SafeArea Widget。

(11) 将 Padding 添加为 SingleChildScrollView 的子 Widget。添加 Column Widget 作为 Padding 的 child。

(12) 在 Column children 中，添加对于_animateBalloon()方法的调用。注意，这里使用了 NeverScrollableScrollPhysics()以便停止 SingleChildScrollView 对于内容的滚动。

```
body: SafeArea(
  child: SingleChildScrollView(
    physics: NeverScrollableScrollPhysics(),
    child: Padding(
      padding: EdgeInsets.all(16.0),
          child: Column(
```

```
          children: <Widget>[
            AnimatedBalloonWidget(),
          ],
        ),
      ),
    ),
  ),
```

示例说明

将 SingleTickerProviderStateMixin 声明 AnimatedBalloonWidget Widget 类就能让我们设置 AnimationController vsync 参数。SingleTickerProviderStateMixin 仅允许使用一个 AnimationController。我们添加了 AnimationController 并且声明了_controller 变量以便同时动画处理气球向上和向下的飘浮动作以及气球的膨胀或缩小。

我们声明了_animationFloatUp 变量以便存留 Tween 动画效果的值，从而显示气球向上或向下飘浮，这是通过设置 Container Widget 的顶部边距来实现的。我们声明了_animationFloatUp 变量以便存留 Tween 动画效果的值，从而显示气球向上或向下飘浮，这是通过设置 Container Widget 的顶部边距来实现的。我们还声明了_animationGrowSize 变量来存留 Tween 动画效果的值，从而显示气球的膨胀或者缩小，这是通过设置 Container Widget 的 width 值来实现的。

AnimatedBuilder 构造函数接收 animation、builder 和 child 参数。接下来，我们将_animationFloatUp 动画效果传递给 AnimatedBuilder 构造函数。AnimatedBuilder builder 参数会返回一个 Container Widget，它使用包装在 GestureDetector Widget 中的 Image 作为子 Widget。

7.5　本章小结

本章讲解了如何为应用添加动画效果以便提升 UX。我们实现了 AnimatedContainer 以便通过使用 Curves.elasticOut 来动画处理 Container Widget 的宽度，让其具有优雅的回弹效果。我们添加了 AnimatedCrossFade Widget 以便在两个子 Widget 之间实现交叉淡入淡出。其颜色会从黄褐色动画处理变为绿色，同时 Widget 的宽度和高度将增加或减少。为了将 Widget 完整或部分淡入、淡出，我们添加了 AnimatedOpacity Widget。AnimatedOpacity Widget 使用持续一段时间的(Duration)opacity 属性来让 Widget 淡入淡出。AnimationController 类允许创建自定义动画。

我们学习了使用多个具有不同持续时长的 AnimationController。使用了两个 Animation 类来同时控制气球向上或向下飘浮以及气球的膨胀和缩小。该动画效果是使用具有 begin 和 end 值的 Tween 来创建的。我们还使用了不同的 CurvedAnimation 类来实现非线性效果，比如使用 Curves.fastOutSlowIn 让气球向上或向下飘浮，使用 Curves.elasticInOut 让气球膨胀或缩小。最后，我们使用了具有多个 Animation 类的 AnimationController 类来创建交错动画，它们会提供与前一个示例相同的效果。

第 8 章将介绍使用导航的许多方式，比如 Navigator、Hero Animation、

BottomNavigationBar、BottomAppBar、TabBar、TabBarView 和 Drawer。

7.6 本章知识点回顾

主题	关键概念
AnimatedContainer	会随时间推移逐渐改变值
AnimatedCrossFade	会在两个子 Widget 之间交叉淡入淡出
AnimatedOpacity	通过随时间推移的淡入淡出动画效果来显示或隐藏 Widget 可见性
AnimatedBuilder	用于创建执行可重用动画效果的 Widget
AnimationController	通过使用 TickerProviderStateMixin、SingleTickerProviderStateMixin、AnimationController、Animation、Tween 和 CurvedAnimation 来创建自定义动画

第8章 创建应用的导航

本章内容

- 如何使用 Navigator Widget 来实现页面之间的导航？
- Hero(飞行)动画如何允许 Widget 过渡以便从一个页面飞行到另一个页面的恰当位置？
- 如何在页面底部展示包含一个icon和一个title的BottomNavigationBarItems水平列表？
- 如何使用 BottomAppBar Widget 强化底部导航栏的外观(该 Widget 允许启用凹槽)？
- 如何使用 TabBar 展示位于一个水平行上的不同标签页？
- 如何将 TabBarView 和 TabBar 结合使用以便展示所选标签的页面？
- Drawer 是如何允许用户从左或从右滑动一个面板？
- 如何使用 ListView 构造函数来快速构建一个简要的内容项列表？
- 如何使用 ListView 构造函数和 Drawer Widget 来显示一个菜单列表？

导航是移动端应用的一个重要组件。好的导航会带来绝佳的用户体验(UX)，这是通过让信息访问变得容易来实现的。例如，假设我们正在记日记，当我们尝试选择一个标签时，如果它并不存在，我们就需要创建一个新的标签。我们是否需要关闭该录入界面并且打开Settings | Tags 以便添加一个新的标签呢？这样就太繁杂了。相反，用户需要能够在正常操作中添加一个新的标签并且恰当地导航以便从其现有位置选择或添加一个标签。在设计一款应用时，务必要牢记，如何通过最少的触碰次数让用户导航到应用的不同部分。

在导航到不同页面时，动画效果也很重要，前提是它有助于表达一次操作，而不是仅为用户带来干扰。这句话是什么意思呢？我们能够显示精巧的动画，但这并不意味着我们应该这么做。动画的使用是为了强化 UX，而不是让用户受到困扰。

8.1 使用 Navigator

Navigator Widget 管理着许多可以在页面之间移动的路由。可以选择性地将数据传递到目标页面，并且返回到原始页面。为了开启页面之间的导航，需要使用 Navigator.push、pushNamed 和 pop 方法。Navigator 相当智能；它会显示 iOS 或 Android 上的原生导航。例如，在 iOS 中，当导航到一个新页面时，我们通常会从屏幕右侧向左侧滑动到下一个页面。在 Android 中，当导航到一个新页面时，我们通常会从屏幕底部向顶部滑动到下一个页面。简而言之，在 iOS 中，新页面是从右侧滑入的，而在 Android 中，新页面是从底部滑入的。

以下示例显示了如何使用 Navigator.push 方法来导航到 About 页面。push 方法会传递 BuildContext 和 Route 参数。为了推送一个新的 Route 参数，我们需要创建 MaterialPageRoute 类的一个实例，它会使用合适的平台(iOS 或 Android)动画过渡来替换界面。在这个示例中，fullscreenDialog 属性被设置为 true 以便将 About 页面呈现为全屏模式对话框。通过将 fullscreenDialog 设置为 true，About 页面应用栏会自动包含一个关闭按钮。在 iOS 中，模式对话框过渡是通过从屏幕底部向顶部滑动来呈现页面的，而这也是 Android 的默认操作。

```
Navigator.push(
    context,
    MaterialPageRoute(
      fullscreenDialog: true,
      builder: (context) => About(),
    ),
);
```

以下示例显示了如何使用 Navigator.pop 方法来关闭页面以及导航回之前的页面。可以通过传递 BuildContext 参数来调用 Navigator.pop(context)方法，并且通过从屏幕顶部向底部滑动来关闭页面。第二个示例显示了如何将一个值传递回之前的页面。

```
// Close page
Navigator.pop(context);

// Close page and pass a value back to previous page
Navigator.pop(context, 'Done');
```

试一试：创建 Navigator 应用，第 1 部分——About 页面

本项目具有一个主页面，其中包含一个 FloatingActionButton 以便通过传递一个默认选中的 Radio 按钮值来导航到一个感谢页面。该感谢页面会显示三个 Radio 按钮以便选择一个值，然后将这个值传递回主页面，并且使用合适的值来更新 Text Widget。

AppBar 具有一个 actions IconButton，它会通过传递一个设置为 true 以便创建全屏模式对话框的 fullscreenDialog 参数来导航到 About 页面。该模式对话框会在页面左上角显示一个关闭按钮并且显示从底部开始的动画处理。在第一部分中，我们将开发从主页面到 About 页面以及路由回来的导航，显示效果如图 8.1 所示。

图 8.1　显示效果

(1) 创建一个新的 Flutter 项目并且将其命名为 ch8_navigator。可以参考第 4 章中的处理步骤。对于这个项目而言，仅需要创建 pages 文件夹。

(2) 打开 home.dart 文件并将一个 IconButton 添加到 AppBar actions Widget 列表。

IconButton onPressed 属性将调用方法 _openPageAbout() 并且传递 context 和 fullscreenDialog 参数。不要担心方法名称下方的红色波浪线；我们将在后续步骤中创建该方法。Navigator Widget 需要 context 参数，并且 fullscreenDialog 参数被设置为 true 从而以全屏模式显示 About 页面。如果将 fullscreenDialog 参数设置为 false，About 页面就会显示一个后退箭头来取代关闭按钮图标。

```
appBar: AppBar(
    title: Text('Navigator'),
    actions: <Widget>[
      IconButton(
          icon: Icon(Icons.info_outline),
      onPressed: () => _openPageAbout(
          context: context,
          fullscreenDialog: true,
        ),
    ),
  ],
),
```

(3) 将具有 Padding 作为 child 的 SafeArea 添加到 body。

```
body: SafeArea(
    child: Padding(),
),
```

(4) 在 Padding child 中，添加一个 Text() Widget，其文本是'Grateful for: $_howAreYou '。注意$_howAreYou 变量，它将包含从感谢页面导航回来(Navigator.pop)时的返回值。添加一个具有 32.0 像素的 fontSize 值的 TextStyle 类。

```
body: SafeArea(
  child: Padding(
    padding: EdgeInsets.all(16.0),
    child: Text('Grateful for: $_howAreYou', style: TextStyle(fontSize:
32.0),),
  ),
),
```

(5) 对于 Scaffold floatingActionButton 属性，添加一个 FloatingActionButton() Widget，它具有一个调用方法 openPageGratitude(context: context)的 onPressed，该方法会传递 context 参数。

(6) 对于 FloatingActionButton() child，添加名为 sentiment_satisfied 的图标，对于 tooltip，则添加' About '描述。

```
floatingActionButton: FloatingActionButton(
    onPressed: () => _openPageGratitude(context: context),
    tooltip: 'About',
    child: Icon(Icons.sentiment_satisfied),
),
```

(7) 在_HomeState 类定义之后的第一行添加名为_howAreYou 的 String 变量，它具有' ... '这个默认值。

```
String _howAreYou = "...";
```

(8) 接下来添加_openPageAbout()方法，它接收 BuildContext 和默认值设置为 false 的 bool 命名参数。

```
void _openPageAbout({BuildContext context, bool fullscreenDialog = false}) {}
```

(9) 在 openPageAbout()方法中，添加一个 Navigator.push()方法，它具有一个 context 以及另一个 MaterialPageRoute()参数。MaterialPageRoute()类会传递 fullscreenDialog 参数和一个调用 About()页面的 builder，该页面将在后续步骤中创建。

```
void _openPageAbout({BuildContext context, bool fullscreenDialog = false}) {
   Navigator.push(
     context,
```

```
      MaterialPageRoute(
        fullscreenDialog: fullscreenDialog,
        builder: (context) => About(),
      ),
  );
}
```

(10) 在 home.dart 页面顶部，导入接下来要创建的 about.dart 页面。

```
import 'about.dart';
```

Navigator 的使用很简单，但其功能也很强大。我们查看一下它是如何工作的。Navigator.push()会传递两个参数：context 和 MaterialPageRoute。对于第一个参数，我们传递 context 参数。第二个参数是 MaterialPageRoute()，将为我们提供足够的能力以便使用平台特定的动画效果导航到另一个页面。只有 builder 需要使用可选的 fullscreenDialog 参数进行导航。

(11) 在 lib/pages 文件夹中创建一个新的名为 about.dart 的文件。由于这个页面仅显示信息，所以只要创建一个名为 About 的 StatelessWidget 类即可。

(12) 对于 body，需要添加一个通常的 SafeArea，它包含一个 Padding 和用作 Text Widget 的 child 属性。

```
// about.dart
import 'package:flutter/material.dart';

class About extends StatelessWidget {
  @override
  Widget build(BuildContext context) {
    return Scaffold(
      appBar: AppBar(
        title: Text('About'),
      ),
      body: SafeArea(
        child: Padding(
          padding: const EdgeInsets.all(16.0),
          child: Text('About Page'),
        ),
      ),
    );
  }
}
```

示例说明

为 AppBar 在 actions 属性下方添加一个 IconButton。IconButton 的 icon 属性被设置为 Icons.info_outline，openPageAbout()方法会传递 context，而 fullscreenDialog 参数被设置为 true。

我们还为 Scaffold 添加了一个调用_openPageGratitude()方法的 FloatingActionButton。_openPageAbout()方法使用 Navigator.push()方法来传递 context 和 MaterialPageRoute。MaterialPageRoute 会传递被设置为 true 的 fullscreenDialog 参数，而 builder 会调用 About()页面。About 页面类就是一个具有 Scaffold 和 AppBar 的 StatelessWidget；body 属性包含一个 SafeArea，其中具有 Padding 作为 child，以便显示一个包含 About Page 文本的 Text Widget。

试一试：创建 Navigator 应用，第 2 部分——Gratitude 页面

本应用的第 2 部分就是导航到感谢页面，这是通过传递一个默认值以便选中合适的 Radio 按钮来实现的。一旦导航返回到主页，这个新近被选中的 Radio 按钮值就会被传递回来并且显示在 Text Widget 中。

(1) 打开 home.dart 文件，在_openPageAbout()方法之后，添加_openPageGratitude()方法。_openPageGratitude()方法接收两个参数：context 和默认值为 false 的 fullscreenDialog bool 变量。在这个例子中，这个感谢页面并非 fullscreenDialog。就像之前的 MaterialPageRoute 一样，builder 会打开该页面。在这个例子中，打开的就是感谢页面。

注意，在将数据传递到感谢页面并且等待接收响应时，使用了 await 关键字将方法标记为 async 以便等待来自 Navigator.push 的响应。

```
void _openPageGratitude(
    {BuildContext context, bool fullscreenDialog = false}) async {
  final String _gratitudeResponse = await Navigator.push(
```

MaterialPageRoute builder 会构建路由的内容。在这个例子中，其内容就是感谢页面，其中接收值为-1 的 radioGroupValue int 参数。-1 这个值是在告知 Gratitude 类页面不要选择任何 Radio 按钮。如果传递像 2 这样的值，则会选择对应于这个值的恰当 Radio 按钮。

```
builder: (context) => Gratitude(
          radioGroupValue: -1,
    ),
```

一旦用户离开该感谢页面，就会填充_gratitudeResponse 变量。使用??(双问号标记是否为 null)运算符来检查 gratitudeResponse 是否包含有效值(非 null)并且填充_howAreYou 变量。主页上的 Text Widget 是用_howAreYou 值来填充的，而_howAreYou 值就是选中的恰当感谢值或者一个空字符串。换句话说，如果_gratitudeResponse 不为 null，就会用_gratitudeResponse 值填充_howAreYou 变量；否则就会用一个空字符串来填充_howAreYou 变量。

```
_howAreYou = _gratitudeResponse ?? '';
```

这里是完整的_openPageGratitude()方法代码：

```
void _openPageGratitude(
    {BuildContext context, bool fullscreenDialog = false}) async {
  final String _gratitudeResponse = await Navigator.push(
    context,
```

```
    MaterialPageRoute(
      fullscreenDialog: fullscreenDialog,
      builder: (context) => Gratitude(
            radioGroupValue: -1,
          ),
      ),
    );
    _howAreYou = _gratitudeResponse ?? '';
}
```

(2) 在 home.dart 页面顶部，添加接下来将要创建的 gratitude.dart 页面。

```
import 'gratitude.dart';
```

(3) 在 lib/pages 文件夹中创建一个新的名为 gratitude.dart 的页面。由于这个页面将修改数据(状态)，所以要创建一个名为 Gratitude 的 StatefulWidget 类。

为了接收从主页传递过来的数据，需要通过添加名为 radioGroupValue 的 final int 变量来修改 Gratitude 类。注意，这个最终变量没有以下画线开头。创建命名构造函数需要这个参数。_GratitudeState extends State<Gratitude> 类通过调用 Widget.radioGroupValue 来访问 radioGroupValue 变量。

```
class Gratitude extends StatefulWidget {
    final int radioGroupValue;

    Gratitude({Key key, @required this.radioGroupValue}) : super(key: key);

    @override
    _GratitudeState createState() => _GratitudeState();
}
```

(4) 对于 Scaffold AppBar，将一个 IconButton 添加到 Widget 的 actions 列表。将 IconButton icon 设置为 Icons.check，并使用 onPressed 属性调用 Navigator.pop，这样就会将 _selectedGratitude 返回到主页。

```
appBar: AppBar(
    title: Text('Gratitude'),
    actions: <Widget>[
        IconButton(
          icon: Icon(Icons.check),
          onPressed: () => Navigator.pop(context, _selectedGratitude),
        ),
    ],
),
```

(5) 对于 body，要添加通常的 SafeArea 并使用包含 child 属性的 Padding 作为一个 Row。Widget 的 Row children 列表包含三个可选的 Radio 和 Text Widget。Radio Widget 接收 value、groupValue 和 onChanged 属性。value 属性是 Radio 按钮的 ID 值。groupValue 属性会存留当前选中 Radio 按钮的值。onChanged 会将选中的 index 值传递给自定义方法_radioOnChanged()，该方法会处理当前选中的是哪个 Radio 按钮。在每一个 Radio 按钮之下，都有一个 Text Widget 充当 Radio 按钮的标签。

这里是完整的 body 源代码:

```
body: SafeArea(
    child: Padding(
      padding: const EdgeInsets.all(16.0),
      child: Row(
        children: <Widget>[
          Radio(
            value: 0,
            groupValue: _radioGroupValue,
            onChanged: (index) => _radioOnChanged(index),
          ),
          Text('Family'),
          Radio(
            value: 1,
            groupValue: _radioGroupValue,
            onChanged: (index) => _radioOnChanged(index),
          ),
          Text('Friends'),
          Radio(
              value: 2,
              groupValue: _radioGroupValue,
              onChanged: (index) => _radioOnChanged(index),
          ),
          Text('Coffee'),
        ],
      ),
    ),
),
```

(6) 在_HomeState 类定义之后的第一行中，添加三个变量——_gratitudeList、_selectedGratitude 和_radioGroupValue——还要添加_radioOnChanged()方法。

- _gratitudeList 是 String 值的一个 List。

```
List<String> _gratitudeList = List();
```

- _selectedGratitude 是一个 String 变量，它包含选中的 Radio 按钮值。

```
String _selectedGratitude;
```

- _radioGroupValue 是一个 int，它包含所选 Radio 按钮值的 ID。

```
int _radioGroupValue;
```

(7) 创建 radioOnChanged()方法，它接收所选 Radio 按钮 index 的 int 值。在该方法中，调用 setState()以便让 Radio Widget 更新为所选的值。_radioGroupValue 变量是用该 index 来更新的。_selectedGratitude 变量(示例值为 Coffee)是通过所选索引(在列表中的位置)的_gratitudeList[index]列表值来更新的。

```
void _radioOnChanged(int index) {
  setState(() {
     _radioGroupValue = index;
     _selectedGratitude = _gratitudeList[index];
     print('_selectedRadioValue $_selectedGratitude');
  });
}
```

(8) 重写 initState()以便初始化_gratitudeList。由于_radioGroupValue 是从主页传递过来的，所以要使用 Widget.radioGroupValue 来初始化，这是从主页传递过来的最终变量。

```
_gratitudeList..add('Family')..add('Friends')..add('Coffee');
_radioGroupValue = Widget.radioGroupValue;
```

以下是声明所有变量和方法的代码:

```
class _GratitudeState extends State<Gratitude> {
  List<String> _gratitudeList = List();
  String _selectedGratitude;
  int _radioGroupValue;

  void _radioOnChanged(int index) {
     setState(() {
        _radioGroupValue = index;
        _selectedGratitude = _gratitudeList[index];
        print('_selectedRadioValue $_selectedGratitude');
     });
  }

  @override
  void initState() {
     super.initState();
```

```
        _gratitudeList..add('Family')..add('Friends')..add('Coffee');
        _radioGroupValue = Widget.radioGroupValue;
}
```

这里是完整的 gratitude.dart 文件源代码:

```
import 'package:flutter/material.dart';

class Gratitude extends StatefulWidget {
   final int radioGroupValue;

   Gratitude({Key key, @required this.radioGroupValue}) : super(key: key);

   @override
   _GratitudeState createState() => _GratitudeState();
}

class _GratitudeState extends State<Gratitude> {
   List<String> _gratitudeList = List();
   String _selectedGratitude;
   int _radioGroupValue;

   void _radioOnChanged(int index) {
      setState(() {
        _radioGroupValue = index;
        _selectedGratitude = _gratitudeList[index];
        print('_selectedRadioValue $_selectedGratitude');
     });
   }

   @override
   void initState() {
      super.initState();

      _gratitudeList..add('Family')..add('Friends')..add('Coffee');
      _radioGroupValue = Widget.radioGroupValue;
   }

   @override
   Widget build(BuildContext context) {
      return Scaffold(
        appBar: AppBar(
          title: Text('Gratitude'),
          actions: <Widget>[
```

```
              IconButton(
                icon: Icon(Icons.check),
                onPressed: () => Navigator.pop(context, _selectedGratitude),
              ),
            ],
          ),
          body: SafeArea(
            child: Padding(
              padding: const EdgeInsets.all(16.0),
              child: Row(
                children: <Widget>[
                  Radio(
                    value: 0,
                    groupValue: _radioGroupValue,
                    onChanged: (index) => _radioOnChanged(index),
                  ),
                  Text('Family'),
                  Radio(
                    value: 1,
                    groupValue: _radioGroupValue,
                    onChanged: (index) => _radioOnChanged(index),
                  ),
                  Text('Friends'),
                  Radio(
                    value: 2,
                    groupValue: _radioGroupValue,
                    onChanged: (index) => _radioOnChanged(index),
                  ),
                  Text('Coffee'),
                ],
              ),
            ),
          ),
        );
      }
    }
```

图 8.2 显示了相应的界面。

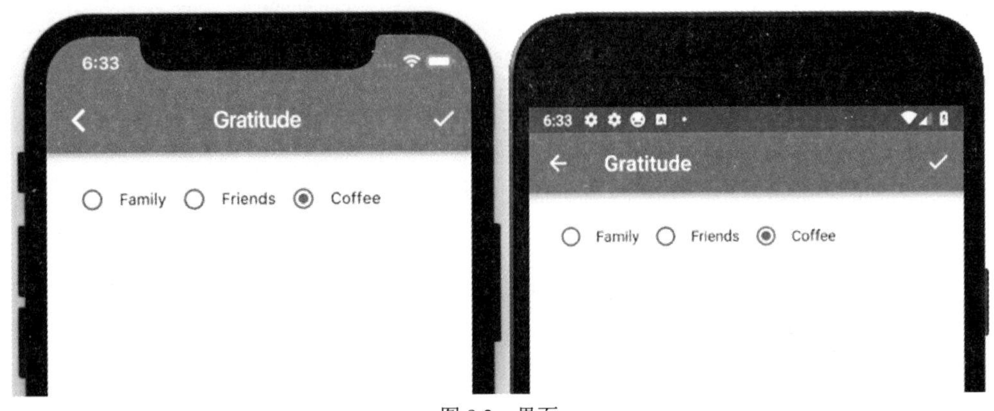

图 8.2　界面

示例说明

整个应用的创建包含一个主页，它可导航到 fullscreenDialog 形式的 About 页面。fullscreenDialog 为 About 页面提供了一个默认的关闭操作按钮。通过触碰主页的 FloatingActionButton，Navigator MaterialPageRoute builder 就会构建该路由的内容，在这个例子中也就是感谢页面。通过 Gratitude 构造函数，数据就会被传递到未选中的 Radio 按钮。在感谢页面中，一组 Radio 按钮提供了可供选择的感谢选项。通过触碰 AppBar 操作按钮(IconButton 复选框)，Navigator.pop 方法会将所选的感谢值传递回 Home Text Widget。在主页中，我们使用 await 关键字调用了 Navigator.push 方法，该方法将等待接收一个值。直到调用了 About 页面的 Navigator.pop 方法之后，才会向主页的_gratitudeResponse 变量返回一个值。使用 await 关键字是一种可实现的强大且简单明了的特性，图 8.3 显示了一系列效果。

图 8.3　显示效果

使用命名 Navigator Route

使用 Navigator 的一种可选方式就是，根据路由名称来引用要导航到的页面。路由名称以斜杠开头，然后加上实际的路由名称。例如，About 页面路由名称是' /about '。routes 列表被构建在 MaterialApp() Widget 中。routes 包含 String 和 WidgetBuilder 的 Map，其中 String 是路由名称，而 WidgetBuilder 具有根据要打开的页面的 Class 名称(About)来构建路由内容的 builder。

```
routes: <String, WidgetBuilder>{
   '/about': (BuildContext context) => About(),
   '/gratitude': (BuildContext context) => Gratitude(),
},
```

为了调用该路由，需要通过传递两个参数来调用 Navigator.pushNamed()方法。第一个参数是 context，第二个是 route 名称。

```
Navigator.pushNamed(context, '/about');
```

8.2　使用 Hero(飞行)动画

Hero Widget 是一种很好的开箱即用的动画，它可以呈现出 Widget 从一个页面飞入另一个页面恰当位置的导航操作效果。飞行动画是两个不同页面之间的共享元素过渡(动画)。

该动画的名称来自于我们熟知的超人飞行动作。例如，我们有一组具有照片缩略图的日记记录，当用户选择一个记录条目时，就会看到该照片缩略图通过移动和扩大为完整大小来过渡到详情页面。这个照片缩略图就是所谓的“超人”，当触碰它时，它就会呈现飞行动作，从列表页面移动到详情页面，并且完美地停留在详情页面顶部的正确位置，以便显示完整的照片。当离开详情页面时，Hero Widget 就会飞回原始的页面，恢复为原始的位置和大小。换句话说，该动画会呈现照片缩略图从列表页到详情页恰当位置的移动和扩大，并且一旦离开详情页，该动画和大小就会反向变化。Hero Widget 具有所有这些内置特性；不必编写自定义代码来处理页面之间的大小和动画效果。

为了继续使用之前的示例场景，我们要将列表页 Image Widget 包装为 Hero Widget 的 child，并且为 tag 属性赋予一个名称。为详情页重复相同步骤并且确保两个页面的 tag 属性值相同。

```
// List page
Hero(
     tag: 'photo1',
     child: Image(
        image: AssetImage("assets/images/coffee.png"),
     ),
),

// Detail page
Hero(
   tag: 'photo1',
```

```
    child: Container(
      child: Image(
        image: AssetImage("assets/images/coffee.png"),
      ),
    ),
  ),
```

标记 Hero child Widget 是为了实现飞行动画。当 Navigator 推送或者弹出一个 PageRoute 时，整个界面的内容就会被替换。这意味着，在动画过渡期间，Hero Widget 将不会显示在老路由和新路由的原始位置，而会从一个页面移动到另一个页面并且其大小会逐渐缩放。每一个 Hero tag 都必须是唯一的，并且同时匹配起始页和目标页。

试一试：创建 Hero 动画应用

在这个示例中，Hero Widget 具有一个作为 child 被包装在 GestureDetector 中的 Icon。InkWell 也可用作 GestureDetector 的替代来显示 Material 触碰动画。InkWell Widget 是一个 Material Component，它通过显示闪屏(波纹)效果来响应触控手势。第 11 章中将更深入地介绍 GestureDetector 和 InkWell。在触碰该 Icon 时，会调用 Navigator.push 以便导航到名称为 Fly 的详情界面。由于 Hero Widget 动画类似于超人飞行，所以详情界面被命名为 Fly。

(1) 创建一个新的 Flutter 项目，并将其命名为 ch8_hero_animation。同样，可遵循第 4 章中的处理步骤。对于这个项目而言，仅需要创建 pages 文件夹。

(2) 打开 home.dart 文件，并向 body 添加具有 Padding 作为 child 的 SafeArea。

```
body: SafeArea(
  child: Padding(),
),
```

(3) 在 Padding child 中，添加 GestureDetector() Widget，接下来将创建该 Widget。

```
body: SafeArea(
  child: Padding(
    padding: const EdgeInsets.all(16.0),
    child: GestureDetector(),
  ),
),
```

(4) 向 GestureDetector child 添加一个具有 tag ' format_paint '的 Hero Widget；tag 可以是任意唯一 ID。Hero Widget child 是一个 format_paint 图标，它具有 lightGreen 颜色并且大小值是 120.0 像素。注意，也可以使用 InkWell() Widget 替代 GestureDetector()。InkWell() Widget 会在触碰的位置显示闪屏反馈，但 GestureDetector() Widget 则不会显示触控反馈。对于 onTap 属性，我们要调用 Navigator.push 来打开名称为 Fly 的详情页面。

```
GestureDetector(
  child: Hero(
   tag: 'format_paint',
```

```
        child: Icon(
          Icons.format_paint,
          color: Colors.lightGreen,
          size: 120.0,
        ),
      ),
      onTap: () {
        Navigator.push(
          context,
          MaterialPageRoute(builder: (context) => Fly()),
        );
      },
    ),
```

(5) 在 home.dart 页面顶部，导入接下来将创建的 fly.dart 页面。

```
import 'fly.dart';
```

这里是完整的 Home.dart 文件源代码:

```
import 'package:flutter/material.dart';
import 'fly.dart';

class Home extends StatelessWidget {
    @override
    Widget build(BuildContext context) {
      return Scaffold(
        appBar: AppBar(
          title: Text('Hero Animation'),
        ),
        body: SafeArea(
          child: Padding(
              padding: EdgeInsets.all(16.0),
              child: GestureDetector(
                child: Hero(
                  tag: 'format_paint',
                  child: Icon(
                    Icons.format_paint,
                    color: Colors.lightGreen,
                    size: 120.0,
                  ),
                ),
                onTap: () {
                Navigator.push(
                  context,
```

```
                    MaterialPageRoute(builder: (context) => Fly()),
                  );
                },
              ),
            ),
          ),
        );
      }
    }
```

(6) 在 lib/pages 文件夹中创建一个名称为 fly.dart 的新文件。由于这个页面仅显示信息，所以创建一个名为 Fly 的 StatelessWidget 类。对于 body，添加通用 SafeArea，它具有被设置为 Hero() Widget 的 child。

```
body: SafeArea(
    child: Hero(),
),
```

(7) 为计算 Icon 的 width，在 Widget build(BuildContext context) {之后，添加名称为_width 的 double 变量，它是由 MediaQuery.of(context).size.shortestSide/2 来设置的。shortestSide 属性会返回屏幕宽度或高度中值较小的一个，并且将之除以 2 以便让大小尺寸减半。

计算宽度的原因仅仅在于，根据设备大小和方向调整 Icon width 大小。如果使用 Image 作为替代，则不必使用这一计算；可以使用 BoxFit.fitWidth 来完成此计算。

```
double _width = MediaQuery.of(context).size.shortestSide / 2;
```

(8) 为 Hero Widget 添加一个使用 Container 作为 child 的' format_paint ' tag。注意，为了让 Hero Widget 正常工作，这个 tag 的名称需要与 home.dart 文件中 GestureDetector child Hero Widget 的名称相同。Container child 是一个 format_paint 图标，它具有 lightGreen color 以及 width 变量的 size 值。对于 Container alignment 属性，需要使用 Alignment.bottomCenter。可以尝试使用不同的 Alignment 值以便观察运行时的飞行动画变化。

```
Hero(
  tag: 'format_paint',
  child: Container(
     alignment: Alignment.bottomCenter,
     child: Icon(
        Icons.format_paint,
        color: Colors.lightGreen,
        size: _width,
     ),
   ),
)
```

这里是完整的 Fly.dart 文件源代码:

```
import 'package:flutter/material.dart';

class Fly extends StatelessWidget {
  @override
  Widget build(BuildContext context) {
    double _width = MediaQuery.of(context).size.shortestSide / 2;

    return Scaffold(
      appBar: AppBar(
        title: Text('Fly'),
      ),
      body: SafeArea(
        child: Hero(
          tag: 'format_paint',
          child: Container(
            alignment: Alignment.bottomCenter,
            child: Icon(
              Icons.format_paint,
              color: Colors.lightGreen,
              size: _width,
            ),
          ),
        ),
      ),
    );
  }
}
```

显示效果如图 8.4 所示。

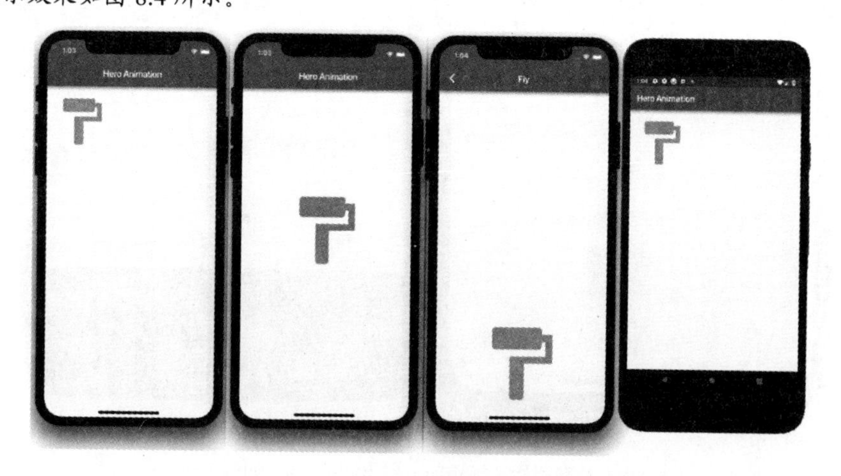

图 8.4　显示效果

示例说明

飞行动画是一种功能强大的内置动画效果，它能够呈现一种操作，这是通过为 Widget 从一个页面到另一个页面的过渡自动化加上动画效果以便让 Widget 变成正确大小并且将其放在正确位置来实现的。在主页上，我们声明了一个 GestureDetector，它包含 Hero Widget 作为 child Widget。Hero Widget 会将一个 Icon 设置为 child。onTap 会调用 Navigator.push() 方法，它会导航到 Fly 页面。在 Fly 页面上所需要做的就是，将需要对其进行动画处理的 Widget 声明为 Hero Widget 的 child。当导航回主页时，Hero 会将 Icon 动画处理回初始位置。

8.3 使用 BottomNavigationBar

BottomNavigationBar 是一个 Material Design Widget，它会显示一个 BottomNavigationBarItem 列表，这些 BottomNavigationBarItem 包含位于页面底部的一个 icon 和一个 title(图 8.5)。当选中 BottomNavigationBarItem 时，就会构建恰当的页面。

图 8.5　具有图标和标题的最终 BottomNavigationBar

试一试：创建 BottomNavigationBar 应用

在这个示例中，BottomNavigationBar 具有三个 BottomNavigationBarItem，它们会用选中的页面提换当前页面。有多种不同的方式可以显示所选页面；这里使用 Widget 类作为变量。

(1) 创建一个新的 Flutter 项目，将其命名为 ch8_bottom_navigation_bar。像之前一样，可以遵循第 4 章中的处理步骤。对于这个项目而言，仅需要创建 pages 文件夹。

(2) 打开 home.dart 文件，为 body 添加一个使用 Padding 作为 child 的 SafeArea。

```
body: SafeArea(
    child: Padding(),
),
```

(3) 在 Padding child 中，添加变量 Widget _currentPage，接下来将创建它。注意，这一次使用了一个 Widget 类来创建_currentPage 变量，它会存留被选中的每一个页面，有可能是 Gratitude、Reminders 或者 Birthdays StatelessWidget 类。

```
body: SafeArea(
  child: Padding(
      padding: const EdgeInsets.all(16.0),
      child: _ currentPage,
  ),
),
```

(4) 为 Scaffold bottomNavigationBar 属性添加一个 BottomNavigationBar Widget。对于 currentIndex 属性，要使用_currentIndex 变量，接下来将创建它。

```
bottomNavigationBar: BottomNavigationBar(
currentIndex: _currentIndex,
```

items 属性是一个 BottomNavigationBarItem 列表。每一个 BottomNavigationBarItem 都接收一个 icon 属性和一个 title 属性。

(5) 为 items 属性添加三个分别具有 icon cake、sentiment satisfied 和 access_alarm 的 BottomNavigationBarItem。其 title 分别是'Birthdays'、'Gratitude'和'Reminders'。

```
items: [
   BottomNavigationBarItem(
      icon: Icon(Icons.cake),
      title: Text('Birthdays'),
   ),
```

(6) 对于 onTap 属性，callback 将返回活动内容项的当前索引。将该变量命名为 selectedIndex。

```
onTap: (selectedIndex) => _changePage(selectedIndex),
```

这里是完整的 BottomNavigationBar 代码:

```
bottomNavigationBar: BottomNavigationBar(
```

```
    currentIndex: _currentIndex,
    items: [
      BottomNavigationBarItem(
        icon: Icon(Icons.cake),
        title: Text('Birthdays'),
      ),
      BottomNavigationBarItem(
        icon: Icon(Icons.sentiment_satisfied),
      title: Text('Gratitude'),
    ),
    BottomNavigationBarItem(
      icon: Icon(Icons.access_alarm),
      title: Text('Reminders'),
    ),
  ],
  onTap: (selectedIndex) => _changePage(selectedIndex),
),
```

(7) 在 Scaffold()之后添加_changePage(int selectedIndex)方法。_changePage()方法接收所选索引的一个 int 值。setState()方法使用 selectedIndex 来设置_currentIndex 和_currentPage 变量。

_currentIndex 等同于 selectedIndex，而_currentPage 等同于 List _listPages 中对应于所选索引的页面。

重要的是要注意，Widget _currentPage 变量会显示每一个所选页面，而不必使用 Navigator Widget。这是按需自定义 Widget 的能力的绝佳示例。

```
void _changePage(int selectedIndex) {
  setState(() {
    _currentIndex = selectedIndex;
    _currentPage = _listPages[selectedIndex];
  });
}
```

(8) 在_HomeState 类定义之后的第一行中，添加变量_currentIndex、_listPages 以及_currentPage。_listPages List 会存留每一个页面的 Class 名称。

```
int _currentIndex = 0;
List _listPages = List();
Widget _currentPage;
```

(9) 重写 initState()以便将每一个页面添加到_listPages List 并且使用 Birthdays()页面初始化_currentPage。注意级联符号的使用；两个句点允许我们对同一对象执行一系列操作。

```
@override
```

```
void initState() {
    super.initState();

    _listPages
        ..add(Birthdays())
        ..add(Gratitude())
        ..add(Reminders());
    _currentPage = Birthdays();
}
```

(10) 在 home.dart 文件顶部添加语句，导入接下来将要创建的每一个页面。

```
import 'package:flutter/material.dart';
import 'gratitude.dart';
import 'reminders.dart';
import 'birthdays.dart';
```

这里是完整的 home.dart 文件：

```
import 'package:flutter/material.dart';
import 'gratitude.dart';
import 'reminders.dart';
import 'birthdays.dart';

class Home extends StatefulWidget {
   @override
   _HomeState createState() => _HomeState();
}

class _HomeState extends State<Home> {
   int _currentIndex = 0;
   List _listPages = List();
   Widget _currentPage;

   @override
   void initState() {
     super.initState();

     _listPages
         ..add(Birthdays())
         ..add(Gratitude())
         ..add(Reminders());
     _currentPage = Birthdays();
   }
```

```
  void _changePage(int selectedIndex) {
      setState(() {
        _currentIndex = selectedIndex;
        _currentPage = _listPages[selectedIndex];
      });
  }

  @override
  Widget build(BuildContext context) {
    return Scaffold(
        appBar: AppBar(
          title: Text('BottomNavigationBar'),
      ),
      body: SafeArea(
        child: Padding(
          padding: EdgeInsets.all(16.0),
          child: _currentPage,
        ),
    ),
    bottomNavigationBar: BottomNavigationBar(
        currentIndex: _currentIndex,
        items: [
          BottomNavigationBarItem(
              icon: Icon(Icons.cake),
              title: Text('Birthdays'),
          ),
          BottomNavigationBarItem(
              icon: Icon(Icons.sentiment_satisfied),
              title: Text('Gratitude'),
          ),
          BottomNavigationBarItem(
              icon: Icon(Icons.access_alarm),
              title: Text('Reminders'),
          ),
      ],
      onTap: (selectedIndex) => _changePage(selectedIndex),
    ),
   );
  }
}
```

(11) 创建三个 StatelessWidget 页面并将其分别命名为 Birthdays、Gratitude 和 Reminders。每个页面的 body 都将使用具有 Center()的 Scaffold。Center child 是一个具有 120.0 像素 size

值和 color 属性的 Icon。下面就是这三个 Dart 文件，birthdays.dart、gratitude.dart 和 reminders.dart:

```
// birthdays.dart
import 'package:flutter/material.dart';

class Birthdays extends StatelessWidget {
  @override
  Widget build(BuildContext context) {
    return Scaffold(
      body: Center(
        child: Icon(
          Icons.cake,
          size: 120.0,
          color: Colors.orange,
        ),
      ),
    );
  }
}

// gratitude.dart
import 'package:flutter/material.dart';

class Gratitude extends StatelessWidget {
  @override
  Widget build(BuildContext context) {
    return Scaffold(
      body: Center(
        child: Icon(
          Icons.sentiment_satisfied,
          size: 120.0,
          color: Colors.lightGreen,
        ),
      ),
    );
  }
}

// reminders.dart
import 'package:flutter/material.dart';

class Reminders extends StatelessWidget {
```

```
      @override
      Widget build(BuildContext context) {
        return Scaffold(
          body: Center(
            child: Icon(
              Icons.access_alarm,
              size: 120.0,
              color: Colors.purple,
            ),
          ),
        );
      }
    }
```

显示效果如图 8.6 所示。

图 8.6 显示效果

示例说明

BottomNavigationBar items 属性具有一个 List，其中包含三个 BottomNavigationBarItem。对于每一个 BottomNavigationBarItem，都可以设置一个 icon 属性和一个 title 属性。BottomNavigationBar onTap 会将选中的索引值传递到_changePage 方法。这个_changePage 方法使用 setState()来设置要显示的_currentIndex 和_currentPage。_currentIndex 会设置所选的 BottomNavigationBarItem，而_currentPage 会设置_listPages List 中要显示的当前页面。

8.4 使用 BottomAppBar

BottomAppBar Widget 的作用类似于 BottomNavigationBar，不过它在顶部具有一个可选的凹槽。通过添加 FloatingActionButton 并启用该凹槽，这个凹槽会提供很好的 3D 效果，这样按钮看起来就像嵌入导航栏中一样(图 8.7)。例如，为了启用该凹槽，我们要将 BottomAppBar shape 属性设置为类似于 CircularNotchedRectangle()类的 NotchedShape 类，并将 Scaffold floatingActionButtonLocation 属性设置为 FloatingActionButtonLocation.endDocked 或 centerDocked。为 Scaffold floatingActionButton 属性添加一个 FloatingActionButton Widget，这样一来 FloatingActionButton 就会嵌入 BottomAppBar Widget 中，也就是凹槽。

```
BottomAppBar(
     shape: CircularNotchedRectangle(),
)

floatingActionButtonLocation: FloatingActionButtonLocation.endDocked,
floatingActionButton: FloatingActionButton(
   child: Icon(Icons.add),
),
```

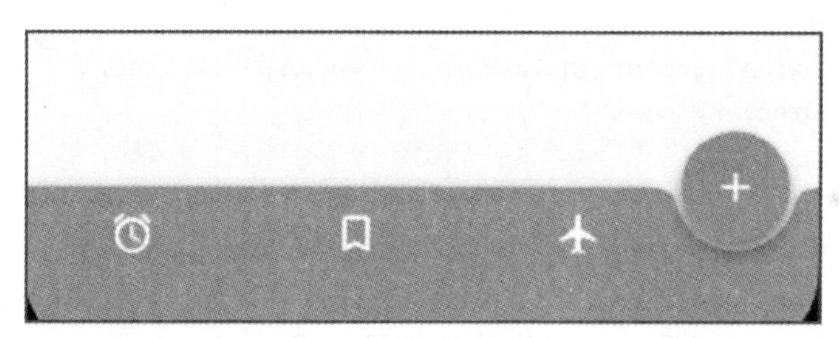

图 8.7 使用嵌入 FloatingActionButton 创建一个凹槽的 BottomAppBar

试一试：创建 BottomAppBar 应用

在这个示例中，BottomAppBar 使用了一个 Row 作为 child，它具有三个 IconButton 以便显示选择项。本示例的主要目标是使用 FloatingActionButton 并将它嵌入具有凹槽的 BottomAppBar 中。要通过将 BottomAppBar shape 属性设置为 CircularNotchedRectangle()来启用凹槽。

(1) 创建一个新的 Flutter 项目并将其命名为 ch8_bottom_app_bar。同样，可以遵循第 4 章中的处理步骤。对于这个项目而言，仅需要创建 pages 文件夹。

(2) 打开 home.dart 文件，为 body 添加一个使用 Container 作为 child 的 SafeArea。

```
body: SafeArea(
   child: Container(),
),
```

(3) 将一个 BottomAppBar() Widget 添加到 Scaffold bottomNavigationBar 属性。

```
bottomNavigationBar: BottomAppBar(),
```

(4) 为了启用凹槽，需要设置两个属性。

- 首先将 BottomAppBar shape 属性设置为 CircularNotchedRectangle()。将 color 属性设置为 Colors.blue.shade200 并添加一个 Row 作为 child。
- 接下来要设置 floatingActionButtonLocation，步骤(7)中将对其进行处理。

```
bottomNavigationBar: BottomAppBar(
   color: Colors.blue.shade200,
   shape: CircularNotchedRectangle(),
   child: Row(),
),
```

(5) 继续为 Row 添加一个 mainAxisAlignment 属性值 MainAxisAlignment.spaceAround。spaceAround 常量甚至允许 IconButton 之间具有空格。

```
color: Colors.blue.shade200,
   shape: CircularNotchedRectangle(),
   child: Row(
      mainAxisAlignment: MainAxisAlignment.spaceAround,
      children: <Widget>[
      ],
   ),
),
```

(6) 将三个 IconButton 添加到 Row children 列表。在最后一个 IconButton 之后，添加一个 Divider()以便在右侧添加一个均等的空间，因为 FloatingActionButton 会被嵌入 BottomAppBar 的右侧。也可不使用 Divider()，改用具有 width 属性的 Container。

```
bottomNavigationBar: BottomAppBar(
  color: Colors.blue.shade200,
  shape: CircularNotchedRectangle(),
  child: Row(
    mainAxisAlignment: MainAxisAlignment.spaceAround,
    children: <Widget>[
        IconButton(
           icon: Icon(Icons.access_alarm),
           color: Colors.white,
           onPressed: (){},
        ),
        IconButton(
           icon: Icon(Icons.bookmark_border),
           color: Colors.white,
```

```
            onPressed: (){},
          ),
          IconButton(
            icon: Icon(Icons.flight),
            color: Colors.white,
            onPressed: (){},
          ),
          Divider(),
        ],
      ),
    ),
```

(7) 将 floatingActionButtonLocation 属性的凹槽位置设置为 FloatingActionButtonLocation.endDocked。也可将其设置为 centerDocked。

```
floatingActionButtonLocation: FloatingActionButtonLocation.endDocked,
```

(8) 将 FloatingActionButton 添加到 floatingActionButton 属性。

```
floatingActionButton: FloatingActionButton(
  backgroundColor: Colors.blue.shade200,
  onPressed: () {},
  child: Icon(Icons.add),
),
```

这里是完整的 home.dart 文件源代码:

```
import 'package:flutter/material.dart';

class Home extends StatefulWidget {
  @override
  _HomeState createState() => _HomeState();
}

class _HomeState extends State<Home> {
  @override
  Widget build(BuildContext context) {
    return Scaffold(
      appBar: AppBar(
        title: Text('BottomAppBar'),
      ),
      body: SafeArea(
        child: Container(),
      ),
      bottomNavigationBar: BottomAppBar(
```

```
          color: Colors.blue.shade200,
          shape: CircularNotchedRectangle(),
          child: Row(
            mainAxisAlignment: MainAxisAlignment.spaceAround,
            children: <Widget>[
              IconButton(
                  icon: Icon(Icons.access_alarm),
                  color: Colors.white,
                  onPressed: (){},
              ),
              IconButton(
                  icon: Icon(Icons.bookmark_border),
                  color: Colors.white,
                  onPressed: (){},
              ),
              IconButton(
                  icon: Icon(Icons.flight),
                  color: Colors.white,
                  onPressed: (){},
              ),
              Divider(),
            ],
          ),
      ),
      floatingActionButtonLocation: FloatingActionButtonLocation.endDocked,
      floatingActionButton: FloatingActionButton(
        backgroundColor: Colors.blue.shade200,
        onPressed: () {},
        child: Icon(Icons.add),
      ),
    );
  }
}
```

显示效果如图 8.8 所示。

示例说明

为了启用凹槽，需要为 Scaffold Widget 设置两个属性。第一个就是使用 shape 属性被设置为 CircularNotchedRectangle()的 BottomAppBar。第二个就是将 floatingActionButtonLocation 属性设置为 FloatingActionButtonLocation.endDocked 或 centerDocked。

图 8.8　显示效果

8.5　使用 TabBar 和 TabBarView

TabBar Widget 是一个 Material Design Widget，它会显示标签的一个水平行。tabs 属性接收一个 Widget 的 List，可以通过使用 Tab Widget 来添加标签。可以不用 Tab Widget，而是创建一个自定义 Widget，这样一来也就展现出了 Flutter 的强大之处。选中的 Tab 会被一条下画选择线所标记。

TabBarView Widget 与 TabBar Widget 结合使用就可以展示所选标签的页面。用户可以向左或向右滑动以便改变内容或者直接触碰每一个 Tab。

TabBar(图 8.9)和 TabBarView Widget 都接收 TabController 的 controller 属性。TabController 负责同步 TabBar 和 TabBarView 之间的标签选择。由于 TabController 会同步标签选择，所以我们需要为这个类声明 SingleTickerProviderStateMixin。第 7 章中已经讲解过如何实现 Ticker 类，这个类是通过每个动画帧报告一次的 ScheduleBinding.scheduleFrameCallback 来驱动的。

它会尝试同步动画效果以便让其尽可能顺畅。

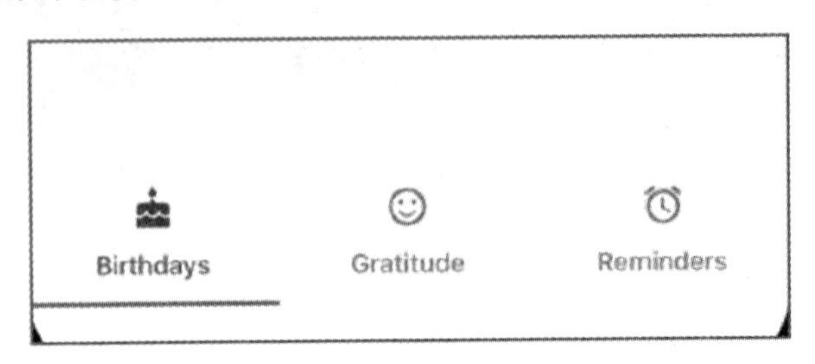

图 8.9 Scaffold bottomNavigationBar 属性中的 TabBar

试一试：创建 TabBar 和 TabBarView 应用

在这个示例中，TabBar Widget 是 bottomNavigationBar 属性的 child。这个属性会将 TabBar 放置在屏幕底部，但也可将其放在 AppBar 或一个自定义位置中。在将 TabBar 和 TabBarView 结合使用时，一旦选择一个 Tab，就会自动显示合适的内容。在这个项目中，这些内容是由三个单独的页面来提供的。我们要创建的三个页面与之前 BottomNavigationBar 项目中所创建的页面相同。

(1) 创建一个新的 Flutter 项目并将其命名为 ch8_tabbar。同样，可遵循第 4 章中的处理步骤。对于这个项目而言，仅需要创建 pages 文件夹。

(2) 打开 home.dart 文件，为 body 添加一个使用 TabBarView 作为 child 的 SafeArea。TabBarView controller 属性是一个名称为_tabController 的 TabController 变量。为 TabBarView children 属性添加 Birthdays()、Gratitude()和 Reminders()页面，步骤(3)中将创建它们。

```
body: SafeArea(
    child: TabBarView(
    controller: _tabController,
    children: [
        Birthdays(),
        Gratitude(),
        Reminders(),
    ],
  ),
),
```

(3) 这一次首先创建要被导航到的页面。就像 BottomNavigationBar 应用中一样，创建三个 StatelessWidget 页面并分别将其命名为 Birthdays、Gratitude 和 Reminders。每一个页面的 body 都具有一个包含 Center()的 Scaffold。Center child 是具有一个 120.0 像素 size 和一个 color 的 Icon。

下面就是这三个 Dart 文件，birthdays.dart、gratitude.dart 和 reminders.dart：

```
// birthdays.dart
import 'package:flutter/material.dart';
```

```
class Birthdays extends StatelessWidget {
  @override
  Widget build(BuildContext context) {
    return Scaffold(
      body: Center(
        child: Icon(
          Icons.cake,
          size: 120.0,
          color: Colors.orange,
        ),
      ),
    );
  }
}

// gratitude.dart
import 'package:flutter/material.dart';

class Gratitude extends StatelessWidget {
  @override
  Widget build(BuildContext context) {
    return Scaffold(
      body: Center(
        child: Icon(
          Icons.sentiment_satisfied,
          size: 120.0,
          color: Colors.lightGreen,
        ),
      ),
    );
  }
}

// reminders.dart
import 'package:flutter/material.dart';

class Reminders extends StatelessWidget {
  @override
  Widget build(BuildContext context) {
    return Scaffold(
      body: Center(
        child: Icon(
```

```
                Icons.access_alarm,
                size: 120.0,
                color: Colors.purple,
              ),
            ),
          );
      }
    }
```

(4) 在 home.dart 文件中导入每一个页面。

```
import 'package:flutter/material.dart';
import 'birthdays.dart';
import 'gratitude.dart';
import 'reminders.dart';
```

(5) 通过添加 TickerProviderStateMixin 将 TickerProviderStateMixin 声明到_HomeState 类中。AnimationController vsync 参数将使用它。

```
class _HomeState extends State<Home> with SingleTickerProviderStateMixin
{...}
```

(6) 使用_tabController 这个名称声明一个 TabController 变量。重写 initState()方法以便使用 vsync 参数和 3 这个 length 值来初始化_tabController。vsync 是被 this 所引用的，这意味着它引用了_HomeState 类。length 表示了要显示的 Tab 数量。为_tabController 添加一个 Listener 以便捕获 Tab 发生变化的时间。然后重写 dispose()方法，以便在页面关闭时正确释放该_tabController。

注意，在_tabChanged 方法中，我们在显示所触碰的 Tab 之前检查了 indexIsChanging。如果不检查 indexIsChanging，则代码会运行两次。

```
class _HomeState extends State<Home> with SingleTickerProviderStateMixin {
  TabController _tabController;

  @override
  void initState() {
     super.initState();

     _tabController = TabController(vsync: this, length: 3);
     _tabController.addListener(_tabChanged);
  }

  @override
  void dispose() {
    super.dispose();
```

```
@override
void dispose() {
    _tabController.dispose();
super.dispose();
}
    _tabController.dispose();
}
void _tabChanged() {
    // Check if Tab Controller index is changing, otherwise we get the notice
        twice
    if (_tabController.indexIsChanging) {
      print('tabChanged: ${_tabController.index}');
    }
}
```

(7) 添加一个 TabBar 作为 bottomNavigationBar Scaffold 属性的 child。

```
bottomNavigationBar: SafeArea(
     child: TabBar(),
),
```

(8) 为 TabBar controller 属性传递_tabController。我分别通过使用 Colors.black54 和 Colors.black38 来自定义 labelColor 和 unselectedLabelColor，不过大家可以随意使用不同颜色进行尝试。

```
bottomNavigationBar: SafeArea(
    child: TabBar(
        controller: _tabController,
        labelColor: Colors.black54,
        unselectedLabelColor: Colors.black38,
    ),
),
```

(9) 将三个 Tab Widget 添加到 tabs Widget 列表。自定义每一个 Tab icon 和 text。

```
bottomNavigationBar: SafeArea(
    child: TabBar(
      controller: _tabController,
      labelColor: Colors.black54,
      unselectedLabelColor: Colors.black38,
      tabs: [
        Tab(
          icon: Icon(Icons.cake),
          text: 'Birthdays',
        ),
```

```
        Tab(
          icon: Icon(Icons.sentiment_satisfied),
          text: 'Gratitude',
        ),
        Tab(
          icon: Icon(Icons.access_alarm),
          text: 'Reminders',
        ),
      ],
    ),
  ),
```

显示效果如图 8.10 所示。

图 8.10 显示效果

示例说明

在结合使用 TabBar 和 TabBarView 时，会自动加载正确的关联页面。当用户向左或向右滑动 TabBarView 时，它就会滚动到正确页面并选中 TabBar 中对应的标签。所有这些强大功能都是内置的；不必进行自定义编码。

那么它是如何知道哪个页面归属于哪个标签呢？TabController 会负责同步 TabBar 和 TabBarView 之间的标签选择。由于 TabController 会同步标签选择，所以我们需要将 SingleTickerProviderStateMixin 声明到这个类。

TabBar 和 TabBarView 都使用同一个 TabController。TabController 是通过传递 vsync 参数和 length 参数来初始化的。length 参数就是要显示的标签数量。添加了一个可选的 TabController Listener 以便监听 Tab 切换并在必要时执行合适的操作，如在 Tab 切换之前保存数据。每一个 Tab 都是通过自定义每个 icon 和 text 来添加到 TabBar tabs Widget 列表的。

TabBarView 负责在 Tab 选择发生变化时加载恰当的页面。这些页面视图被列示为 TabBarView Widget 的 children 属性。

8.6 使用 Drawer 和 ListView

大家可能会奇怪，为何会在本章中介绍 ListView。这是因为它能与 Drawer Widget 很好地协作。ListView Widget 通常用于从列表中选择一个条目以便导航到一个详情页面。

Drawer 是一个 Material Design 面板，它可以从 Scaffold(也就是设备屏幕)的左侧或右侧进行水平滑动。Drawer 的使用需要结合 Scaffold drawer(左侧)属性或 endDrawer(右侧)属性。可以根据每一个实际需要自定义 Drawer，但通常 Drawer 都会使用一个页眉来显示一张图片或固定信息，还会使用一个 ListView 来显示可导航的页面列表。通常，在导航列表具有许多条目时就会使用 Drawer。

为设置 Drawer 页眉，有两个内置选项可供使用，即 UserAccountsDrawerHeader 或 DrawerHeader。UserAccountsDrawerHeader 旨在通过设置 currentAccountPicture、accountName、accountEmail、otherAccountsPictures 和 decoration 属性来显示应用的用户详情。

```
// User details
UserAccountsDrawerHeader(
    currentAccountPicture: Icon(Icons.face,),
    accountName: Text('Sandy Smith'),
    accountEmail: Text('sandy.smith@domainname.com'),
    otherAccountsPictures: <Widget>[
      Icon(Icons.bookmark_border),
    ],
    decoration: BoxDecoration(
      image: DecorationImage(
        image: AssetImage('assets/images/home_top_mountain.jpg'),
        fit: BoxFit.cover,
      ),
    ),
),
```

DrawerHeader 旨在通过设置 padding、child、decoration 和其他属性来显示通用或自定义信息。

```
// Generic or custom information
DrawerHeader(
    padding: EdgeInsets.zero,
    child: Icon(Icons.face),
    decoration: BoxDecoration(color: Colors.blue),
),
```

标准的 ListView 构造函数允许我们快速构建条目的简要列表。第 9 章将更深入地介绍如何使用 ListView。参见图 8.11。

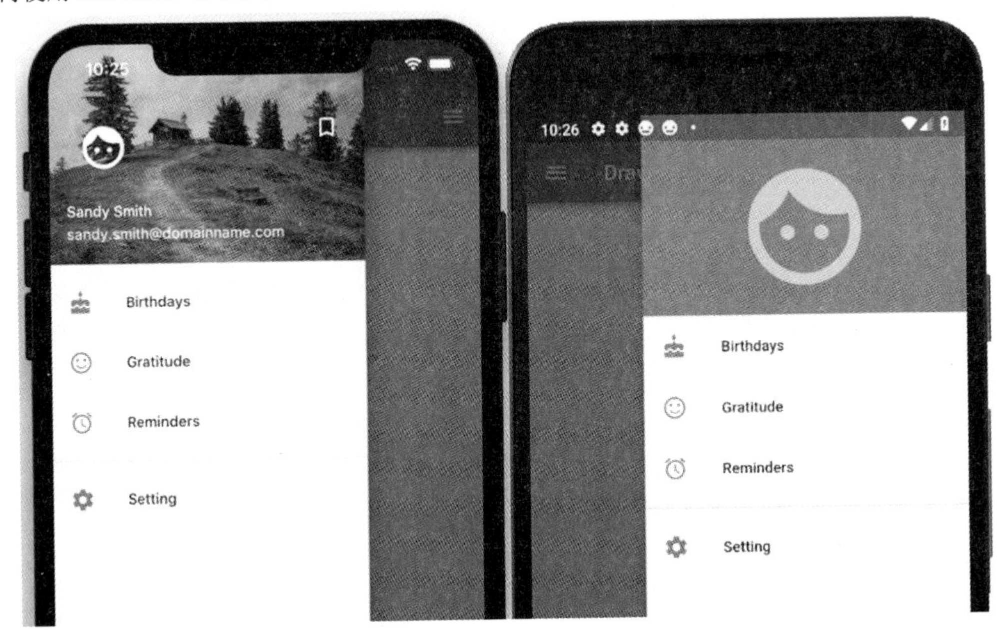

图 8.11 Drawer 和 ListView

试一试：创建 Drawer 应用

在这个示例中，Drawer被添加到Scaffold的drawer或endDrawer属性。drawer或endDrawer属性会从左到右(TextDirection.ltr)或者从右到左(TextDirection.rtl)滑动 Drawer。在这个示例中，我们要同时添加 drawer 和 endDrawer 以便展示如何使用这两个属性。将 UserAccountsDrawerHeader 用于 drawer(左侧)属性并将 DrawerHeader 用于 endDrawer(右侧)属性。

使用 ListView 来添加 Drawer 内容，并且使用 ListTile 以便轻易地对齐用于菜单列表的文本和图标。在这个项目中，我们使用了标准的 ListView 构造函数，因为我们有一份菜单项的简短列表。

(1) 创建一个新的 Flutter 项目，将其命名为 ch8_drawer，可以遵循第 4 章中的处理步骤。对于这个项目而言，需要创建 pages、Widgets 和 assets/images 文件夹。将 home_top_mountain.jpg 图片复制到 assets/images 文件夹。

(2) 打开 pubspec.yaml 文件并且在 assets 中添加 images 文件夹。

```
# To add assets to your application, add an assets section, like this:
assets:
   - assets/images/
```

(3) 在项目根目录添加 assets 文件夹以及 images 子文件夹，然后将 home_top_mountain.jpg 文件复制到 images 文件夹。

(4) 单击 Save 按钮；根据所使用的编辑器，将自动运行 flutter packages get。一旦完成，就会显示 Process finished with exit code 0 这条消息。

如果没有自动运行该命令，则可打开 Terminal 窗口(位于编辑器底部)并输入 flutter packages get。

(5) 首先创建要导航到的页面。创建三个 StatelessWidget 页面并分别将其命名为 Birthdays、Gratitude 和 Reminders。每个页面的 body 都有一个包含 Center()的 Scaffold。Center child 是一个 Icon，它具有 120.0 像素的 size 值和一个 color 属性。

```
class Birthdays extends StatelessWidget {
  @override
  Widget build(BuildContext context) {
    return Scaffold(
      body: Center(
        child: Icon(
          Icons.cake,
          size: 120.0,
          color: Colors.orange,
        ),
      ),
    );
  }
}
```

(6) 将 AppBar 添加到 Scaffold，需要它导航回主页。以下代码显示了三个 Dart 文件，birthdays.dart、gratitude.dart 和 reminders.dart:

```
// birthdays.dart
import 'package:flutter/material.dart';

class Birthdays extends StatelessWidget {
  @override
  Widget build(BuildContext context) {
    return Scaffold(
      appBar: AppBar(
        title: Text('Birthdays'),
      ),
      body: Center(
        child: Icon(
          Icons.cake,
          size: 120.0,
          color: Colors.orange,
        ),
      ),
    );
  }
}
```

```
// gratitude.dart
import 'package:flutter/material.dart';

class Gratitude extends StatelessWidget {
  @override
  Widget build(BuildContext context) {
    return Scaffold(
      appBar: AppBar(
        title: Text('Gratitude'),
      ),
      body: Center(
        child: Icon(
            Icons.sentiment_satisfied,
            size: 120.0,
            color: Colors.lightGreen,
        ),
      ),
    );
  }
}

// reminders.dart
import 'package:flutter/material.dart';

class Reminders extends StatelessWidget {
  @override
  Widget build(BuildContext context) {
    return Scaffold(
        appBar: AppBar(
          title: Text('Reminders'),
      ),
      body: Center(
        child: Icon(
           Icons.access_alarm,
           size: 120.0,
           color: Colors.purple,
        ),
      ),
    );
  }
}
```

(7) 左侧和右侧 Drawer Widget 共享同一菜单列表，首先需要编写它。在 Widgets 文件夹

中创建一个新的 Dart 文件。鼠标右击 Widgets 文件夹，然后选择 New | Dart File，输入 menu_list_tile.dart，单击 OK 按钮进行保存。

(8) 导入 material.dart、birthdays.dart、gratitude.dart 和 reminders.dart 类(页面)。添加一个新行，然后开始输入 st；自动补全将打开以提供帮助，因此选择 stful 缩写并将其命名为 MenuListTileWidget。

```
import 'package:flutter/material.dart';
import 'package:ch8_drawer/pages/birthdays.dart';
import 'package:ch8_drawer/pages/gratitude.dart';
import 'package:ch8_drawer/pages/reminders.dart';
```

(9) Widget build(BuildContext context)会返回一个 Column。Column children Widget 列表包含多个 ListTile，它们代表每一个菜单项。在最后一个 ListTile Widget 之前添加一个 Divider Widget，将其 color 属性设置为 Colors.grey。

```
@override
Widget build(BuildContext context) {
    return Column(
      children: <Widget>[
         ListTile(),
         ListTile(),
         ListTile(),
         Divider(color: Colors.grey),
         ListTile(),
    ],
  );
}
```

(10) 对于每一个 ListTile，将 leading 属性设置为一个 Icon，并且将 title 属性设置为一个 Text。对于 onTap 属性，首先调用 Navigator.pop()来关闭打开的 Drawer，然后调用 Navigator.push()打开所选的页面。

```
@override
Widget build(BuildContext context) {
    return Column(
      children: <Widget>[
         ListTile(
             leading: Icon(Icons.cake),
             title: Text('Birthdays'),
             onTap: () {
               Navigator.pop(context);
               Navigator.push(
                   context,
                   MaterialPageRoute(
```

```
                    builder: (context) => Birthdays(),
                ),
              );
            },
        ),
        ListTile(
            leading: Icon(Icons.sentiment_satisfied),
            title: Text('Gratitude'),
            onTap: () {
              Navigator.pop(context);
              Navigator.push(
                  context,
                  MaterialPageRoute(
                      builder: (context) => Gratitude(),
                  ),
                );
              },
          ),
          ListTile(
            leading: Icon(Icons.alarm),
            title: Text('Reminders'),
          onTap: () {
            Navigator.pop(context);
            Navigator.push(
              context,
              MaterialPageRoute(
                  builder: (context) => Reminders(),
              ),
          );
        },
      ),
      Divider(color: Colors.grey),
      ListTile(
        leading: Icon(Icons.settings),
        title: Text('Setting'),
        onTap: () {
            Navigator.pop(context);
        },
      ),
    ],
  );
}
```

(11) 在 Widgets 文件夹中创建一个新的 Dart 文件。鼠标右击 Widgets 文件夹，然后选择 New | Dart File，输入 left_drawer.dart，单击 OK 按钮进行保存。

(12) 导入 material.dart 库和 menu_list_tile.dart 类。

```
import 'package:flutter/material.dart';
import 'package:ch8_drawer/Widgets/menu_list_tile.dart';
```

(13) 添加一个新行，然后开始输入 st; 自动补全将打开并提供帮助。选择 stful 缩写，并将其命名为 LeftDrawerWidget。

```
class LeftDrawerWidget extends StatelessWidget {
   const LeftDrawerWidget({
     Key key,
   }) : super(key: key);

   @override
   Widget build(BuildContext context) {
      return Drawer();
   }
}
```

(14) Widget build(BuildContext context) 会返回一个 Drawer。Drawer child 是 UserAccountsDrawerHeader Widget 的 ListView children 列表 Widget，并且会调用 const MenuListTileWidget() Widget 类。为了填充整个 Drawer 空间，要将 ListView padding 属性设置为 EdgeInsets.zero。

```
@override
Widget build(BuildContext context) {
   return Drawer(
      child: ListView(
        padding: EdgeInsets.zero,
      children: <Widget>[
        UserAccountsDrawerHeader(),
      const MenuListTileWidget(),
     ],
   ),
  );
}
```

(15) 对于 UserAccountsDrawerHeader，要设置 currentAccountPicture、accountName、accountEmail、otherAccountsPictures 和 decoration 属性。

```
@override
Widget build(BuildContext context) {
   return Drawer(
```

```
      child: ListView(
        padding: EdgeInsets.zero,
        children: <Widget>[
          UserAccountsDrawerHeader(
            currentAccountPicture: Icon(
              Icons.face,
              size: 48.0,
              color: Colors.white,
            ),
            accountName: Text('Sandy Smith'),
            accountEmail: Text('sandy.smith@domainname.com'),
            otherAccountsPictures: <Widget>[
              Icon(
                Icons.bookmark_border,
                color: Colors.white,
              )
            ],
            decoration: BoxDecoration(
              image: DecorationImage(
                image: AssetImage('assets/images/home_top_mountain.jpg'),
                fit: BoxFit.cover,
              ),
            ),
          ),
          const MenuListTileWidget(),
        ],
      ),
    );
  }
```

(16) 在 Widgets 文件夹中创建一个新的 Dart 文件。鼠标右击 Widgets 文件夹，然后选择 New | Dart File，输入 right_drawer.dart，单击 OK 按钮进行保存。

```
import 'package:flutter/material.dart';
import 'package:ch8_drawer/Widgets/menu_list_tile.dart';
```

(17) 添加一个新行，然后开始输入 st; 自动补全将打开并提供帮助。选择 stful 缩写并且将其命名为 RightDrawerWidget。

```
class RightDrawerWidget extends StatelessWidget {
  const RightDrawerWidget({
    Key key,
  }) : super(key: key);
```

```
    @override
    Widget build(BuildContext context) {
        return Drawer();
    }
}
```

(18) Widget build(BuildContext context)会返回一个 Drawer。Drawer child 是 DrawerHeader Widget 的 ListView children 列表，并且会调用 const MenuListTileWidget() Widget 类。为了填充整个 Drawer 空间，需要将 ListView padding 属性设置为 EdgeInsets.zero。

```
@override
Widget build(BuildContext context) {
  return Drawer(
    child: ListView(
      padding: EdgeInsets.zero,
      children: <Widget>[
        DrawerHeader(),
        const MenuListTileWidget(),
      ],
    ),
  );
}
```

(19) 对于 DrawerHeader，需要设置 padding、child 和 decoration 属性。

```
@override
Widget build(BuildContext context) {
    return Drawer(
      child: ListView(
        padding: EdgeInsets.zero,
        children: <Widget>[
          DrawerHeader(
            padding: EdgeInsets.zero,
            child: Icon(
              Icons.face,
              size: 128.0,
              color: Colors.white54,
            ),
            decoration: BoxDecoration(color: Colors.blue),
          ),
          const MenuListTileWidget(),
        ],
      ),
    );
}
```

(20) 打开 home.dart 文件，并导入 material.dart、birthdays.dart、gratitude.dart 和 reminders.dart 类。

```
import 'package:flutter/material.dart';
import 'birthdays.dart';
import 'gratitude.dart';
import 'reminders.dart';
```

(21) 向 body 添加一个使用 Container 作为 child 的 SafeArea。

```
body: SafeArea(
child: Container(),
),
```

(22) 向 Scaffold drawer 属性添加对 LeftDrawerWidget() Widget 类的调用并且为 endDrawer 属性添加对 RightDrawerWidget() Widget 类的调用。

注意，在调用每一个 Widget 类之前使用了 const 关键字，这是为了利用缓存以及子树重建以便获得更好的性能。

```
return Scaffold(
  appBar: AppBar(
     title: Text('Drawer'),
  ),
  drawer: const LeftDrawerWidget(),
  endDrawer: const RightDrawerWidget(),
  body: SafeArea(
     child: Container(),
  ),
);
```

显示效果如图 8.12 所示。

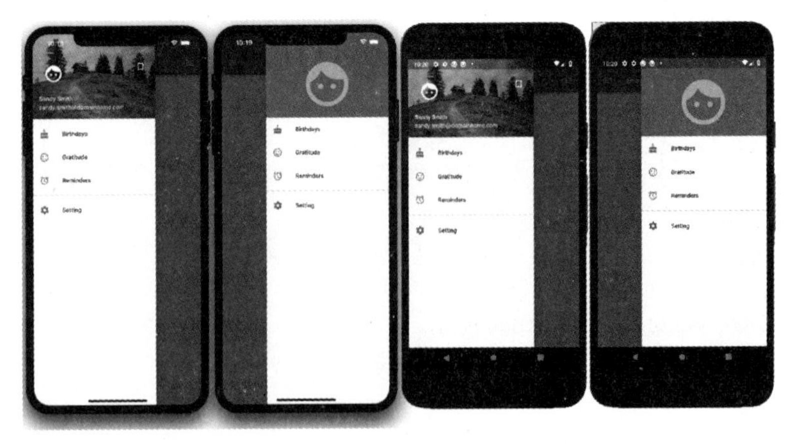

图 8.12　显示效果

示例说明

为了将 Drawer 添加到应用，需要设置 Scaffold drawer 或者 endDrawer 属性。drawer 和 endDrawer 属性会从左向右(TextDirection.ltr)或者从右向左(TextDirection.rtl)滑动 Drawer。

Drawer Widget 接收一个 child 属性，这里传递了一个 ListView。使用 ListView 使得我们可以创建一个可滚动的菜单项列表。对于 ListView children Widget 列表，我们创建了两个 Widget 类，一个用于构建 Drawer 页眉，另一个用于构建菜单项列表。为了设置 Drawer 页眉，有两个选项可供选择，UserAccountsDrawerHeader 或者 DrawerHeader。这两个 Widget 能让我们轻易地根据需要设置页眉内容。这一节介绍了两个设置 Drawer 页眉的示例，即调用恰当的 Widget 类 LeftDrawerWidget()或者 RightDrawerWidget()。

对于菜单项列表，我们使用了 MenuListTileWidget() Widget 类。这个类会返回一个 Column Widget，它使用了 ListTile 来构建菜单列表。ListTile Widget 允许我们设置 leading Icon、title 和 onTap 属性。onTap 属性调用 Navigator.pop()来关闭 Drawer 并且调用 Navigator.push()导航到所选页面。

这个应用是一个很好的示例，它展示了如何使用 Widget 类创建一个浅层 Widget 树，并且将这些 Widget 类分隔成单独的文件以便最大限度地重用。我们还使用都调用了菜单列表类的左和右 Widget 类来实现 Widget 类嵌套。

8.7 本章小结

本章介绍了如何使用 Navigator Widget 来管理若干路由，以便实现页面之间的导航。可以选择将数据传递到导航页面并且传递回初始页面。飞行动画可以实现 Widget 过渡以便让其从一个页面飞入另一个页面的恰当位置。需要动画过渡的 Widget 是通过一个唯一键被包装在 Hero Widget 中的。

我们使用了 BottomNavigationBar Widget 以便在页面底部展示包含 icon 和 title 的 BottomNavigationBarItem 横向列表。当用户触碰每一个 BottomNavigationBarItem 时，就会显示恰当的页面。为了强化底部导航栏的外观，我们使用了 BottomAppBar Widget 并且启用了可选的凹槽。凹槽是将 FloatingActionButton 嵌入 BottomAppBar 的结果，这是通过将 BottomAppBar shape 设置为 CircularNotchedRectangle()类并将 Scaffold floatingActionButtonLocation 属性设置为 FloatingActionButtonLocation.endDocked 来实现的。

TabBar Widget 显示了一行横向的标签。tabs 属性接收 Widget 的 List，并且要使用 Tab Widget 来添加标签。将 TabBarView Widget 与 TabBar Widget 结合使用以便展示所选标签的页面。用户可以向左或向右滑动或者触碰每一个 Tab 来变更内容。TabController 类处理了 TabBar 和所选 TabBarView 的同步。TabController 需要在类中使用 SingleTickerProviderStateMixin。

Drawer Widget 允许用户从左或者从右滑动一个面板。Drawer Widget 是通过设置 Scaffold drawer 或者 endDrawer 属性来添加的。为了让列表中的菜单项容易对齐，需要传递一个 ListView 作为 Drawer 的 child。由于这个菜单列表很简短，所以使用标准的 ListView 构造函数来替代 ListView builder，第 9 章将对其进行讲解。可以选择使用两个预建的 drawer 页眉选项，即 UserAccountsDrawerHeader 或 DrawerHeader。当用户触碰其中一个菜单项时，onTap

属性就会调用 Navigator.pop()来关闭 Drawer 并且调用 Navigator.push()导航到所选页面。

第 9 章将介绍如何使用不同的列表类型。我们将了解 ListView、GridView、Stack、Card，以及我最喜欢的——CustomScrollView，以便使用 Sliver。

8.8 本章知识点回顾

主题	关键概念
Navigator	Navigator Widget 管理着若干路由以便在页面之间移动
Hero 动画	Hero Widget 用于为 Widget 呈现一种导航动画和大小缩放，以便让其从一个页面飞入到另一个页面的恰当位置。当离开第二个页面时，该动画就会反向执行以回到初始页面
BottomNavigationBar	BottomNavigationBar 会在页面底部显示一列横向的 BottomNavigationBarItem 条目，这些条目都包含一个 icon 和一个 title
BottomAppBar	BottomAppBar Widget 的作用类似于 BottomNavigationBar，但它具有一个可选的位于顶部的凹槽
TabBar	TabBar Widget 会显示一行水平标签。tabs 属性使用一个 Widget 列表，这些标签是通过使用 Tab Widget 来添加的
TabBarView	TabBarView Widget 与 TabBar Widget 结合使用以便显示所选标签的页面
Drawer	Drawer Widget 允许用户从左侧或者从右侧滑动一个面
ListView	标准的 ListView 构造函数允许我们快速构建内容项的简短列表

第9章 创建滚动列表和效果

本章内容

- 为什么说 Card 是使用包含圆角和阴影的容器对信息进行分组的绝佳方式？
- 如何使用 ListView 构建可滚动 Widget 的线性列表？
- 如何使用 GridView 以网格形式显示可滚动 Widget 的标签图标？
- 如何使用 Stack 对其子 Widget 进行叠加、定位和对齐？
- 如何使用 CustomScrollView 和 Sliver(薄片)创建自定义滚动效果？

本章将介绍如何创建帮助用户查看和选择信息的滚动列表。本章将首先介绍 Card Widget，因为通常会将它与列表形式 Widget 结合使用以便增强用户交互(UI)以及对数据进行分组。上一章介绍了 ListView 基础构造函数的使用，本章将使用 ListView.builder 自定义数据。GridView Widget 是一个极出色的 Widget，它可以显示一个数据列表，这是通过分布在交叉轴中固定数量的标签图标(数据分组)来实现的。Stack Widget 通常用于叠加、定位和对齐 Widget 以便创建自定义外观。比如，位于右上角的具有需要购买的商品数量的购物车。

CustomScrollView Widget 允许我们使用 Sliver Widget 创建自定义滚动效果。Sliver 很方便，例如，页面顶部有一个具有图片的日志条目并且其下有日志描述。当用户滑动页面以便阅读更多内容时，描述的滚动速度要快于图片的滚动速度，从而产生一种视差效果。

9.1 使用 Card

Card Widget 是 Material Design 的一部分，并且具有最小化的圆角和阴影。如果要对数据进行分组和布局，Card 就是强化 UI 外观的绝佳 Widget。Card Widget 是可自定义的，其属性包括 elevation、shape、color、margin 等。elevation 属性是 double 值，并且其数字越大，所投射的阴影就越大。第 3 章中讲解过，double 就是需要精确小数位数的数值，比如 8.50。为了自定义 Card Widget 的阴影和边框，需要修改 shape 属性。其中一些 shape 属性包括 StadiumBorder、UnderlineInputBorder 和 OutlineInputBorder 等。

```
Card(
    elevation: 8.0,
    color: Colors.white,
    margin: EdgeInsets.all(16.0),
    child: Column(
      mainAxisAlignment: MainAxisAlignment.center,
      children: <Widget>[
        Text('
            'Barista',
            textAlign: TextAlign.center,
            style: TextStyle(
              fontWeight: FontWeight.bold,
              fontSize: 48.0,
              color: Colors.orange,
            ),
        '),
        Text(
            'Travel Plans',
            textAlign: TextAlign.center,
            style: TextStyle(color: Colors.grey),
        ),
      ],
    ),
),
```

以下是自定义 Card shape 属性的几种方式(见图 9.1)：

```
// Create a Stadium Border
shape: StadiumBorder(),

// Create Square Corners Card with a Single Orange Bottom Border
shape: UnderlineInputBorder(borderSide: BorderSide(color:
Colors.deepOrange)),

// Create Rounded Corners Card with Orange Border
shape: OutlineInputBorder(borderSide: BorderSide(color: Colors.deepOrange.
withOpacity(0.5)),),
```

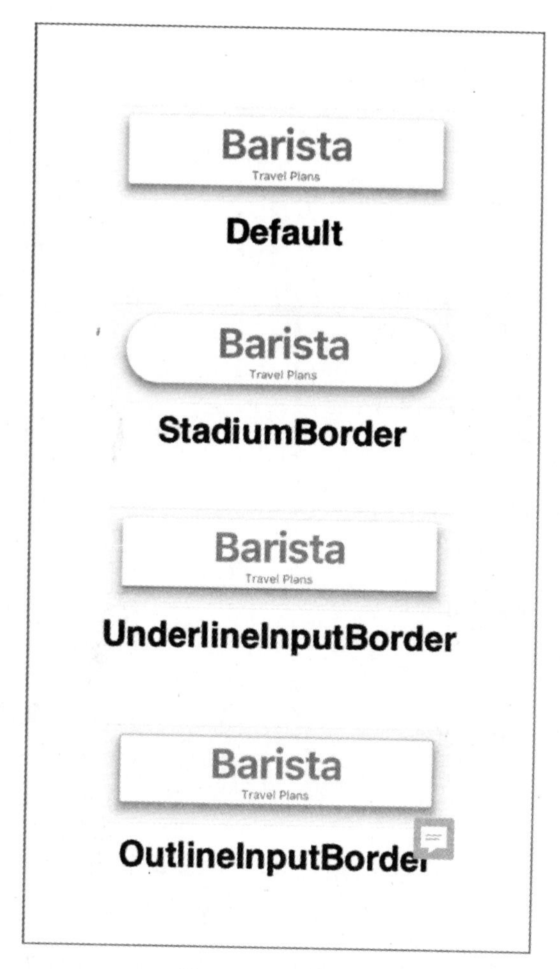

图 9.1　Card 自定义

9.2　使用 ListView 和 ListTile

构造函数 ListView.builder 用于创建按需加载的 Widget 线性可滚动列表(图 9.2)。当使用大型数据集时，仅会为可见 Widget 调用 builder，这样就能提供良好的性能。在 builder 内部，则要使用 itemBuilder 回调来创建子 Widget 列表。要牢记的是，只有当 itemCount 参数大于零时，才会调用 itemBuilder，并且其调用次数与 itemCount 值相同。记住，List 从第 0 行开始，而不是第 1 行。如果 List 中包含 20 个内容项，它就会从第 0 行循环到第 19 行。scrollDirection 参数默认设置为 Axis.vertical，但可修改为 Axis.horizontal。

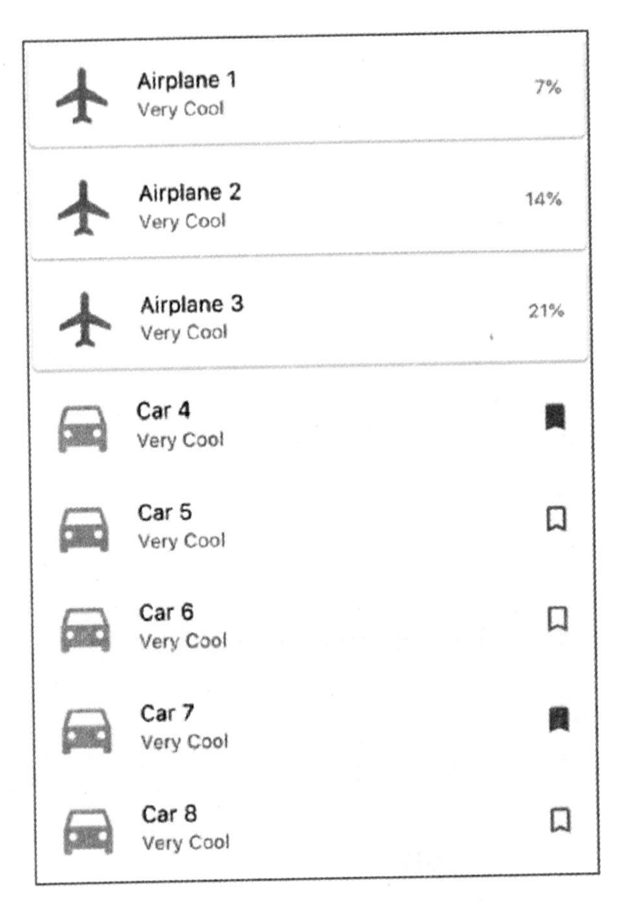

图 9.2　使用 ListTile 的 ListView 线性布局

ListTile Widget 通常与 ListView Widget 一起使用，以便轻易地以线性布局来格式化和组织图标、标题和描述。主要属性包括 leading、trailing、title 和 subtitle，不过还有其他属性。也可以使用 onTap 和 onLongPress 回调在用户触碰 ListTile 时执行某种操作。通常，leading 和 trailing 属性都用图标来实现，不过也可以添加任何类型的 Widget。

在图 9.2 中，前三个 ListTile 显示了用于 leading 属性的图标，不过对于 trailing 属性，则使用 Text Widget 显示一个百分比值。其余的 ListTile 同时将 leading 和 trailing 属性显示为图标。另一种场景就是，使用 subtitle 属性来显示一个进度条，而不是额外的文本描述，因为这些属性接收 Widget。

此处的第一个代码示例展示了使用 child 属性作为 ListTile 的 Card，以便为其提供美观的边框和阴影效果。第二个示例展示了一个基础 ListTile。

```
// Card with a ListTile Widget
Card(
  child: ListTile(
    leading: Icon(Icons.flight),
```

```
            title: Text('Airplane $index'),
            subtitle: Text('Very Cool'),
            trailing: Text('${index * 7}%'),
            onTap: ()=> print('Tapped on Row $index'),
          ),
        );

        // ListTile
        ListTile(
          leading: Icon(Icons.directions_car),
          title: Text('Car $index'),
          subtitle: Text('Very Cool'),
          trailing: Icon(Icons.bookmark),
          onTap: ()=> print('Tapped on Row $index'),
        );
```

试一试：创建 ListView 应用

在这个示例中，ListView Widget 使用 builder 来展示一个 Card，其中包含页眉以及用于数据列表的 ListTile 的两个变体。ListTile 可以展示 leading 和 trailing Widget。leading 属性显示了一个 Icon，不过也可以显示一个 Image。对于 trailing 属性，第一种 ListTile 类型可将数据显示为百分比，而第二种 ListTile 则可显示选中或未选中书签 Icon。其中还设置了 title 和 subtitle，对于 onTap，则使用了 print 语句来显示所触碰行的索引值。

(1) 创建一个新的 Flutter 项目并且将其命名为 ch9_listview。可以遵循第 4 章中的处理步骤。对于这个项目而言，仅需要创建 pages 和 Widgets 文件夹。创建 Home Class 作为 StatelessWidget，因为其数据并不需要变更。

(2) 打开 home.dart 文件，并且向 body 添加一个使用 ListView.builder()作为 child 的 SafeArea。

```
body: SafeArea(
   child: ListView.builder(),
),
```

(3) 设置 ListView.builder，其 itemCount 参数设置为 20。对于这个示例，需要指定 20 个数据行。对于 itemBuilder 回调，它会传递 BuildContext 并将 Widget index 作为 int 值来传递。

为了展示如何创建不同的 Widget 类型来列示每一个数据行，我们要检查索引值为零的第一行，并且调用 HeaderWidget(index: index) Widget 类。这个类会显示一个 Card，其中包含文本 Barista Travel Plan。

对于第一、第二和第三行，会调用 Widget 类 RowWithCardWidget(index: index)来显示 child 为 ListTile 的 Card。对于其余行，则调用 RowWidget(index: index)Widget 类来显示默认的 ListTile。

重要的是要理解，从 itemBuilder 调用的 Widget 类会创建具有所传递索引值的唯一 Widget。itemBuilder 会循环遍历 itemCount 值，在这个示例中循环 20 次。

步骤(5)中将创建三个 Widget 类。

```
body: SafeArea(
  child: ListView.builder(
    itemCount: 20,
    itemBuilder: (BuildContext context, int index) {
      if (index == 0) {
        return HeaderWidget(index: index);
      } else if (index >= 1 && index <= 3) {
        return RowWithCardWidget(index: index);
      } else {
        return RowWidget(index: index);
      }
    },
  ),
),
```

(4) 在文件顶部添加接下来将要创建的 header.dart、row_with_card.dart 和 row.dart Widget 类的 import 语句。

```
import 'package:flutter/material.dart';
import 'package:ch9_listview/Widgets/header.dart';
import 'package:ch9_listview/Widgets/row_with_card.dart';
import 'package:ch9_listview/Widgets/row.dart';
```

(5) 在 Widgets 文件夹中创建一个新的 Dart 文件。鼠标右击 Widgets 文件夹，然后选择 New | Dart File，输入 header.dart，并且单击 OK 按钮进行保存。

(6) 导入 material.dart 库，添加一个新的行，然后开始输入 st; 自动补全将打开并提供帮助，然后选择 stless(StatelessWidget)缩写并将其命名为 HeaderWidget。

(7) 修改 HeaderWidget Widget 类以便返回一个 Container。导入 material.dart 库。Container child 是一个 Card，值为 8.0 的 elevations 可显示一个较深的阴影。Card 的 children Widget 列表会返回两个 Text Widget。这里有意为读者留下三个注释掉的 shape 类型，以便大家进行测试并且观察它们会如何改变 Card 的形状和边框。

需要指出的是，main.dart 文件中的 ListView itemBuilder 会为每个行条目调用这个 HeaderWidget(index: index)类。对于每一行，都会创建一个 Widget 并将其添加到 Widget 树。

注意，这里注释掉三种自定义默认 Card 形状的不同方法，以便进行测试。

```
import 'package:flutter/material.dart';

class HeaderWidget extends StatelessWidget {
  const HeaderWidget({
    Key key,
    @required this.index,
  }) : super(key: key);
```

```
  final int index;

  @override
  Widget build(BuildContext context) {
    return Container(
      padding: EdgeInsets.all(16.0),
      height: 120.0,
      child: Card(
        elevation: 8.0,
        color: Colors.white,
        //shape: StadiumBorder(),
        //shape: UnderlineInputBorder(borderSide: BorderSide(color: Colors
        .deepOrange)),
        //shape: OutlineInputBorder(borderSide: BorderSide(color:
        Colors.deepOrange.withOpacity(0.5)),),
        child: Column(
          mainAxisAlignment: MainAxisAlignment.center,
          children: <Widget>[
            Text(
              'Barista',
              textAlign: TextAlign.center,
              style: TextStyle(
                  fontWeight: FontWeight.bold,
                  fontSize: 48.0,
                  color: Colors.orange,
              ),
            ),
            Text(
              'Travel Plans',
              textAlign: TextAlign.center,
              style: TextStyle(color: Colors.grey),
            ),
          ],
        ),
      ),
    );
  }
}
```

(8) 在 Widgets 文件夹中创建一个新的 Dart 文件。鼠标右击 Widgets 文件夹，然后选择 New | Dart File，输入 row_with_card.dart，并单击 OK 按钮进行保存。

(9) 导入 material.dart 库，添加新的一行，然后开始输入 st；自动补全将打开以便提供帮助，接下来选择 stless(StatelessWidget)缩写并将其命名为 RowWithCardWidget。

(10) 修改 RowWithCardWidget 类 Widget 以便返回一个 Card。导入 material.dart 库。

Card child 是一个 ListTile，它非常有助于让内容轻易地对齐。对于 leading 属性，则要返回一个 Icon。trailing 属性要返回一个具有字符串插值的 Text Widget，该插值采用 index 乘以 7 来获取一个数值。title 属性会返回具有 index 值的 Text Widget。subtitle 属性会返回一个 Text Widget。对于 onTap 属性，则使用一个 print 语句来展示所触碰行的 index。

提示一下，会为每一行创建一个 Widget 并将其添加到 Widget 树。

```
import 'package:flutter/material.dart';

class RowWithCardWidget extends StatelessWidget {
  const RowWithCardWidget({
    Key key,
    @required this.index,
  }) : super(key: key);

  final int index;

  @override
  Widget build(BuildContext context) {
      return Card(
        child: ListTile(
          leading: Icon(
              Icons.flight,
              size: 48.0,
              color: Colors.lightBlue,
          ),
          title: Text('Airplane $index'),
          subtitle: Text('Very Cool'),
          trailing: Text(
            '${index * 7}%',
            style: TextStyle(color: Colors.lightBlue),
          ),
          //selected: true,
          onTap: () {
              print('Tapped on Row $index');
          },
        ),
      );
    }
}
```

(11) 在 Widgets 文件夹中创建一个新的 Dart 文件。鼠标右击 Widgets 文件夹，然后选择

New | Dart File，输入 row.dart，并且单击 OK 按钮进行保存。

(12) 导入 material.dart 库，新添加一行，然后开始输入 st; 自动补全将打开以提供帮助，接下来选择 stless(StatelessWidget)缩写并且将其命名为 RowWidget。

(13) 修改 RowWidget Widget 类以便返回一个 ListTile。导入 material.dart 库。

(14) 对于 leading 属性，返回一个 Icon。对于 trailing 属性，则要返回一个 bookmark_border 或者一个 bookmark Icon。为了随机化要返回的 Icon，需要使用三元运算符来计算 3 的 index modulus(%)并且检查其结果是不是一个偶数。如果该数值是偶数或奇数，就会显示合适的 Icon。title 属性会返回具有 index 值的 Text Widget。subtitle 属性会返回一个 Text Widget。

对于 onTap，则要使用一个 print 语句来展示所触碰行的 index。

注意，对于每一行，都有一个 Widget 被添加到 Widget 树。

```
import 'package:flutter/material.dart';

class RowWidget extends StatelessWidget {
  const RowWidget({
    Key key,
    @required this.index,
  }) : super(key: key);

  final int index;

  @override
  Widget build(BuildContext context) {
    return ListTile(
      leading: Icon(
        Icons.directions_car,
        size: 48.0,
        color: Colors.lightGreen,
      ),
      title: Text('Car $index'),
      subtitle: Text('Very Cool'),
      trailing: (index % 3).isEven
        ? Icon(Icons.bookmark_border)
        : Icon(Icons.bookmark),
      selected: false,
      onTap: () {
        print('Tapped on Row $index');
      },
    );
  }
}
```

显示效果如图 9.3 所示。

图 9.3 显示效果

示例说明

ListView.builder 构造函数接收一个 itemCount 并且使用 itemBuilder 为每一条子记录构建一个 Widget。添加到 Widget 树的每一个子 Widget 都具有合适的值。在添加每一个子 Widget 时，都可以根据应用规范自定义 ListView 的行。

使用 ListTile 就可以非常容易地将 Widget 对齐。ListTile 接收 leading、trailing、title、subtitle、onTap 及其他属性。

9.3 使用 GridView

GridView(图 9.4)会以网格形式展示可滚动 Widget 的标签图标。这里将重点介绍的三个构造函数是 GridView.count、GridView.extent 和 GridView.builder。

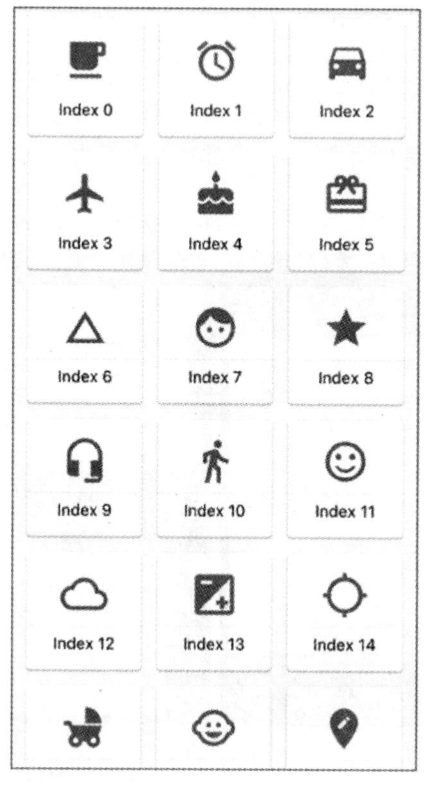

图 9.4　GridView 布局

GridView.count 和 GridView.extent 通常会与一个固定或者较小的数据集一起使用。使用这两个构造函数意味着，在初始化时会加载所有数据，而不仅是可见的 Widget。如果具有一个大型数据集，那么只有加载所有数据后用户才能看到 GridView，而这并非是很好的用户体验(UX)。通常在交叉轴需要具有固定数量标签图标的布局时才使用 GridView.count。例如，在竖屏和横屏模式下显示三个标签图标。当我们期望使用需要最大交叉轴长度的标签图标的布局时，则要使用 GridView.extent。例如，竖屏模式下显示两到三个标签图标，横屏模式下显示五到六个标签图标；换句话说，也就是会根据屏幕大小尽可能多地显示标签图标。

GridView.builder 构造函数会与一个较大的、无穷尽的或未知大小的数据集一起使用。就像此处的 ListView.builder 一样，当我们具有大型数据集时，仅会为可见的 Widget 调用 builder，而这能带来良好性能。在 builder 中，可使用 itemBuilder 回调函数来创建子 Widget 列表。需要牢记，仅在 itemCount 参数大于零时才会调用 itemBuilder，并且其调用次数等同于 itemCount 值。记住，List 是从第 0 行开始的，并非第 1 行。如果 List 中包含 20 个内容项，就会从第 0 行循环到第 19 行。scrollDirection 参数默认设置为 Axis.vertical，但可以将其修改为 Axis.horizontal(图 9.3)。

9.3.1　使用 GridView.count

使用 GridView.count 需要设置 crossAxisCount 及其 children 参数。crossAxisCount 会设置要显示的标签图标数量(图 9.5)，而 children 则是一列 Widget。scrollDirection 参数会设置要滚动的 Grid 主轴方向，可以将其设置为 Axis.vertical 或者 Axis.horizontal，并且其默认设置为 vertical。

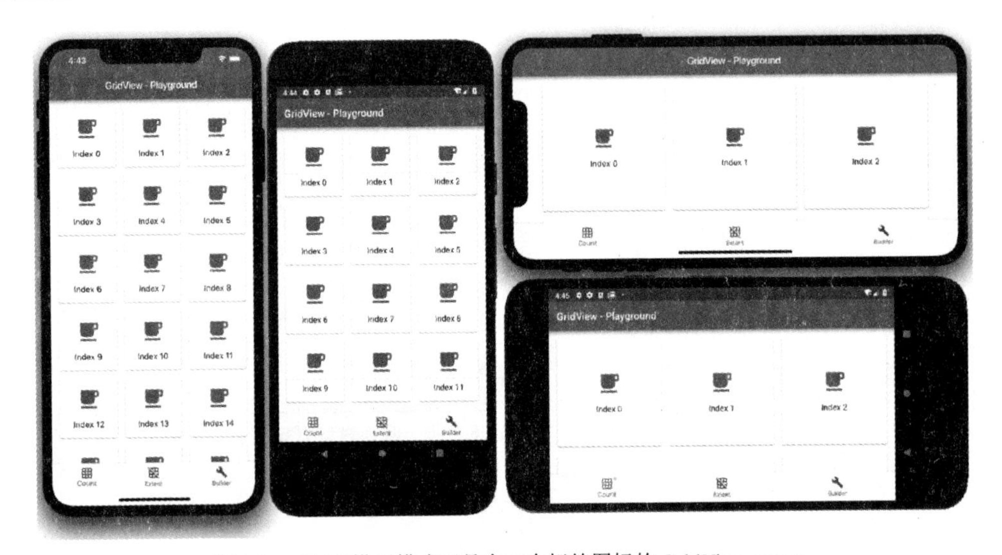

图 9.5　竖屏和横屏模式下具有三个标签图标的 GridView count

对于 children，要使用 List.generate 来创建样本数据，也就是一个值列表。在 children 参数内，添加了一个 print 语句以便展示，整个值列表都是同时构建的，而不是像 GridView.builder 那样仅构建可见行。注意，对于以下示例代码，生成了 7000 条记录以表明，在所有记录都被处理之前，GridView.count 都不会显示任何数据。

```
GridView.count(
    crossAxisCount: 3,
    padding: EdgeInsets.all(8.0),
    children: List.generate(7000, (index) {
      print('_buildGridView $index');

      return Card(
       margin: EdgeInsets.all(8.0),
       child: InkWell(
         child: Column(
           mainAxisAlignment: MainAxisAlignment.center,
           children: <Widget>[
             Icon(
               _iconList[0],
```

```
                  size: 48.0,
                  color: Colors.blue,
                ),
                Divider(),
                Text(
                  'Index $index',
                  textAlign: TextAlign.center,
                  style: TextStyle(
                    fontSize: 16.0,
                  ),
                )
              ],
            ),
            onTap: () {
              print('Row $index');
            },
          ),
        );
      },),
)
```

9.3.2　使用 GridView.extent

GridView.extent 需要设置 maxCrossAxisExtent 和 children 参数。maxCrossAxisExtent 参数会为坐标轴设置每个标签图标的最大大小。例如，在竖屏模式下，可以适配两到三个标签图标，但是当旋转到横屏模式时，则可以根据屏幕尺寸适配五到六个标签图标(图 9.6)。scrollDirection 参数会设置要滚动的网格主轴方向，可以将其设置为 Axis.vertical 或者 Axis.horizontal，并且其默认设置为 vertical。

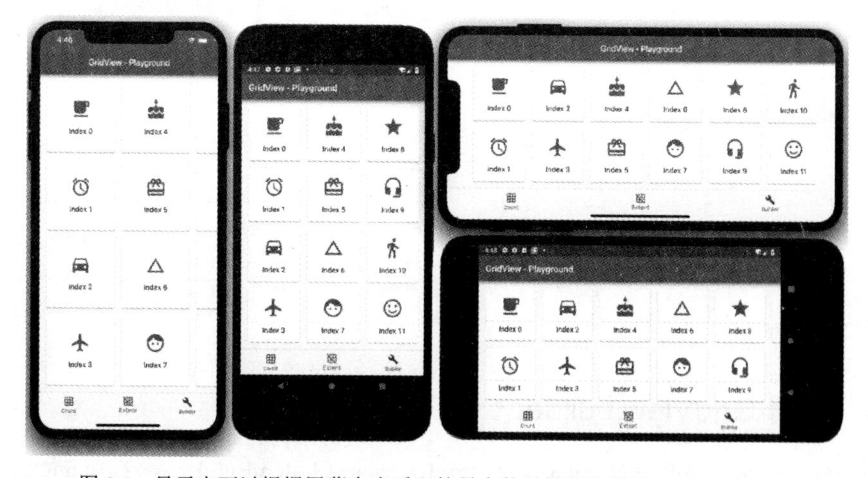

图 9.6　显示出可以根据屏幕大小适配的最大数量标签图标的 GridView extent

对于 children，要使用 List.generate 来创建样本数据，也就是一个值列表。在 children 参数内，添加了一个 print 语句以便展示，整个值列表都是同时构建的，而不是像 GridView.builder 那样仅构建可见行。

```
GridView.extent(
    maxCrossAxisExtent: 175.0,
    scrollDirection: Axis.horizontal,
    padding: EdgeInsets.all(8.0),
    children: List.generate(20, (index) {
      print('_buildGridViewExtent $index');

      return Card(
        margin: EdgeInsets.all(8.0),
        child: InkWell(
          child: Column(
            mainAxisAlignment: MainAxisAlignment.center,
            children: <Widget>[
              Icon(
                  _iconList[index],
                  size: 48.0,
                  color: Colors.blue,
              ),
              Divider(),
              Text(
                'Index $index',
                textAlign: TextAlign.center,
                style: TextStyle(
                    fontSize: 16.0,
                ),
              )
            ],
          ),
          onTap: () {
            print('Row $index');
          },
        ),
      );
  }),
)
```

9.3.3 使用 GridView.builder

GridView.builder 需要设置 itemCount、gridDelegate 和 itemBuilder 参数。itemCount 会设

置要构建的标签图标数量。gridDelegate 是一个 SliverGridDelegate，它负责为 GridView 布局 Widget 的子列表。gridDelegate 参数不能为空；需要传递 maxCrossAxisExtent 大小，比如传递一个 150.0 像素。

例如，要在屏幕上显示三个标签图标，则需要使用 SliverGridDelegateWithFixedCrossAxisCount 类来指定 gridDelegate 参数，以便为交叉轴创建具有固定数量标签图标的网格布局。如果需要显示最大宽度为 150.0 像素的标签图标，则要使用 SliverGridDelegateWithMaxCrossAxisExtent 类来指定 gridDelegate 参数，以便创建具有最大交叉轴长度的标签图标的网格布局，且每个标签图标都具有最大宽度。

在要处理大型数据集时就要使用 GridView.builder，因为仅会为可见的标签图标调用 builder，这样就能得到较好性能。使用 GridView.builder 构造函数会造成可见标签图标列表的延迟构建，并且当用户滚动到下一组可见标签图标时才会按需延迟构建它们。

试一试：创建 GridView.builder 应用

在这个示例中，GridView Widget 使用 builder 来展示一个 Card，其中会显示每一个具有 Icon 和表明索引位置的 Text 的 Grid 项。onTap 将打印所触碰 Grid 项的索引。

(1) 创建一个新的 Flutter 项目并将其命名为 ch9_gridview，可以遵循第 4 章中的处理步骤。对于这个项目而言，仅需要创建 pages、classes 和 Widgets 文件夹。将 Home Class 创建为 StatelessWidget，因为数据不必发生变更。

(2) 打开 home.dart 文件并且向 body 添加一个具有 GridViewBuilderWidget() Widget 类作为 child 的 SafeArea。

```
body: SafeArea(
   child: const GridViewBuildWidget(),
),
```

(3) 在该文件顶部添加接下来将要创建的 gridview_builder.dart Widget 类的 import 语句。

```
import 'package:flutter/material.dart';
import 'package:ch9_gridview/Widgets/gridview_builder.dart';
```

(4) 在 Widgets 文件夹中创建一个新的 Dart 文件。鼠标右击 classes 文件夹，然后选择 New | Dart File，输入 grid_icons.dart，并且单击 OK 按钮进行保存。

(5) 导入 material.dart 库，添加新的一行，创建 GridIcons Class。GridIcons Class 会存留一个名称为 iconList 的 IconData List。

(6) 创建 getIconList()方法，它会创建后续将在 GridView.builder 中使用的 IconData 的 List。

```
class GridIcons {
 List<IconData> iconList = [];

 List<IconData> getIconList() {
   iconList
       ..add(Icons.free_breakfast)
       ..add(Icons.access_alarms)
```

```
          ..add(Icons.directions_car)
          ..add(Icons.flight)
          ..add(Icons.cake)
          ..add(Icons.card_giftcard)
          ..add(Icons.change_history)
          ..add(Icons.face)
          ..add(Icons.star)
          ..add(Icons.headset_mic)
          ..add(Icons.directions_walk)
          ..add(Icons.sentiment_satisfied)
          ..add(Icons.cloud_queue)
          ..add(Icons.exposure)
          ..add(Icons.gps_not_fixed)
          ..add(Icons.child_friendly)
          ..add(Icons.child_care)
          ..add(Icons.edit_location)
          ..add(Icons.event_seat)
          ..add(Icons.lightbulb_outline);
      return iconList;
    }
  }
```

(7) 在 Widgets 文件夹中创建一个新的 Dart 文件。鼠标右击 Widgets 文件夹，然后选择 New | Dart File，输入 gridview_builder.dart，并且单击 OK 按钮进行保存。

(8) 导入 material.dart 库，新添加一行，然后开始输入 st；自动补全将打开以便提供帮助，接下来选择 stless(StatelessWidget)缩写，并且将其命名为 GridViewBuilderWidget。

(9) 修改 GridViewBuilderWidget Widget 类以便返回 itemCount 参数被设置为 20 的 GridView.builder。在这个示例中，我们将其指定为列出 20 行数据。

(10) 对于 gridDelegate 参数，要使用 SliverGridDelegateWithMaxCrossAxisExtent (maxCrossAxisExtent: 150.0)。另一个选择是改用 SliverGridDelegateWithFixedCrossAxisCount，其运行方式与 GridView.count 构造函数相同，其中要传递需要展示的标签图标数量。

(11) 对于 itemBuilder 回调函数，则要传递 BuildContext 以及用作一个 int 值的 Widget index。在 itemBuilder 的第一行中，要放置一个 print 语句以便展示将根据可见区域来构建的每个内容项的索引。

(12) 返回一个具有 InkWell 作为 child 的 Card。InkWell onTap 具有一个 print 语句来显示所触碰的 Card 项，其中包含选中的 Row。

(13) 对于 InkWell child 属性，要传递一个 Column，其中具有这些 children: Icon、Divider 以及 Text Widget。注意，会为每一个行内容项调用 itemBuilder。对于每一行，都会创建一个 Widget 并且将其添加到 Widget 树。

onTap 将打印所触碰 Grid 项的索引。

(14) 在文件顶部添加 grid_icons.dart 类的 import 语句。

```
import 'package:flutter/material.dart';
import 'package:ch9_gridview/classes/grid_icons.dart';

class GridViewBuilderWidget extends StatelessWidget {
  const GridViewBuilderWidget({
    Key key,
  }) : super(key: key);

  @override
  Widget build(BuildContext context) {
    List<IconData> _iconList = GridIcons().getIconList();

    return GridView.builder(
       itemCount: 20,
       padding: EdgeInsets.all(8.0),
       gridDelegate:
       SliverGridDelegateWithMaxCrossAxisExtent(maxCrossAxisExtent:
150.0),
      itemBuilder: (BuildContext context, int index) {
      print('_buildGridViewBuilder $index');

      return Card(
         color: Colors.lightGreen.shade50,
         margin: EdgeInsets.all(8.0),
         child: InkWell(
           child: Column(
              mainAxisAlignment: MainAxisAlignment.center,
              children: <Widget>[
           Icon(
              _iconList[index],
              size: 48.0,
              color: Colors.lightGreen,
           ),
           Divider(),
           Text(
             'Index $index',
             textAlign: TextAlign.center,
             style: TextStyle(
                fontSize: 16.0,
             ),
         )
        ],
      ),
```

```
          onTap: () {
            print('Row $index');
          },
        ),
      );
    },
  );
 }
}
```

显示效果如图 9.7 所示。

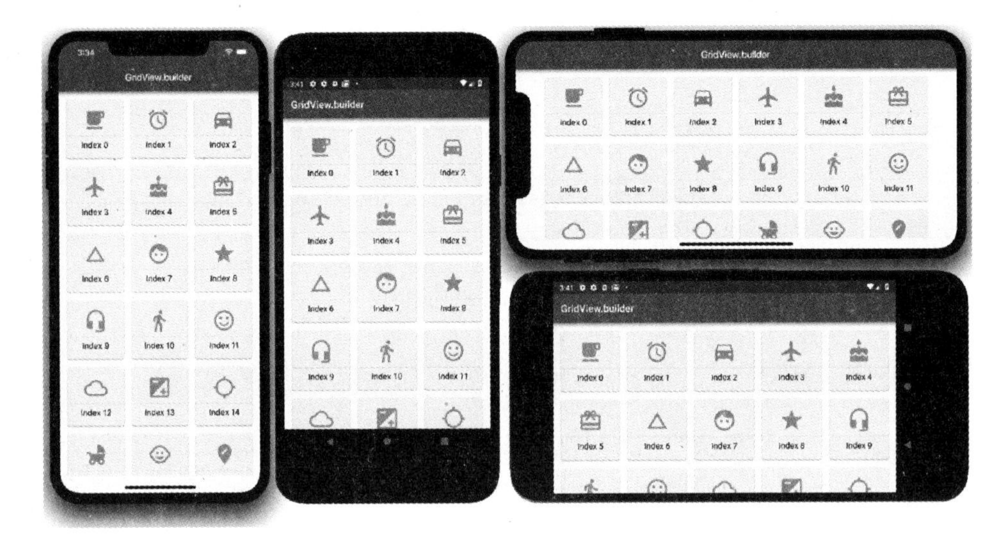

图 9.7　显示效果

示例说明

GridView.builder 构造函数接收一个 itemCount 并且使用 itemBuilder 来为每条子记录构建一个 Widget。每一个子 Widget 都会被添加到 Widget 树，并且具有合适的值。在添加每一个子 Widget 时，可以根据应用规范自定义这些行。在这个示例中，我们使用了一个 Card 以便为每个 Grid Row 项提供一个漂亮的外观，并且使用了一个 InkWell 以便应用 Material Design 触碰动画以及 onTap 属性。InkWell child 是一个 Column，并且其 children 项展示了一个 Icon 和 Text。

9.4　使用 Stack

Stack Widget 通常用于叠加、定位和对齐 Widget 以便创建好看的外观。一个贴切的例子就是，位于右上角的具有需要购买的商品数量的购物车。Stack children Widget 列表要么是设定了位置，要么是尚未设定位置的。在使用 Positioned Widget 时，每个 child Widget 都会被放置在合适的位置上。

Stack Widget 会自行重新缩放以便适应所有未设定位置的子 Widget。未设定位置的子 Widget 都会按照 alignment 属性(根据从左到右或者从右到左的环境设置为 Top-Left 或者 Top-Right)进行定位。每一个 Stack 子 Widget 都会按照从下到上的顺序进行绘制，就像将多张纸彼此堆叠在一起一样。这意味着，所绘制第一个 Widget 将位于 Stack 底部，然后下一个 Widget 会被绘制在前一个 Widget 之上，以此类推。每个子 Widget 都会按照 Stack children 列表中的顺序彼此重叠放置在一起。RenderStack 类会处理这些堆叠布局。

为了对齐 Stack 中的每一个子 Widget，需要使用 Positioned Widget。通过使用 top、bottom、left 和 right 属性，就能对齐 Stack 中的每一个子 Widget。还可以设置 Positioned Widget 的 height 和 width 属性(图 9.8)。

图 9.8　显示堆叠在背景图片上的 Image 和 Text Widget 的 Stack 布局

这里还将介绍如何实现 FractionalTranslation 类以便偶尔在父 Widget 之外定位一个 Widget。使用缩放为子 Widget 大小的 Offset(dx, dy)(x 和 y 轴的 double 类型值)类设置 translation 属性，从而对 Widget 进行移动和定位。例如，为了展示移动到距父 Widget 右上角三分之一处的心仪图标，需要使用 Offset(0.3, -0.3)值来设置 translation 属性。

以下示例(图 9.7)显示了一个具有一张背景图的 Stack Widget，通过使用 FractionalTranslation 类，就可将 translation 属性设置为 Offset(0.3, -0.3)值，从而将星标放置在距 x 轴右侧三分之一处，并且距 y 轴负三分之一处(将图标向上移动)。

```
Stack(
   children: <Widget>[
     Image(image: AssetImage('assets/images/dawn.jpg')),
     Positioned(
       top: 0.0,
       right: 0.0,
       child: FractionalTranslation(
```

```
          translation: Offset(0.3, -0.3),
          child: CircleAvatar(
             child: Icon(Icons.star),
          ),
        ),
      ),
      Positioned(/* Eagle Image */),
      Positioned(/* Bald Eagle */),
    ],
),
```

效果如图 9.9 所示。

图 9.9 展示移动到右上角的心仪图标的 FractionalTranslation 类

试一试：创建 Stack 应用

在这个示例中，Stack Widget 子 Widget 列表对一张背景图和两个具有 CircleAvatar 和 Text Widget 的 Positioned Widget 进行了布局。为了展示另一种布局，需要使用与之前相同的 Stack 布局，并添加一个将 child 属性用作 FractionalTranslation 类的 Positioned Widget，以便显示固定在 Stack 之外距离右上角二分之一处的 CircleAvatar。使用一个 ListView 来创建样本列表，并且每一行都会显示一个不同的 Stack Widget。

(1) 创建一个新的 Flutter 项目并将其命名为 ch9_stack。同样，可以遵循第 4 章中的处理步骤。对于这个项目而言，需要创建 pages、Widgets 和 assets/images 文件夹。创建 Home Class

作为 StatelessWidget，因为数据不必变更。

(2) 打开 pubspec.yaml 文件以便添加资源。在 assets 部分，添加 assets/images/文件夹。

```
# To add assets to your application, add an assets section, like this:
assets:
  - assets/images/
```

(3) 单击 Save 按钮，根据所使用的编辑器，将自动运行 flutter packages get。运行完成之后，将显示 Process finished with exit code 0 这条消息。如果该命令没有自动运行，则可以打开 Terminal 窗口(位于编辑器底部)，并且输入 flutter packages get。

(4) 在项目根目录中添加 assets 文件夹及其子文件夹 images，然后将 dawn.jpg、eagle.jpg、lion.jpg 和 tree.jpg 文件复制到 images 文件夹。

(5) 打开 home.dart 文件并向 body 添加一个使用 ListView.builder()作为 child 的 SafeArea。

```
body: SafeArea(
    child: ListView.builder(),
),
```

(6) 在文件顶部添加接下来将创建的 stack.dart 和 stack_favorite.dart Widget 类的 import 语句。

```
import 'package:flutter/material.dart';
import 'package:ch9_stack/Widgets/stack.dart';
import 'package:ch9_stack/Widgets/stack_favorite.dart';
```

(7) 向 ListView.builder 添加其值设置为 7 的 itemCount 参数。对于这个示例，需要指定为列示 7 行数据。对于 itemBuilder 回调函数，它会传递 BuildContext 并将 Widget index 作为 int 值传递。

对于每一个 Stack 布局，需要通过检查其索引值是偶数还是奇数来交替间隔它们，然后分别调用 Widget 类 StackWidget()和 StackFavoriteWidget()。

此处希望表明的是，可以自定义要向用户呈现哪些 Widget。我们假设有一个作为免费软件发布的应用，并且每隔十条记录显示一个嵌入列表中的广告或者提示。这一技术并不会像弹窗那样在用户浏览记录时打扰到用户。

```
body: SafeArea(
  child: ListView.builder(
    itemCount: 7,
    itemBuilder: (BuildContext context, int index) {
      if (index.isEven) {
        return const StackWidget();
      } else {
        return const StackFavoriteWidget();
      }
    },
```

```
    ),
  ),
```

(8) 在Widgets文件夹中创建一个新的Dart文件。鼠标右击Widgets文件夹，然后选择New | Dart File，输入stack.dart，并且单击OK按钮进行保存。

(9) 导入material.dart库，新添加一行，然后开始输入st；自动补全将打开以便提供帮助，在其中可以选择stless(StatelessWidget)缩写并将其命名为StackWidget。

(10) 修改StackWidget Widget类以便返回一个Stack。Stack children Widget列表由一个包含AssetImage tree.jpg的Image构成。

(11) 添加一个Positioned Widget，将其bottom和left属性的值设置为10.0。其child是具有48.0这一radius的CircleAvatar，并将其backgroundImage属性设置为AssetImage lion.jpg。

(12) 添加另一个Positioned Widget，并且其bottom和right属性值为16.0。其child是一个Text Widget，包含一个值为Lion的字符串。具有一个style属性，该属性为一个TextStyle类，其中的fontSize被设置为32.0像素，color被设置为white30，并且fontWeight被设置为bold。

```
import 'package:flutter/material.dart';

class StackWidget extends StatelessWidget {
  const StackWidget({
    Key key,
  }) : super(key: key);

  @override
  Widget build(BuildContext context) {
    return Stack(
      children: <Widget>[
        Image(
          image: AssetImage('assets/images/tree.jpg'),
        ),
        Positioned(
           bottom: 10.0,
           left: 10.0,
           child: CircleAvatar(
             radius: 48.0,
             backgroundImage: AssetImage('assets/images/lion.jpg'),
          ),
      ),
      Positioned(
         bottom: 16.0,
         right: 16.0,
         child: Text(
           'Lion',
           style: TextStyle(
```

```
              fontSize: 32.0,
              color: Colors.white30,
              fontWeight: FontWeight.bold,
            ),
          ),
        ),
      ],
    );
  }
}
```

(13) 在 Widgets 文件夹中创建一个新的 Dart 文件。鼠标右击 Widgets 文件夹，然后选择 New | Dart File，输入 stack_favorite.dart，并且单击 OK 按钮进行保存。

(14) 导入 material.dart 库，新添加一行，然后开始输入 st; 自动补全将打开以便提供帮助，接下来选择 stless(StatelessWidget)缩写并将其命名为 StackFavoriteWidget。

(15) 修改 StackFavoriteWidget Widget 类以便返回一个 Container。使用 Container 以便将 color 设置为 black87，对于 child 则使用具有 EdgeInsets.all(16.0)的 Padding。这样就会创建包围 Stack 的暗边框效果。

(16) 对于 Stack children Widget 列表，添加一个设置为 AssetImage dawn.jpg 的 Image。

(17) 添加一个 Positioned Widget，其 bottom 和 right 属性的值为 0.0。其 child 是一个 translation 属性设置为 Offset(0.3,-0.3)的 FractionalTranslation 类。FractionalTranslation 类的 child 是一个 CircleAvatar，通过使用 Offset，就会将其显示为固定到 Stack 之外距离右上角二分之一处。

(18) 添加一个 Positioned Widget，将其 bottom 和 right 属性设置为 10.0 这个值。其 child 是一个 radius 为 48.0 的 CircleAvatar，并且其 backgroundImage 为 AssetImage eagle.jpg。

(19) 添加另一个 Positioned Widget，将其 bottom 和 right 属性设置为 16.0 这个值。其 child 是一个具有字符串值 Bald Eagle 的 Text Widget，并且具有一个 style 属性。包含一个 TextStyle，其 fontSize 被设置为 32.0 像素，color 被设置为 white30，fontWeight 被设置为 bold。

```
import 'package:flutter/material.dart';

class StackFavoriteWidget extends StatelessWidget {
  const StackFavoriteWidget({
    Key key,
  }) : super(key: key);

  @override
  Widget build(BuildContext context) {
    return Container(
      color: Colors.black87,
      child: Padding(
        padding: const EdgeInsets.all(16.0),
```

```
child: Stack(
  children: <Widget>[
    Image(
        image: AssetImage('assets/images/dawn.jpg'),
    ),
    Positioned(
      top: 0.0,
      right: 0.0,
      child: FractionalTranslation(
        translation: Offset(0.3, -0.3),
        child: CircleAvatar(
          radius: 24.0,
          backgroundColor: Colors.white30,
          child: Icon(
            Icons.star,
            size: 24.0,
            color: Colors.white,
          ),
        ),
      ),
    ),
    Positioned(
      bottom: 10.0,
      right: 10.0,
      child: CircleAvatar(
          radius: 48.0,
          backgroundImage: AssetImage('assets/images/eagle.jpg'),
      ),
    ),
    Positioned(
      bottom: 16.0,
      left: 16.0,
      child: Text(
        'Bald Eagle',
        style: TextStyle(
          fontSize: 32.0,
          color: Colors.white30,
          fontWeight: FontWeight.bold,
        ),
      ),
    ),
  ],
),
```

```
            ),
          );
        }
    }
```

显示效果如图 9.10 所示。

图 9.10　显示效果

示例说明

Stack 接收 children Widget 列表，并会自行缩放以便适应所有未设定位置的 Widget。在 Stack 中使用未设定位置的 Widget 时，它们会根据 alignment(根据环境设定为 Top-Left 或者 Top-Right)的设置自动定位。将按照从下到上的顺序绘制每一个 Stack child Widget，这意味着每一个 child Widget 都是依据彼此叠加的顺序来定位的。

使用 Positioned Widget 就允许通过使用 top、bottom、left 和 right 属性来对齐每一个 child Widget。本节讲解了如何将心仪图标定位到父 Widget 的右上角，这是通过将 FractionalTranslation 类的 translation 属性设置为 Offset(0.3,-03)值来实现的。

9.5　使用 Sliver(薄片)自定义 CustomScrollView

CustomScrollView Widget 会创建自定义滚动效果，这是通过使用薄片列表来实现。薄片就是某个更大对象的一小部分。例如，薄片会被放置到一个视图区域的内部，比如 CustomScrollView Widget。前几节介绍了如何分别实现 ListView 和 GridView Widget。但是如果需要将它们放在一起呈现在同一个列表中又该怎么办呢？其答案就是，可以使用 CustomScrollView，其 sliver 属性的 Widget 列表被设置为 SliverSafeArea、SliverAppBar、

SliverList 和 SliverGrid Widget。它们位于 CustomScrollView sliver 属性中的顺序就是它们被渲染的顺序。表 9.1 显示了常用的薄片和示例代码。

表 9.1　薄片

薄片	描述	代码
SliverSafeArea	添加内边距以避免出现通常位于屏幕顶部的设备凹槽口	SliverSafeArea(sliver: SliverGrid(),)

SliverAppBar	添加一个应用栏	SliverAppBar(
		    expandedHeight: 250.0,
		    flexibleSpace: FlexibleSpaceBar(
		      title: Text('Parallax'),
		    ),
		)

SliverList	创建一个线性可滚动的 Widget 列表	SliverList(
		    delegate: SliverChildListDelegate(
		      List.generate(3, (int index) {
		        return ListTile();
		      }),
		    ),
		)

SliverGrid	以网格格式显示可滚动 Widget 的标签图标	SliverGrid(
		  delegate: SliverChildBuilderDelegate(
		        (BuildContext context, int index) {
		          return Card();
		        },
		        childCount: _rowsCount,
		      ),
		      gridDelegate: SliverGridDelegateWithF
		ixedCrossAxisCount(crossAxisCount: 3),
		)

SliverList 和 SliverGrid 薄片使用代理来明确地或延迟构建子 Widget 列表。明确的列表首先会构建所有的内容项，然后将其显示在屏幕上。延迟构建列表仅会在屏幕上构建可见的内容项，并且当用户滚动时，才会(延迟)构建后续的可见内容项以便得到更好的性能。SliverList 有一个 delegate 属性，而 SliverGrid 有一个 delegate 和一个 gridDelegate 属性。

SliverList 和 SliverGrid delegate 属性可以使用 SliverChildListDelegate 来构建一个明确的列表，或者使用 SliverChildBuilderDelegate 来延迟构建列表。SliverGrid 有一个额外的

gridDelegate 属性，用于指定网格标签图标的大小和位置。使用 SliverGridDelegateWithFixedCrossAxisCount 类指定 gridDelegate 属性从而创建交叉轴上包含固定数量标签图标的网格布局；例如，横向显示三个标签图标。使用 SliverGridDelegateWithMaxCrossAxisExtent 类指定 gridDelegate 属性从而创建包含标签图标的网格布局，这些标签图标具有最大的交叉轴长度，每个标签图标具有最大的宽度；例如，每个标签图标的最大宽度为 150.0 像素。

表 9.2 显示了帮助构建列表的 SliverList 和 SliverGrid 代理。

表 9.2　薄片代理

薄片	描述	代码

SliverList	SliverChildListDelegate 会构建一个已知行数的（明确的）列表。SliverChildBuilderDelegate 会延迟构建一个未知行数的列表	SliverList(
		delegate:
		SliverChildListDelegate(<Widget>[
		ListTile(title: Text('One')),
		ListTile(title: Text('Two')),
		ListTile(title: Text('Three')),
		]),
		)
		或者
		SliverList(
		delegate: SliverChildListDelegate(
		List.generate(30, (int index) {
		return ListTile();
		}),
		),
		)
		或者
		SliverList(
		delegate: SliverChildBuilderDeleg
		ate((BuildContext context,
		int index) {
		return ListTile();
		},
		childCount: _rowsCount,
		),
		)

(续表)

薄片	描述	代码

SliverGrid	SliverChildListDelegate 会构建一个明确的列表。SliverChildBuilderDelegate 会延迟构建一个未知标签图标数量的列表。gridDelegate 属性会控制子 Widget 的位置和大小	SliverGrid(
		delegate: SliverChildListDelegate-
		(<Widget>[
		Card(),
		Card(),
		Card(),
		]),
		gridDelegate:
		SliverGridDelegateWithFixedCross
		AxisCount(crossAxisCount: 3),
		)
		或者
		SliverGrid(
		delegate: SliverChildListDelegate(
		List.generate(30, (int index) {
		return Card();
		}),
		),
		gridDelegate:
		SliverGridDelegateWithFixedCross-
		AxisCount(crossAxisCount: 3),
		)
		或者
		SliverChildBuilderDelegate(
		(BuildContext context, int index) {
		return Card();
		},
		childCount: _rowsCount,
		),
		gridDelegate:
		SliverGridDelegateWithFixedCross
		AxisCount(crossAxisCount: 3),
		)

SliverAppBar Widget 可具有视差效果(图 9.11)，这是通过使用 expandedHeight 和 flexibleSpace 属性来实现的。视差效果会将背景图片滚动得比前景内容慢。如果需要显示一

开始就滚动到某个特定位置的 CustomScrollView，则要使用一个控制器并且设置 ScrollController.initialScrollOffset 属性。例如，可以通过初始化 controller = ScrollController(initialScrollOffset: 10.0)来设置 initialScrollOffset。

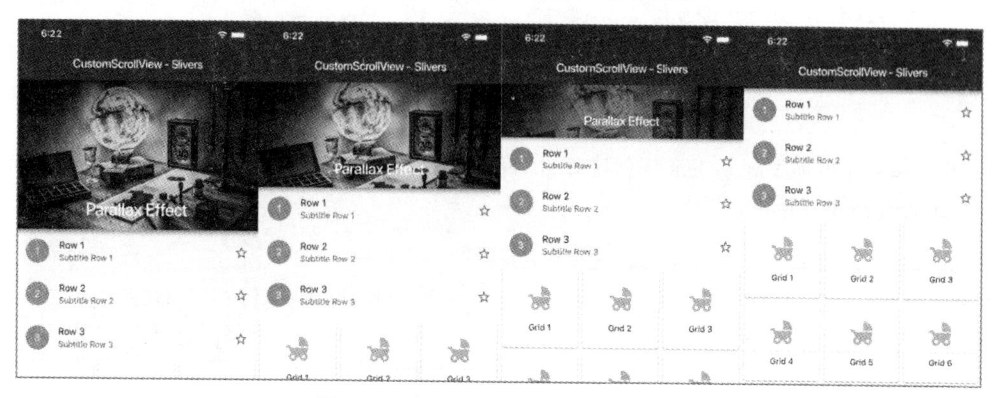

图 9.11　滚动视差效果的 SliverAppBar

试一试：创建 CustomScrollView Slivers 应用

在这个示例中，CustomScrollView 子 Widget 列表包含 SliverAppBar、SliverList、SliverSafeArea 和 SliverGrid。SliverAppBar Widget 使用包含背景 Image 的 flexibleSpace，并且它在滚动时具有视差效果。SliverList 使用 List.generate 构造函数生成三个内容项。为了阐释设备凹槽，要使用 SliverSafeArea 来包装 SliverGrid，并且生成 12 个内容项(也可以使用更多或更少的样本值)。

(1) 创建一个新的 Flutter 项目并将其命名为 ch9_customscrollview_slivers；可以遵循第 4 章中的处理步骤。对于这个项目而言，仅需要创建 pages 和 assets/images 文件夹。创建 Home Class 作为 StatelessWidget，因为数据不必变更。

(2) 打开 pubspec.yaml 文件以便添加资源。在 assets 部分，添加 assets/images/文件夹。

```
# To add assets to your application, add an assets section, like this:
assets:
  - assets/images/
```

(3) 单击 Save 按钮，根据所使用的编辑器，将自动运行 flutter packages get。运行完成后，将显示 Process finished with exit code 0 这条消息。如果该命令没有自动运行，则可以打开 Terminal 窗口(位于编辑器底部)，并且输入 flutter packages get。

(4) 在项目根目录中添加 assets 文件夹及其子文件夹 images，然后将 desk.jpg 文件复制到 images 文件夹。

(5) 打开 home.dart 文件并且向 body 添加一个 CustomScrollView()。对于这个项目，将 AppBar elevation 属性设置为 0.0，因为启用了 SliverAppBar 阴影作为替代。

```
return Scaffold(
  appBar: AppBar(
    title: Text('CustomScrollView - Slivers'),
```

```
      elevation: 0.0,
    ),
    body: CustomScrollView(
      sliver: <Widget>[
    ],
  ),
);
```

(6) 在文件顶部添加接下来将创建的 sliver_app_bar.dart、sliver_list.dart 和 sliver_grid.dart Widget 类的 import 语句。

```
import 'package:flutter/material.dart';
import 'package:ch9_customscrollview_slivers/Widgets/sliver_app_bar.dart';
import 'package:ch9_customscrollview_slivers/Widgets/sliver_list.dart';
import 'package:ch9_customscrollview_slivers/Widgets/sliver_grid.dart';
```

(7) 将对 SliverAppBarWidget()、SliverListWidget()和 SliverGridWidget() Widget 类的调用添加到 CustomScrollView() sliver 属性。要确保对这些 Widget 类的调用使用 const 关键字以便充分利用缓存，从而获得良好性能。

```
return Scaffold(
    appBar: AppBar(
      title: Text('CustomScrollView - Slivers'),
      elevation: 0.0,
    ),
    body: CustomScrollView(
      sliver: <Widget>[
          const SliverAppBarWidget(),
          const SliverListWidget(),
          const SliverGridWidget(),
      ],
    ),
);
```

(8) 在 Widgets 文件夹中创建一个新的 Dart 文件。鼠标右击 Widgets 文件夹，然后选择 New | Dart File，输入 sliver_app_bar.dart，并且单击 OK 按钮进行保存。

(9) 导入 material.dart 库，新添加一行，然后开始输入 st；自动补全将打开以便提供帮助，在其中可以选择 stless(StatelessWidget)缩写并将其命名为 SliverAppBarWidget。

(10) 修改 SliverAppBarWidget Widget 类以便返回一个 SliverAppBar。

(11) 为在栏底部显示一个阴影，需要将 forceElevated 属性设置为 true。

(12) 为在滚动时产生视差效果，需要将 expandedHeight 设置为 250.0 像素并将 flexibleSpace 设置为 FlexibleSpaceBar。

(13) 对于 FlexibleSpaceBar background 属性，要使用包含 desk.jpg 文件的 Image Widget 并将 fit 设置为 BoxFit.cover。

```
import 'package:flutter/material.dart';

class SliverAppBarWidget extends StatelessWidget {
  const SliverAppBarWidget({
    Key key,
  }) : super(key: key);
  @override
  Widget build(BuildContext context) {
    return SliverAppBar(
       backgroundColor: Colors.brown,
       forceElevated: true,
       expandedHeight: 250.0,
       flexibleSpace: FlexibleSpaceBar(
           title: Text(
              'Parallax Effect',
           ),
           background: Image(
             image: AssetImage('assets/images/desk.jpg'),
             fit: BoxFit.cover,
           ),
       ),
    );
  }
}
```

(14) 在 Widgets 文件夹中创建一个新的 Dart 文件。鼠标右击 Widgets 文件夹，然后选择 New | Dart File，输入 sliver_list.dart，并且单击 OK 按钮进行保存。

(15) 导入 material.dart 库，新添加一行，然后开始输入 st；自动补全将打开以便提供帮助，在其中可以选择 stless(StatelessWidget)缩写并将其命名为 SliverListWidget。

(16) 修改 SliverListWidget Widget 类以便返回一个 SliverList。对于 SliverList delegate 属性，需要传递 SliverChildListDelegate。

(17) 使用 List.generate 构造函数来构建样本数据列表。该构造函数接收两个参数：列表的 length 和 index。返回包含 child 为 Text Widget 的 leading CircleAvatar 的 ListTile，该 Text Widget 的字符串插值设置为${index + 1}。

(18) 另外，要设置 ListTile title、subtitle 和 trailing 属性。

```
import 'package:flutter/material.dart';

class SliverListWidget extends StatelessWidget {
  const SliverListWidget({
    Key key,
  }) : super(key: key);
```

```
  @override
  Widget build(BuildContext context) {
    return SliverList(
      delegate: SliverChildListDelegate(
        List.generate(3, (int index) {
          return ListTile(
            leading: CircleAvatar(
              child: Text("${index + 1}"),
              backgroundColor: Colors.lightGreen,
              foregroundColor: Colors.white,
            ),
            title: Text('Row ${index + 1}'),
            subtitle: Text('Subtitle Row ${index + 1}'),
            trailing: Icon(Icons.star_border),
          );
        }),
      ),
    );
  }
}
```

(19) 在 Widgets 文件夹中创建一个新的 Dart 文件。鼠标右击 Widgets 文件夹，然后选择 New | Dart File，输入 sliver_grid.dart，并单击 OK 按钮进行保存。

(20) 导入 material.dart 库，新添加一行，然后开始输入 st; 自动补全将打开以便提供帮助，在其中可以选择 stless(StatelessWidget)缩写并将其命名为 SliverGridWidget。

(21) 修改 SliverGridWidget Widget 类以便返回一个 SliverSafeArea。由于 SliverGrid 并不会自动处理设备凹槽，所以要将其包装在一个 SliverSafeArea 中。SliverGrid delegate 属性是一个 SliverChildBuilderDelegate，它接收 BuildContext 和 int index。

(22) 对于 SliverChildBuilderDelegate，则要返回使用 Column 作为 child 的 Card。Column 子 Widget 列表包含 Icon、Divider 以及 Text Widget。

(23) 对于 childCount 属性，需要传递 12 以表明 builder 将创建的内容项数量。gridDelegate 属性被设置为 SliverGridDelegateWithFixedCrossAxisCount(crossAxisCount: 3)，这表示三个标签图标。

```
import 'package:flutter/material.dart';

class SliverGridWidget extends StatelessWidget {
  const SliverGridWidget({
    Key key,
  }) : super(key: key);

  @override
  Widget build(BuildContext context) {
```

```
    return SliverSafeArea(
      sliver: SliverGrid(
        delegate: SliverChildBuilderDelegate(
            (BuildContext context, int index) {
        return Card(
          child: Column(
              mainAxisAlignment: MainAxisAlignment.center,
              children: <Widget>[
                  Icon(Icons.child_friendly, size: 48.0, color: Colors.amber,),
                  Divider(),
                  Text('Grid ${index + 1}'),
              ],
            ),
          );
        },
        childCount: 12,
      ),
      gridDelegate:
        SliverGridDelegateWithFixedCrossAxisCount(crossAxisCount: 3),
      ),
    );
  }
}
```

效果如图 9.12 所示。

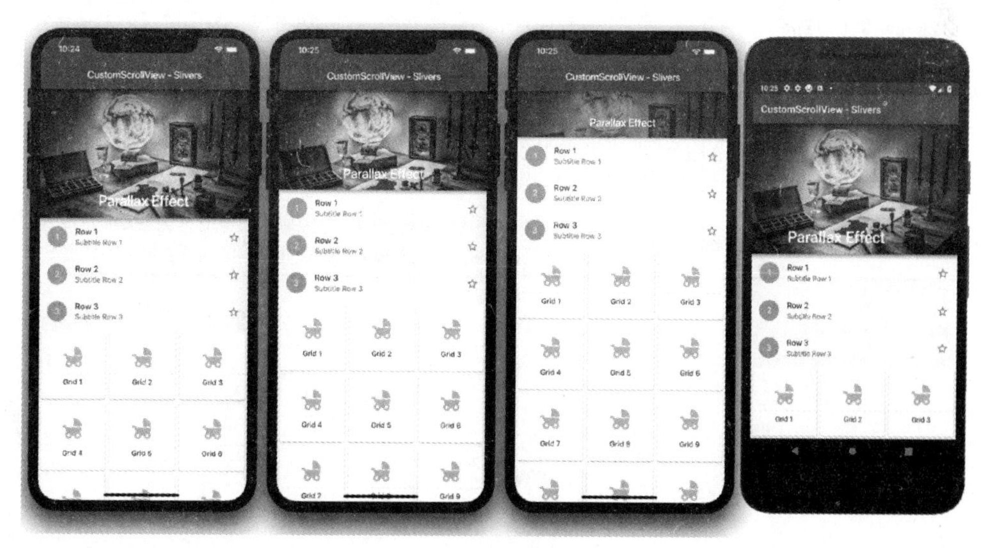

图 9.12　屏幕效果

示例说明

为了创建自定义滚动效果，CustomScrollView 使用了 slivers 列表。这里使用了 SliverAppBar 并借助 FlexibleSpaceBar 来创建视差滚动效果。我们还创建了一个 SliverList 并且将 delegate 属性设置为 SliverChildListDelegate 类。为了处理设备凹槽，SliverGrid 被包装到 SliverSafeArea Widget 中。SliverGrid delegate 属性使用了 SliverChildBuilderDelegate，它接收一个 BuildContext 和 int index。

9.6 本章小结

本章讲解了如何使用 Card 借助具有圆角和阴影的容器来分组信息。我们使用了 ListView 来构建可滚动 Widget 列表并且使用 ListTile 来对齐分组数据，还使用了 GridView 来展示标签图标中的数据，从而使用 Card 实现了数据分组。我们将一个 Stack 嵌入 ListView 中，以便将一个 Image 显示为一个背景，并使用 Positioned Widget 来堆叠不同的 Widget，以便通过使用 top、bottom、left 和 right 属性将它们叠加和定位到合适的位置。

第 10 章将讲解如何使用 SingleChildScrollView、SafeArea、Padding、Column、Row、Image、Divider、Text、Icon、SizedBox、Wrap、Chip 和 CircleAvatar 来构建自定义布局。还将介绍使用概要视图以及详细视图来分离和嵌套 Widget 以便创建一个自定义 UI。

9.7 本章知识点回顾

主题	关键概念
Card	会将信息分组和组织到具有圆角的容器中并且投射一个阴影
ListView 和 ListTile	这是可以垂直或水平滚动的 Widget 的线性列表。为了能够容易地格式化出记录列表在多行中的展示方式，我们要充分利用 ListTile Widget 的优势并且借助 leading 和 trailing 图标来对齐分组数据
GridView	会以网格形式展示可滚动 Widget 的标签图标。可以垂直或者水平滚动
Stack	通常用于重叠、定位和对齐其子 Widget 以便创建自定义外观
CustomScrollView 和薄片	允许我们创建自定义滚动效果，这是通过使用一组薄片 Widget 来实现的，比如 SliverSafeArea、SliverAppBar、SliverList 和 SliverGrid 等

第 10 章

构 建 布 局

本章内容

- 如何创建简单布局和复杂布局？
- 如何组合与嵌套 Widget？
- 如何组合纵向和横向 Widget 以便创建自定义布局？
- 如何使用像 SingleChildScrollView、SafeArea、Padding、Column、Row、Image、Divider、Text、Icon、SizedBox、Wrap、Chip 以及 CircleAvatar 这样的 Widget 来构建 UI 布局？

本章将介绍如何使用单独的 Widget 并将其嵌套以构建出专业的布局。这一概念被称为组合，它也是创建 Flutter 移动应用的重要组成部分。大部分时候我们都可以使用纵向或横向 Widget 或者使用这两者的组合来构建简单或复杂的布局。

10.1 布局的概要视图

本章的目的在于创建自上而下展示详情的日记页面。这个日记页面将显示页眉图片、标题、日记详情、天气、(日记定位)地址、标签以及页脚图片。天气、标签和页脚图片区域是通过嵌套 Widget 的形式来构建的，从而构建出自定义布局(图 10.1)。

首先构建概要视图，我们要对该布局构成基础框架的主要部分进行分解。开始划分日记页面区域的一种好做法就是自下而上地添加分层，这一方法与我们叠纸一样。图 10.2 显示了该日记页面布局结构。

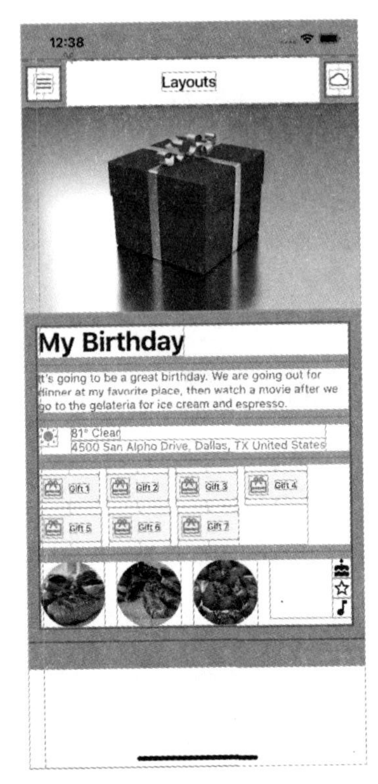

图 10.1　日记详情页面布局

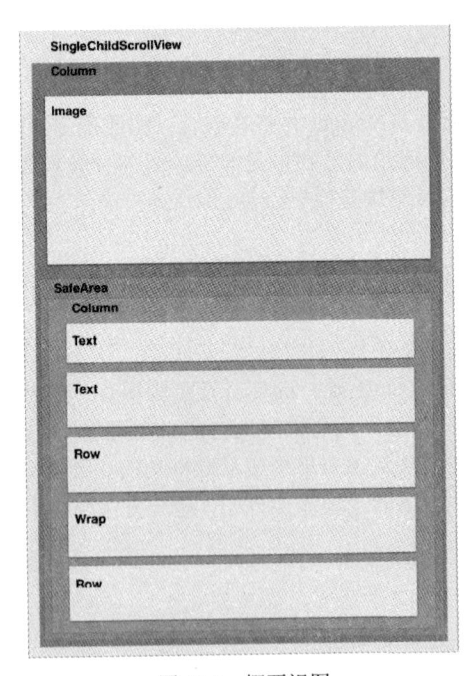

图 10.2　概要视图

由于各种移动设备的尺寸大小可能不同，所以该布局首先要添加一个SingleChildScrollView来自动处理由于设备尺寸较小而截断的屏幕各个部分的滚动。

(1) 接下来要使用一个Column Widget从屏幕上方向下垂直对齐Widget。

(2) 对于包装礼物图片，则要将Image Widget添加为第一个Column的第一个子Widget，以便允许该图片填充设备的完整宽度。

(3) 第一个Column child是一个SafeArea Widget，它用于为日记内容处理设备凹槽。

(4) 为SafeArea child添加另一个Column，它包含由用于日记标题的Text Widget和用于日记详情的Text Widget构成的子Widget。

(5) 继续为第二个Column子Widget添加一个Row Widget，它将包含天气图标、气温以及日记定位地址。10.1.1节中将介绍如何添加Widget来创建详情布局。

(6) 继续为第二个Column子Widget添加一个显示Chip Widget的Wrap Widget。10.1.2节中将介绍如何添加标签布局Widget。

(7) 最后，我们要为第二个Column添加一个显示图片和图标的Row Widget，10.1.3节中将介绍如何添加页脚图片布局Widget。

10.1.1 天气区域布局

每一篇日记都会记录写日记时的天气、气温和位置以便后续再看时能够回忆起详情。为了提供这些信息，我们需要引入一个日记天气区域。使用一个Row，为其添加两个Column Widget和一个SizedBox Widget。第一个Column包含一个显示天气符号的Icon。第二个Column包含两个Row Widget。第一个Row具有一个显示气温和描述的Text。第二个Row具有一个显示日记定位地址的Text(图10.3)。

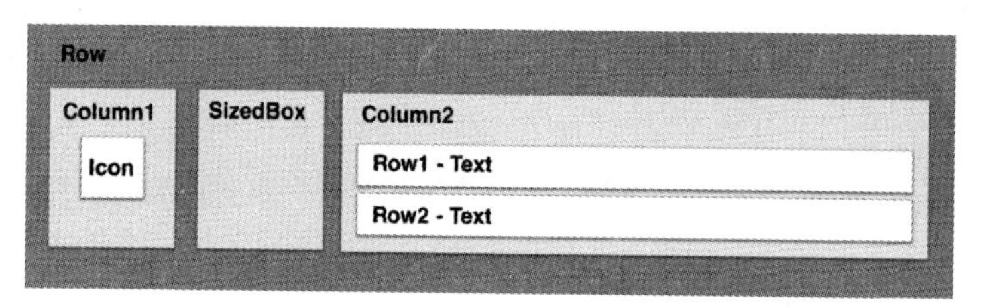

图10.3 天气区域

10.1.2 标签布局

为了组织每一篇日记并且利于搜索，我们要使用标签来为日记添加分类。标签就是类似于电影、家庭、生日、假期这样的条目。标签区域使用一个具有一组子Chip Widget的Wrap Widget。在面对一组可能是不同长度以及条目数量未知的内容项时，将其嵌套在一个Wrap Widget中就能根据可用空间自动布局每个子Widget(图10.4)。

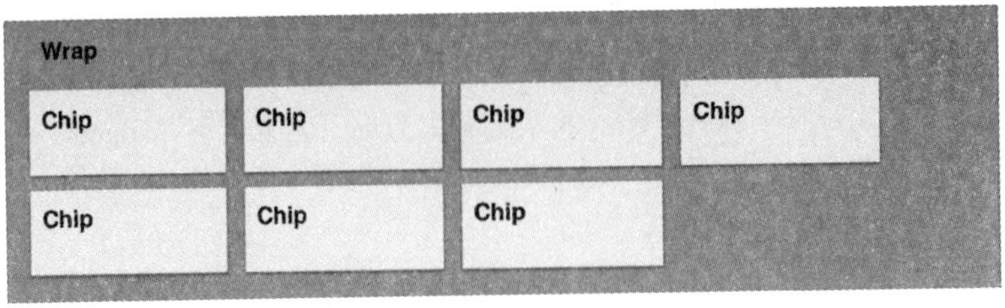

图 10.4 标签区域

Chip Widget 是对信息进行分组并且自定义呈现外观的绝佳方式。需要做的仅是设置 label 属性，不过大多数时候还需要设置具有 Icon 或者 Image Widget 的 avatar 属性。默认情况下 Chip Widget 类似于灰色体育场的形状(一个矩形，其短边两端具有大的半圆形)，不过可以使用 shape 属性和 backgroundColor 属性对其进行自定义。以下示例代码显示了一个自定义的 Chip Widget，它在具有圆角的矩形中展示了 label 和 avatar。RoundedRectangleBorder 类会返回具有圆角的矩形边框。

```
Chip(
    label: Text('Vacation'),
    avatar: Icon(Icons.local_airport),
    shape: RoundedRectangleBorder(
        borderRadius: BorderRadius.circular(4.0),
        side: BorderSide(color: Colors.grey),
    ),
    backgroundColor: Colors.grey.shade100,
);
```

10.1.3 页脚图片布局

有句话说得好，一图胜千言，页脚区域允许我们为每一篇日记添加照片以便唤起回忆。页脚区域使用一个具有显示不同图片的 CircleAvatar Widget 的 Row。在 Row 的结尾处，使用了一个 SizedBox 将子 Column 与结尾处隔开。这个 Column 显示了垂直对齐的 Icon(图 10.5)。

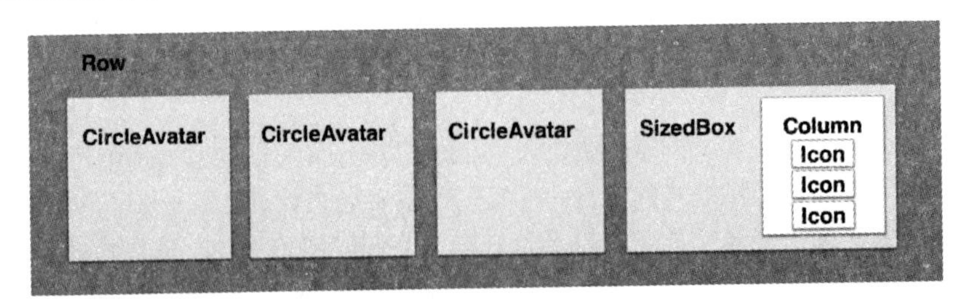

图 10.5 页脚区域

10.1.4 最终布局

到这里已经介绍了如何对日记详情页的每一个区域进行布局。通过嵌套 Widget，就能构建出被称为组合的自定义布局或者复杂布局。嵌套 Widget 的强大之处在于，这一方式能够创建出我们能够想到的任何优美的 UI。图 10.6 显示了日记详情页以及用于天气、标签和页脚图片的三个主要自定义区域。

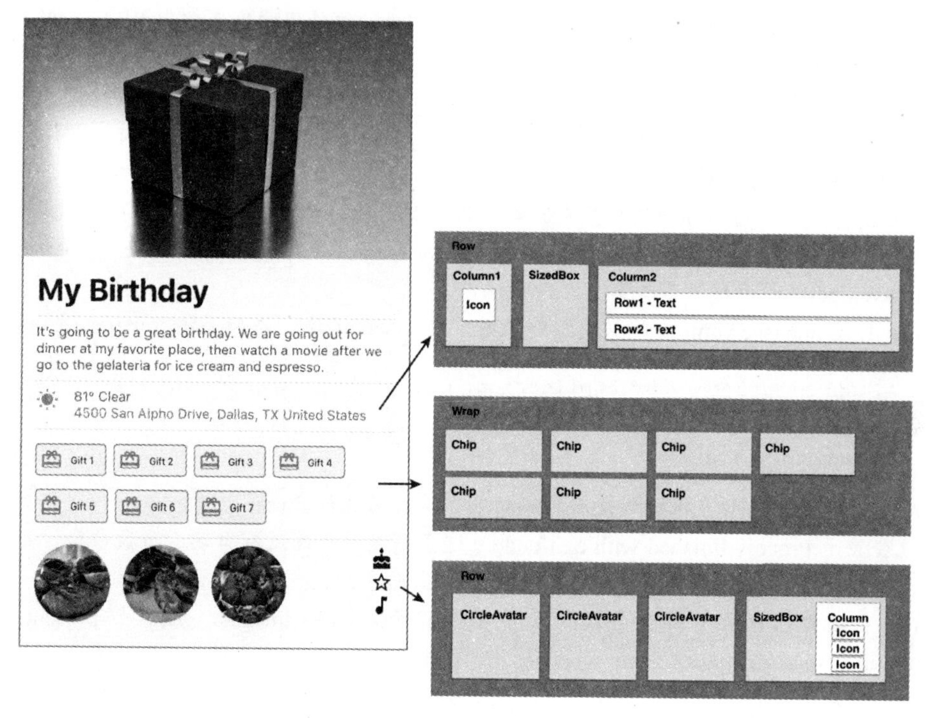

图 10.6 最终布局

10.2 创建布局

在创建布局时，好的做法是从概要视图开始处理，然后在细化处理每一个详细区域。通过细分页面的每一个区域，我们就能开始分析需求以及所需的格式。例如，如果某个特定区域需要对内容项进行横向布局，则可以首先使用一个 Row；如果区域的布局是垂直的，则可以首先使用一个 Column。然后查看展示需求并且开始通过嵌套 Widget 的方式将数据分解到专属区域中。

试一试：创建 Layout 应用

在这个示例中，主 body 包含一个使用 Column 作为 child 的 SingleChildScrollView。Column 的 Widget 列表包含一个页眉 Image，其后是使用 Padding 作为 child 的 SafeArea。Image 会适配设备的完整宽度，但日记都包含在使用 Padding 来格式化日记记录的 SafeArea 中。

Padding child 是一个 Column，它具有一组通过 Divider Widget 分隔的对日记每个区域进行分解的 Widget。这些单独的区域分别通过_buildJournalHeaderImage()、_buildJournalEntry()、_buildJournalWeather()、_buildJournalTags()和_buildJournalFooterImages()方法来调用。

我们正在创建一个自上而下显示详情的日记页面。该日记页面会显示页眉图片、标题、日记详情、天气、地址、标签以及页脚图片。天气、标签和页脚图片区域都是通过嵌套Widget来构建的，以便构建出自定义布局。

在这个示例中，为了保持Widget树的浅层化，我们要使用方法来替代Widget类。这对于针对每一种情况使用恰当技术而言是一个绝佳示例。日记的目的在于浏览详情，并且它不必变更，这也正是使用方法来保持Widget树浅层化的原因。不过如果这个页面需要根据外部数据的变化来刷新界面的某些部分，那么使用Widget类是更好的解决方案，因为这样一来就只会重建发生变化的界面部分。

(1) 创建一个新的Flutter项目并将其命名为ch10_layouts。可以遵循第4章中的处理步骤。对于这个项目而言，仅需要创建pages和assets/images文件夹。将Home Class创建为StatelessWidget，因为数据不必变更。

(2) 打开pubspec.yaml文件以便添加资源。在assets区域，添加assets/images/文件夹。

```
# To add assets to your application, add an assets section, like this:
assets:
   - assets/images/
```

(3) 单击Save按钮，根据所使用的编辑器，将自动运行flutter packages get，运行完成之后，就会显示Process finished with exit code 0这条消息。如果没有自动运行该命令，则可以打开Terminal窗口(位于编辑器底部)并且输入flutter packages get。

(4) 在项目根目录下添加assets文件夹及其子文件夹images，然后将present.jpg、salmon.jpg、asparagus.jpg以及strawberries.jpg文件复制到images文件夹。由于这个示例重点在于如何布局一个界面，所以图片要放入assets/images文件夹中，不过在实际应用中，用户会选择图片，而这些图片可能存储在设备中。

(5) 打开home.dart文件并且向body添加_buildBody()方法。对于这个项目，需要通过修改backgroundColor、iconTheme、brightness、leading和actions属性来自定义AppBar Widget，就像以下代码所示那样。对AppBar进行变更完全就是为了让应用看起来更漂亮的装饰点缀。第6章中介绍过，Icon Widget是使用IconData中所描述的一种字体符号来绘制的。MaterialIcons字体提供了一组完整的图标。

```
Widget build(BuildContext context) {
  return Scaffold(
     appBar: AppBar(
        title: Text(
           'Layouts',
           style: TextStyle(color: Colors.black87),
        ),
        backgroundColor: Colors.white,
        iconTheme: IconThemeData(color: Colors.black54),
        brightness: Brightness.light,
        leading: IconButton(icon: Icon(Icons.menu), onPressed: () {}),
        actions: <Widget>[
```

```
            IconButton(icon: Icon(Icons.cloud_queue), onPressed: () {})
            ],
          ),
          body: _buildBody(),
        );
    }
```

(6) 在 Widget build(BuildContext context) {...}之后添加_buildBody() Widget 方法。

(7) 返回一个使用 Column 作为 child 的 SingleChildScrollView。Column children Widget 列表会被所有的方法调用，以便创建页面的每个区域。注意，第一个方法_buildJournalHeaderImage()位于 SafeArea 和 Padding 之前，从而允许 Image 填充设备的完整宽度。

(8) 将 Column 添加为 Padding 的 child，然后调用_buildJournalEntry()、_buildJournalWeather()、_buildJournalTags()以及_buildJournalFooterImages()方法。如图 10.7 所示。

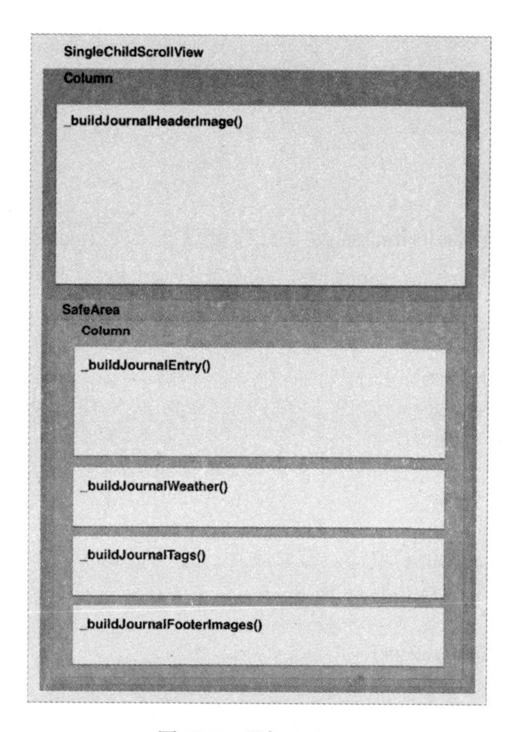

图 10.7 添加 Column

```
Widget _buildBody() {
  return SingleChildScrollView(
    child: Column(
      children: <Widget>[
        _buildJournalHeaderImage(),
```

```
        SafeArea(
          child: Padding(
            padding: EdgeInsets.all(16.0),
            child: Column(
            crossAxisAlignment: CrossAxisAlignment.start,
            children: <Widget>[
              _buildJournalEntry(),
              Divider(),
              _buildJournalWeather(),
              Divider(),
              _buildJournalTags(),
              Divider(),
              _buildJournalFooterImages(),
            ],
          ),
        ),
      ),
    ],
  ),
);
}
```

(9) 创建_buildJournalHeaderImage()方法，它会返回一个 Image。image 属性会使用 fit 设置为 BoxFit.cover 的 AssetImage present.jpg，从而允许 Image 填充设备的完整宽度。

```
Image _buildJournalHeaderImage() {
   return Image(
      image: AssetImage('assets/images/present.jpg'),
      fit: BoxFit.cover,
   );
}
```

(10) 创建_buildJournalEntry()方法，它会返回一个 Column。Column children Widget 列表包含两个 Text Widget 和一个 Divider() Widget。

```
Column _buildJournalEntry() {
  return Column(
    crossAxisAlignment: CrossAxisAlignment.start,
    children: <Widget>[
      Text(
        'My Birthday',
        style: TextStyle(
            fontSize: 32.0,
            fontWeight: FontWeight.bold,
```

```
          ),
        ),
        Divider(),
        Text(
          'It's going to be a great birthday. We are going out for dinner at my
   favorite place, then watch a movie after we go to the gelateria for ice cream
and espresso.',
          style: TextStyle(color: Colors.black54),
        ),
      ],
    );
  }
```

(11) 创建_buildJournalWeather()方法，它会返回一个 Row。Row children Widget 列表包含一个 Column、一个 SizedBox 以及另一个 Column，如图 10.8 所示。另一个 Column Widget 列表包含两个 Row Widget。

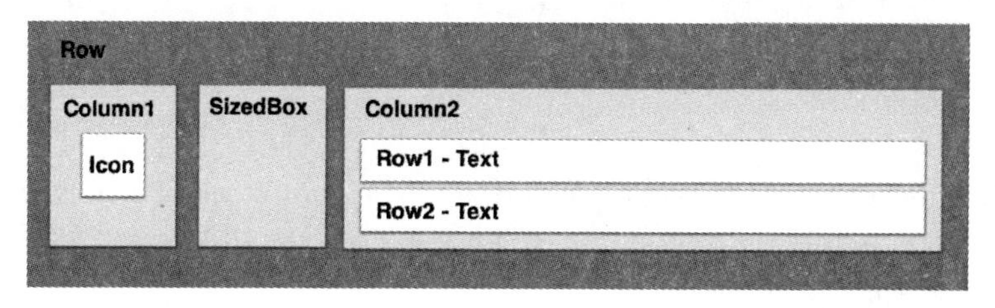

图 10.8 返回一个 Row

```
Row _buildJournalWeather() {
  return Row(
    crossAxisAlignment: CrossAxisAlignment.start,
    children: <Widget>[
      Column(
        crossAxisAlignment: CrossAxisAlignment.start,
        children: <Widget>[
          Icon(
            Icons.wb_sunny,
            color: Colors.orange,
          ),
        ],
      ),
      SizedBox(width: 16.0,),
      Column(
```

```
            crossAxisAlignment: CrossAxisAlignment.start,
            children: <Widget>[
           Row(
                children: <Widget>[
                Text(
                    '81° Clear',
                    style: TextStyle(color: Colors.deepOrange),
              ),
            ],
        ),
        Row(
          children: <Widget>[
            Text(
                  '4500 San Alpho Drive, Dallas, TX United States',
                  style: TextStyle(color: Colors.grey),
            ),
          ],
        ),
      ],
    ),
  ],
 );
}
```

(12) 创建_buildJournalTags()方法，它会返回一个 Wrap。Wrap children 使用 List.generate 构造函数来构建样本数据列表以便显示七个样本标签值，如图 10.9 所示。该构造函数接收两个参数，列表的 length 和 index。

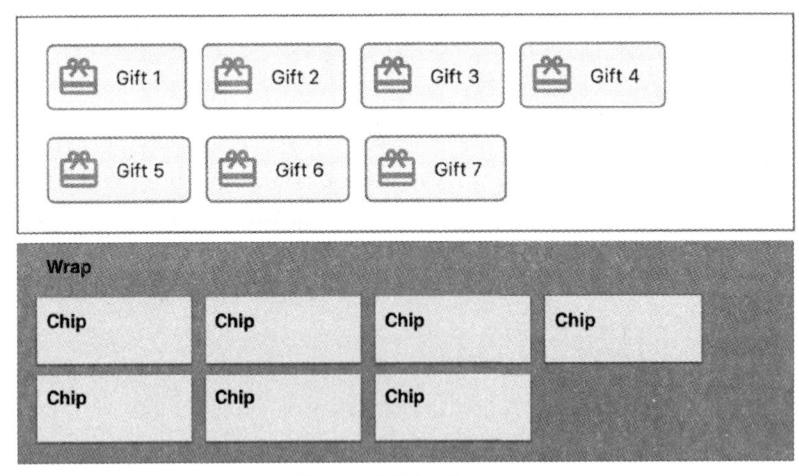

图 10.9　返回一个 Wrap

```
Wrap _buildJournalTags() {
  return Wrap(
      spacing: 8.0,
      children: List.generate(7, (int index) {
        return Chip(
        label: Text(
            'Gift ${index + 1}',
            style: TextStyle(fontSize: 10.0),
        ),
        avatar: Icon(
            Icons.card_giftcard,
            color: Colors.blue.shade300,
        ),
        shape: RoundedRectangleBorder(
            borderRadius: BorderRadius.circular(4.0),
            side: BorderSide(color: Colors.grey),
        ),
        backgroundColor: Colors.grey.shade100,
      );
    }),
  );
}
```

(13) 创建_buildJournalFooterImages()方法，它会返回一个 Row，如图 10.10 所示。Row children Widget 列表包含三个 CircleAvatar 和一个 SizedBox。SizedBox child 是一个 Column，它包含三个 Icon Widget 的子列表。SizedBox 的主要目的是在 CircleAvatar 和垂直放置的 Icon 之间添加额外的空间。

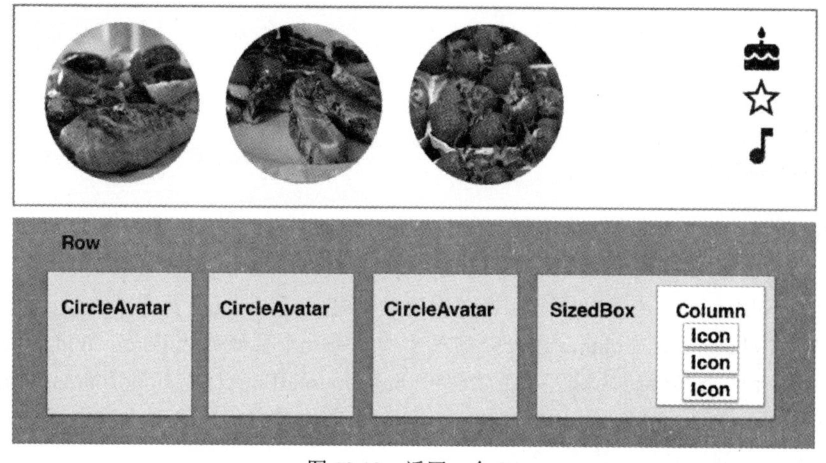

图 10.10 返回一个 Row

```
Row _buildJournalFooterImages() {
  return Row(
    mainAxisAlignment: MainAxisAlignment.spaceBetween,
    crossAxisAlignment: CrossAxisAlignment.start,
    children: <Widget>[
      CircleAvatar(
        backgroundImage: AssetImage('assets/images/salmon.jpg'),
        radius: 40.0,
      ),
      CircleAvatar(
        backgroundImage: AssetImage('assets/images/asparagus.jpg'),
        radius: 40.0,
      ),
      CircleAvatar(
        backgroundImage: AssetImage('assets/images/strawberries.jpg'),
        radius: 40.0,
      ),
      SizedBox(
        width: 100.0,
        child: Column(
          crossAxisAlignment: CrossAxisAlignment.end,
          children: <Widget>[
            Icon(Icons.cake),
            Icon(Icons.star_border),
            Icon(Icons.music_note),
            //Icon(Icons.movie),
          ],
        ),
      ),
    ],
  );
}
```

显示效果如图10.11所示。

示例说明

我们首先创建了概要视图，这是通过分解页面的主要区域来实现的。我们使用了SingleChildScrollView作为基础，然后在其上连续构建了Column、页眉Image、SafeArea、Padding以及Column，该Column包含分别用于构建每一个区域的children Widget列表。我们将它们分解为四个单独的区域，并通过调用_buildJournalEntry()、_buildJournalWeather()、_buildJournalTags()和_buildJournalFooterImages()方法来构建它们。这些方法中的每一个都通过嵌套Widget来创建自定义布局。

图 10.11　显示效果

10.3　本章小结

本章讲解了如何预想一种概要自定义布局并且将其分解成其主要构成区域。然后采用每一个主要区域并且通过嵌套 Widget 来构建所需的布局。

第 11 章将介绍如何使用 GestureDetector、Draggable、DragTarget、InkWell 和 Dismissable Widget 来增加交互性。

10.4　本章知识点回顾

主题	关键概念
获得概要视图	将页面分解成主要区域
创建简单布局和复杂布局	分离和嵌套 Widget
创建自定义布局	布局并且使用 Widget，比如 SingleChildScrollView、SafeArea、Padding、Column、Row、Image、Divider、Text、Icon、SizedBox、Wrap、Chip 和 CircleAvatar

第 11 章 应用交互性

本章内容

- 如何使用 GestureDetector，它会识别手势，如触碰、双击、长按、拖曳、垂直拖动、水平拖动以及缩放？
- 如何使用会被拖动到 DragTarget 的 Draggable Widget？
- 如何使用可以从 Draggable 处检索数据的 DragTarget Widget？
- 如何使用 InkWell 和 InkResponse Widget？本章将讲解，InkWell 是一个矩形区域，它可以响应触碰并且在其区域内产生水波效果。还会介绍 InkResponse，它可以响应触碰并且产生蔓延到区域之外的水波效果。
- 如何使用由拖动释放的 Dismissible Widget？

本章将介绍如何使用手势为应用增加交互性。在移动应用中，手势是监听用户操作的核心。充分利用手势可以为应用定义出绝佳的 UX。但是在手势无法带来价值或者传达一种操作的时候过度使用手势则会产生较差的 UX。本章将较详细地介绍如何通过为手头的任务使用正确手势来找到一个平衡点。

11.1 设置 GestureDetector：基本处理

GestureDetector Widget 可以检测手势，如触碰、双击、长按、拖曳、垂直拖动、水平拖动以及缩放。它具有一个可选的 child 属性，如果指定了一个 child Widget，那么手势就仅会应用到该 child Widget。如果省略 child Widget，那么 GestureDetector 就会转而填充整个父 Widget。如果需要同时捕获垂直拖动和水平拖动，则要使用拖曳手势。如果需要捕获单轴拖动，则要使用垂直拖动或水平拖动手势。

如果试图同时使用垂直拖动、水平拖动和拖曳手势，则会收到一个 Incorrect GestureDetector Arguments 错误。不过，如果将垂直拖动或水平拖动与一个拖曳手势一起使用，则不会出现任何错误。出现错误的原因在于，同时使用垂直和水平拖动手势以及拖曳手势，会造成拖曳手势被忽略，因为其他两种(垂直和水平拖动)将首先捕获所有的拖动(图 11.1)。

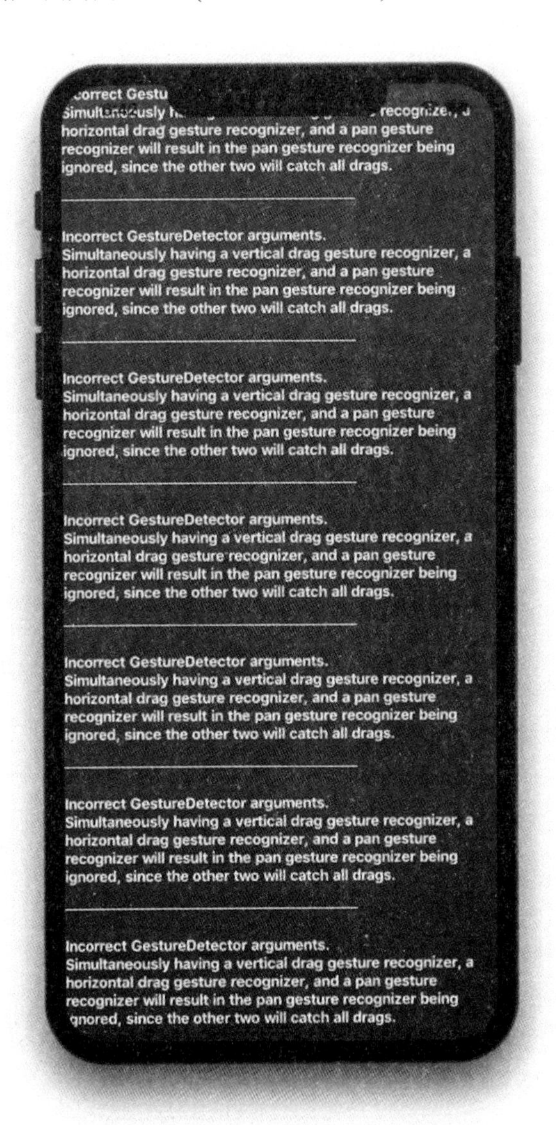

图 11.1　垂直、水平拖动和拖曳手势错误

如果尝试同时使用垂直拖动、水平拖动以及缩放手势，那么也会出现同类错误。不过，如果将垂直拖动或水平拖动与一个缩放手势一起使用，则不会出现任何错误。

每一个拖曳、垂直拖动、水平拖动和缩放属性都有一个回调函数用于每一个拖动启动、更新和结束(见表 11.1)。每一个回调函数都可以访问包含与手势有关的值的 details 对象，这些值蕴含着丰富信息，而且会提供触碰位置。

表 11.1　GestureDetector 回调函数

属性/回调函数	用于回调的 details 对象
onPanStart	DragStartDetails
onVerticalDragStart	DragStartDetails
onHorizontalDragStart	DragStartDetails
onScaleStart	ScaleStartDetails
onPanUpdate	DragUpdateDetails
onVerticalDragUpdate	DragUpdateDetails
onHorizontalDragUpdate	DragUpdateDetails
onScaleUpdate	ScaleUpdateDetails
onPanEnd	DragEndDetails
onVerticalDragEnd	DragEndDetails
onHorizontalDragEnd	DragEndDetails
onScaleEnd	ScaleEndDetails

例如，为了检查用户在屏幕上是从左向右拖动还是从右向左拖动，可以使用 onHorizontalDragEnd 回调函数，它可以访问 DragEndDetails details 对象。可以使用 details.primaryVelocity 值来检查它是否是负数，也就是' Dragged Right to Left '，或者检查它是不是正数，也就是' Dragged Left to Right '。

```
onHorizontalDragEnd: (DragEndDetails details) {
  print('onHorizontalDragEnd: $details');

  if (details.primaryVelocity < 0) {
    print('Dragged Right to Left: ${details.primaryVelocity}');
  } else if (details.primaryVelocity > 0) {
    print('Dragged Left to Right: ${details.primaryVelocity}');
  }
},

// print statement results
flutter: onHorizontalDragEnd: DragEndDetails(Velocity(-2313.4, -110.3))
flutter: Dragged Right to Left: -2313.4407865184226
```

```
flutter: onHorizontalDragEnd: DragEndDetails(Velocity(3561.4, 123.2))
flutter: Dragged Left to Right: 3561.4258553699615
```

以下是可以监听并且采取恰当操作的 GestureDetector 手势。

- 触碰
  - onTapDown
  - onTapUp
  - onTap
  - onTapCancel
- 双击
  - onDoubleTap
- 长按
  - onLongPress
- 拖曳
  - onPanStart
  - onPanUpdate
  - onPanEnd
- 垂直拖动
  - onVerticalDragStart
  - onVerticalDragUpdate
  - onVerticalDragEnd
- 水平拖动
  - onHorizontalDragStart
  - onHorizontalDragUpdate
  - onHorizontalDragEnd
- 缩放
  - onScaleStart
  - onScaleUpdate
  - onScaleEnd

试一试：创建手势、拖放应用

本节将构建捕获拖动事件的手势区域。为了让手势区域可见，我们要使用浅绿色(本书是黑白印刷，无法显示彩色)并且放置一个闹钟图标，这就是为了满足可见目的，如图 11.2 所示。下一节将添加另一个区域，以便进行拖动。

在这个示例中，Column Widget 将纵向展示监听 onTap、onDoubleTap、onLongPress 和 onPanUpdate 手势的 GestureDetector。它还将显示一个 Draggable Widget 和一个 DragTarget Widget。Draggable Icon 会将一个 Color 传递到展示 Text Widget 的 DragTarget，该 Text Widget 将变更为所传递的 Color。在这个示例中，为了保持 Widget 树的浅层化，要使用方法，而非 Widget 类。

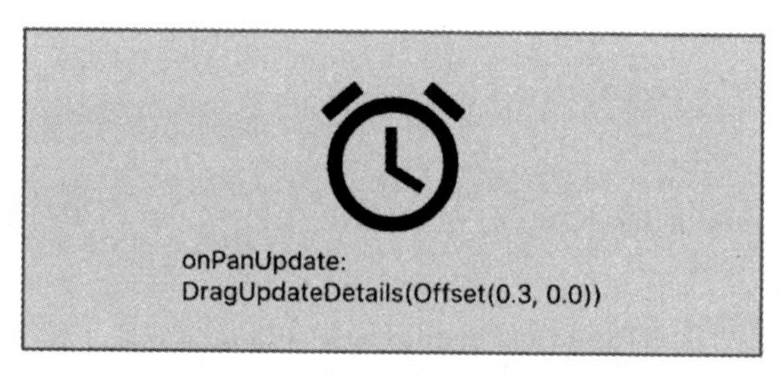

图 11.2　放置一个闹钟图标

(1) 创建一个新的 Flutter 项目，并将其命名为 ch11_gestures_drag_drop。可以遵循第 4 章中的处理步骤。对于这个项目而言，仅需要创建 pages 文件夹。

(2) 打开 main.dart 文件。将 primarySwatch 属性从 blue 修改为 lightGreen。

```
primarySwatch: Colors.lightGreen,
```

(3) 打开 home.dart 文件并且向 body 添加一个使用 SingleChildScrollView 作为 child 的 SafeArea。使用 SingleChildScrollView 的原因在于，需要处理设备旋转并且能够自动滚动以便浏览隐藏内容。添加一个 Column 作为 SingleChildScrollView 的 child。对于 Column children Widget 列表，需要添加对_buildGestureDetector()、_buildDraggable()和_buildDragTarget()的方法调用，并在其间使用 Divider Widget。

注意，下一节中将实现_buildDraggable()和_buildDragTarget()。如果希望仅使用 GestureDetector 来测试项目，则可以注释掉这些方法。

```
body: SafeArea(
  child: SingleChildScrollView(
    child: Column(
      children: <Widget>[
        _buildGestureDetector(),
        Divider(
          color: Colors.black,
          height: 44.0,
        ),
        _buildDraggable(),
        Divider(
          height: 40.0,
        ),
        _buildDragTarget(),
        Divider(
          color: Colors.black,
        ),
      ],
```

```
      ),
    ),
  ),
```

(4) 在 Widget build(BuildContext context) {...} 之后添加 _buildGestureDetector() GestureDetector 方法。

(5) 返回一个监听 onTap、onDoubleTap、onLongPress 和 onPanUpdate 手势的 GestureDetector。

(6) 为了查看所捕获的手势，添加一个 Container 作为 GestureDetector 的 child。Container child 是一个展示 Icon 和 Text Widget 的 Column，从而显示检测到的手势以及屏幕上的指针位置。这里还添加了 onVerticalDragUpdate 与 onHorizontalDragUpdate 手势(属性)，不过为了大家进行尝试而将其注释掉了。

记住，在使用 Pan 手势时，仅可监听 onHorizontalDragUpdate 或者 onVerticalDragUpdate，而不是同时监听两者，否则就会出现错误(见图 11.1)。

(7) 为了用指针位置更新界面并且重用代码，这里要创建_displayGestureDetected(String gesture)方法。每一个手势都会传递该手势的 String 表示。onPanUpdate、onVerticalDragUpdate 和 onHorizontalDragUpdate 手势(属性)会监听 DragUpdateDetails。

这个示例中使用了 onPanUpdate，不过此处将 onVerticalDragUpdate、onHorizontalDragUpdate 以及 onHorizontalDragEnd 手势(属性)注释掉了以便大家进行尝试。

```
GestureDetector _buildGestureDetector() {
  return GestureDetector(
     onTap: () {
        print('onTap');
        _displayGestureDetected('onTap');
     },
     onDoubleTap: () {
        print('onDoubleTap');
        _displayGestureDetected('onDoubleTap');
     },
     onLongPress: () {
        print('onLongPress');
        _displayGestureDetected('onLongPress');
     },
     onPanUpdate: (DragUpdateDetails details) {
        print('onPanUpdate: $details');
        _displayGestureDetected('onPanUpdate:\n$details');
     },
     //onVerticalDragUpdate: ((DragUpdateDetails details) {
     // print('onVerticalDragUpdate: $details');
```

```
    // _displayGestureDetected('onVerticalDragUpdate:\n$details');
    //}),
    //onHorizontalDragUpdate: (DragUpdateDetails details) {
    // print('onHorizontalDragUpdate: $details');
    // _displayGestureDetected('onHorizontalDragUpdate:\n$details');
    //},
    //onHorizontalDragEnd: (DragEndDetails details) {
    // print('onHorizontalDragEnd: $details');
    // if (details.primaryVelocity < 0) {
    //  print('Dragging Right to Left: ${details.velocity}');
    // } else if (details.primaryVelocity > 0) {
    //  print('Dragging Left to Right: ${details.velocity}');
    // }
    //},
    child: Container(
      color: Colors.lightGreen.shade100,
      width: double.infinity,
      padding: EdgeInsets.all(24.0),
      child: Column(
        children: <Widget>[
          Icon(
            Icons.access_alarm,
            size: 98.0,
          ),
          Text('$_gestureDetected'),
        ],
      ),
    ),
  );
 }

 void _displayGestureDetected(String gesture) {
   setState(() {
     _gestureDetected = gesture;
 });
}
```

显示效果如图 11.3 所示。

图 11.3　显示效果

示例说明

GestureDetector 会监听 onTap、onDoubleTap、onLongPress 以及 onPanUpdate，还可以为应用监听可选的 onVerticalDragUpdate 和 onHorizontalDragUpdate 手势(属性)。当用户在界面上触碰和拖动时，在移动的同时 GestureDetector 会更新指针开始和结束的位置。为了限制检测手势的区域，我们传递了一个 Container 作为 GestureDetector 的 child。

11.2　实现 Draggable 和 DragTarget Widget

为了实现拖放手势，我们要将 Draggable Widget 拖动到一个 DragTarget Widget。可以使用 data 属性来传递任意自定义数据，并且使用 child 属性来显示像 Icon 这样的 Widget，同时在没有被拖动时让其保持可见，只要 childWhenDragging 属性为 null 即可。设置 childWhenDragging 属性以便在拖动时呈现一个 Widget。使用 feedback 属性以便展示一个 Widget，该 Widget 可以向用户显示其被拖动位置的可视化反馈。一旦用户将手指放在 DragTarget 之上，该目标就可以接收数据。如果要拒接数据，用户可在保持触碰的同时将手指从 DragTarget 处移开。如果需要限制垂直拖动或水平拖动，则可以选择设置 Draggable axis 属性。要捕获单轴拖动，可以将 axis 属性设置为 Axis.vertical 或者 Axis.horizontal。

DragTarget Widget 会监听 Draggable Widget，并且在拖放结束时接收数据。DragTarget builder 属性可以接收三个参数：BuildContext、List<dynamic> acceptedData(candidateData)以及 rejectedData 的 List<dynamic>。acceptedData 就是从 Draggable Widget 处传递过来的数据，并且它期望该数据是一个值列表。rejectedData 包含不被接收的 data 的 List。

试一试：手势——添加拖放

本节将为前一个应用添加捕获拖动事件的可选拖动区域。我们要创建两个 Widget：一个可以在屏幕上被拖动的调色板 Icon Widget，以及一个通过接收拖动手势来接收数据的 Text Widget。当该 Text Widget 接收数据时，它就会将其文本颜色从浅灰色修改为深橙色，不过这一颜色变动仅在拖动手势在其上释放时才会触发。

为保持示例的整洁，Draggable data 属性会将深橙色作为一个 integer value 来传递。DragTarget 接收一个 integer value，以便检查 Draggable 是否已经位于其上，如图 11.4 所示。如果不是，那么一个默认标签就会显示“Drag To and see the color change.”这条消息。如果 Draggable 位于其上并且 data 包含一个值，则会显示一个具有所传递 data 的标签。三元运算符(条件语句)用于检查是否传递了 data。

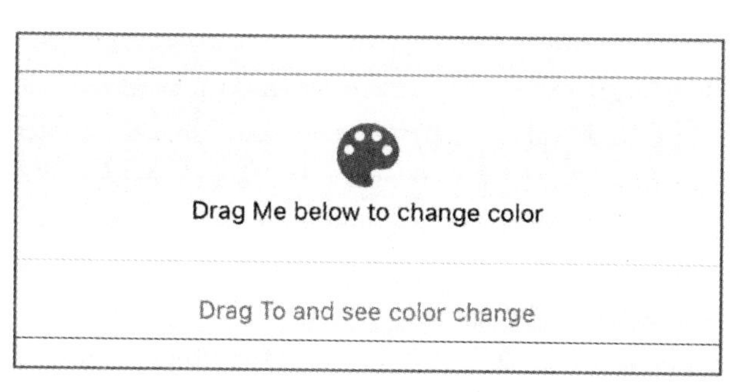

图 11.4　检查 Draggable

继续使用之前的手势项目，我们要添加 Draggable 和 DragTarget 方法。

(1) 创建_buildDraggable()方法，它会返回一个 Draggable integer。Draggable child 是一个 Column，它包含由一个 Icon 和一个 Text Widget 构成的 children Widget 列表。该 Draggable 的 feedback 属性是一个 Icon，并且 data 属性会将 Color 作为一个 integer value 来传递。data 属性可以是所需的任意自定义 data，不过为了保持简单性，这里传递了 color 的 integer value。

```
Draggable<int> _buildDraggable() {
  return Draggable(
```

```
        child: Column(
          children: <Widget>[
            Icon(
              Icons.palette,
              color: Colors.deepOrange,
              size: 48.0,
            ),
            Text(
              'Drag Me below to change color',
            ),
          ],
        ),
      childWhenDragging: Icon(
          Icons.palette,
          color: Colors.grey,
          size: 48.0,
        ),
        feedback: Icon(
          Icons.brush,
          color: Colors.deepOrange,
          size: 80.0,
        ),
        data: Colors.deepOrange.value,
      );
    }
```

(2) 创建_buildDragTarget()方法，它会返回一个 DragTarget integer。为了接收 data，需要将 DragTarget onAccept 属性 value 设置为 colorValue，并且将_paintedColor 变量设置为 Color(colorValue)。Color(colorValue)会将 integer value 构造(转换)为一种颜色。

(3) 设置 builder 属性以便接收三个参数：BuildContext、List<dynamic> acceptedData 以及 rejectedData 的 List<dynamic>。注意，data 是一个 List，并且为了获取 Color integer value，要使用 acceptedData[0]来读取第一行的值。

在三元运算符中使用箭头语法以便检查 acceptedData.isEmpty。如果它是空的，则意味着 DragTarget 之上没有拖动动作并且会显示一个 Text Widget 向用户说明"Drag To and see color change"。否则，如果其上方有拖动动作，那么该 DragTarget 就会显示 Text Widget 以表明 'Painting Color: $acceptedData'。对于这一个 Text Widget，要将 color style 属性设置为 Color(acceptedData[0])，以便为用户提供颜色的可视化反馈。

```
DragTarget<int> _buildDragTarget() {
  return DragTarget<int>(
    onAccept: (colorValue) {
      _paintedColor = Color(colorValue);
    },
```

```
        builder: (BuildContext context, List<dynamic> acceptedData,
List<dynamic>
      rejectedData) => acceptedData.isEmpty
          ? Text(
        'Drag To and see color change',
          style: TextStyle(color: _paintedColor),
        )
            : Text(
         'Painting Color: $acceptedData',
         style: TextStyle(
           color: Color(acceptedData[0]),
           fontWeight: FontWeight.bold,
        ),
      ),
    );
  }
```

显示效果如图 11.5 所示。

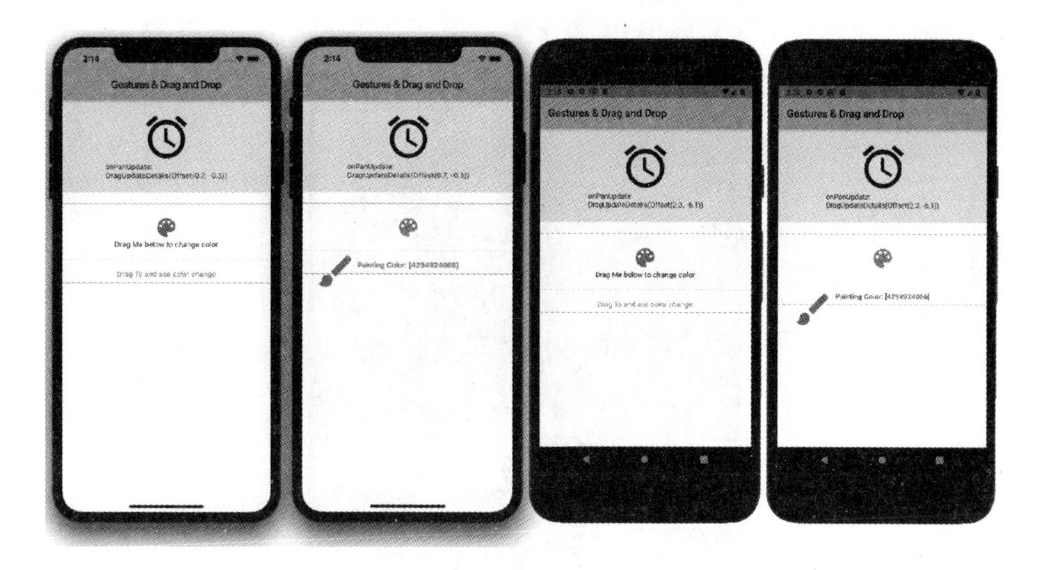

图 11.5　显示效果

示例说明

DragTarget Widget 会监听要拖动的 Draggable Widget。如果用户将 Draggable 拖动到 DragTarget 之上释放，则会调用 onAccept，只要 data 是可接收的即可。builder 属性接收三个参数：BuildContext、List<dynamic> acceptedData(candidateData) 以及 rejectedData 的 List<dynamic>。在三元运算符中使用箭头语法，以便检查 acceptedData.isEmpty。如果它是空的，则不会传递任何数据，并且一个 Text Widget 将显示说明文字。如果 data 是有效且可接

收的，Text Widget 就会显示 data 值并使用 style 属性来设置合适的颜色。

11.3　使用 GestureDetector 检测移动和缩放

现在要基于 11.1 节中所讲解的知识来进行构建，通过本节较深入的介绍，大家将了解如何使用单点触控或多点触控手势来缩放 Widget。本节的目标是学习如何通过放大/缩小来实现图片的多点触控缩放、如何实现双击放大，以及如何实现长按以便将图片重置为原始大小。GestureDetector 通过使用 onScaleStart 和 onScaleUpdate 为我们提供了完成缩放的能力。使用 onDoubleTap 进行放大，使用 onLongPress 将大小重置为原始默认尺寸。

当用户触碰图片时，该图片可以被拖动以便改变位置或者通过放大/缩小来缩放。为了完成这两个需求，我们要使用 Transform Widget。使用 Transform.scale 构造函数来调整图片大小，并且使用 Transform.translate 构造函数来移动图片(图 11.6)。

图 11.6　对图片进行移动和缩放

Transform Widget 将在绘制 child 之前应用一种转换。使用 Transform 默认的构造函数，就会使用 Matrix4 (4D Matrix)类来设置 transform 参数，并且在绘制期间这一转换矩阵会被应用到 child 上。使用默认构造函数的好处在于，可以使用 Matrix4 来执行多个级联(..scale()..translate())转换。双句点(..)用于级联多个转换。第 3 章中讲解过，级联符号允许我们针对同一对象执行一系列操作。以下示例代码展示了如何使用 Matrix4 类和级联符号来将

scale 和 translate 转换应用到同一个对象：

```
Matrix4.identity()
    ..scale(1.0, 1.0)
    ..translate(30, 30);
```

Transform Widget 具有四个不同的构造函数。

- Transform：接收一个 Matrix4 用于转换参数的默认构造函数。
- Transform.rotate：通过使用一个 angle 将 child Widget 围绕中心旋转的构造函数。angle 参数会根据弧度进行顺时针旋转。为了进行逆时针旋转，需要传递一个负数弧度。
- Transform.scale：将 child Widget 平衡缩放到 x 轴和 y 轴之上的构造函数。将根据 Widget 的中心对齐方式来缩放该 Widget。1.0 这一 scale 参数值就是初始的 Widget 大小。任何大于 1.0 的值都会将 Widget 放大，而小于 1.0 的值则会将 Widget 缩小。0.0 这个值会让 Widget 不可见。
- Transform.translate：通过使用一种转换(即 offset)来移动/定位一个 child Widget 的构造函数。offset 参数接收 Offset(double dx, double dy)类，这个类会在 x 轴和 y 轴上对 Widget 进行定位。

试一试：创建使用手势进行移动和缩放的应用

在这个示例中，应用会提供一个页面，该页面会展示一张具有设备完整宽度的图片。假设这是一个日记应用，并且用户导航到这个页面以便浏览所选图片，还能够进行缩放以便浏览更多详情。该图片可以通过单点触控拖动来移动，并且可以使用多点触控进行放大/缩小(两指收拢)。双击允许图片在触碰位置放大，而单指长按会重置图片位置并且将其缩放比例重置回默认值，如图 11.7 所示。

图 11.7　移动和缩放

这个示例是该应用的第一部分，其中我们要对处理手势移动和缩放图片的 Widget 进行布局。在下一个练习中，我们主要是要添加处理计算的逻辑，这些计算对于保持跟踪图片的位置和大小是必需的。

GestureDetector 是 body(属性)基础 Widget，它会监听 onScaleStart、onScaleUpdate、onDoubleTap 以及 onLongPress 手势(属性)。GestureDetector child 是一个 Stack，它会显示图片以及手势状态栏展示。为了应用图片的移动和缩放，需要使用 Transform Widget。为了展示将变更应用到 Widget 的不同方式，我们要使用三个不同的 Transform 构造函数: default、scale 和 translate。

接下来介绍两种达成同一移动和缩放结果的技术。第一种技术从步骤(13)开始，涉及嵌套 scale 和 translate 构造函数。第二种技术从步骤(16)开始，使用 default 构造函数和 Matrix4 来应用转换。

注意，在这个示例中，为了保持 Widget 树的浅层化，我们要用方法来替代 Widget 类。

(1) 创建一个新的 Flutter 项目，并将其命名为 ch11_gestures_scale。像之前一样，可以遵循第 4 章中的处理步骤。对于这个项目而言，仅需要创建 pages 和 assets/images 文件夹。

(2) 创建 Home Class 作为 StatefulWidget，因为数据(状态)需要变更。

(3) 打开 pubspec.yaml 文件以便添加资源。在 assets 区域下，添加 assets/images/文件夹。

```
# To add assets to your application, add an assets section, like this:
assets:
   - assets/images/
```

(4) 单击 Save 按钮，根据所用的编辑器，将自动运行 flutter packages get；运行完成后，就会显示 Process finished with exit code 0 这条消息。如果没有自动运行该命令，则可以打开 Terminal 窗口(位于编辑器底部)并输入 flutter packages get。

(5) 在项目根目录中添加文件夹 assets 及其子文件夹 images，然后将 elephant.jpg 文件复制到 images 文件夹。

(6) 打开 home.dart 文件，并且向 body 添加对_buildBody(context)方法的调用。context 会被_buildBody()方法作为参数接收，以供该方法的 MediaQuery 获取设备宽度。

```
body: _buildBody(context),
```

(7) 在 class _HomeState extends State<Home>下方和@override 上方，添加_startLastOffset、_lastOffset、_currentOffset、_lastScale 和_currentScale 变量。

_startLastOffset、_lastOffset 和_currentOffset 变量都是初始化为 Offset.zero 这个值的 Offset 类型。Offset.zero 等同于 Offset(0.0, 0.0)，表示图片的默认位置。这些变量用于在图片被拖动期间跟踪其位置。

_lastScale 和_currentScale 变量都是 double 类型。它们被初始化为 1.0 这个值，这是正常缩放大小。这些变量用于在图片缩放期间跟踪该图片。大于 1.0 的值会将图片放大，而小于 1.0 的值会将图片缩小。

```
class _HomeState extends State<Home> {
    Offset _startLastOffset = Offset.zero;
    Offset _lastOffset = Offset.zero;
```

```
    Offset _currentOffset = Offset.zero;
    double _lastScale = 1.0;
    double _currentScale = 1.0;

    @override
    Widget build(BuildContext context) {
```

(8) 在 Widget build(BuildContext context) {...}之后添加_buildBody(BuildContext context) Widget 方法。返回一个使用 Stack 作为 child 的 GestureDetector。注意，GestureDetector 位于 body 属性的根节点处，以便拦截屏幕上任意位置的所有手势。

为了显示图片以及顶部的手势状态栏展示，我们要使用 Stack Widget。

(9) 将 Stack fit 属性设置为 StackFit.expand 以便扩展为允许的最大尺寸。

(10) 对于 Stack children Widget 列表，添加三个方法并将其命名为_transformScaleAndTranslate()、_transformMatrix4()和_positionedStatusBar(context)。_positionedStatusBar 方法会为 MediaQuery 传递 context 以便获取设备的完整宽度。

(11) 注释掉_transformMatrix4()，因为我们首先要测试_transformScaleAndTranslate()。

(12) 为 GestureDetector 添加 onScaleStart、onScaleUpdate、onDoubleTap 和 onLongPress 手势(属性)以便监听每一个手势。分别传递_onScaleStart、_onScaleUpdate、_onDoubleTap 以及_onLongPress 方法。

```
Widget _buildBody(BuildContext context) {
  return GestureDetector(
    child: Stack(
      fit: StackFit.expand,
      children: <Widget>[
        _transformScaleAndTranslate(),
        //_transformMatrix4(),
        _positionedStatusBar(context),
      ],
    ),
    onScaleStart: _onScaleStart,
    onScaleUpdate: _onScaleUpdate,
    onDoubleTap: _onDoubleTap,
    onLongPress: _onLongPress,
  );
}
```

(13) 这一步要通过嵌套 scale 和 translate 构造函数来实现第一种技术(移动和缩放)。在 Widget build(BuildContext context) {...}之后添加_transformScaleAndTranslate() Transform 方法。通过嵌套 scale 和 translate 构造函数来返回一个 Transform。

(14) 对于 Transform.scale 构造函数的 scale 参数，输入_currentScale 变量并将 child 参数设置为 Transform.translate 构造函数。

(15) 对于 Transform.translate 构造函数的 offset 参数，输入_current_offset 变量并将 child 参数设置为一个 Image。这个 child Widget 就是被拖动以及通过嵌套两个 Transform Widget 进行缩放的图片。

```
Transform _transformScaleAndTranslate() {
  return Transform.scale(
      scale: _currentScale,
      child: Transform.translate(
        offset: _currentOffset,
        child: Image(
          image: AssetImage('assets/images/elephant.jpg'),
        ),
      ),
    );
}
```

(16) 这一步要使用 default 构造函数来实现第二种技术(移动和缩放)。添加_transformMatrix4() Transform 方法。使用 default 构造函数返回一个 Transform。

(17) 对于 Transform 构造函数的 transform 参数，需要使用 Matrix4。使用 Matrix4.identity()会从零创建矩阵并设置默认值。它实际上会调用 Matrix4.zero()...setIdentity()。在 identity 构造函数处，要使用双句点来级联 scale 和 translate 转换。使用这一技术就不必使用多个 Transform Widget 了——仅需要使用一个 Widget 并执行多个转换即可。

(18) 对于 scale 方法，需要同时为 x 轴和 y 轴传递 currentScale。x 轴是强制需要传递的，而 y 轴则是可选的。由于图片是按比例缩放的，所以要同时使用 x 轴和 y 轴值。

(19) 对于 translate 方法，需要为 x 轴传递 currentOffset.dx，并且为 y 轴传递 currentOffset.dy。x 轴是强制需要传递的，而 y 轴则是可选的。在这个应用中，图片可以不受限制地拖放(移动)，同时要使用 x 轴和 y 轴值。

(20) 为在缩放期间保持图片居中对齐，需要设置 alignment 属性以便使用 FractionalOffset.center。如果在图片缩放期间没有使用居中对齐，_currentOffset 转换就会移动图片。通过在缩放期间将图片保持在同一位置，就能带来极佳的 UX。如果缩放期间图片从当前位置移动开，UX 就会较差。

将 child 属性设置为一个 Image Widget。image 属性会使用 AssetImage elephant.jpg。

```
Transform _transformMatrix4() {
    return Transform(
      transform: Matrix4.identity()
        ..scale(_currentScale, _currentScale)
        ..translate(_currentOffset.dx, _currentOffset.dy,),
      alignment: FractionalOffset.center,
      child: Image(
        image: AssetImage('assets/images/elephant.jpg'),
      ),
```

```
    );
  }
```

(21) 添加_positionedStatusBar(BuildContext context) Positioned 方法。使用 default 构造函数返回一个 Positioned。这个 Positioned Widget 的目的是用正确的大小和位置在屏幕顶部显示手势状态栏。

(22) 将 top 属性设置为 0.0 以便在 Stack Widget 中将 Positioned 定位到界面顶部。使用 MediaQuery width 设置 width 属性以便扩展为设备的完整宽度。child 是一个 Container，其 color 属性被设置为 Colors.white54 的色度。将 Container height 属性设置为 50.0。将 Container child 设置为一个 Row，其 mainAxisAlignment 的值为 MainAxisAlignment.spaceAround。对于 Row children Widget 列表，需要使用两个 Text Widget。第一个 Text Widget 使用_currentScale 变量来显示当前大小。为了仅显示最多四个精确小数位，需要使用_currentScale.toStringAsFixed(4)。第二个 Text Widget 会使用_currentOffset 变量来显示当前位置。

```
Positioned _positionedStatusBar(BuildContext context) {
  return Positioned(
    top: 0.0,
    width: MediaQuery.of(context).size.width,
    child: Container(
      color: Colors.white54,
      height: 50.0,
      child: Row(
        mainAxisAlignment: MainAxisAlignment.spaceAround,
        children: <Widget>[
          Text(
            'Scale: ${_currentScale.toStringAsFixed(4)}',
          ),
          Text(
            'Current: $_currentOffset',
          ),
        ],
      ),
    ),
  );
}
```

示例说明

GestureDetector 会监听 onScaleStart、onScaleUpdate、onDoubleTap 和 onLongPress 手势(属性)。当用户在屏幕上触碰和拖动时，GestureDetector 会更新指针开始和结束的区域，并在移动期间更新其位置。为最大化手势检测区域，GestureDetector 会填充整个屏幕，这是通过将 child Stack Widget fit 属性设置为 StackFit.expand 以便扩展为所允许的最大尺寸来实现的。注意，GestureDetector 仅在没有使用 child Widget 的情况下才会填充整个屏幕。

_startLastOffset、_lastOffset和_currentOffset变量都是Offset类型，并且都用于跟踪图片位置。_lastScale和_currentScale变量都是double类型，并且都用于跟踪图片大小。

使用Stack Widget让我们可以放置Image和Positioned Widget以便让其彼此叠加。Positioned Widget被放置为Stack中的最后一个Widget，从而允许手势状态栏展示停留在Image之上。

Transform Widget用于通过实现两种不同技术来移动和缩放Image。第一种技术利用了Transform.scale和Transform.translate构造函数的嵌套。第二种技术使用了Transform default构造函数并使用Matrix4来应用转换。这两种方法都能达成同一结果。

试一试：为移动和缩放项目添加逻辑和计算

继续使用之前的移动和缩放项目，并且开始添加逻辑和计算以便处理GestureDetector手势。onScaleStart和onScaleUpdate负责处理移动和缩放手势。onDoubleTap负责处理双击手势以便进行放大。onLongPress负责处理长按手势以便将缩放重置为初始默认值。

(1) 创建_onScaleStart(ScaleStartDetails details)方法。当用户开始移动或缩放图片时就会调用这个手势。这一方法会填充_startLastOffset、_lastOffset和_lastScale变量，图片位置和缩放计算都是基于这些值来进行的。

```
void _onScaleStart(ScaleStartDetails details) {
  print('ScaleStartDetails: $details');

  _startLastOffset = details.focalPoint;
  _lastOffset = _currentOffset;
  _lastScale = _currentScale;
}
```

(2) 创建_onScaleUpdate(ScaleUpdateDetails details)方法。当用户移动或者缩放图片时就会调用这个手势。

通过使用details(回调函数中的ScaleUpdateDetails)对象，就可以检查不同的值，比如scale、rotation和focalPoint(设备屏幕上触控位置的Offset)。目的是通过检查details.scale值来检查用户是移动还是缩放图片。

```
void _onScaleUpdate(ScaleUpdateDetails details) {
  print('ScaleUpdateDetails: $details - Scale: ${details.scale}');
}
```

(3) 编写一个if语句通过评估details.scale!=1.0来检查用户是否在缩放图片。如果details.scale大于或者小于1.0，则表明图片在缩放。当其值大于1.0时，图片就是在放大，而当其值小于1.0时，图片就是在缩小。

```
void _onScaleUpdate(ScaleUpdateDetails details) {
  print('ScaleUpdateDetails: $details - Scale: ${details.scale}');
  if (details.scale != 1.0) {
    // Scaling
```

```
    }
}
```

(4) 要计算当前大小，需要创建一个名为 currentScale 且类型是 double 的本地变量，还要使用_lastScale * details.scale 来计算其值。lastScale 是之前在_onScaleStart()方法中计算出来的，而 details.scale 则是用户继续缩放图片时的当前大小。

```
double currentScale = _lastScale * details.scale;
```

(5) 为了限制图片不会被缩小到一半之下，需要检查 currentScale 是否小于 0.5(初始大小的一半)并将这个值重置为 0.5。

```
if (currentScale < 0.5) {
  currentScale = 0.5;
}
```

(6) 为了让 Image Widget 刷新当前的缩放情况，需要添加 setState()方法并且使用本地 currentScale 变量填充_currentScale 值。回顾一下，setState()方法会告知 Flutter 框架，Widget 应该重绘，因为其状态发生了变化。建议将不需要状态变更的计算放置在 setState()方法之外。这一最佳实践就是我们创建名为 currentScale 的本地变量的原因。

```
setState(() {
  _currentScale = currentScale;
});
```

以下是目前的_onScaleUpdate()方法:

```
void _onScaleUpdate(ScaleUpdateDetails details) {
    print('ScaleUpdateDetails: $details - Scale: ${details.scale}');

    if (details.scale != 1.0) {
       // Scaling
       double currentScale = _lastScale * details.scale;
       if (currentScale < 0.5) {
          currentScale = 0.5;
       }
       setState(() {
          _currentScale = currentScale;
       });
       print('_scale: $_currentScale - _lastScale: $_lastScale');
    }
}
```

(7) 继续为_onScaleUpdate()方法添加在屏幕中移动图片的逻辑。

(8) 添加一个 else if 语句来检查 details.scale 是否等于 1.0。如果大小等于 1.0，则表明图片正在移动，而非缩放。

```
} else if (details.scale == 1.0) {
```

在图片可以被移动之前，需要考虑其当前大小，因为这会影响 Offset(位置)。

(9) 创建类型为 Offset 的本地变量 offsetAdjustedForScale。这个变量通过评估尺寸因素来存留最后的偏移量。用_startLastOffset 减去_lastOffset；然后将其结果除以_lastScale。

```
// Calculate offset depending on current Image scaling.
Offset offsetAdjustedForScale = (_startLastOffset - _lastOffset) / _lastScale;
```

(10) 创建类型为 Offset 的本地变量 currentOffset。这个变量会存留图片的当前偏移量(位置)。currentOffset 是通过使用 details.focalPoint 减去 offsetAdjustedForScale 乘以_currentScale 的结果来计算的。

```
Offset currentOffset = details.focalPoint - (offsetAdjustedForScale *
_currentScale);
```

(11) 为让 Image Widget 刷新当前位置，需要添加 setState()方法并且使用本地变量 currentOffset 来填充_currentOffset 值。

```
setState(() {
  _currentOffset = currentOffset;
});
```

下面是完整的_onScaleUpdate()方法：

```
void _onScaleUpdate(ScaleUpdateDetails details) {
  print('ScaleUpdateDetails: $details - Scale: ${details.scale}');

  if (details.scale != 1.0) {
      // Scaling
      double currentScale = _lastScale * details.scale;
      if (currentScale < 0.5) {
        currentScale = 0.5;
      }
      setState(() {
          _currentScale = currentScale;
      });
      print('_scale: $_currentScale - _lastScale: $_lastScale');
    } else if (details.scale == 1.0) {
      // We are not scaling but dragging around screen
      // Calculate offset depending on current Image scaling.
      Offset offsetAdjustedForScale = (_startLastOffset - _lastOffset) /
_lastScale;
        Offset currentOffset = details.focalPoint - (offsetAdjustedForScale *
  _currentScale);
        setState(() {
```

```
            _currentOffset = currentOffset;
        });
        print('offsetAdjustedForScale: $offsetAdjustedForScale -
_currentOffset:
   $_currentOffset');
      }
   }
```

(12) 创建_onDoubleTap()方法。当用户双击屏幕时就会调用这一手势。当检测到双击时，图片就会放大到两倍大小。

(13) 创建类型为double的本地变量currentScale。currentScale是使用_lastScale乘以2.0(两倍大小)来计算的。

```
double currentScale = _lastScale * 2.0;
```

(14) 添加一个 if 语句来检查 currentScale 是否大于 16.0(原始大小的 16 倍); 然后将currentScale 重置为 1.0。添加对_resetToDefaultValues()方法的调用，该方法会将所有变量重置为其默认值。其结果就是，图片会重新回到中心位置并且缩放为原始大小。

(15) 在 if 语句后，将_lastScale 变量设置为本地变量 currentScale。

(16) 为让 Image Widget 刷新当前大小，需要添加 setState()方法并且使用本地变量currentScale 来填充_currentScale 值。

```
void _onDoubleTap() {
    print('onDoubleTap');

    // Calculate current scale and populate the _lastScale with currentScale
    // if currentScale is greater than 16 times the original image, reset scale
 to default, 1.0
    double currentScale = _lastScale * 2.0;
    if (currentScale > 16.0) {
        currentScale = 1.0;
        _resetToDefaultValues();
    }
    _lastScale = currentScale;

    setState(() {
      _currentScale = currentScale;
    });
}
```

(17) 创建_onLongPress()方法。当用户在屏幕上按下并且保持按下状态时就会调用这个手势。在检测到长按时，图片就会被重设回其初始位置和大小。

(18) 为了让 Image Widget 刷新为默认位置和大小，需要添加 setState()方法并且调用_resetToDefaultValues()方法。

```
void _onLongPress() {
   print('onLongPress');

   setState(() {
     _resetToDefaultValues();
   });
}
```

(19) 创建_resetToDefaultValues()方法。这个方法的目的是将所有的值重置为默认值，也就是让 Image Widget 居于屏幕中心并且缩放回初始大小。创建这个方法对于将代码共享，以便在该页面其他位置重用而言是一种非常好的方式。

```
void _resetToDefaultValues() {
    _startLastOffset = Offset.zero;
    _lastOffset = Offset.zero;
    _currentOffset = Offset.zero;
    _lastScale = 1.0;
    _currentScale = 1.0;
}
```

显示效果如图 11.8 所示。

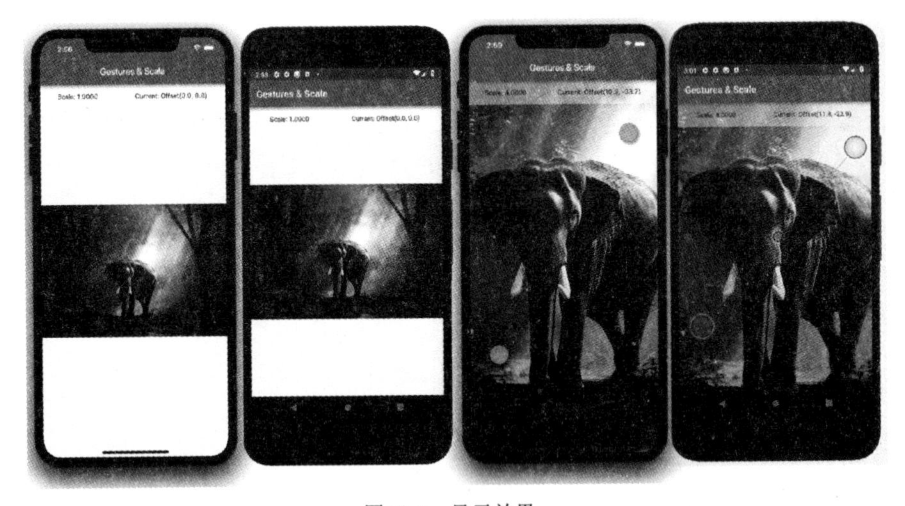

图 11.8　显示效果

示例说明

当触控首次开始移动或者缩放图片时，就会调用_onScaleStart()方法。使用所需的值来填充_startLastOffset、_lastOffset 和_lastScale 变量以便通过_onScaleUpdate()方法来正确定位和缩放图片。

当用户移动或者缩放图片时就会调用_onScaleUpdate()方法。details(ScaleUpdateDetails)对象包含像 scale、rotation 和 focalPoint 这样的值。通过使用 details.scale 值，就可以检查图

片是否在移动或缩放。如果 details.scale 大于 1.0，则图片会放大，而如果 details.scale 小于 1.0，则图片会缩小。如果 details.scale 等于 1.0，则图片会移动。

当用户双击屏幕时就会调用_onDoubleTap()方法。对于每一次双击事件，图片都会放大为原始大小的两倍，而一旦其大小达到原始大小的 16 倍，则其大小会重置为 1.0，也就是原始大小。

当用户在屏幕上按下并且停留时，就会调用_onLongPress()方法。在检测到这个手势时，就会通过调用_resetToDefaultValues()方法将图片重置回其初始位置和大小。

_resetToDefaultValues()方法负责将所有的值重置回默认值。Image Widget 会被移动回屏幕中心并且缩放为初始大小。

11.4 使用 InkWell 和 InkResponse 手势

InkWell 和 InkResponse Widget 都是响应触控手势的 Material Components。InkWell 类扩展自 InkResponse 类。InkResponse 类扩展自一个 StatefulWidget 类。

对于 InkWell，其响应触控的区域是一个矩形并且会显示一种“水波”效果——不过该效果看上去真的很像一种波纹。水波效果会被裁减为 Widget 的这个矩形区域(因而也就不会蔓延到该 Widget 之外)。如果需要将水波效果扩展到矩形区域之外，那么 InkResponse 具有一个可配置的形状。默认情况下，InkResponse 会显示可以扩展到其形状之外的圆形水波效果(图 11.9)。

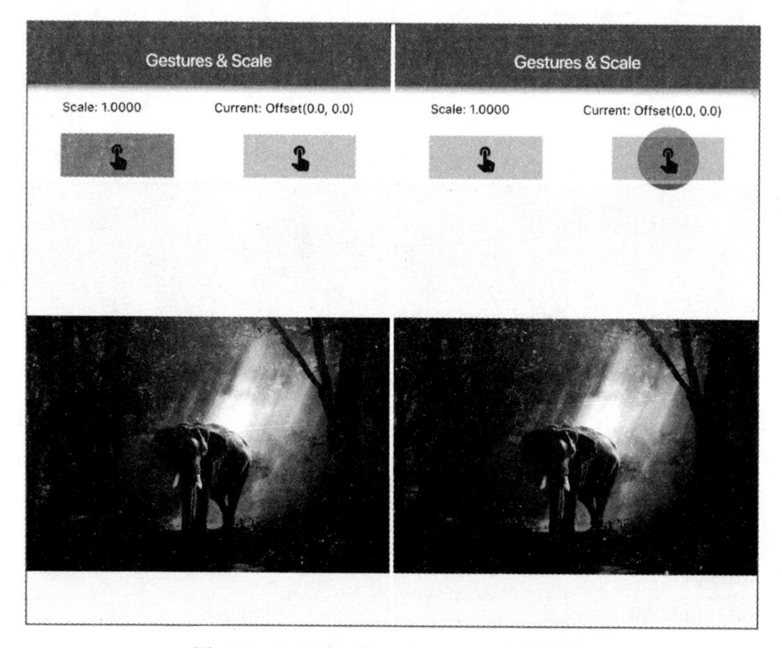

图 11.9 InkWell 和 InkResponse 水波效果

触碰 InkWell 将显示水波效果是如何逐渐呈现的(图 11.10)。在这个示例中，当用户触碰左边的按钮时，就会显示逐渐将按钮颜色从灰色变为蓝色的水波效果。水波颜色将停留在按钮的矩形区域之内。

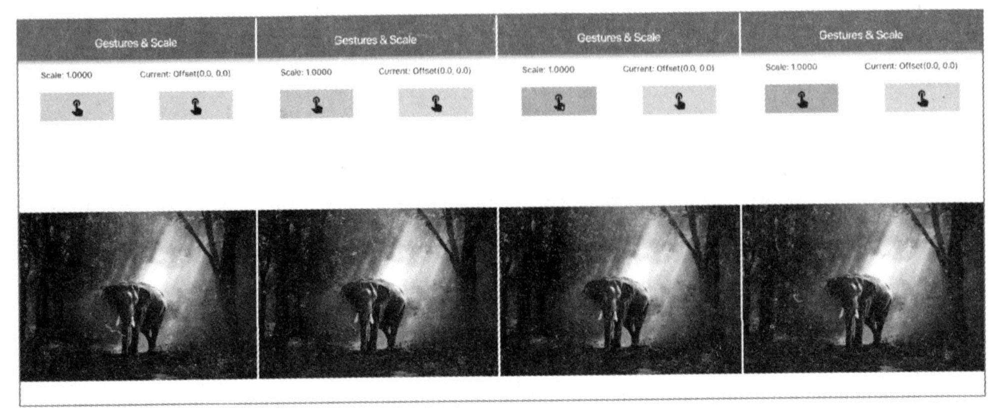

图 11.10　矩形区域内的 InkWell 渐变水波

触碰 InkResponse 将显示水波效果是如何逐渐呈现的(图 11.11)。在这个示例中，当用户触碰右侧按钮时，就会显示逐渐将按钮颜色从灰色变为蓝色的圆形水波效果。水波颜色将以圆形形状扩展到按钮的矩形区域之外。

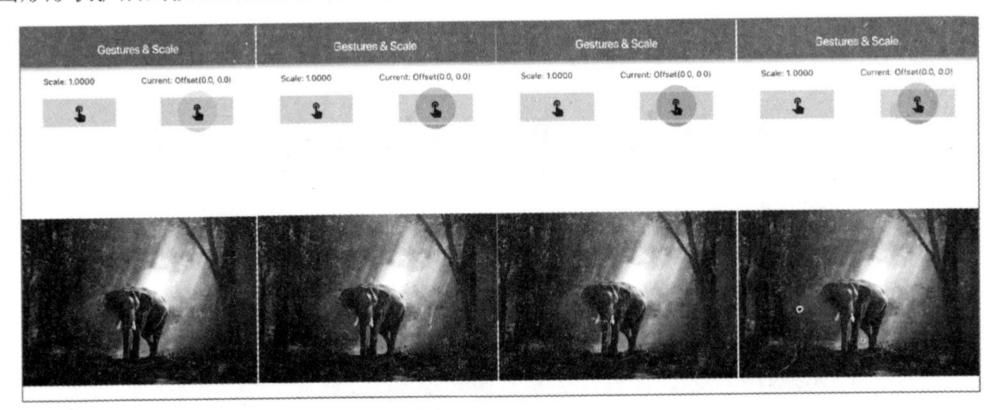

图 11.11　矩形区域外的 InkResponse 渐变水波

以下是可以监听并且采取合适操作的 InkWell 和 InkResponse 手势。除了 onHighlightChanged 属性之外，所捕获的手势都是在屏幕上触碰的，当某个质感(material)组件开始或者停止高亮显示时，才会调用 onHighlightChanged 属性。

- 触碰
  - ➢ onTap
  - ➢ onTapDown
  - ➢ onTapCancel
- 双击
  - ➢ onDoubleTap

- 长按
    - ➤ onLongPress
- 高亮变化
    - ➤ onHighlightChanged

试一试：将 InkWell 和 InkResponse 添加到手势状态栏

继续使用之前的手势项目，以便对比每个 Widget 是如何执行的，我们要将 InkWell 和 InkResponse 添加到当前手势状态栏，如图 11.12 所示。

图 11.12　对比每个 Widget 是如何执行的

(1) 在 _buildBody(BuildContext context) 方法中，添加对 _positionedInkWellAndInkResponse(context)方法的调用。将这一调用放在_positionedStatusBar(context)方法之后。

```
Widget _buildBody(BuildContext context) {
  return GestureDetector(
    child: Stack(
      fit: StackFit.expand,
      children: <Widget>[
```

```
        //_transformScaleAndTranslate(),
        _transformMatrix4(),
        _positionedStatusBar(context),
        _positionedInkWellAndInkResponse(context),
      ],
    ),
    onScaleStart: _onScaleStart,
    onScaleUpdate: _onScaleUpdate,
    onDoubleTap: _onDoubleTap,
    onLongPress: _onLongPress,
  );
}
```

(2) 在_positionedStatusBar(BuildContext context)方法之后创建 positionedInkWellAndInkResponse(BuildContext context) Positioned 方法。使用 default 构造函数返回一个 Positioned。这个 Positioned Widget 的目的是向当前手势状态栏添加 InkWell 和 InkResponse Widget。

(3) 将 top 属性设置为 50.0 以便将其定位在 Stack Widget 中之前那个 Positioned Widget(手势状态栏)的下方。

(4) 使用 MediaQuery width 设置 width 属性，以便扩展为设备的完整宽度。其 child 是一个 Container，它的 color 属性设置为 Colors.white54 这一色度。

(5) 将 Container height 属性设置为 56.0。将 Container child 设置为 Row，并且这个 Row 的 mainAxisAlignment 设置为 MainAxisAlignment.spaceAround。

```
Positioned _positionedInkWellAndInkResponse(BuildContext context) {
  return Positioned(
    top: 50.0,
    width: MediaQuery.of(context).size.width,
    child: Container(
      color: Colors.white54,
      height: 56.0,
      child: Row(
        mainAxisAlignment: MainAxisAlignment.spaceAround,
        children: <Widget>[

        ],
      ),
    ),
  );
}
```

(6) 向 Row children Widget 列表添加 InkWell 和 InkResponse。由于这两个 Widget 具有相同属性，所以 InkWell 和 InkResponse 可遵循相同的处理方式。

(7) 为 Container 设置 child 属性，将这个 child 的 height 属性设置为 48.0，width 属性设

置为 128.0，并将 color 属性设置为 Colors.black12 这一浅色度。将 child 属性设置为 Icons.touch_app，并且将其 size 属性设置为 32.0。

(8) 为了自定义水波颜色，需要将 splashColor 属性设置为 Colors.lightGreenAccent 并且将 highlightColor 属性设置为 Colors.lightBlueAccent。splashColor 会显示在指针首次触控屏幕的位置，而 highlightColor 则是水波(波纹)效果。

(9) 为 InkWell 和 InkResponse 添加 onTap、onDoubleTap 和 onLongPress，以便监听每一个手势。分别传递_setScaleSmall、_setScaleBig 和_onLongPress 方法。

```
Positioned _positionedInkWellAndInkResponse(BuildContext context) {
  return Positioned(
    top: 50.0,
    width: MediaQuery.of(context).size.width,
    child: Container(
      color: Colors.white54,
      height: 56.0,
      child: Row(
        mainAxisAlignment: MainAxisAlignment.spaceAround,
        children: <Widget>[
          InkWell(
            child: Container(
               height: 48.0,
               width: 128.0,
               color: Colors.black12,
               child: Icon(
                 Icons.touch_app,
                 size: 32.0,
               ),
            ),
            splashColor: Colors.lightGreenAccent,
            highlightColor: Colors.lightBlueAccent,
            onTap: _setScaleSmall,
            onDoubleTap: _setScaleBig,
            onLongPress: _onLongPress,
          ),
          InkResponse(
             child: Container(
             height: 48.0,
             width: 128.0,
             color: Colors.black12,
             child: Icon(
                 Icons.touch_app,
                 size: 32.0,
              ),
```

```
            ),
            splashColor: Colors.lightGreenAccent,
            highlightColor: Colors.lightBlueAccent,
            onTap: _setScaleSmall,
            onDoubleTap: _setScaleBig,
            onLongPress: _onLongPress,
          ),
        ],
      ),
    ),
  );
}
```

(10) 在_resetToDefaultValues()方法之后创建_setScaleSmall()和_setScaleBig()方法。为_setScaleSmall()方法添加一个setState()以便将_currentScale变量修改为0.5。当捕获到onTap手势时，就会将图片的大小减小为初始大小的一半。

为_setScaleBig()方法添加setState()以便将_currentScale变量修改为16.0。当捕获到onDoubleTap手势时，就会将图片大小增加为初始大小的16倍。

```
void _setScaleSmall() {
  setState(() {
    _currentScale = 0.5;
  });
}

void _setScaleBig() {
  setState(() {
    _currentScale = 16.0;
  });
}
```

显示效果如图11.13所示。

示例说明

InkWell和InkResponse Widget都会监听相同的手势回调函数。这两个Widget会捕获onTap、onDoubleTap和onLongPress手势(属性)。

在捕获到单击触碰时，onTap会调用_setScaleSmall()方法将图片缩小为初始大小的一半。

在捕获到双击触碰时，onDoubleTap会调用_setScaleBig()方法将图片放大为初始大小的16倍。

在捕获到长按时，onLongPress会调用_onLongPress()方法以便将所有的值重置为初始位置和大小。

用InkWell和InkResponse的主要好处是，可以捕获屏幕上的触碰并且产生漂亮的水波效果。这类响应会带来极佳的UX，从而将动画效果与用户的操作关联起来。

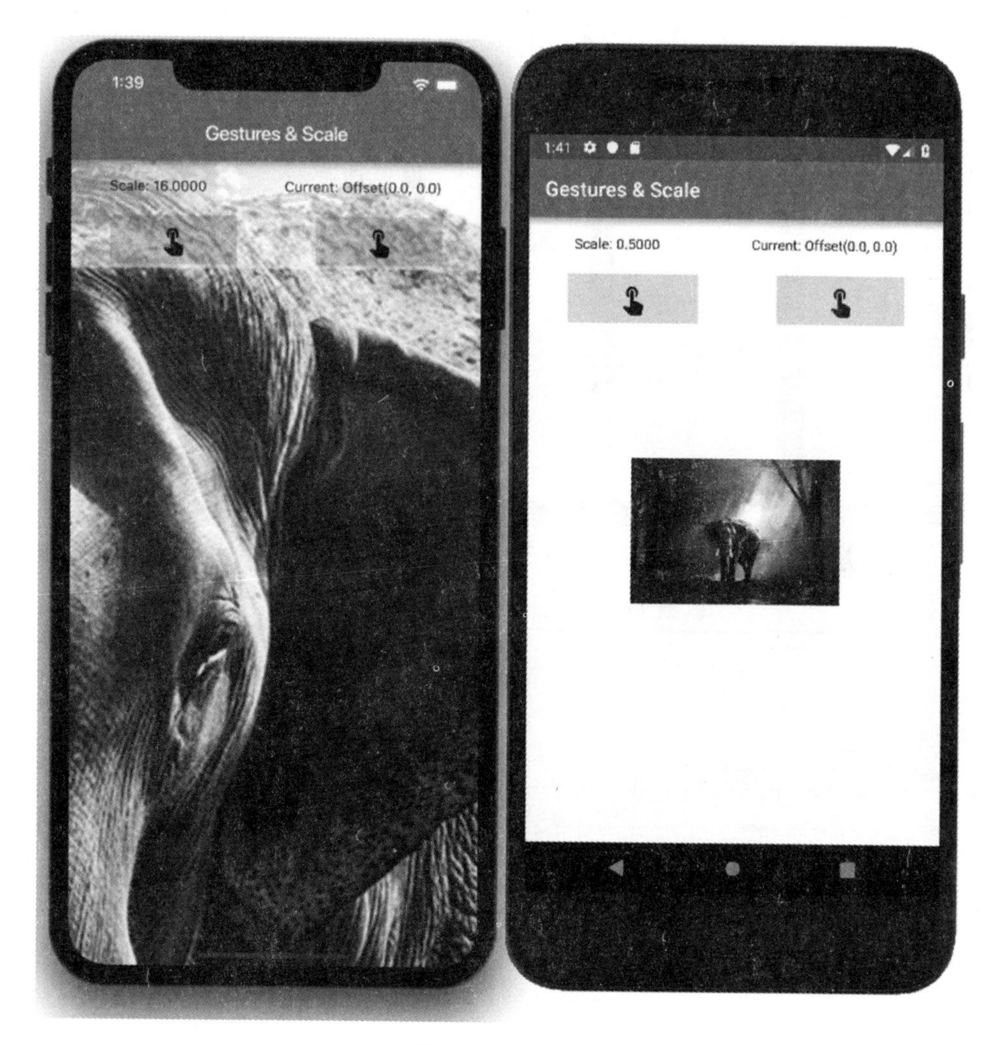

图 11.13　显示效果

11.5　使用 Dismissible Widget

Dismissible Widget 是通过一种拖曳手势来释放的。可通过将 DismissDirection 用于 direction 属性来修改拖曳方向(参见表 11.2 了解各个 DismissDirection 选项)。Dismissible child Widget 会滑动出浏览区域并自动将高度或宽度(取决于释放方向)以动画方式处理为零。这一动画处理是使用两个步骤来进行的；首先 Dismissible child 会滑动出浏览区域，然后，其大小会动画处理，缩小为零。当 Dismissible 释放后，就可以使用 onDismissed 回调函数来执行所有必要的操作，如从数据库移除一条数据记录或将一个待办项标记为完成(图 11.14)。如果没有处理 onDismissed 回调函数，就会收到错误信息"A dismissed Dismissible Widget is still part of the tree"。例如，如果使用内容项 List，那么当 Dismissible 被移除后，就需要通过实现

onDismissed 回调函数将该内容项从 List 中移除。接下来练习的步骤(9)中将详细介绍如何对此进行处理。

图 11.14　展示释放动画以便完成内容项的触碰行的 Dismissible Widget

表 11.2　DismissDirection 释放选项

方向	释放时机
StartToEnd	从左向右拖曳*
endToStart	从右向左拖曳*
horizontal	向左或向右拖曳
up	向上拖曳
down	向下拖曳
vertical	向上或向下拖曳

* 假设读取方向是从左到右；当读取方向是从右到左时，它们就会反向处理

试一试：创建 Dismissible 应用

这个示例将要构建一个度假旅游列表，当我们从左向右拖曳时，Dismissible 就会显示一个具有绿色背景的复选框图标以便将该旅游计划标记为已完成。当从右向左拖曳时，Dismissible 就会显示一个具有红色背景色的删除图标以便移除该旅游计划。如图 11.15 所示(注意，本书为黑白印刷，无法显示彩色)。

Dismissible 会处理所有动画效果，如滑动、缩放以便移除所选行，以及上滑以显示列表的下一项。

我们要创建一个 Trip 类来存留具有 id、tripName 和 tripLocation 变量的度假详情。这里要通过添加每一个单独的 Trip 详情以便加载一个 List 来跟踪度假情况。body 属性使用了一个 ListView.builder，它可以返回一个 Dismissible Widget。将 Dismissible child 属性设置为一个 ListTile，并且 background 和 secondaryBackground 属性会返回一个 child 是 Row 的 Container，这个 Row 包含具有 Icon 的 children Widget 列表。

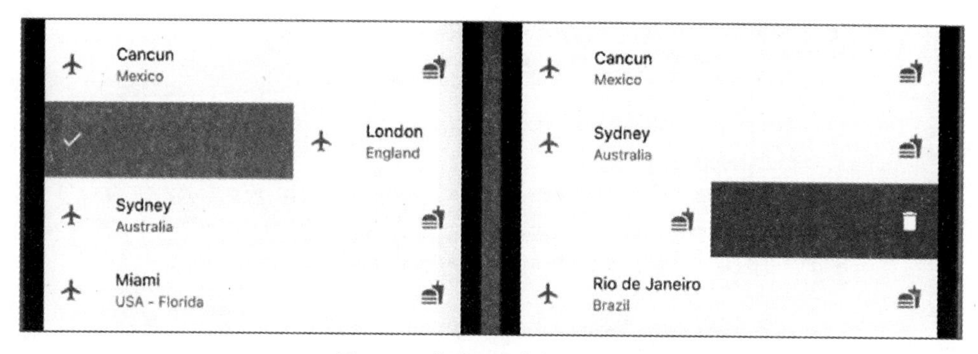

图 11.15　构建一个度假旅游列表

注意，在这个示例中，为了保持 Widget 树的浅层化，我们将用方法来替代 Widget 类。

(1) 创建一个新的 Flutter 项目并将其命名为 ch11_dismissible。同样，可遵循第 4 章中的处理步骤。对于这个项目而言，仅需要创建 pages 和 classes 文件夹。将 Home Class 创建为 StatefulWidget，因为数据(状态)需要发生变化。

(2) 打开 home.dart 文件并向 body 添加一个 ListView.builder()。

```
body: ListView.builder(),
```

(3) 在文件顶部进行添加以便导入接下来将要创建的 trip.dart 包。

```
import 'package:flutter/material.dart';
import 'package:ch11_dismissible/classes/trip.dart';
```

(4) 在 classes 文件夹中创建一个新的 Dart 文件。鼠标右击 classes 文件夹，选择 New | Dart File，输入 trip.dart，并且单击 OK 按钮进行保存。

(5) 创建 Trip Class。Trip Class 会存留具有 id、tripName 和 tripLocation String 变量的度假详情。创建具有命名参数的 Trip 构造函数，这是通过在大括号({})内输入变量名称 this.id、this.tripName 和 this.tripLocation 来完成的。

```
class Trip {
    String id;
    String tripName;
    String tripLocation;

    Trip({this.id, this.tripName, this.tripLocation});
}
```

(6) 编辑 home.dart 文件并且在 class _HomeState extends State<Home>之后和@override 之前添加由一个空 Trip List 初始化的 List 变量_trips。

```
List _trips = List<Trip>();
```

(7) 重写 initState()以便初始化_trips List。我们要为_trips List 添加 11 个内容项。通常，

这些数据都是从本地数据库或 Web 服务器中读取的。

```
@override
void initState() {
    super.initState();
    _trips..add(Trip(id: '0', tripName: 'Rome', tripLocation: 'Italy'))
      ..add(Trip(id: '1', tripName: 'Paris', tripLocation: 'France'))
      ..add(Trip(id: '2', tripName: 'New York', tripLocation: 'USA - New
  York'))
      ..add(Trip(id: '3', tripName: 'Cancun', tripLocation: 'Mexico'))
      ..add(Trip(id: '4', tripName: 'London', tripLocation: 'England'))
      ..add(Trip(id: '5', tripName: 'Sydney', tripLocation: 'Australia'))
      ..add(Trip(id: '6', tripName: 'Miami', tripLocation: 'USA - Florida'))
      ..add(Trip(id: '7', tripName: 'Rio de Janeiro', tripLocation: 'Brazil'))
      ..add(Trip(id: '8', tripName: 'Cusco', tripLocation: 'Peru'))
      ..add(Trip(id: '9', tripName: 'New Delhi', tripLocation: 'India'))
      ..add(Trip(id: '10', tripName: 'Tokyo', tripLocation: 'Japan'));
}
```

(8) 创建两个方法，分别用于模拟将一个 Trip 项标记为完成以及将其从数据库删除。创建充当占位符以便写入数据库的_markTripCompleted()和_deleteTrip()方法。

```
void _markTripCompleted() {
    // Mark trip completed in Database or web service
}

void _deleteTrip() {
    // Delete trip from Database or web service
}
```

(9) 将使用设置为_trips.length 的 itemCount 参数来设置 ListView.builder 构造函数，_trips.length 是_trips List 中的行数。itemBuilder 参数可使用 BuildContext 以及 Widget index 作为 int 值。

```
itemCount: _trips.length,
```

itemBuilder 会返回一个 key 属性为 Key(_trips[index].id)的 Dismissible。Key 就是每个 Widget 的标识符，并且它必须是唯一的，这也就是我们使用_trips id 项的原因。child 属性被设置为_buildListTile(index)方法，它会传递当前的 Widget index。

```
key: Key(_trips[index].id),
```

(10) Dismissible 具有 background(从左向右拖曳)和 secondaryBackground(从右向左拖曳)属性。将 background 属性设置为_buildCompleteTrip()方法并将 secondaryBackground 设置为_buildRemoveTrip()方法。注意，Dismissible 有一个可选的 direction 属性，它可以针对要使用

何种方向进行限制。

```
child: _buildListTile(index),
background: _buildCompleteTrip(),
secondaryBackground: _buildRemoveTrip(),
```

当释放 Widget 时，就会调用 onDismissed 回调函数(属性)，从而提供一个函数以便通过将释放的 Widget 项移除出_trips List 来运行代码。在真实场景中，我们还可以更新数据库。

重要的一点是，一旦该项被释放，则会从_trips List 中移除它，否则就会引发错误。

```
// A dismissed Dismissible Widget is still part of the tree.
// Make sure to implement the onDismissed handler and to immediately remove
the
Dismissible
// Widget from the application once that handler has fired.
```

这是合理的，因为该项已经被释放并且移除了。所有这些都是可行的，因为可以使用唯一 key 属性。

onDismissed 会传递 DismissDirection，我们要使用三元运算符对其进行检查，以便明确方向是不是 startToEnd，是的话就调用_markTripCompleted()方法，否则就调用_deleteTrip()方法。下一步就是使用 setState 将所释放的项从_trips List 中移除，这是通过使用_trips.removeAt(index)来完成的。

```
body: ListView.builder(
  itemCount: _trips.length,
  itemBuilder: (BuildContext context, int index) {
    return Dismissible(
        key: Key(_trips[index].id),
        child: _buildListTile(index),
        background: _buildCompleteTrip(),
        secondaryBackground: _buildRemoveTrip(),
        onDismissed: (DismissDirection direction) {
direction == DismissDirection.startToEnd ? _markTripCompleted() :
_deleteTrip();
          // Remove item from List
          setState(() {
            _trips.removeAt(index);
          });
        },
      );
  },
),
```

(11) 在 Widget build(BuildContext context) {...}之后添加_buildListTile(int index) Widget

方法。返回一个 ListTile 并且设置 title、subtitle、leading 和 trailing 属性。

(12) 将 title 属性设置为一个 Text Widget，它会显示 tripName，然后将 subtitle 设置为 tripLocation。将 leading 和 trailing 属性设置为 Icons。

```
ListTile _buildListTile(int index) {
   return ListTile(
             title: Text('${_trips[index].tripName}'),
             subtitle: Text(_trips[index].tripLocation),
             leading: Icon(Icons.flight),
             trailing: Icon(Icons.fastfood),
   );
}
```

(13) 添加_buildCompleteTrip() Widget 方法以便返回一个 color 设置为 green 并且 child 属性设置为 Padding 的 Container。Padding child 是一个 Row，其对齐方式设置为 start(在从左到右模式中位于左侧)，并且包含设置为 Icon 的 children Widget 列表。

当用户拖曳内容项时，就会显露 background 属性，这对于传达将采取何种操作而言是很重要的。在这个例子中，我们是在完成一个度假旅程项，这里显示了一个 done(复选框)Icon 来传达该操作，如图 11.16 所示。

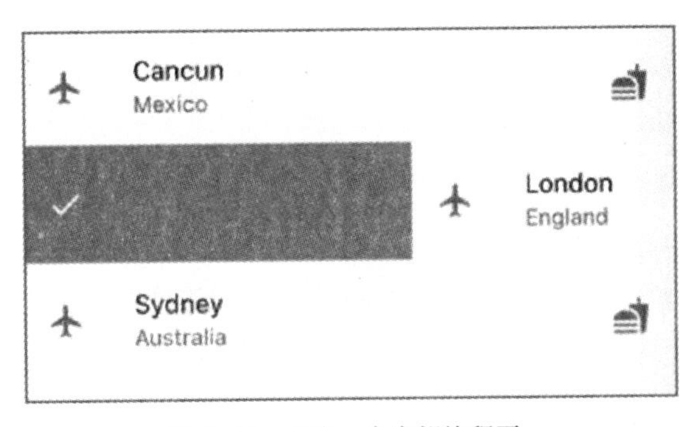

图 11.16　完成一个度假旅程页

```
Container _buildCompleteTrip() {
  return Container(
            color: Colors.green,
            child: Padding(
                padding: const EdgeInsets.all(16.0),
                child: Row(
                    mainAxisAlignment: MainAxisAlignment.start,
                    children: <Widget>[
                      Icon(
                        Icons.done,
                        color: Colors.white,
                      ),
```

```
                    ],
                ),
            ),
        );
    }
```

(14) 添加_buildRemoveTrip() Widget 方法以便返回 color 设置为 red 并且 child 属性设置为 Padding 的 Container。padding child 是一个 Row，其对齐方式设置为 end(在从左到右模式中位于右侧)，并且包含设置为 Icon 的 children Widget 列表。

当用户拖曳内容项时，就会显露 secondaryBackground 属性，这对于传达将采取何种操作而言是很重要的。在这个例子中，我们是在删除一个度假旅程项，并且这里显示了一个具有 delete(垃圾桶)Icon 来传达该操作，如图 11.17 所示。

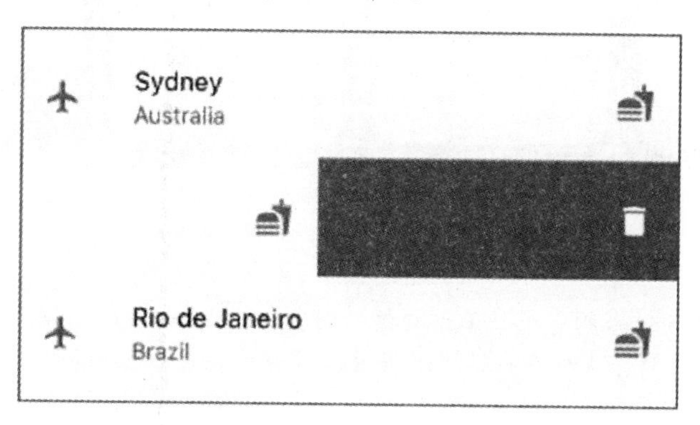

图 11.17　删除一个度假旅程项

```
Container _buildRemoveTrip() {
      return Container(
        color: Colors.red,
        child: Padding(
          padding: const EdgeInsets.all(16.0),
          child: Row(
              mainAxisAlignment: MainAxisAlignment.end,
              children: <Widget>[
                Icon(
                    Icons.delete,
                    color: Colors.white,
                ),
              ],
          ),
      ),
    );
}
```

显示效果如图 11.18 所示。

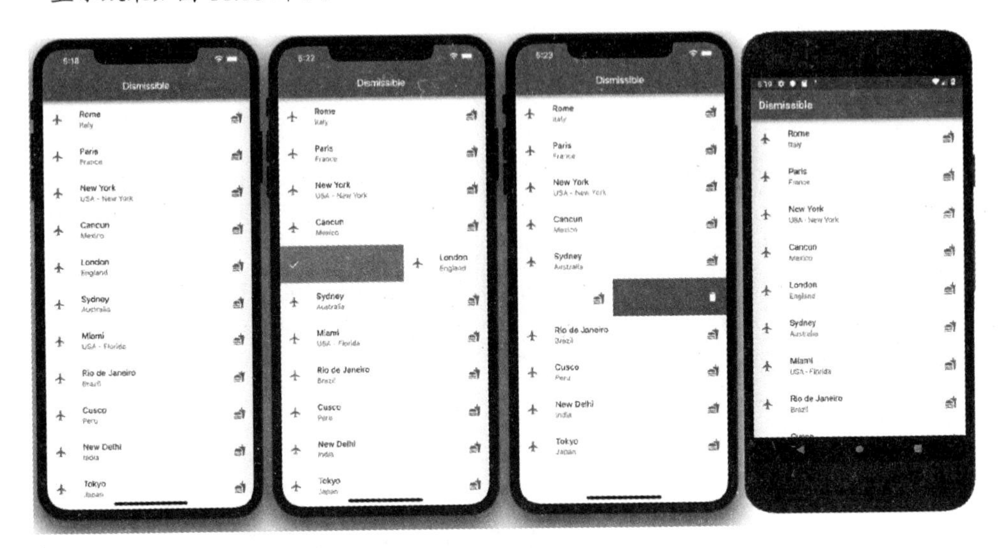

图 11.18 显示效果

示例说明

我们使用 ListView 来构建一个 Trip 详情的列表。ListView itemBuilder 返回一个具有 key 属性的 Dismissible，这个 key 属性是通过将 Key 类用作每一个 Widget 的唯一标识符来设置的。使用 key 属性极为重要，因为 Dismissible 会在用 Widget 树中一个 Widget 替换另一个 Widget 时使用它。

当用户在从左向右拖曳时，为了传达恰当的操作，我们自定义了 background 属性以便显露出具有 done Icon 的 green 背景色。当用户在从右向左拖曳时，我们自定义了 secondaryBackground 属性以便显露出具有 delete Icon 的 red 背景色。

我们使用了 onDismissed 回调函数(属性)来检查 DismissDirection 以及采取合适的操作。通过使用三元运算符，我们检查了方向是不是 startToEnd，是的话就调用_markTripCompleted()方法；否则就调用_deleteTrip()方法。接着我们使用了 setState 将当前项从_trips List 中移除。

11.6 本章小结

本章介绍了如何使用 GestureDetector 来处理 onTap、onDoubleTap、onLongPress 以及 onPanUpdate 手势。当需要跟踪任意方向的拖曳时，就适合使用 onPanUpdate。本章详细讲解如何使用 GestureDetector 来移动和缩放，这是通过放大/缩小、双击以放大，以及长按以便将大象图片重置为初始大小来实现的。例如，当用户选择了一幅图片并且希望放大查看细节时，就可以使用这些技术。为达成这一目标，我们使用了 onScaleStart 和 onScaleUpdate 来缩放图片。使用 onDoubleTap 进行放大，并使用 onLongPress 将缩放比例重置为初始默认大小。

本章介绍了两种不同的技术，用于在检测到手势时对图片进行缩放和移动。对于第一种技术，我们使用了 Transform Widget，这是通过将用于调整图片大小的 Transform.scale 构造函数和用于移动图片的 Transform.translate 构造函数嵌套在一起来实现的。对于第二种技术，我们使用了 Transform default 构造函数，这是通过使用 Matrix4 以便应用转换来实现的。通过使用 Matrix4，就可以执行多个级联转换(..scale()..translate())而不必嵌套多个 Transform Widget。

本章使用了 InkWell 和 InkResponse 来响应触控手势，如触碰、双击和长按。这两个 Widget 都是 Material Components(Flutter 质感设计 Widget)，用于在触碰时显示一种水波效果。

我们通过使用 Draggable 和 DragTarget Widget 实现了拖放特性。这两个 Widget 是配套使用的。Draggable Widget 有一个 data 属性，可将信息传递给 DragTarget Widget。DragTarget Widget 可接收或拒绝该数据，这样就为我们提供了检查正确数据格式的能力。在这个示例中，我们将调色板 Icon(Draggable)拖曳到 Text(DragTarget)Widget 上方；一旦放手，Text 就会变成红色。

Dismissible Widget 会监听垂直和水平拖曳手势。通过将 DismissDirection 用于 direction 属性，就可限制要监听哪些拖曳手势，比如限制为仅监听水平拖曳手势。在这个示例中，我们创建了一个 Trip 项的 List，它是用 ListView.builder 来展示的。当用户将列表中的一项从左向右拖曳时，就会显露出具有绿色背景的复选框 Icon，以便传达所要执行的操作，也就是完成该旅程项。但是如果用户从右向左拖曳列表项，则会显露出具有红色背景的垃圾桶 Icon，以便传达所要执行的操作，也就是要删除该旅程项。Dismissible 如何知道要删除哪一项呢？通过使用 Dismissible key 属性，就可以传递每一项在列表中的唯一标识符，一旦调用 onDismissed(回调函数)属性，就会检查拖曳方向并采取恰当的操作。然后我们使用了 setState 来确保释放的项会从_trips 列表中移除。重要的是要处理 onDismissed 回调函数，否则将出现 A dismissed Dismissible Widget is still part of the tree 错误。

第 12 章将介绍如何编写特定于 iOS 和 Android 平台的代码。对于 iOS 和 Android，我们分别使用 Swift 和 Kotlin。这些平台通道为我们提供了使用原生特性的能力，比如获取设备 GPS 定位、本地通知、本地文件系统、分享等。

11.7 本章知识点回顾

主题	关键概念
实现 GestureDetector	这个 Widget 会识别手势，比如触碰、双击、长按、拖曳、垂直拖动、水平拖动和缩放
实现 Draggable	这个 Widget 会被拖动到 DragTarget
实现 DragTarget	这个 Widget 会接收来自 Draggable 的数据
实现 InkWell 和 InkResponse	InkWell 是一个矩形区域，它可以响应触控并将水波效果截断在其区域内。InkResponse 响应触控，并且水波效果会扩展到区域之外
实现 Dismissible	这个 Widget 是通过拖曳来释放的

第12章 编写平台原生代码

本章内容

- 如何使用平台通道从 Flutter 应用向 iOS 和 Android 发送与接收消息，以便获取特定的 API 功能？
- 如何用 iOS Swift 和 Android Kotlin 编写平台原生代码以便获取设备信息？
- 如何使用 MethodChannel 从 Flutter 应用(客户端侧)发送消息？
- 如何在 iOS 上使用 FlutterMethodChannel 以及在 Android 上使用 MethodChannel 来接收调用和发送回结果(主机侧)？

平台通道为我们提供了使用原生特性的能力，如获取设备信息、GPS 定位、本地通知、本地文件系统、共享等。第 2 章的 2.5 节中，讲解了如何使用第三方包为应用添加功能。在本章中，并非依赖第三方包，而是介绍如何为应用添加自定义功能，这是通过使用平台通道以及自行编写 API 代码来实现的。我们要构建一个要求 iOS 和 Android 平台返回设备信息的应用。

12.1 理解平台通道

当需要访问 iOS 和 Android 的平台特定 API 时，就要使用平台通道来发送和接收消息。Flutter 应用是客户端，而 iOS 和 Android 的平台原生代码是主机端。如有必要，还可使用平台原生代码来充当客户端，以便调用在 Flutter 应用 dart 代码中编写的方法。

客户端和主机端之间的消息都是异步的，以便确保 UI 仍旧保持响应并且不会被阻塞。第 3 章中讲解过，在执行耗时的操作时，async 函数不会一直等到那些操作完成才执行其他操作。

对于客户端(Flutter 应用)而言，需要使用 MethodChannel 从一个 async 方法中发送消息，这些消息中包含由主机端(iOS 和 Android)执行的方法调用。一旦主机发送回响应，就可以更新 UI 以便显示接收到的信息。

对于主机侧，需要分别在 iOS 使用 FlutterMethodChannel 以及在 Android 上使用 MethodChannel。一旦主机端接收到客户端调用，平台原生代码就会执行所调用的方法，然后发送回结果(图 12.1)。

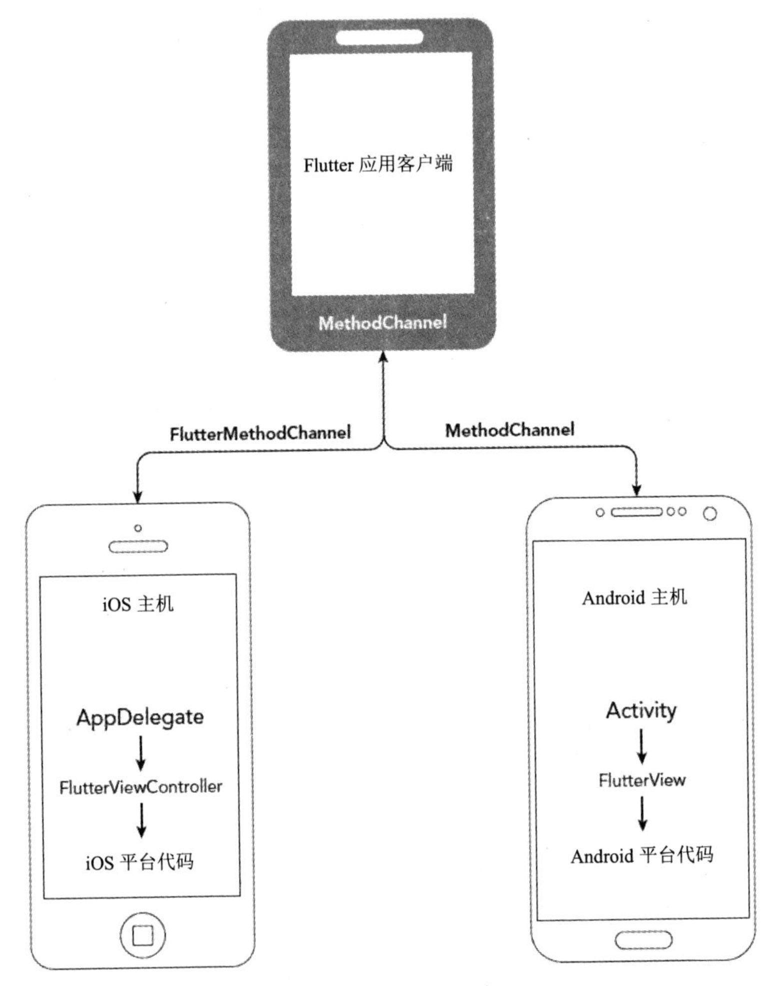

图 12.1 平台通道消息

12.2 实现客户端平台通道应用

为开始从 Flutter 客户端应用向 iOS 和 Android 平台通信，需要使用 MethodChannel。MethodChannel 使用异步方法调用，并且需要一个唯一的名称。这个通道名称对于客户端以及 iOS 和 Android 主机而言应当是相同的。建议在为该通道创建唯一名称时使用应用名称、域名前缀以及针对任务的描述性名称，如 platformchannel.companyname.com/deviceinfo。

```
// Name template
appname.domain.com/taskname
// Channel name
platformchannel.companyname.com/deviceinfo
```

乍看之下，对于该通道的命名似乎有些过度了，那么为何说让该名称变得唯一是很重要的呢？如果有多个命名通道，并且它们共享同一名称，它们就会由于彼此的消息而造成冲突。

为实现一个通道，需要通过默认构造函数并且传递唯一的通道名称来创建 MethodChannel。这个默认构造函数接收两个参数：第一个是通道名称，第二个(它是可选的)会声明默认的 MethodCodec。MethodCodec 就是 StandardMethodCodec，它使用了 Flutter 的标准二进制编码；这意味着在客户端和主机之间发送的数据序列化会被自动处理。由于我们知道编译时的通道名称而且它不会变更，所以可将 MethodChannel 创建为一个 static const 变量。要确保使用 static 关键字，否则就会出现“Only static fields can be declared as const.”错误。

```
static const platform = const
MethodChannel(' platformchannel.companyname.com/deviceinfo ');
```

表 12.1 显示了 Dart、iOS 以及 Android 所支持的值类型。

表 12.1　StandardMessageCodec 所支持的值类型

Dart	iOS	Android
null	nil	null
bool	NSNumber numberWithBool:	java.lang.Boolean
int	NSNumber numberWithInt:	java.lang.Integer
int(大于 32 位)	NSNumber numberWithLong:	java.lang.Long
double	NSNumber numberWithDouble:	java.lang.Double
String	NSString	java.lang.String
Uint8List	FlutterStandardTypedData typedDataWithBytes:	byte[]
Int32List	FlutterStandardTypedData typedDataWithInt32:	int[]
Int64List	FlutterStandardTypedData typedDataWithInt64:	long[]
Float64List	FlutterStandardTypedData typedDataWithFloat64:	double[]
List	NSArray	java.util.ArrayList
Map	NSDictionary	java.util.HashMap

为在 iOS 和 Android 主机上调用并指定要执行哪个方法，需要使用 invokeMethod 构造函

数将方法名称作为 String 来传递。invokeMethod 是从 Future 方法中调用的，因为这是一个异步调用。

```
String deviceInfo = await platform.invokeMethod('getDeviceInfo');
```

实现了客户端和 iOS 以及 Android 平台通道后，应用的 Flutter 客户端就会根据不同的设备来显示合适的设备信息(图 12.2)。

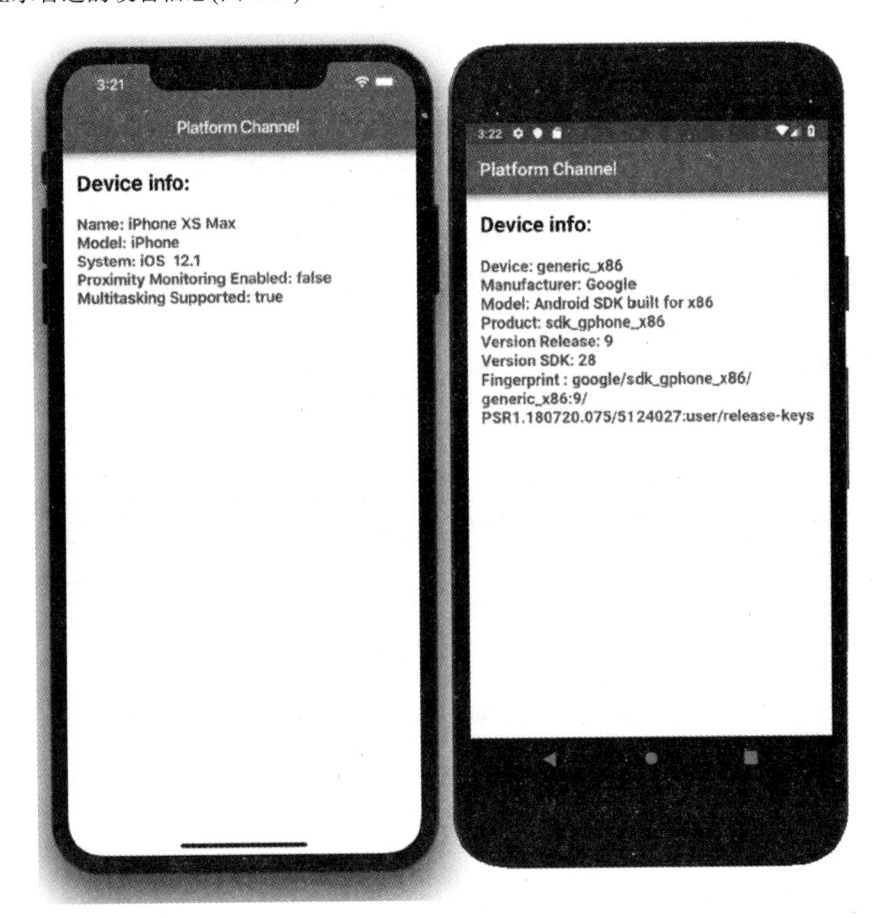

图 12.2 iOS 和 Android 设备信息

试一试：创建客户端平台通道应用

在这个示例中，我们希望显示运行中的设备信息，如制造商、设备型号、名称、操作系统以及其他一些信息。这个 Flutter 应用客户端是用 Dart(像往常一样)编写的，并且实现了 MethodChannel 以便初始化对 iOS 和 Android 主机端的调用。

- iOS 主机端是用 Swift 编写的，以便访问对于 UIDevice 的平台 API 调用，从而查询设备信息，并使用 FlutterMethodChannel 来接收和返回请求的信息。

- Android 主机端是用 Kotlin 编写的，以便访问对于 Build 的平台 API 调用，从而查询设备信息，并使用 MethodChannel 来接收和返回请求的信息。

这个应用被划分成三个不同的“实践”练习。第一个练习将重点关注客户端请求的创建。在第二个练习“创建 iOS 主机端平台通道”中，我们要构建 iOS 主机端平台通道，而在第三个练习“创建 Android 主机端平台通道”中，我们要构建 Android 主机端平台通道。如果在完成第一部分之后运行应用，则会出现错误“Failed to get device info”，因为还没有编写 iOS 和 Android 主机端代码。注意，iOS 和 Android 项目是彼此独立的，并且可将两者或者其中之一作为通信目标，所接收到的错误将来自所运行的平台。

(1) 创建一个新的 Flutter 项目并且将其命名为 ch12_platform_channel; 像之前一样，可以遵循第 4 章中的处理步骤。对于这个项目而言，仅需要创建 pages 文件夹。

(2) 打开 home.dart 文件并向 body 添加一个 child 为 ListTile 的 SafeArea。

```
body: SafeArea(
   child: ListTile(),
),
```

(3) 在 class _HomeState extends State<Home>之后和@override 之前，添加 static const 变量_methodChannel，它是由名为 platformchannel.companyname.com/deviceinfo 的 MethodChannel 所初始化的。

```
   static const _methodChannel = const MethodChannel('
platformchannel.companyname.com/deviceinfo ');
```

(4) 声明_deviceInfo String 变量，它将接收来自 iOS 和 Android 主机端调用的设备信息。

```
// Get device info
String _deviceInfo = '';
```

(5) 创建_getDeviceInfo() async 调用，它将使用_methodChannel.invokeMethod()来初始化对于 iOS 和 Android 主机端的调用。这个方法被声明为 Future<void>并将被标记为 async。

```
Future<void> _getDeviceInfo() async {
}
```

(6) 创建 deviceInfo String 本地变量，它将接收设备信息。

```
String deviceInfo;
```

好的做法是，在调用 methodChannel.invokeMethod('getDeviceInfo')时使用 try-catch 异常处理，以防调用失败。invokeMethod 接收 getDeviceInfo 方法名，但该名称需要与同时在 iOS 和 Android 主机端代码中声明的名称相同。

```
try {
   deviceInfo = await methodChannel.invokeMethod('getDeviceInfo');
} on PlatformException catch (e) {
   deviceInfo = "Failed to get device info: '${e.message}'.";
}
```

(7) 添加 setState()方法，它会用本地 deviceInfo 值填充_deviceInfo(可在类范围中使用)变量。第 3 章 3.11 节中讲解过如何使用 Future 对象。

```
Future<void> _getDeviceInfo() async {
    String deviceInfo;
    try {
       deviceInfo = await _methodChannel.invokeMethod('getDeviceInfo');
    } on PlatformException catch (e) {
       deviceInfo = "Failed to get device info: '${e.message}'.";
    }
    setState(() {
       _deviceInfo = deviceInfo;
   });
}
```

(8) 重写 initState()以便调用_getDeviceInfo()方法。应用启动后，就会调用_getDeviceInfo()开始检索设备信息。

```
@override
void initState() {
  super.initState();
  _getDeviceInfo();
}
```

(9) 我们回到 body 属性并且完成 ListTile Widget 以便展示设备信息。对于 title 属性，需要添加一个 Text Widget 来显示 Device Info 标题，并将 TextStyle 设置为 fontSize 24.0 和 FontWeight.bold。

(10) 对于 subtitle 属性，需要添加一个包含_deviceInfo 变量的 Text Widget，该变量会显示实际的设备信息，并将 TextStyle 设置为 fontSize 18.0 和 FontWeight.bold。

(11) 将 contentPadding 属性添加到 ListTile，并将 EdgeInsets.all()设置为 16.0 以便在信息周围增加一些美观的内边距。

```
body: SafeArea(
    child: ListTile(
      title: Text(
         'Device info:',
         style: TextStyle(
            fontSize: 24.0,
            fontWeight: FontWeight.bold,
         ),
       ),
       subtitle: Text(
         _deviceInfo,
         style: TextStyle(
```

```
                fontSize: 18.0,
                fontWeight: FontWeight.bold,
            ),
        ),
        contentPadding: EdgeInsets.all(16.0),
    ),
),
```

示例说明

在该示例中，我们创建了具有唯一名称的 MethodChannel 并将其赋予 static const _methodChannel 变量。_methodChannel 使用异步方法调用，在客户端和主机端之间通信。使用_getDeviceInfo() Future<void>方法，_methodChannel.invokeMethod('getDeviceInfo')就会调用主机端以便执行 iOS 和 Android 平台中的 getDeviceInfo 方法。数据返回后，setState()方法会填充_deviceInfo 变量，并使用设备信息更新 ListTile subtitle。

12.3 实现 iOS 主机端平台通道

主机端负责监听从客户端传入的消息。当消息接收完成后，通道就会查询一个匹配的方法名称、执行调用方法，并返回合适的结果。在 iOS 中，要使用 FlutterMethodChannel 来监听传入消息，它接收两个参数。第一个参数是与客户端相同的平台通道名称——'platformchannel.companyname.com/deviceinfo'。第二个是 FlutterViewController，它是一个 iOS 应用的主 rootViewController。该 rootViewController 就是 iOS 应用窗口的根视图控制器，它可以提供窗口的内容浏览。

```
let flutterViewController: FlutterViewController=window?.rootViewController as!
FlutterViewController
let deviceInfoChannel = FlutterMethodChannel(name: "
platformchannel.companyname.com/deviceinfo ", binaryMessenger: controller)
```

然后要使用 setMethodCallHandler(Future 句柄)来设置一个所匹配方法名的回调函数，该匹配方法可执行 iOS 平台原生代码。完成后，就将结果发送回客户端。

```
deviceInfoChannel.setMethodCallHandler({
    (call: FlutterMethodCall, result: FlutterResult) -> Void in
    // Check for incoming method call name and return a result
})
```

FlutterMethodChannel 和 setMethodCallHandler 都会被放置在 iOS 应用 AppDelegate.swift 文件的 didFinishLaunchingWithOptions 方法中。didFinishLaunchingWithOptions 会负责通知应用代理，该应用的启动过程差不多完成了。

```
override func application(
    _ application: UIApplication,
```

```
    didFinishLaunchingWithOptions launchOptions:
[UIApplicationLaunchOptionsKey: Any]?
) -> Bool {
   // Code
}
```

试一试：创建 iOS 主机端平台通道

在这个示例中，我们希望检索运行中的设备信息，如制造商、设备型号、名称、操作系统，以及其他一些详细信息。iOS 主机端是用 Swift 编写的，以便访问对于 UIDevice 对象的平台 API 调用从而查询设备信息并使用 FlutterMethodChannel 接收来自客户端的通信。一旦消息接收完成，setMethodCallHandler 就会处理请求并返回结果。

在本节中，我们要打开 Xcode 并编辑原生 iOS Swift 代码。

(1) 如果关闭了 Flutter 项目 ch12_platform_channel，则要重新打开它。如图 12.3 所示，单击 Android Studio Tools 菜单栏并选择 Flutter | Open iOS module in Xcode。注意，这一菜单项会选择用 iOS 项目打开 Xcode，不过也可以通过双击位于 ios 文件夹中的 Runner.xcworkspace 文件来手动打开 iOS 项目。编辑 iOS 主机端项目需要安装了 Xcode 的 Mac 计算机。

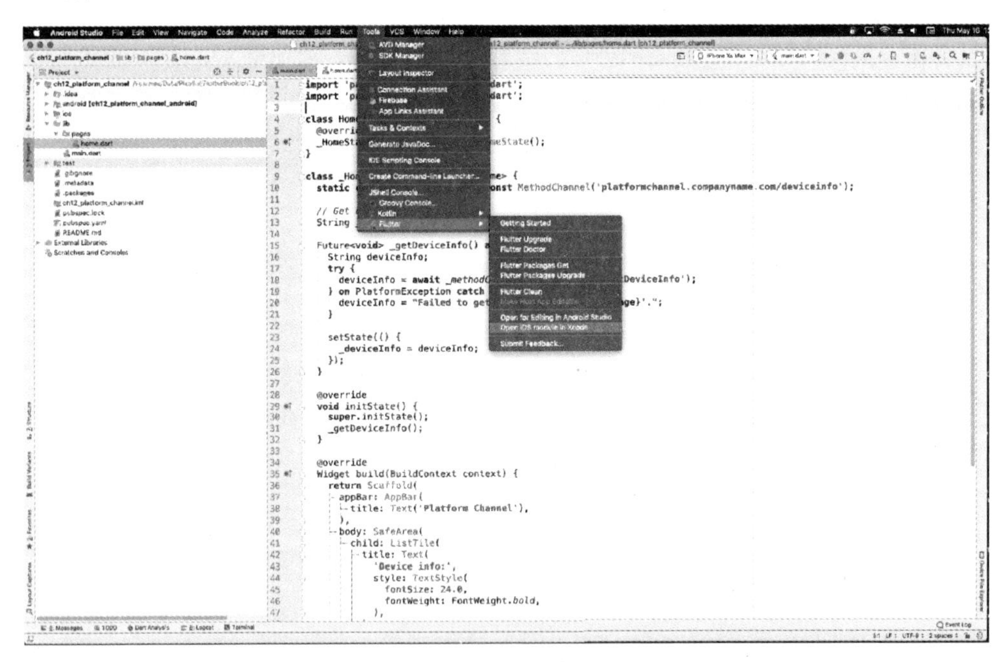

图 12.3　打开项目

(2) 在导航区域左侧单击箭头以展开 Runner 文件夹，然后选择 AppDelegate.swift 文件，如图 12.4 所示。

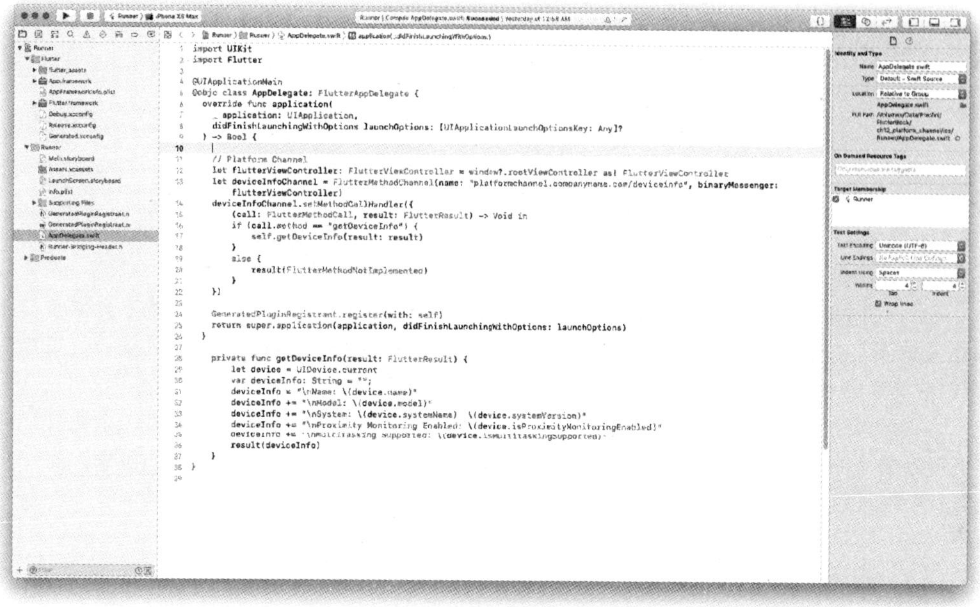

图 12.4　展开 Runner 文件夹

(3) 编辑 didFinishLaunchingWithOptions 方法；需要在 GeneratedPluginRegistrant 调用行之前添加代码。将 flutterViewController 变量声明为 FlutterViewController 并使用 window?.rootViewController as! FlutterViewController 对其进行初始化。

```
        let flutterViewController: FlutterViewController =
window?.rootViewController as! FlutterViewController
```

(4) 在下一行中声明 deviceInfoChannel 变量，需要使用 FlutterMethodChannel 来初始化它。

(5) 对于 FlutterMethodChannel 的第一个参数 name，需要传递 Flutter 通道名称，该名称与客户端声明的名称相同。第二个参数 binaryMessenger 接收 flutterViewController 变量。

```
let deviceInfoChannel = FlutterMethodChannel(name: " platformchannel
.companyname.com/deviceinfo ", binaryMessenger: flutterViewController)
```

(6) 添加 deviceInfoChannel.setMethodCallHandler 以便设置一个回调函数，该回调函数使用 if-else 语句来匹配传入的 getDeviceInfo 的方法名。如果 call.method 匹配(==)getDeviceInfo，则调用 self.getDeviceInfo(result: result)方法(将在下一步创建)，该方法会检索设备信息。

如果 call.method 不匹配传入方法名，else 语句就会返回 result(FlutterMethodNotImplemented)。FlutterMethodNotImplemented 是一个常量，它会响应这一调用，以表明方法未知或尚未实现。

```
deviceInfoChannel.setMethodCallHandler({
    (call: FlutterMethodCall, result: FlutterResult) -> Void in
    if (call.method == "getDeviceInfo") {
```

```
            self.getDeviceInfo(result: result)
        }
        else {
            result(FlutterMethodNotImplemented)
        }
    })
```

(7) 在 didFinishLaunchingWithOptions 方法后，添加 getDeviceInfo(result:FlutterResult)方法，这个方法使用 iOS Swift UIDevice.current 来查询和检索当前设备信息。

(8) 声明 let device 变量，要使用 UIDevice.current 对其进行初始化。let 关键字类似于 Dart final 关键字，它会告知编译器，其值不会发生变化。声明 deviceInfo String 变量并使用双引号("")将其初始化为一个空字符串。

为将结果格式化为 deviceInfo 变量，需要使用\n 字符以便为每段信息开启一个新行。通过使用字符串串联，就可以使用=+号将每一行添加到 deviceInfo 变量。在 Swift 中，在一个 String 内部，需要使用\()字符组合来提取其中表达式的值。图 12.5 显示了结果。

```
private func getDeviceInfo(result: FlutterResult) {
      let device = UIDevice.current
      var deviceInfo: String = ""
      deviceInfo = "\nName: \( device.name )"
      deviceInfo += "\nModel: \(device.model)"
      deviceInfo += "\nSystem: \(device.systemName) \(device.systemVersion)"
      deviceInfo += "\nProximity Monitoring Enabled: \(device.
      isProximityMonitoringEnabled)"
      deviceInfo += "\nMultitasking Supported:
   \(device.isMultitaskingSupported)"
      result(deviceInfo)
}
```

示例说明

在本节关于应用的 iOS 主机端的内容中，我们使用了 FlutterMethodChannel 来监听传入消息。FlutterMethodChannel 需要传入两个参数，也就是 name 和 binaryMessenger。name 参数就是在客户端应用中所声明的 Flutter 通道名 platformchannel.companyname.com/deviceinfo。binaryMessenger 参数就是由 iOS 应用 window?.rootViewController 初始化的 FlutterViewController。

我们使用 setMethodCallHandler 设置了一个回调函数以便使用 if-else 语句来匹配 getDeviceInfo 的传入方法名。如果 call.method 匹配该方法名，则会调用 getDeviceInfo 方法来检索设备信息并且返回一个结果。设备信息是通过查询 UIDevice.current object 来获取的。如果 call.method 不匹配传入的方法名，else 语句就会返回 FlutterMethodNotImplemented。

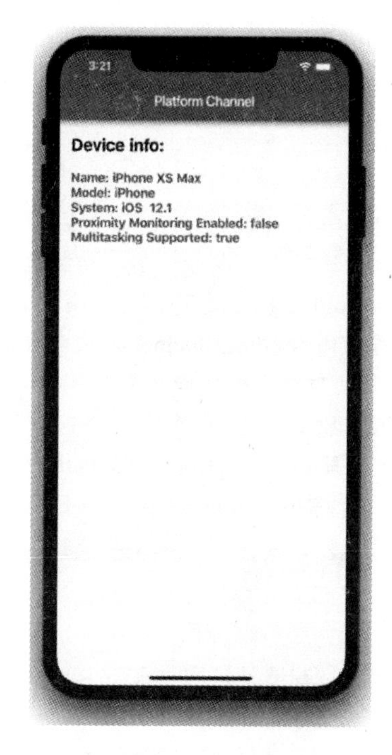

图 12.5　显示结果

12.4　实现 Android 主机端平台通道

主机端负责监听从客户端传入的消息。消息接收完成后，通道就会查询一个匹配的方法名称，执行调用方法，并返回合适的结果。在 Android 中，要使用 MethodChannel 来监听传入消息，它接收两个参数。第一个参数是 flutterView，该参数扩展了 Android 应用界面的 Activity，并通过将 flutterView 变量用作参数来达成与调用 FlutterActivity 类中的 getFlutterView()(FlutterView)方法相同的目的。第二个就是与客户端相同的平台通道名 platformchannel.companyname.com/deviceinfo。

```
private val DEVICE_INFO_CHANNEL = "
platformchannel.companyname.com/deviceinfo "
val methodChannel = MethodChannel(flutterView, DEVICE_INFO_CHANNEL)
```

然后使用 setMethodCallHandler(Future 句柄)设置一个调用所匹配方法名称的回调函数，该方法会执行 Android 平台原生代码。完成后，就会将结果发送到客户端。

```
methodChannel.setMethodCallHandler { call, result ->
    // Check for incoming method call name and return a result
}
```

MethodChannel 和 setMethodCallHandler 都被放置在 Android 应用 MainActivity.kt 文件的

onCreate 方法中。当活动被首次创建时，就会调用 onCreate。

```
override fun onCreate(savedInstanceState: Bundle?) {
  // Code
}
```

试一试：创建 Android 主机端平台通道

在这个示例中，我们希望检索运行中的设备信息，如制造商、设备型号、名称、操作系统，以及其他一些详细信息。Android 主机端是用 Kotlin 编写的，以便访问对于 Build 类的平台 API 调用从而查询设备信息并使用 MethodChannel 接收来自客户端的通信。一旦消息接收完成，setMethodCallHandler 就会处理请求并返回结果。

在本节中，我们要打开 Android Studio 的另一个实例，并且编辑原生的 Android Kotlin 代码。

(1) 如果已经关闭了 Flutter 项目 ch12_platform_channel，则重新打开它。如图 12.6 所示，单击 Android Studio Tools 菜单栏并选择 Flutter | Open for Editing in Android Studio。

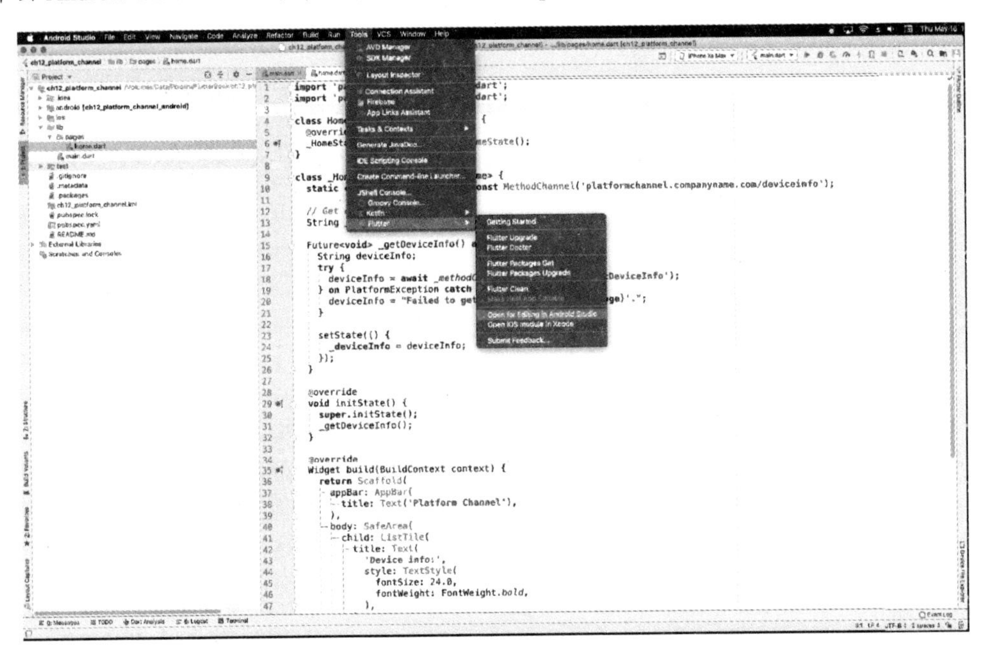

图 12.6　打开项目

(2) 在工具窗口区域(位于左侧)，单击箭头以便展开 app 文件夹，打开 java 文件夹，接着打开 com.domainname.ch12platformchannel 文件夹，然后选择 MainActivity.kt 文件，如图 12.7 所示。注意，domainname 可能会有所不同，这取决于创建 Flutter 项目时所选择的名称。

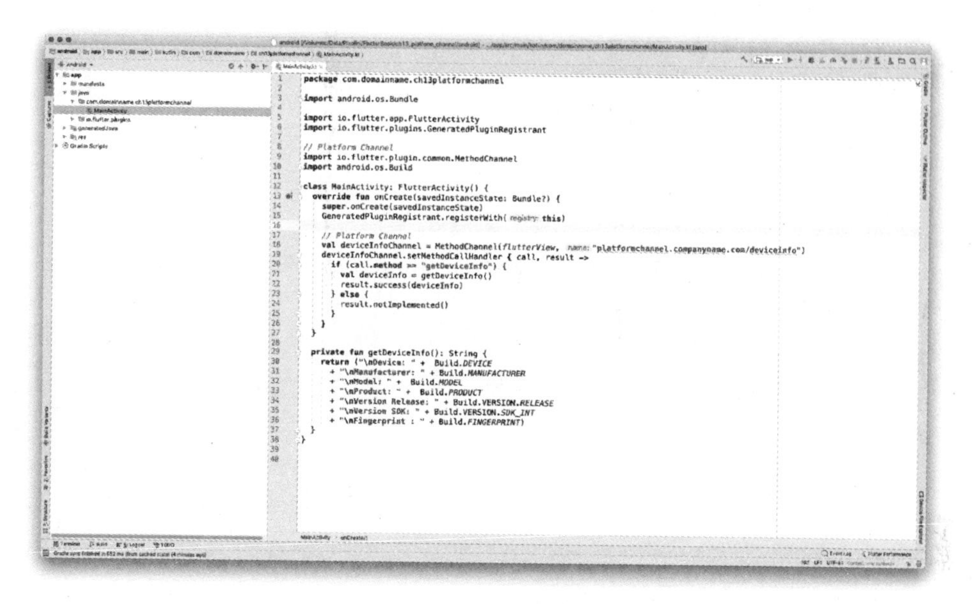

图 12.7　选择文件

(3) 在 MainActivity 类之前添加两个 import 语句。第一个 import 语句要添加对于 MethodChannel 的支持，而第二个则添加对于将 Build 用于查询设备信息的支持。

```
import io.flutter.plugin.common.MethodChannel
import android.os.Build
```

(4) 编辑 onCreate 方法，并且要在 GeneratedPluginRegistrant 调用之后添加代码。声明 deviceInfoChannel 变量，使用 MethodChannel 对其进行初始化。

(5) 对于 MethodChannel 的第一个参数 binaryMessenger，需要传递 flutterView 变量；注意还没有声明这个变量；我们不必声明它，因为它等同于调用 FlutterActivity 类中的 getFlutterView() 方法。

(6) 对于第二个参数，需要传递 Flutter 通道名称 platformchannel.companyname.com/deviceinfo，与客户端中声明的名称相同。

```
  val deviceInfoChannel = MethodChannel(flutterView, " platformchannel
.companyname.com/deviceinfo ")
```

(7) 添加 deviceInfoChannel.setMethodCallHandler 以便设置一个使用 if-else 语句来匹配 getDeviceInfo 的传入方法名的回调函数。如果 call.method 匹配(==)getDeviceInfo，则会调用 getDeviceInfo()方法(将在下一步中创建)，它会检索设备信息，而结果将被保存到 deviceInfo 变量。如果 call.method 没有匹配到传入方法名称，则 else 语句会返回 result.notImplemented()。notImplemented()方法会响应调用，表明该方法未知或尚未实现。

```
deviceInfoChannel.setMethodCallHandler { call, result ->
  if (call.method == "getDeviceInfo") {
```

```
        val deviceInfo = getDeviceInfo()
        result.success(deviceInfo)
    } else {
        result.notImplemented()
    }
}
```

(8) 在 onCreate 方法之后添加 getDeviceInfo(): String 方法，它使用 Android Build 来查询和检索当前设备信息。

为对结果进行格式化，需要使用\n 字符以便为每一段信息开启一个新行。通过使用字符串串联，就可使用+号来添加每一行并返回格式化后的结果。整个字符串串联都用小括号("...")括起。

```
private fun getDeviceInfo(): String {
  return ("\nDevice: " + Build.DEVICE
    + "\nManufacturer: " + Build.MANUFACTURER
    + "\nModel: " + Build.MODEL
    + "\nProduct: " + Build.PRODUCT
    + "\nVersion Release: " + Build.VERSION.RELEASE
    + "\nVersion SDK: " + Build.VERSION.SDK_INT
    + "\nFingerprint : " + Build.FINGERPRINT)
}
```

图 12.8 显示了结果。

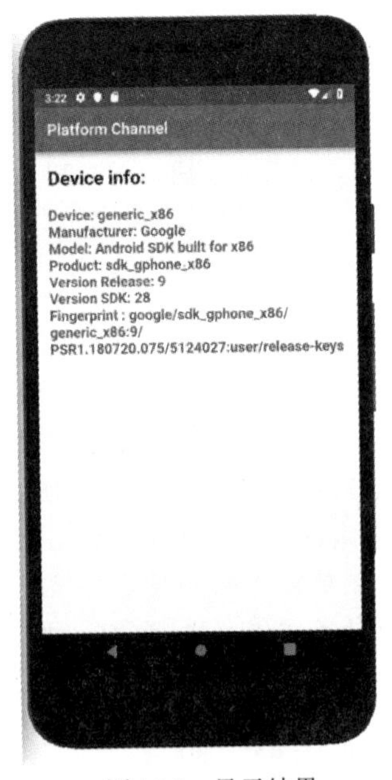

图 12.8　显示结果

示例说明

在本节关于应用的 Android 主机端的内容中，我们使用了 MethodChannel 来监听传入消息。MethodChannel 需要传入两个参数，也就是 binaryMessenger 和 name。binaryMessenger 参数就是 flutterView，它来自于 FlutterActivity 类的 getFlutterView()方法，扩展了 Android 应用界面的 Activity。name 参数就是在客户端应用中所声明的 Flutter 通道名 platformchannel.companyname.com/deviceinfo。

我们使用 setMethodCallHandler 设置了一个回调函数以便使用 if-else 语句来匹配 getDeviceInfo 的传入方法名。如果 call.method 匹配该方法名，则会调用 getDeviceInfo 方法来检索设备信息并返回一个结果。设备信息是通过查询 Build 类来获取的。如果 call.method 没有匹配到传入的方法名，else 语句就会返回 result.notImplemented()。

12.5 本章小结

本章讲解了如何通过实现平台通道来访问特定于 iOS 和 Android 平台的 API 代码并且与之进行通信。平台通道就是让 Flutter 应用(客户端)与 iOS 和 Android(主机端)进行通信(收发消息)的一种方式，以便请求和接收特定于操作系统(OS)的结果。为了让 UI 保持响应并且不被阻塞，客户端和主机端之间的消息都是异步的。

为了从 Flutter 应用(客户端)开始通信，本章介绍了如何使用 MethodChannel 来发送包含方法调用的消息，这些方法会被 iOS 和 Android(主机端)执行。一旦主机端处理完所请求的方法，就会向客户端发送回一个响应，进而可以更新 UI 以便展示响应信息。MethodChannel 使用一个唯一名称，并且使用了应用名称、域名前缀以及任务名称这一组合作为其名称，如 platformchannel.companyname.com/deviceinfo。为开始从客户端进行调用并指定要在主机端执行哪个方法，本章介绍了如何使用 invokeMethod 构造函数，要从 Future 方法内调用该构造函数，因为这些调用都是异步的。

对于 iOS 和 Android 主机端，本章讲解了如何在 iOS 上使用 Flutter FlutterMethodChannel 以及在 Android 上使用 MethodChannel，以便开始接收来自客户端的通信。主机端负责监听来自客户端的传入消息。我们使用了 setMethodCallHandler 以便为传入的匹配方法名设置一个回调函数，从而在特定于平台的原生 API 代码上执行它。当方法执行完毕时，会将结果发送给客户端。

第 13 章将介绍如何使用本地持久化将数据本地保存到设备存储区。

12.6 本章知识点回顾

主题	关键概念
实现 MethodChannel(客户端)	这样就能启用来自 Flutter 应用(客户端)的通信，这是通过发送包含要在 iOS 和 Android(主机端)上执行的方法调用的消息来实现的
实现 invokeMethod(客户端)	这样就能初始化(调用)和指定要在主机端上执行的方法调用
实现 FlutterMethodChannel(iOS 主机端) 实现 MethodChannel(Android 主机端)	这样就能启用来自主机端的通信以便接收方法调用，从而执行特定于平台的 API 代码
实现 setMethodCallHandler(iOS 和 Android 主机端)	这样就会为匹配的传入方法名设置一个回调函数，以便执行特定于平台的 API 代码

第 III 部分

创建可用于生产环境的应用

第13章 使用本地持久化保存数据

本章内容

- 如何在本地持久保存并读取数据?
- 如何使用 JSON 文件格式结构化数据?
- 使用创建模型类来处理 JSON 序列化?
- 如何使用路径提供器包来访问本地 iOS 和 Android 文件系统位置?
- 如何使用国际化包来格式化日期?
- 如何将 Future 类与 showDatePicker 结合使用以便提供一个日历来选择日期?
- 如何使用 Future 类来保存、读取和解析 JSON 文件?
- 如何使用 ListView.separated 构造函数并通过 Divider 对记录进行分隔?
- 如何使用 List ().sort 通过日期对日记条目进行排序?
- 如何使用 textInputAction 自定义键盘操作?
- 如何使用 FocusNode 和 FocusScope 以及键盘 onSubmitted 将指针移动到下一个记录的 TextField?
- 如何使用 Navigator 在一个类中传递和接收数据?

本章将介绍如何从应用启动开始就使用 JSON 文件格式来持久化保存数据——也就是将数据保存到设备的本地存储目录——以及将文件保存到本地 iOS 和 Android 文件系统。JavaScript Object Notation(JSON，JavaScript 对象表示法)是一种常用的开放标准并且独立于语言的文件数据格式，其优点是能提供便于人们阅读的文本。持久化数据是一个两步骤处理过程；首先使用 File 类来保存和读取数据，然后将数据解析为 JSON 格式或从 JSON 格式解析出数据。我们要创建一个使用 File 类的类来处理数据文件的保存和读取。还要创建一个类以便使用 json.encode 和 json.decode 来解析完整的数据列表，同时要创建一个类来提取每一条记录。另外创建一个类来处理操作的传递以及页面之间单独日记条目的传递。

我们要构建一个日记应用，它会将 JSON 数据保存到本地 iOS NSDocumentDirectory 以及 Android AppData 文件系统，并且从中读取 JSON 数据。该应用使用 ListView 来展示按日期排序的日记条目列表，并且要创建一个数据录入界面以便输入日期、心情和笔记。

13.1 理解 JSON 格式

JSON 格式是基于文本的，并且独立于编程语言，这意味着任何一种编程语言都可以使用它。它是在不同程序之间交换数据的一种绝佳方式，因为它是人们可以阅读的文本。JSON 使用了键/值对，并且键是用双引号括起来的，其后是一个冒号，然后才是值，比如"id":"100"。要使用逗号(,)来分隔多个键/值对。表 13.1 显示了一些示例。

表 13.1 键/值对

键	冒号	值
"id"	:	"100"
"quantity"	:	3
"in_stock"	:	true

可以使用的值类型有 Object(对象)、Array(数组)、String(字符串)、Boolean(布尔值)和 Number(数字)。对象是通过大括号({})来声明的，在其中要使用键/值对和数组。通过使用方括号([])来声明数组，在其中要使用键/值或仅使用值。表 13.2 显示了一些示例。

表 13.2 对象和数组

类型	示例

对象	{
	"id": "100",
	"name": "Vacation"
	}

仅包含值的数组	["Family", "Friends", "Fun"]

包含键/值的数组	[
	{
	"id": "100",
	"name": "Vacation"
	},
	{
	"id": "102",
	"name": "Birthday"
	}
	]

(续表)

类型	示例

包含数组的对象	{
	"id": "100",
	"name": "Vacation",
	"tags": ["Family", "Friends", "Fun"]
	}

包含数组的多个对象	{
	"journals":[
	{
	"id":"4710827",
	"mood":"Happy"
	},
	{
	"id":"427836",
	"mood":"Surprised"
	},
	],
	"tags":[
	{
	"id": "100",
	"name": "Family"
	},
	{
	"id": "102",
	"name": "Friends"
	}
	]
	}

以下是一个要为日记应用创建的 JSON 文件示例。JSON 文件用于将日记数据保存到设备本地存储区以及从中读取日记数据，从而应用启动开始就实现数据持久化。需要使用正反大括号来声明一个对象。在对象内部，日记的键包含一个用逗号分隔的对象数组。数组内的每个对象都是一条日记条目，该条目具有声明 id、date、mood 以及 note 的键/值对。id 键的值用于唯一标识每一条日记条目并且不会显示在 UI 中。值的获取方式取决于项目需求；例如，可以使用顺序编号或者通过使用字符与数字来计算一个唯一值(通用唯一标识符[UUID])。

```
{
  "journals":[
```

```
        {
            "id":"470827",
            "date":"2019-01-13 00:27:10.167177",
            "mood":"Happy",
            "note":"Cannot wait for family night."
        },
        {
            "id":"427836",
            "date":"2019-01-12 19:54:18.786155",
            "mood":"Happy",
            "note":"Great day watching our favorite shows."
        },
    ],
}
```

13.2　使用数据库类来写入、读取和序列化 JSON

为了创建可重用代码来处理数据库常规操作，如写入、读取和序列化(编码与解码)数据，我们要将逻辑放在类中。需要创建四个类来处理本地持久化，每个类都负责特定的任务。

- DatabaseFileRoutines 类使用 File 类来检索设备本地文档目录以及保存和读取数据文件。
- Database 类负责对 JSON 文件进行编码和解码以及将其映射到一个 List。
- Journal 类会将每一个日记条目映射到 JSON 以及从中解析这些日记条目。
- JournalEdit 类用于传递一个操作(保存或取消)以及在页面之间传递一个日记条目。

DatabaseFileRoutines 类需要导入 dart:io 库以便使用负责保存和读取文件的 File 类。它还需要导入 path_provider 包来检索文档目录的本地路径。Database 类需要导入 dart:convert 库以便解码和编码 JSON 对象。

本地持久化的第一个任务就是检索数据文件位于设备上的目录路径。本地数据通常存储在应用文档目录中；对于 iOS 而言，这个文件夹的名称是 NSDocumentDirectory，而 Android 的则是 AppData。为访问这些文件夹，需要使用 path_provider 包(Flutter 插件)。我们要调用 getApplicationDocumentsDirectory()方法，它会返回目录以便让我们可以访问 path 变量。

```
Future<String> get _localPath async {
   final directory = await getApplicationDocumentsDirectory();

   return directory.path;
}
```

一旦检索到路径，就可以使用 Flie 类来附加数据文件名以便创建一个 File 对象。需要导入 dart:io 库来使用 File 类，从而提供文件位置的引用。

```
final path = await _localPath;
Final file = File('$path/local_persistence.json');
```

有了 File 对象后，就要使用 writeAsString()方法通过将数据传递为 String 参数来保存文件。为了读取文件，需要使用不带任何参数的 readAsString()方法。注意，文件变量包含文档文件夹路径以及数据文件名。

```
// Write the file
file.writeAsString('$json');
// Read the file
String contents = await file.readAsString();
```

正如 13.1 节所述，需要使用一个 JSON 文件将数据保存到设备本地存储以及从中读取数据。JSON 文件数据被存储为普通文本(字符串)。为将数据保存为 JSON 文件，需要使用序列化将一个对象转换成一个字符串。为从 JSON 文件中读取数据，需要使用反序列化将一个字符串转换成一个对象。使用 json.encode()方法进行序列化，并使用 json.decode()方法对数据反序列化。注意，json.encode()和 json.decode()方法都是来自 dart:convert 库的 JsonCodec 类的一部分。

为了序列化和反序列化 JSON 文件，需要导入 dart:convert 库。在调用 readAsString()方法从存储文件读取数据之后，需要使用 json.decode()或 jsonDecode()函数解析其字符串并返回 JSON 对象。注意，jsonDecode()函数是 json.decode()的缩写形式。

```
// String to JSON object
final dataFromJson = json.decode(str);
// Or
final dataFromJson = jsonDecode(str);
```

为将值转换为一个 JSON 字符串，需要使用 json.encode()或 jsonEncode()函数。注意，jsonEncode()是 json.encode()的缩写形式。选择使用何种方法取决于个人喜好；在本节练习中，我们要使用 json.decode()和 json.encode()。

```
// Values to JSON string
json.encode(dataToJson);
// Or
jsonEncode(dataToJson);
```

13.3　格式化日期

为了格式化日期，需要使用 intl 包(Flutter 插件)以提供国际化和本地化。https://pub.dev/packages/intl 处的 intl 包页面提供了可用日期格式的完整列表。对于我们要达成的目标而言，需要使用 DateFormat 类来帮助我们格式化和解析日期。我们要使用 DateFormat 命名构造函数以便按照规范来格式化日期。为格式化一个日期，如 Jan 13, 2019，需要使用 DateFormat.yMMD()构造函数，然后将日期传递到 format 参数，它会接收一个 DateTime。如果将日期作为 String 传递，则要使用 DateTime.parse()将其转换成 DateTime 格式。

```
// Formatting date examples
print(DateFormat.d().format(DateTime.parse('2019-01-13')));
print(DateFormat.E().format(DateTime.parse('2019-01-13')));
print(DateFormat.y().format(DateTime.parse('2019-01-13')));
print(DateFormat.yMEd().format(DateTime.parse('2019-01-13')));
print(DateFormat.yMMMEd().format(DateTime.parse('2019-01-13')));
print(DateFormat.yMMMMEEEEd().format(DateTime.parse('2019-01-13')));

I/flutter (19337): 13
I/flutter (19337): Sun
I/flutter (19337): 2019
I/flutter (19337): Sun, 1/13/2019
I/flutter (19337): Sun, Jan 13, 2019
I/flutter (19337): Sunday, January 13, 2019
```

为构建额外的自定义日期格式化，可串联并使用 add_*()方法将*号字符替换成所需的格式字符，以便附加和混合多种格式。以下的示例代码显示了如何自定义日期格式：

```
// Formatting date examples with the add_* methods
print(DateFormat.yMEd().add_Hm().format(DateTime.parse('2019-01-13
10:30:15')));
print(DateFormat.yMd().add_EEEE().add_Hms().format(DateTime.parse('2019-01
-13
10:30:15')));

I/flutter (19337): Sun, 1/13/2019 10:30
I/flutter (19337): 1/13/2019 Sunday 10:30:15
```

13.4　对日期列表进行排序

前面讲过如何轻易地格式化日期，但如何对日期进行排序呢？我们将要创建的日记应用需要展示日记条目列表，如果能够展示按照日期排序的列表就会带来极佳体验。具体而言，我们希望对日期进行排序以便将最新的条目显示在最前面并将最旧的条目显示在最后，这被称为 DESC(降序)排序。日记条目是从一个 List 中展示的，为了对它们进行排序，需要调用 List().sort()方法。

List 是通过函数指定的顺序来排序的，该函数充当了一个 Comparator，它会比较两个值并评估它们是相同还是一个大于另一个——比如表 13.3 中的日期 2019-01-20 和 2019-01-22。Comparator 函数会将一个整数返回为负数、零或正数。如果比较结果(例如 2019-01-20 > 2019-01-22)为 true，则返回 1；如果比较结果为 false，则返回-1；其他情况(当值相等时)返回 0。

表 13.3　对日期进行排序

比较	true	相同	false
date2.compareTo(date1)	1	0	-1
2019-01-20 > 2019-01-22			-1
2019-01-20 < 2019-01-22	1		
2019-01-22 = 2019-01-22		0	

接下来讲解如何使用以下排序以及根据 DESC 日期排序的实际 DateTime 值。注意，为了按照 DESC 排序，需要使用第二个日期作为开始，将其与第一个日期进行比较，就像这样：comp2.date.compareTo(comp1.date)。

```
_database.journal.sort((comp1, comp2) => comp2.date.compareTo(comp1.date));

// Results from print() to the log
I/flutter (10272): -1 - 2019-01-20 15:47:46.696727 - 2019-01-22 17:02:47.678590
I/flutter (10272): -1 - 2019-01-19 15:58:23.013360 - 2019-01-20 15:47:46.696727
I/flutter (10272): -1 - 2019-01-19 13:04:32.812748 - 2019-01-19 15:58:23.013360
I/flutter (10272): 1 - 2019-01-22 17:21:12.752577 - 2018-01-01 16:43:05.598094
I/flutter (10272): 1 - 2019-01-22 17:21:12.752577 - 2018-12-25 02:40:55.533173
I/flutter (10272): 1 - 2019-01-22 17:21:12.752577 - 2019-01-16 02:40:13.961852
```

这里希望向大家展示一种相较于之前代码更麻烦一些的方式，以表明如何获取比较结果。

```
_database.journal.sort((comp1, comp2) {
    int result = comp2.date.compareTo(comp1.date);
    print('$result - ${comp2.date} - ${comp1.date}');
    return result;
});
```

如果想要按照 ASC(升序)顺序对日期进行排序，则可将该比较语句转变为从 comp1.date 开始与 comp2.date 进行比较。

```
_database.journal.sort((comp1, comp2) => comp1.date.compareTo(comp2.date));
```

13.5　使用 FutureBuilder 检索数据

在移动应用中，检索或处理数据时不阻塞 UI 是很重要的。第 3 章中讲解过如何使用 Future 来检索未来某个时间点才可用的可能值。将 FutureBuilder Widget 与 Future 结合使用，就可以检索最新的数据而不会阻塞 UI。需要设置的三个主要属性是 initialData、future 以及 builder。

- initialData：初始化要在检索到快照之前显示的数据。

示例代码：

```
[]
```

- future：调用一个 Future 异步方法以便检索数据。

示例代码：

```
_loadJournals()
```

- builder：builder 属性提供了 BuildContext 和 AsyncSnapshot(检索到的数据以及连接状态)。AsyncSnapshot 会返回一个数据快照，还可检查 ConnectionState 以便获取关于数据检索处理的状态。

示例代码：

```
(BuildContext context, AsyncSnapshot snapshot)
```

- AsyncSnapshot：提供最新数据以及连接状态。注意，所提供的数据是不可变并且只读的。为了检查是否返回了数据，需要使用 snapshot.hasData。为了检查连接状态，需要使用 snapshot.connectionState 来查看状态是 active、waiting、done 还是 none。还可使用 snapshot.hasError 属性来检查错误。

示例代码：

```
builder: (BuildContext context, AsyncSnapshot snapshot) {

return !snapshot.hasData

? CircularProgressIndicator()

: _ buildListView(snapshot);

},
```

下面是一些 FutureBuilder()示例代码：

```
FutureBuilder(
    initialData: [],
    future: _loadJournals(),
    builder: (BuildContext context, AsyncSnapshot snapshot) {
       return !snapshot.hasData
          ? Center(child: CircularProgressIndicator())
          : _buildListViewSeparated(snapshot);
    },
),
```

13.6　构建日记应用

我们要构建一个日记应用，该应用需要从应用启动开始就对数据进行持久化。这些数据被存储为 JSON 对象，并且我们需要跟踪每一个日记条目的 id、date、mood 以及 note(图 13.1)。正如 13.1 节所述，id 键值是唯一的，用于标识每一个日记条目。后台会使用 id 键来选择日记条目，它不会在 UI 中显示。根对象是一个键/值对，其中键名称为'journal'，而值是包含每一个日记条目的对象数据。

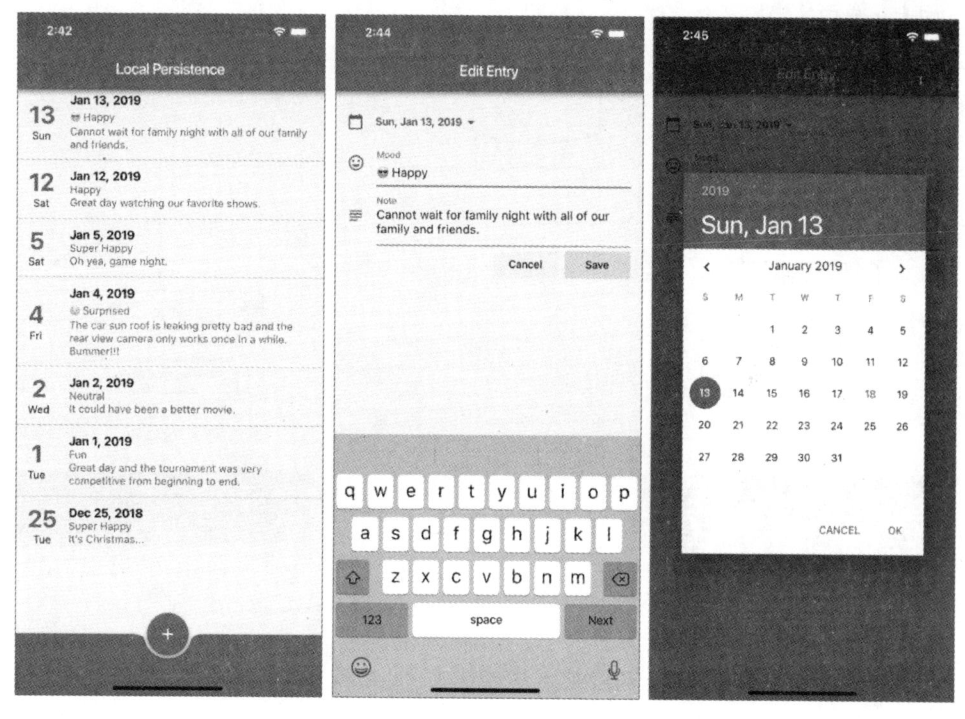

图 13.1　日记应用

该应用具有两个单独的页面；主呈现页使用一个按照 DESC 日期排序的 ListView，这意味着最后输入的记录排在最前面。我们利用这个 ListTile Widget 来格式化记录 List 的显示方式。第二个页面是日记条目详情，其中使用了一个日期选择器以便从日历中选择一个日期，该页面还有一个 TextField Widget 用于输入 mood 和 note 数据。我们要创建一个包含多个类的数据库 Dart 文件来处理文件日常操作、数据库 JSON 解析，还要创建一个 Journal 类来处理单独的记录，另外要创建一个 JournalEdit 类用于在页面之间传递数据和操作。

图 13.2 显示了日记应用的概要视图，其中详细描述了数据库类是如何用在 Home 和 Edit 页面中的。

日记应用概览

我们要通过四个试一试练习来创建这个应用：

构建日记应用的基础： 在第一部分中，我们要将 path_provider 和 intl 包添加到

pubspec.yaml 文件并使用基础结构的 Widget 来设置 home.dart 页面。

创建日记数据库类：第二个练习重点是创建包含各个类的 database.dart 文件，以便处理文件日常操作、数据库解析以及 Journal 类。

创建日记条目页：第三个练习要构建 edit_entry.dart 文件以便处理日记条目的创建和编辑并且从日期选择器中选择日期。

完成日记主页面：第四个练习要完成 home.dart 页面，它依赖于 database.dart 文件，这是通过添加逻辑以便构建 ListView 并对数据进行保存、读取和排序，以及将数据传递到日记编辑页面来完成的。

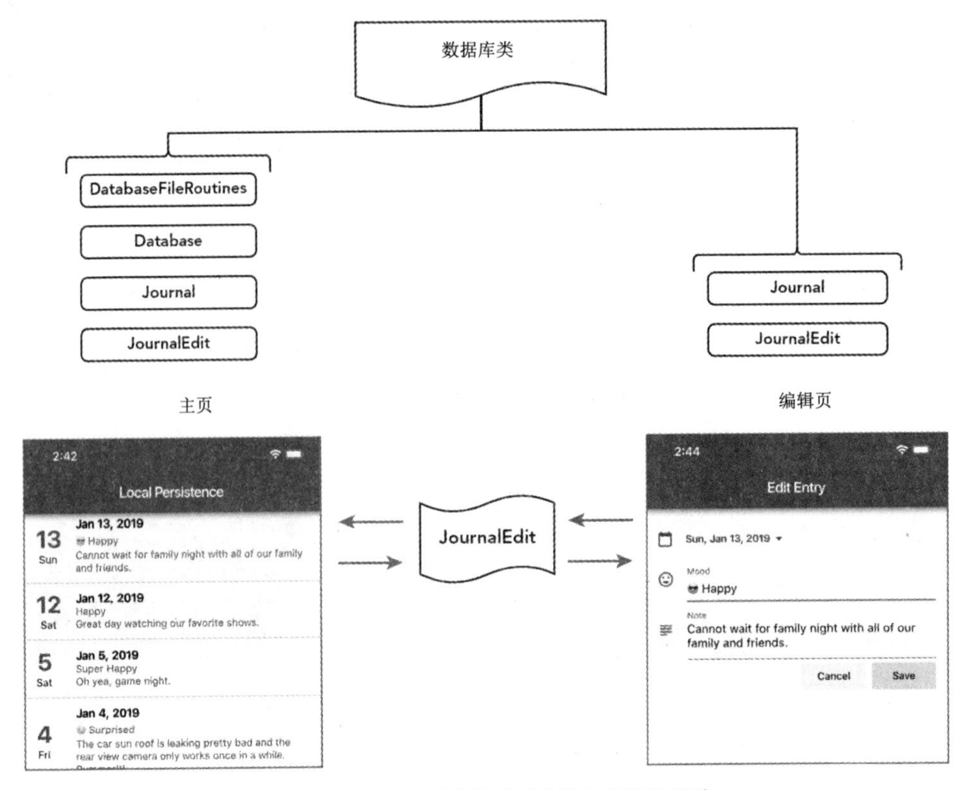

图 13.2 日记应用主页和编辑页中数据库类的关系

试一试：构建日记应用的基础

在这一系列步骤中，我们要为日记应用进行一些必要的设置，这些设置将在本章后续“试一试”部分完成构建。

(1) 创建一个新的 Flutter 项目并将其命名为 ch13_local_persistence。可以遵循第 4 章中的处理步骤。对于这个项目而言，仅需要创建 pages 和 classes 文件夹。

(2) 打开 pubspec.yaml 文件以便添加资源。在 dependencies:部分，需要添加 path_provider: ^1.1.0 以及 intl: ^0.15.8 声明。注意，实际使用的版本可能更高。

```
dependencies:
```

```
  flutter:
    sdk: flutter

  # The following adds the Cupertino Icons font to your application.
  # Use with the CupertinoIcons class for iOS style icons.
  cupertino_icons: ^0.1.2

  path_provider: ^1.1.0
  intl: ^0.15.8
```

(3) 单击 Save 按钮。根据所使用的编辑器，将自动运行 flutter packages get，运行完成之后，就会显示 Process finished with exit code 0 这条消息。如果没有自动运行该命令，则可打开 Terminal 窗口(位于编辑器底部)并输入 flutter packages get。

(4) 打开 main.dart 文件。为 ThemeData 添加 bottomAppBarColor 属性并将颜色设置为 Colors.blue。

```
return MaterialApp(
    debugShowCheckedModeBanner: false,
    title: 'Local Persistence',
    theme: ThemeData(
        primarySwatch: Colors.blue,
        bottomAppBarColor: Colors.blue,
    ),
    home: Home(),
);
```

(5) 打开 home.dart 文件并向 body 添加一个 FutureBuilder()。FutureBuilder() initialData 属性是一个使用中括号([])创建的空 List。future 属性会调用稍后介绍的“完成日记主页面”练习中所创建的 _loadJournals() Future 方法。对于 builder 属性，需要返回一个 CircularProgressIndicator()，如果 snapshot.hasData 为 false，则表明还没有返回任何数据。否则，就要调用_buildListViewSeparated(snapshot)方法来构建显示日记条目的 ListView。

正如 13.5 节中所述，AsyncSnapshot 会返回一份数据快照。该快照是不可变的，这意味着它是只读的。

```
body: FutureBuilder(
    initialData: [],
    future: _loadJournals(),
    builder: (BuildContext context, AsyncSnapshot snapshot) {
    return !snapshot.hasData
      ? Center(child: CircularProgressIndicator())
      : _buildListViewSeparated(snapshot);
    },
),
```

(6) 在 body 属性之后，添加 bottomNavigationBar 属性并将其设置为 BottomAppBar()。将 shape 设置为 CircularNotchedRectangle()并将 child 设置为 24.0 像素的 Padding。添加 floatingActionButtonLocation 属性并将其设置为 FloatingActionButtonLocation.centerDocked。

```
bottomNavigationBar: BottomAppBar(
    shape: CircularNotchedRectangle(),
    child: Padding(padding: const EdgeInsets.all(24.0)),
),
floatingActionButtonLocation: FloatingActionButtonLocation.centerDocked,
```

(7) 添加 floatingActionButton 属性并将其设置为 FloatingActionButton()。通常 BottomAppBar()用于显示一行 Widget 以供选择，不过对于这个应用而言，需要使用它来实现漂亮的外观，这是通过将其与 FloatingActionButton 一起使用以便显示一个凹槽来实现的。FloatingActionButton 负责添加新的日记条目。将 FloatingActionButton() child 属性设置为 Icon(Icons.add)，以便显示一个加号来传达添加一个新日记条目的操作。

```
floatingActionButton: FloatingActionButton(
    tooltip: 'Add Journal Entry',
    child: Icon(Icons.add),
),
```

(8) 将 FloatingActionButton() onPressed 属性设置为一个 async 回调函数，它会调用 _addOrEditJournal()方法。添加对于_addOrEditJournal()方法的调用，该方法接收三个参数：add、index 和 journal。在“完成日记主页面”练习中，我们要创建依赖 database.dart 创建的方法。

当用户触碰这个按钮时，就会添加一个新的条目，这就是将参数 add 传递为 true、index 传递为-1，以及 journal 传递为空 Journal(类)条目的原因。由于还要使用同一方法来编辑一个条目(用户触碰 ListView，最后一个练习中将进行介绍)，所以还要将参数 add 传递为 false，index 传递为 ListView 中的条目 index，并将 journal 传递为所选的 Journal。

```
bottomNavigationBar: BottomAppBar(
    shape: CircularNotchedRectangle(),
    child: Padding(padding: const EdgeInsets.all(24.0)),
),
floatingActionButtonLocation: FloatingActionButtonLocation.centerDocked,
floatingActionButton: FloatingActionButton(
    tooltip: 'Add Journal Entry',
    child: Icon(Icons.add),
    onPressed: () {
      _addOrEditJournal(add: true, index: -1, journal: Journal());
    },
),
```

最终效果如图 13.3 所示。

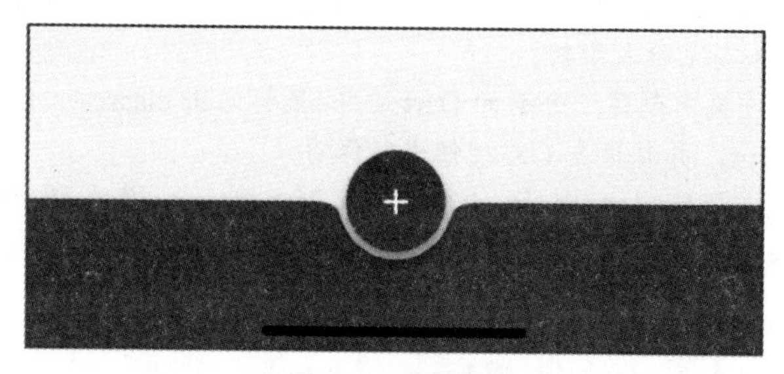

图 13.3　最终效果

示例说明

我们为 pubspec.yaml 文件声明了 path_provider 和 intl 包。path_provider 提供了对于本地 iOS 和 Android 文件系统位置的访问，而 intl 提供了格式化日期的能力。我们为 body 属性添加了 FutureBuilder，它会调用一个 Future async 方法来返回数据，我们将在练习“完成日记主页面”中实现它。

我们添加了 BottomAppBar 并使用 FloatingActionButtonLocation 将 FloatingActionButton 停靠在底部中心上。FloatingActionButton onPressed()事件被标记为 async 以便调用 _addOrEditJournal()方法来添加一个新的日记条目。我们要在“完成日记主页面”练习中实现 _addOrEditJournal()方法。

13.6.1　添加日记数据库类

我们要创建四个单独的类来处理数据库日常操作和序列化以便管理日记数据。每一个类都要负责处理特定的代码逻辑，以实现代码的可重用性。这四个数据库类共同负责将 JSON 对象写入(保存)、编码到 JSON 文件，并且从中读取和解码 JSON 对象。

- DatabaseFileRoutines 类会处理设备本地文档目录路径的获取并使用 File 类来保存和读取数据库文件。要通过导入 dart:io 库来使用 File 类，并且为了获取文档目录路径，需要导入 path_provider 包。
- Database 类会处理 JSON 对象的解码和编码，并将它们转换为日记条目的 List。我们要调用 databaseFromJson 来读取和解析 JSON 对象。需要调用 databaseToJson 来保存和解析为 JSON 对象。Database 类会返回由 Journal 类的 List(即 List<Journal>)构成的 journal 变量。dart:convert 库用于对 JSON 对象进行解码和编码。
- Journal 类会处理每个日记条目的 JSON 对象的解码和编码。Journal 类包含存储为 String 的 id、date、mood 以及 note 日记条目字段。
- JournalEdit 类会处理页面之间个体日记条目的传递。JournalEdit 类包含 action 和 journal 变量。action 变量用于跟踪是否按下了 Save 或 Cancel 按钮。journal 变量包含单独的日记条目，因为 Journal 类包含 id、date、mood 和 note 变量。

试一试：创建日记数据库类

本节将创建 DatabaseFileRoutines、Database、Journal 和 JournalEdit 类。注意，默认构造函数使用大括号({})来实现命名参数。

(1) 在 classes 文件夹中创建一个新的 Dart 文件。鼠标右击 classes 文件夹，选择 New | Dart File，输入 database.dart，并且单击 OK 按钮进行保存。

(2) 导入 path_provider.dart 包和 dart:io 与 dart:convert 库。添加新的一行并创建 DatabaseFileRoutines 类。

```
import 'package:path_provider/path_provider.dart'; // Filesystem locations
import 'dart:io'; // Used by File
import 'dart:convert'; // Used by json

class DatabaseFileRoutines {

}
```

(3) 在 DatabaseFileRoutines 类中，添加_localPath async 方法，该方法会返回一个 Future<String>，这就是文档目录路径。

```
Future<String> get _localPath async {
   final directory = await getApplicationDocumentsDirectory();

   return directory.path;
}
```

(4) 添加_localFile async 方法，它会返回一个 Future<File>，其中包含对 local_persistence.json 文件的引用，也就是结合了文件名的路径。

```
Future<File> get _localFile async {
   final path = await _localPath;

   return File('$path/local_persistence.json');
}
```

(5) 添加 readJournals() async 方法，它会返回一个包含 JSON 对象的 Future<String>。使用一个 try-catch 以防读取文件时出现问题。

```
Future<String> readJournals() async {
  try {
     } catch (e) {
  }
}
```

(6) 使用 file.existsSync()检查文件是否存在；如果不存在，则要通过调用 writeJournals ('{"journals": []} ')方法并为其传递一个空的日记对象来创建它。接着调用 file.readAsString()

来加载文件内容。

```
Future<String> readJournals() async {
  try {
    final file = await _localFile;

    if (!file.existsSync()) {
    print("File does not Exist: ${file.absolute}");
    await writeJournals('{"journals": []}');
  }

  // Read the file
  String contents = await file.readAsString();

  return contents;
 } catch (e) {
  print("error readJournals: $e");
  return "";
 }
}
```

(7) 添加 writeJournals(String json) async 方法，它会返回一个 Future<File>以便将 JSON 对象保存到文件。

```
Future<File> writeJournals(String json) async {
  final file = await _localFile;

  // Write the file
  return file.writeAsString('$json');
}
```

(8) 在 DatabaseFileRoutines 类中，继续创建两个调用 Database 类的方法，以便为整个数据库处理 JSON 解码和编码。创建 databaseFromJson(String str)方法，可通过为其传递 JSON 字符串来返回一个 Database。通过使用 json.decode(str)，就可解析 JSON 字符串并返回一个 JSON 对象。

```
// To read and parse from JSON data - databaseFromJson(jsonString);
Database databaseFromJson(String str) {
  final dataFromJson = json.decode(str);
  return Database.fromJson(dataFromJson);
}
```

(9) 创建返回一个 String 的 databaseToJson(Database data)方法。通过使用 json.encode (dataToJson)，就可将值解析为 JSON 字符串。

```
// To save and parse to JSON Data - databaseToJson(jsonString);
String databaseToJson(Database data) {
  final dataToJson = data.toJson();
  return json.encode(dataToJson);
}
```

(10) 创建 Database 类，要声明的第一项就是 List <Journal>类型的 journal 变量，这意味着它包含一个日记列表。Journal 类包含每一条记录，我们将在步骤 13 中创建它。使用命名参数 this.journal 变量来声明 Database 构造函数。注意，这里要使用大括号({})来声明构造函数命名参数。

```
class Database {
    List<Journal> journal;

    Database({
       this.journal,
    });
}
```

(11) 为检索以及将 JSON 对象映射到 List<Journal>(Journal 类列表)，需要创建 factory Database.fromJson()命名构造函数。注意，这个 factory 构造函数并不总是会创建一个新的实例，而可能从缓存中返回一个实例。该构造函数接收 Map<String, dynamic>参数，该参数使用 dynamic 值来映射 String 键，也就是 JSON 键/值对。该构造函数会返回 List<Journal>，这是通过使用 JSON 'journals'键对象并从 Journal 类中对其进行映射来实现的，这个 Journal 类会将 JSON 字符串解析为 Journal 对象，其中包含每个字段，如 id、date、mood 和 note。

```
factory Database.fromJson(Map<String, dynamic> json) => Database(
    journal: List<Journal>.from(json["journals"].map((x) =>
Journal.fromJson(x))),
);
```

(12) 为将 List<Journal>转换为 JSON 对象，需要创建 toJson 方法，它可将每一个 Journal 类解析成 JSON 对象。

```
Map<String, dynamic> toJson() => {
    "journals": List<dynamic>.from(journal.map((x) => x.toJson())),
};
```

以下是完整的 Database 类。

```
class Database {
    List<Journal> journal;

    Database({
       this.journal,
```

```
    });

    factory Database.fromJson(Map<String, dynamic> json) => Database(
      journal: List<Journal>.from(json["journals"].map((x) =>
Journal.fromJson(x))),
    );

    Map<String, dynamic> toJson() => {
      "journals": List<dynamic>.from(journal.map((x) => x.toJson())),
    };
}
```

(13) 创建 Journal 类并且声明 String 类型的 id、date、mood 和 note 变量。使用命名参数 this.id、this.date、this.mood 和 this.note 变量来声明 Journal 构造函数。注意，这里用大括号({})来声明构造函数命名参数。

```
class Journal {
    String id;
    String date;
    String mood;
    String note;

    Journal({
      this.id,
      this.date,
      this.mood,
      this.note,
    });
}
```

(14) 为检索以及将 JSON 对象转换成一个 Journal 类，需要创建 factory Journal.fromJson() 命名构造函数。该构造函数接收 Map<String, dynamic>参数，会使用 dynamic 值来映射 String 键，也就是 JSON 键/值对。

```
factory Journal.fromJson(Map<String, dynamic> json) => Journal(
    id: json["id"],
    date: json["date"],
    mood: json["mood"],
    note: json["note"],
);
```

(15) 为了将 Journal 类转换成一个 JSON 对象，需要创建将 Journal 类转换成 JSON 对象的 toJson()方法。

```
Map<String, dynamic> toJson() => {
```

```
    "id": id,
    "date": date,
    "mood": mood,
    "note": note,
};
```

下是完整的 Journal 类:

```
class Journal {
    String id;
    String date;
    String mood;
    String note;

    Journal({
      this.id,
      this.date,
      this.mood,
      this.note,
    });

    factory Journal.fromJson(Map<String, dynamic> json) => Journal(
      id: json["id"],
      date: json["date"],
      mood: json["mood"],
      note: json["note"],
    );

    Map<String, dynamic> toJson() => {
      "id": id,
      "date": date,
      "mood": mood,
      "note": note,
    };
}
```

(16) 创建 JournalEdit 类，它负责在页面之间传递 action 和 journal 条目。添加一个 String action 变量以及一个 Journal journal 变量。添加默认的 JournalEdit 构造函数。

```
class JournalEdit {
    String action;
    Journal journal;
    JournalEdit({this.action, this.journal});
}
```

示例说明

我们创建了一个 database.dart 文件，它包含四个类以便处理本地持久化的序列化以及反序列化。

DatabaseFileRoutines 类会通过 path_provider 包来处理设备的本地文档目录路径的定位。我们通过导入 dart:io 库从而使用 File 类来处理数据库文件的保存和读取。该文件是基于文本的，它包含 JSON 对象的键值对。

Database 类使用 json.encode 和 json.decode 来序列化和反序列化 JSON 对象，这是通过导入 dart:convert 库来实现的。我们使用 Database.fromJson 命名构造函数来检索以及将 JSON 对象映射为 List<Journal>。使用 toJson()方法将 List<Journal>转换成 JSON 对象。

Journal 类负责通过 String id、date、mood 和 note 变量来跟踪个体日记条目。使用 Journal.fromJson()命名构造函数来接收 Map<String, dynamic>参数，它会用 dynamic 值来映射 String 键，也就是 JSON 键/值对。使用 toJson()方法将 Journal 类转换成 JSON 对象。

JournalEdit 类用于在页面之间传递数据。我们声明了一个 String action 变量和一个 Journal journal 变量。action 变量会传递一项操作以便进行 Save 或 Cancel，从而编辑一个条目。我们将在“创建日记条目页”和“完成日记主页面”练习中使用 JournalEdit 类。journal 变量会传递日记条目值。

13.6.2　添加日记条目页

条目页负责添加和编辑一个日记条目。大家可能会问，它如何知道何时添加或编辑一个当前条目呢？出于这个原因，我们在 database.dart 文件中创建了 JournalEdit 类——以便可以重用同一页面来满足不同目的。条目页扩展了一个 StatefulWidget，它具有包含 add、index 和 journalEdit 这三个参数的构造函数(表 13.4)。注意，index 参数用于从 Home 页跟踪日记数据库列表中的所选日记条目位置。不过，如果创建了一个新的日记条目，那么它还不会位于列表中，因此会传递-1 这个值作为替代。任意零及大于零的索引数字都意味着日记条目已经存在于列表中。

表 13.4　EditEntry 类构造函数参数

变量	描述和值
final bool add	如果 add 变量值为 true，则意味着在添加一条新的日记。如果其值为 false，则在编辑一个日记条目
final int index	如果 index 变量值为-1，则表明在添加一个新的日记条目。如果其值为 0 或比 0 大，则在编辑一个日记条目，并且需要跟踪 List<Journal>中的索引位置
final JournalEdit journalEdit String action Journal journal	JournalEdit 类会传递两个值。action 值为 Save 或 Cancel。journal 变量会传递整个 Journal 类，它由 id、date、mood 和 note 值构成

条目页包含 Cancel 和 Save 按钮，它们会使用 onPressed()方法调用一项操作(表 13.5)。onPressed()方法会向 Home 页发送回 JournalEdit 类，这个类具有合适的值，其值取决于按下

哪个按钮。

表 13.5 Save 或 Cancel FlatButton

onPressed()	结果
Cancel	JournalEdit action 变量被设置为 Cancel，并且会使用 Navigator.pop(context, _journalEdit)将这个类传递回 Home 页。 Home 页会检索值并且不会采取任何操作，因为编辑动作已经被取消
Save	JournalEdit action 变量被设置为 Save，并使用当前 Journal 类的 id、date、mood 和 note 值来设置 journal 变量。如果 add 值等于 true，则表明在添加一个新条目，将生成一个新的 id 值。如果 add 值等于 false，则表明在编辑一个条目，就会使用当前日记 id。 Home 页会检索值并且使用接收到的值来执行 Save 逻辑

为了让用户容易选择一个日期，需要使用内置的日期选择器来提供一个日历。为了显示该日历，需要调用 showDatePicker()函数(表 13.6)并传递四个参数：context、initialDate、firstDate 和 lastDate(图 13.4)。

表 13.6 showDatePicker

属性	值
Context	传递 BuildContext 作为上下文
InitialDate	传递日历中高亮和选中的日记日期
FirstDate	可供在日历中选择的距当天日期最老的日期范围
lastDate	可供在日历中选择的距当天日期最新的日期范围

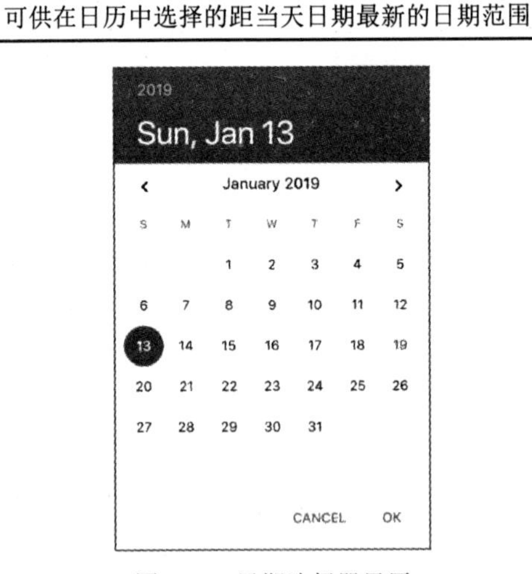

图 13.4 日期选择器日历

一旦检索到日期，则要使用 DateFormat.yMMMEd()构造函数将其显示成 Sun, Jan 13, 2018 这样的格式。如果希望显示一个时间选择器，则要调用 showTimePicker()方法并传递 context 和 initialTime 参数。

第 6 章中介绍过如何使用带有 TextFormField 的 Form 来创建一个条目表单。现在我们要使用另一种不带 Form 而是使用包含 TextEditingController 的 TextField 的方法。现在将介绍如何使用 TextField TextInputAction 以及 FocusNode 来自定义键盘操作按钮以便执行一项自定义操作(图 13.5)。键盘操作按钮位于空格键右侧。接下来还会介绍如何使用 TextCapitalization 来自定义 TextField 大写选项，TextCapitalization 可以配置键盘如何对单词、语句和字符设置大写；其设置分为 words、sentences、characters 或 none(默认设置)。

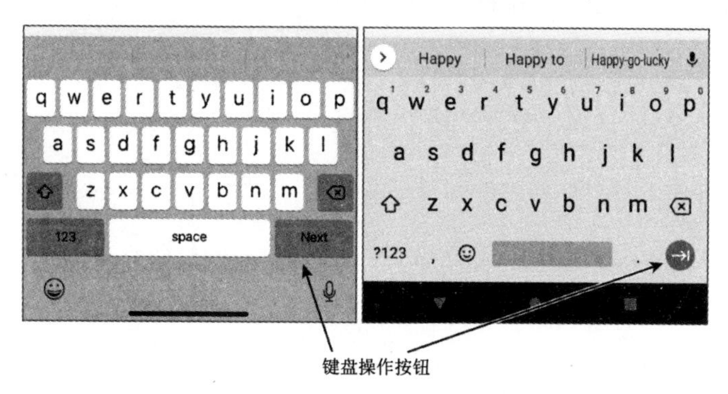

图 13.5　用于 iOS 和 Android 的键盘操作按钮

试一试：创建日记条目页

本节将创建 EditEntry StatefulWidget，它包含接收参数 add、index 以及 journalEdit 的构造函数。注意，默认的构造函数使用大括号({})来实现命名参数。图 13.6 就是我们要创建的最终日记条目页。

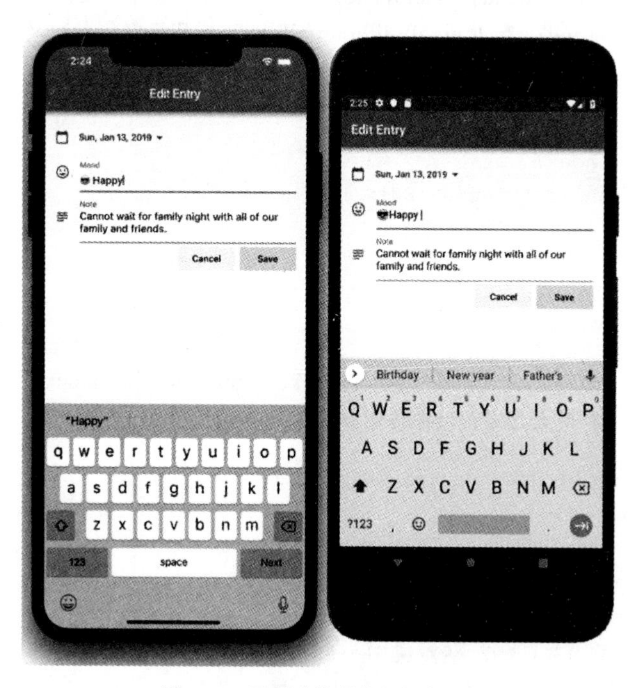

图 13.6　要创建的最终日记条目页

(1) 在 pages 文件夹中创建一个新的 Dart 文件。鼠标右击 pages 文件夹，选择 New | Dart File，输入 edit_entry.dart，并且单击 OK 按钮进行保存。

(2) 导入 material.dart 类、database.dart 类、intl.dart 包和 dart:math 库。添加新的一行并且创建扩展 StatefulWidget 的 EditEntry 类。

```
import 'package:flutter/material.dart';
import 'package:ch13_local_persistence/classes/database.dart';
import 'package:intl/intl.dart'; // Format Dates
import 'dart:math'; // Random() numbers

class EditEntry extends StatefulWidget {
  @override
  _EditEntryState createState() => _EditEntryState();
}

class _EditEntryState extends State<EditEntry> {
  @override
  Widget build(BuildContext context) {
    return Container();
  }
}
```

(3) 在 class EditEntry extends StatefulWidget {之后和@override 之前，添加三个变量，它们分别是 bool add、int index 和 JournalEdit journalEdit，并且将它们标记为 final。

```
class EditEntry extends StatefulWidget {
  final bool add;
  final int index;
  final JournalEdit journalEdit;

  @override
  _EditEntryState createState() => _EditEntryState();
}
```

(4) 添加 EditEntry 构造函数，其中包含 Key key、this.add、this.index 以及 this.journalEdit 作为命名参数，并且要用大括号({})将它们括起来。

```
class EditEntry extends StatefulWidget {
  final bool add;
  final int index;
  final JournalEdit journalEdit;

  const EditEntry({Key key, this.add, this.index, this.journalEdit})
    : super(key: key);
```

```
    @override
    _EditEntryState createState() => _EditEntryState();
}
```

(5) 修改_EditEntryState 类并且添加私有的 JournalEdit _journalEdit、String _title 以及 DateTime _selectedDate 变量。注意，该私有_journalEdit 变量是由传递到 EditEntry 构造函数的 JournalEdit 类的值来填充的。

```
class _EditEntryState extends State<EditEntry> {
    JournalEdit _journalEdit;
    String _title;
    DateTime _selectedDate;

    @override
    Widget build(BuildContext context) {
      return Container();
    }
}
```

(6) 心情(mood)和笔记(note)使用 TextField Widget，这要求 TextEditingController 对值进行访问和修改。添加_moodController 和_noteController TextEditingController 变量并使用 TextEditingController()构造函数对它们进行初始化。注意，这个控制器会将 null 值作为空字符串处理。

```
class _EditEntryState extends State<EditEntry> {
    JournalEdit _journalEdit;
    String _title;
    DateTime _selectedDate;
    TextEditingController _moodController = TextEditingController();
    TextEditingController _noteController = TextEditingController();

    @override
    Widget build(BuildContext context) {
         return Container();
    }
}
```

(7) 声明_moodFocus 和_noteFocus FocusNode 变量并使用 FocusNode()构造函数对它们进行初始化。在步骤(30)和(31)中需要使用 FocusNode 和 TextInputAction 来自定义键盘操作按钮。

```
class _EditEntryState extends State<EditEntry> {
    JournalEdit _journalEdit;
    String _title;
```

```
    DateTime _selectedDate;
    TextEditingController _moodController = TextEditingController();
    TextEditingController _noteController = TextEditingController();
    FocusNode _moodFocus = FocusNode();
    FocusNode _noteFocus = FocusNode();

    @override
    Widget build(BuildContext context) {
       return Container();
    }
 }
```

(8) 重写 initState()，并且使用传递到 EditEntry 构造函数的值来初始化变量，要确保添加 super.initState()。

```
@override
void initState() {
   super.initState();
}
```

(9) 使用 JournalEdit 类构造函数初始化 journalEdit 变量，这是通过将 action 默认设置为 Cancel 并将 journal 默认设置为 Widget.journalEdit.journal 值来实现的。注意，这里使用 Widget 来访问 EditEntry 构造函数中的值。还要注意，要使用句点运算符然后选择 journal 变量在 JournalEdit 类中访问单独的日记条目。

```
journalEdit = JournalEdit(action: 'Cancel', journal:
Widget.journalEdit.journal);
```

(10) 使用三元运算符初始化_title 变量以便检查 Widget.add 是否为 true。如果为 true，则将值设置为 Add，而如果为 false，则要将值设置为 Edit。通过使用_title 变量，就可将 AppBar 的 title 自定义为用户正执行的操作。这就是让一款应用变得受欢迎的细微之处。

```
title = Widget.add ? 'Add' : 'Edit';
```

(11) 使用 Widget.journalEdit.journal 变量初始化_journalEdit.journal 变量。

```
journalEdit.journal = Widget.journalEdit.journal;
```

(12) 为了填充页面上的条目字段，需要添加一个 if-else 语句。如果 Widget.add 值为 true，则表示添加一个新的日记记录，然后使用 DateTime.now()构造函数和当前日期来初始化_selectedDate 变量，并将_moodController.text 与_noteController.text 初始化为空字符串。如果 Widget.add 值为 false，则表明在编辑一个当前日记记录，然后就要使用 journalEdit.journal.date 来初始化_selectedDate 变量，并使用 DateTime.parse 将日期从 String 转换成 DateTime 格式。还要使用_journalEdit.journal.mood 初始化_moodController.text 并使用_journalEdit.journal.note 初始化_noteController.text。在重写 initState()方法时，要确保使用对 super.initState()的调用作

为该方法的起始。

```
@override
void initState() {
  super.initState();

  _journalEdit = JournalEdit(action: 'Cancel', journal: Widget.
journalEdit.journal);
   _title = Widget.add ? 'Add' : 'Edit';
   _journalEdit.journal = Widget.journalEdit.journal;
   if (Widget.add) {
     _selectedDate = DateTime.now();
     _moodController.text = '';
     _noteController.text = '';
   } else {
    _selectedDate = DateTime.parse(_journalEdit.journal.date);
    _moodController.text = _journalEdit.journal.mood;
    _noteController.text = _journalEdit.journal.note;
  }
}
```

(13) 重写 dispose()，并且销毁 TextEditingController 和 FocusNode 这两者；要确保添加 super.dispose()。在重写 dispose()方法时，要确保使用对 super.dispose()的调用作为该方法的结尾。

```
@override
dispose() {

  _moodController.dispose();
  _noteController.dispose();
  _moodFocus.dispose();
  _noteFocus.dispose();
  super.dispose();
}
```

(14) 添加返回 Future<DateTime>的_selectDate(DateTime selectedDate) async 方法。这个方法会负责调用 Flutter 内置的 showDatePicker()，会为用户提供一个展示 Material Design 日历以供选择日期的弹窗对话框。

```
// Date Picker
Future<DateTime> _selectDate(DateTime selectedDate) async {

}
```

(15) 添加 DateTime _initialDate 变量并使用构造函数中传递的 selectedDate 变量对其进行初始化。

```
DateTime _initialDate = selectedDate;
```

(16) 添加一个 final DateTime _pickedDate(用户从日历中选择的日期)变量并调用 await showDatePicker()构造函数对其进行初始化。传递 context、initialDate、firstDate 和 lastDate 参数。注意，要为 firstDate 使用当天的日期并且减去 365 天，而对于 lastDate，则要添加 365 天，这样就能告知日历一个可选择的日期范围。

```
final DateTime _pickedDate = await showDatePicker(
    context: context,
    initialDate: _initialDate,
    firstDate: DateTime.now().subtract(Duration(days: 365)),
    lastDate: DateTime.now().add(Duration(days: 365)),
);
```

(17) 添加一个 if 语句，以便检查_pickedDate(用户从日历中选择的日期)变量不等于 null，null 表明用户触碰了日历的 Cancel 按钮。如果用户选取了一个日期，则要使用 DateTime()构造函数修改 selectedDate 变量，并且传递_pickedDate year、month 和 day。对于时间，需要传递_initialDate hour、minute、second、millisecond 以及 microsecond。注意，由于仅对日期而非时间做修改，所以要使用最初创建的日期时间。

```
if (_pickedDate != null) {
   selectedDate = DateTime(
      _pickedDate.year,
      _pickedDate.month,
      _pickedDate.day,
      _initialDate.hour,
      _initialDate.minute,
      _initialDate.second,
      _initialDate.millisecond,
      _initialDate.microsecond);
}
```

(18) 添加一个 return 语句以便发送回 selectedDate。

```
return selectedDate;
```

以下是完整的_selectDate()方法。

```
// Date Picker
Future<DateTime> _selectDate(DateTime selectedDate) async {
   DateTime _initialDate = selectedDate;
```

```
    final DateTime _pickedDate = await showDatePicker(
      context: context,
      initialDate: _initialDate,
      firstDate: DateTime.now().subtract(Duration(days: 365)),
      lastDate: DateTime.now().add(Duration(days: 365)),
    );
    if (_pickedDate != null) {
     selectedDate = DateTime(
         _pickedDate.year,
         _pickedDate.month,
         _pickedDate.day,
         _initialDate.hour,
         _initialDate.minute,
         _initialDate.second,
         _initialDate.millisecond,
         _initialDate.microsecond);
    }
    return selectedDate;
}
```

(19) 在 Widget build()方法中，使用 UI Widget Scaffold 和 AppBar 替换 Container()，对于 body 属性，需要添加 SafeArea()以及使用 Column()作为 child 属性的 SingleChildScrollView()。注意，AppBar title 使用 Text Widget 以及_title 变量将 title 自定义为 Add 或 Edit Entry。

```
@override
Widget build(BuildContext context) {
   return Scaffold(
      appBar: AppBar(
       title: Text('$_title Entry'),
       automaticallyImplyLeading: false,
     ),
     body: SafeArea(
        child: SingleChildScrollView(
          padding: EdgeInsets.all(16.0),
          child: Column(
             children: <Widget>[
          ],
        ),
      ),
     ),
  );
}
```

(20) 向 Column children 添加一个 FlatButton Widget，它用于显示格式化后的所选日期，

并且当用户触碰该按钮时，它会呈现日历。将 FlatButton padding 属性设置为 EdgeInsets.all(0.0)，以便移除内边距从而让外观更美观，还要向 child 属性添加一个 Row() Widget，如图 13.7 所示。

```
FlatButton(
  padding: EdgeInsets.all(0.0),
  child: Row(
      children: <Widget>[
      ],
  ),
),
```

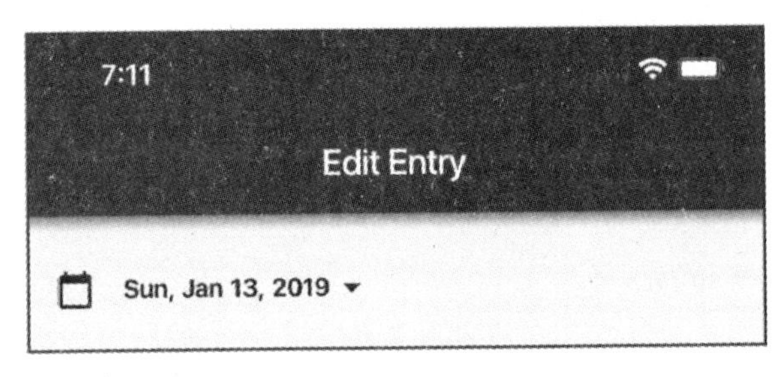

图 13.7　编辑条目

(21) 向 Row children 属性添加 Icons.calendar_day Icon，并将其 size 属性设置为 22.0，还要将其 color 属性设置为 Colors.black54。

```
Icon(
    Icons.calendar_today,
    size: 22.0,
    color: Colors.black54,
),
```

(22) 添加一个 SizedBox，将其 width 属性设置为 16.0 以便添加一个间隔块。

```
SizedBox(width: 16.0,),
```

(23) 添加一个 Text Widget 并使用 DateFormat.yMMMEd() 构造函数来格式化 _selectedDate。

```
Text(DateFormat.yMMMEd().format(_selectedDate),
    style: TextStyle(
        color: Colors.black54,
        fontWeight: FontWeight.bold),
),
```

(24) 添加 Icons.arrow_drop_down Icon，将 color 属性设置为 Colors.black54。

```
Icon(
    Icons.arrow_drop_down,
    color: Colors.black54,
),
```

(25) 添加 onPressed()回调函数并将其标记为 async，因为调用日历是一个 Future 事件。

```
onPressed: () async {
},
```

(26) 向 onPressed()添加 FocusScope.of().requestFocus()方法调用以便在焦点位于任何一个 TextField Widget 时取消显示键盘(这一步是可选的，不过这里希望向大家展示它是如何完成的)。

```
FocusScope.of(context).requestFocus(FocusNode());
```

(27) 添加一个 DateTime _pickerDate 变量，它是通过调用 await _selectDate(_selectedDate) Future 方法来初始化的，这也正是添加 await 关键字的原因。步骤(14)中已经添加了这个方法。

(28) 添加 setState()并在调用中使用_pickerDate 值修改_selectedDate 变量，_pickerDate 值就是从日历中选择的日期。

```
DateTime _pickerDate = await _selectDate(_selectedDate);
setState(() {
   _selectedDate = _pickerDate;
});
```

以下是完整的 FlatButton Widget 代码：

```
FlatButton(
    padding: EdgeInsets.all(0.0),
    child: Row(
    children: <Widget>[
       Icon(
          Icons.calendar_today,
          size: 22.0,
          color: Colors.black54,
       ),
       SizedBox(width: 16.0,),
       Text(DateFormat.yMMMEd().format(_selectedDate),
         style: TextStyle(
            color: Colors.black54,
            fontWeight: FontWeight.bold),
         ),
         Icon(
            Icons.arrow_drop_down,
            color: Colors.black54,
```

```
            ),
          ],
        ),
        onPressed: () async {
          FocusScope.of(context).requestFocus(FocusNode());
          DateTime _pickerDate = await _selectDate(_selectedDate);
          setState(() {
            _selectedDate = _pickerDate;
         });
        },
      ),
```

(29) 现在是时候为 mood 和 note 字段添加两个 TextField Widget 了。要如何设置哪个 TextField 归属于 mood 还是 note 呢？自然是使用 controller。

对于 mood TextField，需要将 controller 设置为 moodController，并将 autofocus 设置为 true 以便自动设置焦点并在打开页面时显示键盘。

```
TextField(
  controller: _moodController,
  autofocus: true,
),
```

(30) 将 textInputAction 设置为 TextInputAction.next 就是在告知键盘操作按钮，需要移动到下一个字段。

```
textInputAction: TextInputAction.next,
```

(31) 将 focusNode 设置为_moodFocus 并将 textCapitalization 设置为 TextCapitalization.words，这意味着每一个单词的首字母都会自动转为大写。

```
focusNode: _moodFocus,
textCapitalization: TextCapitalization.words,
```

(32) 将 decoration 设置为 InputDecoration，并将其 labelText 设置为 Mood，将 icon 设置为 Icons.mood。

```
decoration: InputDecoration(
  labelText: 'Mood',
  icon: Icon(Icons.mood),
),
```

(33) 对于 onSubmitted 属性，需要将参数名输入为 submitted 并调用 FocusScope.of (context).requestFocus(_noteFocus)以便让键盘操作按钮将焦点变更为 note TextField。注意，这里将参数命名为 submitted，但它可以是任何名称，如 submittedValue 或 moodValue。

```
onSubmitted: (submitted) {
   FocusScope.of(context).requestFocus(_noteFocus);
},
```

以下是完整的 mood TextField Widget:

```
TextField(
    controller: _moodController,
    autofocus: true,
    textInputAction: TextInputAction.next,
    focusNode: _moodFocus,
    textCapitalization: TextCapitalization.words,
    decoration: InputDecoration(
        labelText: 'Mood',
        icon: Icon(Icons.mood),
    ),
    onSubmitted: (submitted) {
        FocusScope.of(context).requestFocus(_noteFocus);
    },
),
```

输出效果如图 13.8 所示。

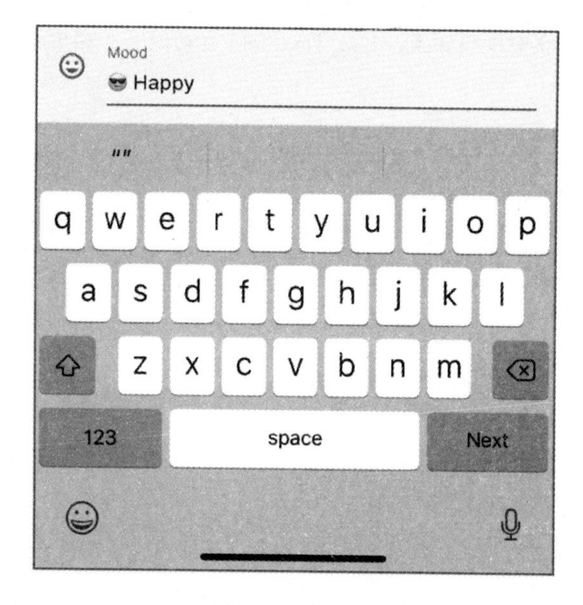

图 13.8　输出效果

(34) 对于 note TextField，需要将 controller 设置为_noteController，并将 autofocus 设置为 ture 以便自动设置焦点以及在打开页面时显示键盘。

```
TextField(
   controller: _noteController,
),
```

(35) 将 textInputAction 设置为 TextInputAction.newline，这就是在告知键盘操作按钮，需要在 TextField 中插入一个新行。

```
textInputAction: TextInputAction.newline,
```

(36) 将 focusNode 设置为_noteFocus，并将 textCapitalization 设置为 TextCapitalization.sentences，这意味着语句的第一个单词首字母会自动转为大写。

```
focusNode: _noteFocus,
textCapitalization: TextCapitalization.sentences,
```

(37) 将 decoration 设置为 InputDecoration，并将 labelText 设置为 Note，将 icon 设置为 Icons.subject。

```
decoration: InputDecoration(
   labelText: 'Note',
   icon: Icon(Icons.subject),
),
```

(38) 将 maxLines 属性设置为 null，以允许 TextField 的高度增加从而显示完整的笔记内容。这一技术的使用是非常棒的方式，可让 TextField 自动增长为内容的大小尺寸，而不必编写任何代码逻辑。

```
maxLines: null,
```

以下是完整的 note TextField Widget：

```
TextField(
  controller: _noteController,
  textInputAction: TextInputAction.newline,
  focusNode: _noteFocus,
  textCapitalization: TextCapitalization.sentences,
  decoration: InputDecoration(
     labelText: 'Note',
     icon: Icon(Icons.subject),
  ),
  maxLines: null,
),
```

效果如图 13.9 所示。

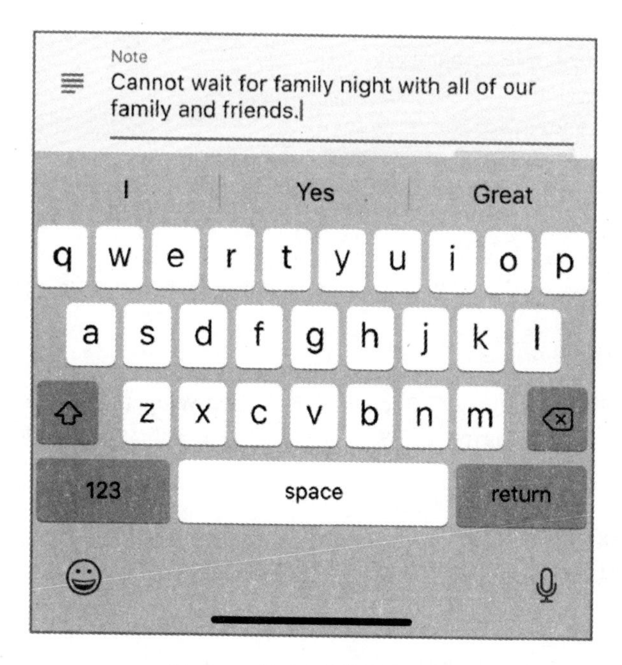

图 13.9　显示完整的笔记内容

(39) 条目页的最后一部分就是添加 Cancel 和 Save 按钮。添加一个 Row 并且将 mainAxisAlignment 设置为 MainAxisAlignment.end 以便将按钮对齐到页面右侧。

```
Row(
    mainAxisAlignment: MainAxisAlignment.end,
    children: <Widget>[
    ],
),
```

(40) 编辑 Row children 并添加一个 FlatButton，将其 child 设置为一个 Text Widget 以便显示 Cancel。将 color 属性设置为 Colors.grey.shade100，从而让该按钮不表现为主要的操作焦点。

```
FlatButton(
    child: Text('Cancel'),
    color: Colors.grey.shade100,
),
```

(41) 对于 onPressed 属性，需要将_journalEdit.action 修改为 Cancel 并且调用 Navigator.pop(context, _journalEdit)来关闭条目表单，然后将值传递回调用页面。我们将在本章最后一个试一试(“完成日记主页面”)中处理这一操作。

```
FlatButton(
```

```
        child: Text('Cancel'),
        color: Colors.grey.shade100,
        onPressed: () {
            _journalEdit.action = 'Cancel';
            Navigator.pop(context, _journalEdit);
        },
    ),
```

(42) 添加一个 SizedBox，将其 width 设置为 8.0 以便在两个按钮之间放置一个间隔块。

```
SizedBox(width: 8.0),
```

(43) 添加另一个 FlatButton，将其 child 设置为 Text Widget 以便显示 Save。将 color 属性设置为 Colors.lightGreen.shade100，以便让该按钮显示为主要的操作焦点。

```
FlatButton(
    child: Text('Save'),
    color: Colors.lightGreen.shade100,
),
```

(44) 对于 onPressed 属性，要将_journalEdit.action 修改为 Save。

```
onPressed: () {
    _journalEdit.action = 'Save';
},
```

(45) 由于是在保存条目，所以要声明一个 String _id 变量并使用三元运算符来检查 Widget.add 变量是否设置为 true，还要使用 Random().nextInt(9999999)来生成一个随机数。如果 Widget.add 为 false，则要使用当前的 journalEdit.journal.id，因为正在编辑一个已有条目。

注意，nextInt()会设置从零开始的最大数字范围，在本示例中，要将最大值设置为 9999999。注意，这一设置对于本示例而言是很好的，不过在生产环境中，建议大家使用 UUID，它是一个 128 位的包含英文字母的数字。一个 UUID 示例看起来会像这样：409fg342-h34c-25c8-b311-51874523574e。

```
String _id = Widget.add ? Random().nextInt(9999999).toString() : _journalEdit
.journal.id;
```

(46) 使用 Journal()类构造函数修改_journalEdit.journal 值，并使用_id 变量传递 id 属性，使用_selectedDate.toString()传递 date(日期被保存为 String)，使用_moodController.text 传递 mood，使用_noteController.text 传递 note。

```
journalEdit.journal = Journal(
    id: _id,
    date: _selectedDate.toString(),
```

```
        mood: _moodController.text,
        note: _noteController.text,
    );
```

(47) 调用 Navigator.pop(context, _journalEdit)以关闭条目表单并将值传递回调用页面，如图 13.10 所示。我们将在“完成日记主页面”练习中处理这一操作的接收。

```
FlatButton(
  child: Text('Save'),
  color: Colors.lightGreen.shade100,
  onPressed: () {
    _journalEdit.action = 'Save';
    String _id = Widget.add ? Random().nextInt(9999999).toString() :
 _journalEdit
    .journal.id;
    _journalEdit.journal = Journal(
        id: _id,
        date: _selectedDate.toString(),
        mood: _moodController.text,
        note: _noteController.text,
    );
    Navigator.pop(context, _journalEdit);
  },
),
```

图 13.10 关闭条目表单

以下是完整的 Row Widget 代码：

```
Row(
  mainAxisAlignment: MainAxisAlignment.end,
  children: <Widget>[
    FlatButton(
      child: Text('Cancel'),
      color: Colors.grey.shade100,
      onPressed: () {
          _journalEdit.action = 'Cancel';
          Navigator.pop(context, _journalEdit);
      },
    ),
    SizedBox(width: 8.0),
```

```
        FlatButton(
          child: Text('Save'),
          color: Colors.lightGreen.shade100,
          onPressed: () {
            _journalEdit.action = 'Save';
            String _id = Widget.add ? Random().nextInt(9999999).toString() :
            _journalEdit.journal.id;
            _journalEdit.journal = Journal(
              id: _id,
              date: _selectedDate.toString(),
              mood: _moodController.text,
              note: _noteController.text,
            );
            Navigator.pop(context, _journalEdit);
          },
        ),
      ],
    ),
```

示例说明

我们创建了 edit_entry.dart 文件，其中包含 EditEntry 类，它扩展了 StatefulWidget 以便处理日记条目的添加和编辑。我们自定义了构造函数来包含三个参数 add、index 和 journalEdit。add 变量负责处理是在添加还是在修改一个条目；如果在添加一个记录，那么 index 就是-1，或者，在编辑一个条目时，index 就是实际的 List index 位置。journalEdit 变量有一个 action 值用于 Cancel 或 Save，并且 Journal 类会存留用于 id、date、mood 和 note 值的日记条目值。

showDatePicker()函数会显示一个弹窗对话框，其中包含 Material Design 日期选择器。需要传递 context、initialDate、firstDate 以及 lastDate 参数来自定义可选择的日期范围。

为了格式化日期，需要使用恰当的 DateFormat 命名构造函数。为了进一步自定义日期格式，可以使用 add_*()方法(用所需的格式字符替换*字符)来附加和组合多种格式。

TextEditingController 允许访问相关 TextField Widget 的值。TextField TextInputAction 允许我们自定义设备键盘操作按钮。FocusNode 被关联到 TextField Widget，它允许以编程方式将焦点设置在合适的 TextField 上。TextCapitalization 允许我们使用 words、sentences 和 characters 来配置 TextField Widget 的大写形式。

JournalEdit 类会跟踪条目的操作和值。它使用 action 变量来跟踪所触碰的是 Save 还是 Cancel 按钮。它使用 journal 变量来存留用于编辑或创建新日记条目的 Journal 类字段值。Navigator.pop()方法会将 JournalEdit 类值返回到 Home 页。

13.6.3 完成日记主页面

Home 页负责显示日记条目列表。第 9 章讲解过如何使用 ListView.builder，不过对于这个应用而言，我们要了解如何使用 ListView.separated 构造函数。通过使用 separated 构造函数，就能得到与 builder 构造函数相同的好处，因为仅会为页面上可见的子 Widget 调用这些

builder。大家可能注意到这些 builder，因为我们要使用其中两个，它们分别是用于子 Widget List(日记条目)的标准 itemBuilder 以及用于在子 Widget 之间显示分隔符的 separatorBuilder。separatorBuilder 对于自定义分隔符而言非常强大；它可以是 Image、Icon，或者自定义 Widget，不过这里要使用一个 Divider Widget。需要使用 ListTile 来格式化日记条目的列表并使用一个 Column 来自定义 leading 属性，以便显示日期和星期几，从而更易于区分各个条目(图 13.11)。

图 13.11　日记条目列表

为了删除日记条目，需要使用一个 Dismissible，第 11 章对其进行过介绍。要牢记的是，为让 Dismissible 正常工作并删除正确的日记条目，需要使用 Key 类将 key 属性设置为该日记条目的 id，这个类接收一个像 Key(snapshot.data[index].id)这样的 String 值。

接下来介绍如何使用 FutureBuilder Widget，将其与 Future 一起使用以便检索最新数据而不阻塞 UI。本章 13.5 节中详细讲解过这部分内容。

我们要使用一个 Future，第 3 章和第 12 章介绍过如何使用它。检索日记条目需要多个步骤，为了帮助大家对这些步骤进行管理，需要使用 13.6.1 节中创建的 database.dart 文件类。所使用的这些类就是 DatabaseFileRoutines、Database、Journal 以及 JournalEdit。

(1) 调用 DatabaseFileRoutines 类以便读取位于设备文档文件夹中的 JSON 文件。

(2) 调用 Database 类以便将 JSON 解析为 List 格式。

(3) 使用 List sort 函数以便按照 DESC 日期对条目进行排序。

(4) 排序后的 List 会被返回给 FutureBuilder，而 ListView 会显示现有日记条目。

试一试：完成日记主页面

本节要完成 Home 页，这是通过添加方法以便加载、新增、修改和保存日记条目来完成的。我们要创建一个方法以便构建和使用 ListView.separated 构造函数来自定义日记条目列表。在 ListView itemBuilder 中，需要添加一个 Dismissible 来处理日记条目的删除。

需要导入 database.dart 文件以便利用数据库类来帮助序列化 JSON 对象。

(1) 导入 edit_entry.dart、database.dart 以及 intl.dart 包。

```
import 'package:flutter/material.dart';
import 'package:ch13_local_persistence/pages/edit_entry.dart';
import 'package:ch13_local_persistence/classes/database.dart';
import 'package:intl/intl.dart'; // Format Dates
```

(2) 在 class HomeState extends State<Home> {之后添加 Database _database 变量。这个_database 变量会存留对 journal JSON 对象解析之后的 JSON 对象，也就是日记条目列表。

```
class _HomeState extends State<Home> {
Database _database;
```

(3) 添加 loadJournals() async 方法，它会返回一个 Future<List<Journal>>，也就是 Journal 类条目的 List。

```
Future<List<Journal>> _loadJournals() async {
}
```

(4) 添加 await DatabaseFileRoutines().readJournals()调用并使用句点标记添加对于 then((journalsJson) {})的调用。

这个对于 then()的调用到底是什么呢？它会注册一个回调函数以便在 Future 完成时调用。这句话的意思是，一旦 readJournals()执行完成并返回值，then()就会执行其内部的代码。注意，journalsJson 参数会接收来自 JSON 对象的值，这些 JSON 对象读取自位于设备本地文档文件夹中所保存的 local_persistence.json 文件。

```
await DatabaseFileRoutines().readJournals().then((journalsJson) {
});
```

(5) 在 then()回调函数内部，使用调用 databaseFromJson(journalsJson)得到的值来修改_database 变量。

database.dart 类中的 databaseFromJson 方法使用 json.decode()来解析从所保存文件中读取的 JSON 对象。Database.fromJson()被调用，并将 JSON 对象返回为 Dart List，这是非常强大的功能。此时，很显然，将处理数据的代码逻辑分隔成不同的数据库类会变得很有用且简单明了。

```
_database = databaseFromJson(journalsJson);
```

(6) 继续处理 then()回调函数内部，我们要通过 DESC 日期对日记条目进行排序，将较新条目放在前面并将较老条目放在后面。使用_database.journal.sort()对日期进行比较和排序。

```
_database.journal.sort((comp1, comp2) => comp2.date.compareTo(comp1.date));
```

(7) 在 then()回调函数之后，使用返回变量_database.journal 的 return 语句来添加新的一行，该变量包含排序后的日记条目。

```
return _database.journal;
```

以下是完整的_loadJournals()方法：

```
Future<List<Journal>> _loadJournals() async {
    await DatabaseFileRoutines().readJournals().then((journalsJson) {
      _database = databaseFromJson(journalsJson);
      _database.journal.sort((comp1, comp2) =>
comp2.date.compareTo(comp1.date));
    });
    return _database.journal;
}
```

(8) 添加_addOrEditJournal()方法，该方法要处理编辑条目页的提供以便添加或修改日记条目。需要使用 Navigator.push()来呈现条目页并等待用户的操作结果。如果用户按下 Cancel 按钮，则不会进行任何处理，但是如果用户按下 Save，则会添加新的日记条目或将变更保存到当前编辑的条目。

_addOrEditJournal()是一个 async 方法，它接收 bool add、int index 和 Journal journal 这三个命名参数。请参阅表 13.4 以了解参数描述。使用 JournalEdit 类初始化 JournalEdit _journalEdit 变量，在这个类中要将 action 值设置为一个空字符串，并将 journal 值设置为从构造函数中传递过来的 journal 变量。

```
void _addOrEditJournal({bool add, int index, Journal journal}) async {
    JournalEdit _journalEdit = JournalEdit(action: '', journal: journal);
}
```

(9) 添加新的一行；将使用 Navigator 将构造函数值传递到编辑条目页，这是通过使用会将值传递回本地_journalEdit 变量的 await 关键字来实现的。对于 MaterialPageRoute builder，需要将构造函数值传递到 EditEntry()类并将 fullscreenDialog 属性设置为 true。

```
journalEdit = await Navigator.push(
  context,
  MaterialPageRoute(
     builder: (context) => EditEntry(
        add: add,
        index: index,
        journalEdit: _journalEdit,
     ),
     fullscreenDialog: true
  ),
);
```

一旦编辑条目页被关闭，switch 语句就会继续往下执行，并将根据用户的选择来采取合适的操作。switch 语句会评估_journalEdit.action 以便检查是否按下了 Save 按钮，然后使用 if-else 语句检查是在添加条目还是在保存条目。

```
switch (_journalEdit.action) {
}
```

(10) 添加第一个检查 Save 值的 switch case 语句。

如果 add 变量被设置 true，这意味着正在添加一个新条目，然后使用 setState()并通过传递 journal 值来调用_database.journal.add(_journalEdit.journal)。

```
switch (_journalEdit.action) {
    case 'Save':
      if (add) {
        setState(() {
          _database.journal.add(_journalEdit.journal);
        });
    }
    break;
}
```

(11) 如果 add 变量被设置为 false，则意味着正在保存一个已有条目，然后需要使用 setState()并且修改_database.journal[index] = _journalEdit.journal 的值。这里是在替换根据 index 值确认的当前_database.journal[index]所选的日记条目的值，并用编辑条目页所传递的_journalEdit.journal 值来替换它。

```
switch (_journalEdit.action) {
  case 'Save':
    if (add) {
      setState(() {
        _database.journal.add(_journalEdit.journal);
      });
    } else {
      setState(() {
        _database.journal[index] = _journalEdit.journal;
      });
    }
    break;
}
```

(12) 为了将日记条目值保存到设备本地存储文档目录，需要调用 DatabaseFileRoutines().writeJournals(databaseToJson(_database))。添加第二个 case 语句来检查 Cancel 值，不过不必添加任何操作，因为用户取消了编辑。

```
switch (_journalEdit.action) {
  case 'Save':
    if (add) {
```

```
      setState(() {
        _database.journal.add(_journalEdit.journal);
      });
    } else {
      setState(() {
        _database.journal[index] = _journalEdit.journal;
      });
    }
    DatabaseFileRoutines().writeJournals(databaseToJson(_database));
    break;
case 'Cancel':
    break;
}
```

(13) 添加 default 检查以防发生其他事情，不过也不必采取任何进一步的操作。

```
switch (_journalEdit.action) {
  case 'Save':
    if (add) {
      setState(() {
        _database.journal.add(_journalEdit.journal);
      });
    } else {
      setState(() {
        _database.journal[index] = _journalEdit.journal;
      });
    }
    DatabaseFileRoutines().writeJournals(databaseToJson(_database));
    break;
  case 'Cancel':
    break;
  default:
    break;
}
```

以下是完整的_addOrEditJournal 方法：

```
void _addOrEditJournal({bool add, int index, Journal journal}) async {
  JournalEdit _journalEdit = JournalEdit(action: '', journal: journal);
  _journalEdit = await Navigator.push(
    context,
    MaterialPageRoute(
      builder: (context) => EditEntry(
        add: add,
```

```
          index: index,
          journalEdit: _journalEdit,
        ),
        fullscreenDialog: true
      ),
    );
    switch (_journalEdit.action) {
      case 'Save':
        if (add) {
          setState(() {
            _database.journal.add(_journalEdit.journal);
          });
        } else {
          setState(() {
            _database.journal[index] = _journalEdit.journal;
          });
        }
        DatabaseFileRoutines().writeJournals(databaseToJson(_database));
        break;
      case 'Cancel':
        break;
      default:
        break;
    }
  }
```

(14) 添加_buildListViewSeparated(AsyncSnapshot snapshot)方法，它接收 AsyncSnapshot 参数，这个参数是日记条目的 List。需要在 body 属性中的 FutureBuilder()里调用该方法。读取日记条目 List 的做法是使用 snapshot.data 来获取快照数据属性。可以像 snapshot.data[index]这样使用 index 来访问每一个日记条目。为访问每一个字段，需要使用 snapshot.data[index].date 或 snapshot.data[index].mood 等。

```
Widget _buildListViewSeparated(AsyncSnapshot snapshot) {
}
```

(15) 该方法使用 separated()构造函数来返回一个 ListView。将 itemCount 属性设置为 snapshot.data.length，并将 itemBuilder 属性设置为(BuildContext context, int index)。

```
Widget _buildListViewSeparated(AsyncSnapshot snapshot) {
  return ListView.separated(
    itemCount: snapshot.data.length,
    itemBuilder: (BuildContext context, int index) {
    },
```

```
  );
}
```

(16) 在 itemBuilder 内部，要使用 DateFormat.yMMMD()构造函数并使用包含 snapshot.data[index].date 的 format()来初始化 String _titleDate。由于该数据是 String 格式，所以要使用 DateTime.parse()构造函数将其转换成一个日期。

```
String _titleDate = DateFormat.yMMMd().format(DateTime.parse(snapshot
.data[index].date));
```

(17) 使用 mood 和 note 字段初始化 String _subtitle，其中需要使用字符串串联并使用'\n'字符实现一个空行来分隔它们。

```
String _subtitle = snapshot.data[index].mood + "\n" +
snapshot.data[index].note;
```

(18) 添加 return Dismissible()，将在步骤(20)中实现它。

```
return Dismissible();
```

(19) 添加 separatorBuilder，它会处理日记条目之间的分隔符线条，这是通过使用 Divider()并将 color 属性设置为 Colors.grey 来实现的。

```
Widget _buildListViewSeparated(AsyncSnapshot snapshot) {
  return ListView.separated(
     itemCount: snapshot.data.length,
     itemBuilder: (BuildContext context, int index) {
       String _titleDate = DateFormat.yMMMd().format(DateTime.parse(snapshot
.data[index].date));
       String _subtitle = snapshot.data[index].mood + "\n" + snapshot
.data[index].note;
       return Dismissible();
     },
     separatorBuilder: (BuildContext context, int index) {
       return Divider(
         color: Colors.grey,
       );
     },
  );
}
```

(20) 完成 Dismissible() Widget，它负责通过向左或向右滑动条目本身来删除日记条目。将 key 属性设置为 Key(snapshot.data[index].id)，它会用日记条目的 id 字段创建一个 key。

```
return Dismissible(
```

```
    key: Key(snapshot.data[index].id),
);
```

(21) 当用户从左向右滑动时，就会显示 background 属性，而当用户从右向左滑动时，就会显示 secondaryBackground 属性。对于 background 属性，需要添加一个 Container，其 color 被设置为 Colors.red，alignment 被设置为 Alignment.centerLeft，padding 被设置为 EdgetInsets.only(left: 16.0)，并且 child 属性被设置为 Icons.delete，其 color 属性被设置为 Colors.white。

```
return Dismissible(
    key: Key(snapshot.data[index].id),
    background: Container(
      color: Colors.red,
      alignment: Alignment.centerLeft,
      padding: EdgeInsets.only(left: 16.0),
      child: Icon(
        Icons.delete,
        color: Colors.white,
      ),
    ),
);
```

(22) 对于 secondaryBackground，需要使用与 background 相同的属性，不过要将 alignment 属性改为 Alignment.centerRight，如图 13.12 所示。

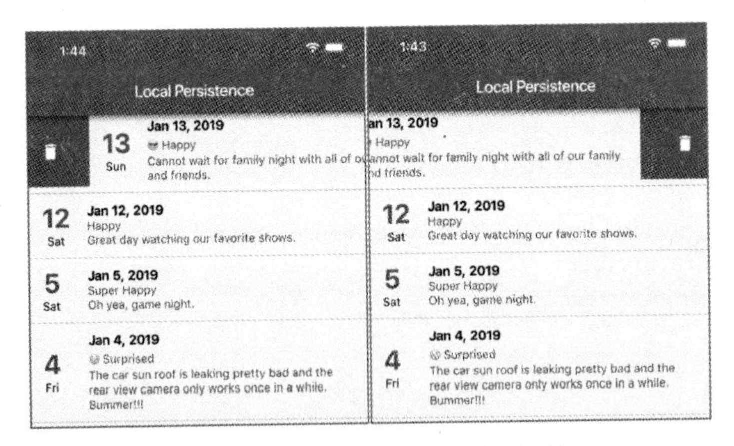

图 13.12 使用与 background 相同的属性

```
return Dismissible(
    key: Key(snapshot.data[index].id),
    background: Container(
        color: Colors.red,
```

```
            alignment: Alignment.centerLeft,
            padding: EdgeInsets.only(left: 16.0),
            child: Icon(
              Icons.delete,
              color: Colors.white,
            ),
        ),
        secondaryBackground: Container(
            color: Colors.red,
            alignment: Alignment.centerRight,
            padding: EdgeInsets.only(right: 16.0),
            child: Icon(
                Icons.delete,
                color: Colors.white,
            ),
        ),
        child: ListTile(),
        onDismissed: (direction) {
          setState(() {
            _database.journal.removeAt(index);
          });
          DatabaseFileRoutines().writeJournals(databaseToJson(_database));
        },
    );
```

(23) 完成 ListTile() Widget，它负责展示每一个日记条目。需要自定义 leading 属性以便显示日期的当月第几天以及星期几描述，如图 13.13 所示。对于 leading 属性，需要添加一个 Column()，它具有两个 Text Widget 的 children 列表。

```
  child: ListTile(
    leading: Column(
      children: <Widget>[
        Text(),
        Text(),
      ],
    ),
  ),
```

图 13.13 显示日期信息

(24) 第一个 Text Widget 会显示当月第几天；我们要使用 DateFormat.d()构造函数并通过使用 snapshot.data[index].date 的 format()对其进行格式化。由于该数据是 String 格式，所以要使用 DateTime.parse()构造函数将其转换成一个日期。

```
Text(DateFormat.d().format(DateTime.parse(snapshot.data[index].date)),
),
```

(25) 将 style 属性设置为 TextStyle，其中 fontWeight 为 FontWeight.bold、fontSize 为 32.0，color 被设置为 Colors.blue。

```
Text(DateFormat.d().format(DateTime.parse(snapshot.data[index].date)),
    style: TextStyle(
      fontWeight: FontWeight.bold,
      fontSize: 32.0,
      color: Colors.blue),
),
```

(26) 第二个 Text Widget 会显示星期几；我们要使用 DateFormat.E()构造函数并通过使用 snapshot.data[index].date 的 format()对其进行格式化。由于该数据是 String 格式，所以要使用 DateTime.parse()构造函数将其转换成一个日期。

```
Text(DateFormat.E().format(DateTime.parse(snapshot.data[index].date))),
```

(27) 将 title 属性设置为一个 Text Widget，其中包含_titleDate 变量；将 style 属性设置为 TextStyle，其 fontWeight 被设置为 FontWeight.bold。

```
title: Text(
    _titleDate,
```

```
    style: TextStyle(fontWeight: FontWeight.bold),
),
```

(28) 将 subtitle 属性设置为包含_subtitle 变量的 Text Widget。

```
subtitle: Text(_subtitle),
```

(29) 添加调用_addOrEditJournal()方法的 onTap 属性并将 add 属性传递为 false，这表明不是在添加一个新条目而是在修改当前条目。将 index 属性设置 index，它是当前条目在 List 中的 index。

将 journal 属性设置为 snapshot.data[index]，它是具有条目详情的 Journal 类，其中包含 id、date、mood 以及 note 字段。

```
onTap: () {
   _addOrEditJournal(
     add: false,
     index: index,
     journal: snapshot.data[index],
   );
},
```

以下是完整的 ListTile Widget:

```
child: ListTile(
   leading: Column(
     children: <Widget>[
       Text(DateFormat.d().format(DateTime.parse(snapshot.data[index].date
)),
         style: TextStyle(
           fontWeight: FontWeight.bold,
           fontSize: 32.0,
           color: Colors.blue),
       ),
       Text(DateFormat.E().format(DateTime.parse(snapshot.data[index].date
))),
     ],
   ),
   title: Text(
     _titleDate,
     style: TextStyle(fontWeight: FontWeight.bold),
   ),
   subtitle: Text(_subtitle),
   onTap: () {
     _addOrEditJournal(
```

```
            add: false,
            index: index,
            journal: snapshot.data[index],
        );
      },
    ),
```

以下是完整的_buildListViewSeparated()方法:

```
// Build the ListView with Separator
Widget _buildListViewSeparated(AsyncSnapshot snapshot) {
    return ListView.separated(
       itemCount: snapshot.data.length,
       itemBuilder: (BuildContext context, int index) {
         String _titleDate =
DateFormat.yMMMd().format(DateTime.parse(snapshot
    .data[index].date));
         String _subtitle = snapshot.data[index].mood + "\n" + snapshot
    .data[index].note;
         return Dismissible(
           key: Key(snapshot.data[index].id),
           background: Container(
             color: Colors.red,
             alignment: Alignment.centerLeft,
             padding: EdgeInsets.only(left: 16.0),
             child: Icon(
               Icons.delete,
               color: Colors.white,
             ),
         ),
         secondaryBackground: Container(
             color: Colors.red,
             alignment: Alignment.centerRight,
             padding: EdgeInsets.only(right: 16.0),
             child: Icon(
               Icons.delete,
               color: Colors.white,
             ),
         ),
         child: ListTile(
           leading: Column(
             children: <Widget>[
               Text(DateFormat.d().format(DateTime.parse(snapshot.data[index
```

```
].date)),
                style: TextStyle(
                  fontWeight: FontWeight.bold,
                  fontSize: 32.0,
                  color: Colors.blue),
            ),
            Text(DateFormat.E().format(DateTime.parse(snapshot.data[index].d
        ate))),
          ],
        ),
        title: Text(
            _titleDate,
            style: TextStyle(fontWeight: FontWeight.bold),
          ),
          subtitle: Text(_subtitle),
          onTap: () {
            _addOrEditJournal(
                add: false,
                index: index,
                journal: snapshot.data[index],
            );
          },
        ),
        onDismissed: (direction) {
            setState(() {
                _database.journal.removeAt(index);
            });
            DatabaseFileRoutines().writeJournals(databaseToJson(_database));
        },
      );
    },
    separatorBuilder: (BuildContext context, int index) {
      return Divider(
      color: Colors.grey,
    );
  },
  );
}
```

效果如图 13.14 所示。

图 13.14　输出效果

示例说明

到此为止就完成了 home.dart 文件，它负责展示日记条目列表，并提供添加、修改与删除各个记录的能力。

FutureBuilder()会调用_loadJournals()方法，它会检索日记条目，并在加载数据时显示一个 CircularProgressIndicator()。在返回数据时，builder 会调用_buildListViewSeparated(snapshot)并传入 snapshot，它就是日记条目 List。

_loadJournals()方法会检索日记条目，这是通过调用数据库类来读取本地数据库文件、将 JSON 对象转换为 List、根据 DESC 日期对条目进行排序，并返回日记条目的 List 来完成的。

_addOrEditJournal()方法会处理新条目的添加或者一个日记条目的修改。其构造函数接收三个命名参数以便在添加或修改一个条目时提供协助。它使用 JournalEdit 数据库类来跟踪要采取的操作，采取何种操作取决于用户是按下 Cancel 按钮还是按下 Save 按钮。为了展示编辑条目页，需要通过调用 Navigator.push()来传递构造函数参数，并使用 await 关键字接收编辑条目页上所采取的操作并将其赋予_journalEdit 变量。switch 语句用于评估所采取的操作是保存日记条目还是取消修改。

_buildListViewSeparated(snapshot)方法使用 ListView.separated()构造函数来构建日记条目列表。itemBuilder 会返回一个处理日记条目删除的 Dismissible() Widget，删除操作是通过在条目上向左或向右滑动来实现的。Dismissible() child 属性使用 ListTile()来格式化 ListView 中的每一个日记条目。separatorBuilder 会返回 Divider() Widget 以便在日记条目之间显示一个灰色的分隔符。

13.7 本章小结

本章介绍了如何通过将数据本地化保存到 iOS 和 Android 设备文件系统并从中读取数据来持久化数据。对于 iOS 设备，需要使用 NSDocumentDirectory，而对于 Android 设备，则要使用 AppData 目录。流行的 JSON 文件格式用于将日记条目存储到一个文件中。我们创建了一个记录心情的日记应用，它通过 DESC 日期对日记条目列表进行排序并允许添加和修改记录。

本章讲解了如何创建数据库类，以便处理本地持久化从而让其对 JSON 对象编码和解码，以及将条目读取到文件；介绍了如何创建 DatabaseFileRoutines 类来获取本地设备文档目录的路径以及使用 File 类来保存和读取数据库文件；还介绍了如何创建 Database 类来处理 JSON 对象的解码与编码并将其转换成日记条目 List。我们了解了如何使用 json.encode 将值解析为 JSON 字符串以及如何使用 json.decode 将字符串解析为 JSON 对象。Database 类会返回 Journal 类的 List，即 List<Journal>。本章还介绍了如何创建 Journal 类以便处理用于每个日记条目的 JSON 对象的解码与编码。Journal 类包含存储为 String 类型的 id、date、mood 和 note 字段。我们了解了如何创建 JournalEdit 类以负责在页面之间传递操作和各个 Journal 类条目。

本章讲解了如何创建一个日记条目页，它会处理新日记条目的添加和现有日记条目的修改。我们了解了如何使用 JournalEdit 类来接收一个日记条目并将其返回到 Home 页，同时返回的还有 action 以及修改后的条目。本章介绍了如何调用 showDatePicker()以便提供一个日历用于选择一个日记日期，还介绍了如何使用 DateFormat 类以及不同的格式化构造函数来展示像“Sun, Jan 13, 2019”这样的日期。我们了解了如何使用 DateTime.parse()将存储为 String 的日期转换为 DateTime 实例，还了解了如何使用 TextField Widget 以及 TextEditingController 来访问条目值。本章讲解了如何通过设置 TextField TextInputAction 来自定义键盘操作按钮，还讲解了如何使用 FocusNode 以及键盘操作按钮在各个 TextField Widget 之间移动焦点。

本章介绍了如何创建 Home 页以便显示按照 DESC 日期排序的日记条目列表，其中每个条目之间通过一个 Divider 分隔，还介绍了如何使用 ListView.separated 构造函数通过一个分隔符来轻易地分隔每一个日记条目。ListView.separated 使用两个 builder，itemBuilder 用于显示日记条目 List，而 separatorBuilder 用于在条目之间添加一个 Divider Widget。使用 ListTile 可以轻易地格式化日记条目 List。本章讲解了如何使用一个 Column 来自定义 leading 属性以便在 ListTile 的 leading 侧显示日期和星期几。使用 Dismissible Widget 就能轻易地通过在条目本身(ListTile)上向左或向右滑动来删除该日记条目。使用 Key('id')构造函数就可为每一个 Dismissible Widget 设置一个唯一键以便确保删除的是正确的日记条目。

第 14 章将介绍如何设置 Cloud Firestore 后端 NoSQL 数据库。Cloud Firestore 允许我们跨不同设备来存储、查询和同步数据，而不必设置我们自己的服务器。

13.8 本章知识点回顾

主题	关键概念
数据库类	四个数据库类共同负责本地持久化，这是通过将 JSON 对象写入和编码为 JSON 文件以及从 JSON 文件读取和解码 JSON 对象来实现的
DatabaseFileRoutines 类	处理 File 类以便检索设备的本地文档目录以及保存和读取数据文件
Database 类	处理 JSON 对象的解码与编码并将 JSON 对象转换成日记条目 List
Journal 类	处理每个日记条目的 JSON 对象的解码和编码
JournalEdit 类	处理页面之间各个日记条目的传递以及所采取的操作
showDatePicker	提供一个日历以供选择一个日期
DateFormat	通过使用不同的格式化构造函数来格式化日期
DateTime.parse()	将 String 转换成 DateTime 实例
TextField	允许文本编辑
TextEditingController	允许访问相关 TextField 的值
TextInputAction	TextField TextInputAction 允许自定义键盘操作按钮
FocusNode	在各个 TextField Widget 之间移动焦点
ListView.separated	使用两个 builder，即 itemBuilder 和 separatorBuilder
Dismissible	通过拖曳进行滑动以便关闭。使用 onDismissed 来调用自定义操作，如删除一个记录
List().sort	使用 Comparator 对 List 进行排序
Navigator	用于导航的另一个页面。可使用 Navigator 来传递和接收一个类中的数据
Future	可检索在未来某个时间才可用的可能值
FutureBuilder	与 Future 一起工作以便检索最新数据而不会阻塞 UI

(续表)

主题	关键概念
CircularProgressIndicator	这是一个旋转的圆形进度指示器，以表明正在执行一项操作
path_provider 包	访问本地 iOS 和 Android 文件系统位置
intl 包	使用 DateFormat 来格式化日期
dart:io 库	使用 File 类
dart:convert 库	解码和编码 JSON 对象
dart:math	用于调用 Random()数字生成器

第14章

添加 Firebase 和 Firestore 后端

本章内容

- 如何创建一个 Firebase 项目？
- 如何注册 iOS 和 Android 项目以便使用 Firebase？
- 如何添加一个 Cloud Firestore 数据库？
- 如何为 Cloud Firestore 数据库结构化和创建一个数据模型？
- 如何启用和添加 Firebase 身份验证？
- 如何创建 Firestore 安全规则？
- 如何创建 Flutter 客户端应用基础结构？
- 如何将 Firebase 添加到 iOS 以及如何使用 Google 服务文件添加 Android 项目？
- 如何添加 Firebase 和 Cloud Firestore 包？
- 如何添加 intl 包以便格式化日期？
- 如何使用 BoxDecoration 和 LinearGradient Widget 来自定义 AppBar 和 BottomAppBar 的外观体验？

本章和第 15 章及第 16 章将使用前几章讲解的技术与一些新概念，并会将它们结合起来使用以便创建一个可用于生产环境的记录心情的日记应用。在前几章中，我们创建了许多项目，了解了实现特定任务和目标的不同方法。在可用于生产环境的应用中，需要结合使用之前所讲解提升性能的知识点，其中包括仅重绘数据发生变更的 Widget、在页面之间和 Widget 树上传递状态、处理用户身份验证凭据、在设备和云之间同步数据，以及创建用于处理移动应用和 Web 应用之间独立于平台的逻辑的类。

由于 Google 提供了用于桌面和 Web 应用的开源 Flutter 支持，所以 Firebase 后端服务可用于 Flutter 桌面和 Web 应用，而不仅是用于移动端。这也正是本章将讲解如何开发一个可用于生产环境的移动端应用的原因。

具体而言，本章将介绍如何使用身份验证并且使用 Google 的 Firebase(后端服务器基础设施)、Firebase Authentication 和 Cloud Firestore 将数据持久化到云端数据库。我们将了解如何创建和设置一个 Firebase 项目，该项目要使用 Cloud Firestore 作为云端数据库。Cloud Firestore 是一个 NoSQL 文档数据库，它可以使用移动端和 Web 应用的离线支持来存储、查询和同步数据。没错，它支持离线操作。对于移动应用而言，在互联网连接不可用时让其能够正常运行的能力是用户所期望的一个必备特性。使用 Cloud Firestore 的另一个绝佳特性就是，它能自动在设备之间同步实时数据。其数据同步速度很快，从而使得不同设备之间以及用户之间的协作成为可能。使用这些强大特性的令人惊异之处在于，我们不必应对服务器基础设施的设置和管理。这一特性让我们可以构建无服务器应用程序。

我们要配置 Firebase 后端身份验证提供程序、数据库以及安全规则，以便在多个设备和平台之间同步数据。为了让客户端 Flutter 项目可以启用身份验证和数据库服务，需要添加 firebase_auth 和 cloud_firestore 包。第 15 章和第 16 章将讲解如何实现应用级别以及本地的状态管理，这是通过使用 InheritedWidget 类并且借由实现业务逻辑组件(Business Logic Component)模式最大化平台代码共享来实现的。我们要使用应用级别以及本地的状态管理从不同的服务类处请求数据。

14.1 Firebase 和 Cloud Firestore 是什么?

在开始配置之前，先介绍一下 Firebase 包含什么。Firebase 由包含大量共享和共同协作的产品的平台构成。Firebase 会处理连接 iOS、Android 和 Web 应用的整个后端服务器基础设施。

构建应用

- Cloud Firestore——在设备之间存储和同步文档与集合中的 NoSQL 数据
- 实时数据库——在设备之间将 NoSQL 数据作为一个大型 JSON 树来存储和同步
- Cloud 存储——存储并且为文件提供服务
- Cloud 函数——运行后端代码
- 身份验证——为用户的身份验证提供安全保障
- 托管——交付 Web 应用资源

确保应用质量

- Crashlytics——实时故障报告
- 性能监控——应用性能
- 测试实验室——在 Google 托管的设备上测试应用

增值业务

- 应用内消息——发送用户消息
- Google Analytics——执行应用分析
- 预测——基于行为的用户分类
- A/B 测试——优化应用体验
- Cloud 消息——发送消息和通知

- 远程配置——修改应用而不必部署一个新版本
- 动态链接——应用深度链接
- 应用索引——将搜索流量导向到移动应用

所有这些看上去很不错，但是否需要付费呢？实际上不用；Google 提供了 Spark Plan，使我们可免费使用大部分产品，尤其是 Cloud Firestore。可以在 https://firebase.google.com/pricing 处查看详细信息和使用限制。

本章将重点介绍如何使用 Cloud Firestore 来存储数据以及在设备之间同步数据。要了解 Firebase 的基本信息，可以浏览 https://firebase.google.com。

Cloud Firestore 是什么呢？它会将数据存储在以集合形式组织的文档中，类似于 JSON。它可通过在文档内使用子集合来缩放和转换复杂且具有层次结构的数据。下一节将详细介绍这一点。它为 iOS、Android 和 Web 应用提供了离线支持。对于 iOS 和 Android 平台，离线持久化是默认启用的，但是对于 Web，离线模式是默认禁用的。为了优化数据查询，它支持使用排序和筛选的索引后查询。它可以使用事务，这些事务会自动重复进行，直到任务完成。它将自动处理数据缩放与转换。可以使用移动端 SDK 将 Firebase 产品的不同特性集成到应用中。

14.1.1　对 Cloud Firestore 进行结构化和数据建模

为了理解 Cloud Firestore 的数据结构，我们可以将其与标准的 SQL Server 数据库进行比较(见表 14.1)。SQL Server 数据库是一种关系数据库管理系统(RDBMS)，它支持表和行数据建模(图 14.1)。这一比较并非是一对一的，而是一份指南，因为其数据结构是不同的。

表 14.1　数据结构对比

SQL Server 数据库	Cloud Firestore
表	集合
行	文档
列	数据

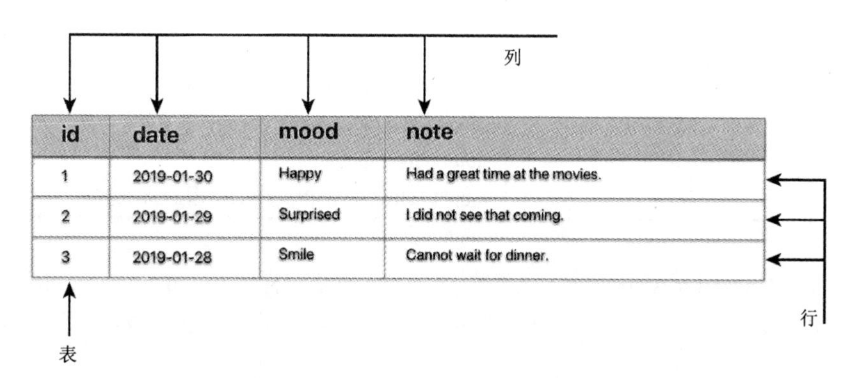

图 14.1　SQL Server 数据库数据模型

在 Cloud Firestore 中，集合可以仅包含文档。文档就是键-值对并且可以选择将其指向子集合。文档不能指向另一个文档，并且必须存储在集合中(图 14.2)。

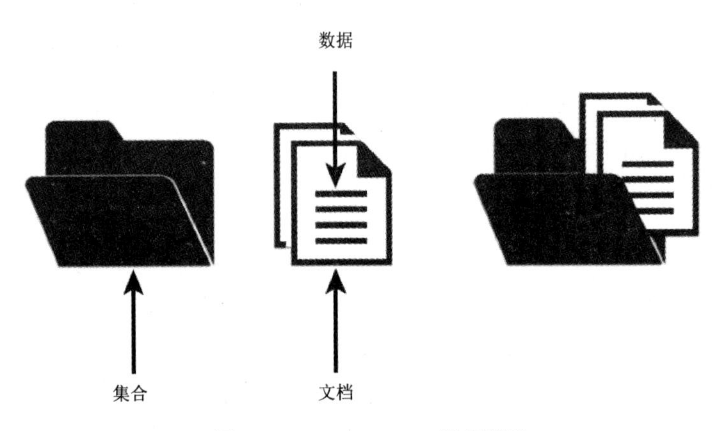

图 14.2 Cloud Firestore 数据模型

集合的职能是什么呢？集合就是文档的容器；它们存留文档的方式就如同文件夹存留页面一样。

那么文档的职能是什么呢？文档存留着存储为类似于 JSON 的键-值对的数据。文档支持 JSON 所不支持的额外数据类型。每一个文档都是通过名称来标识的，并且它们被限制为 1MB 大小(见表 14.2)。

表 14.2 Cloud Firestore 示例数据

类型	值
集合	journals
文档	R5NcTWAaWtHTttYtPoOd
作为键-值对存储的文档数据	date: "2019-0202T13:41:12.537285" mood: "Happy" note: "Great movie." uid: "F1GGeKiwp3jRpoCVskdBNmO4GUN4"

接下来在 Cloud Firestore 控制台中看看像 JSON 对象一样的 Cloud Firestore 示例数据(图 14.3)。注意，文档名称是一个唯一 ID，可被 Cloud Firestore 自动创建，也可手动生成。

```
{
   "journals":[
      {
```

```
            " R5NcTWAaWtHTttYtPoOd1":{
            "date": "2019-0202T13:41:12.537285",
            "mood":"Happy",
            "note":"Great movie."
            "uid": " F1GGeKiwp3jRpoCVskdBNmO4GUN4",
          }
      }
    ]
}
```

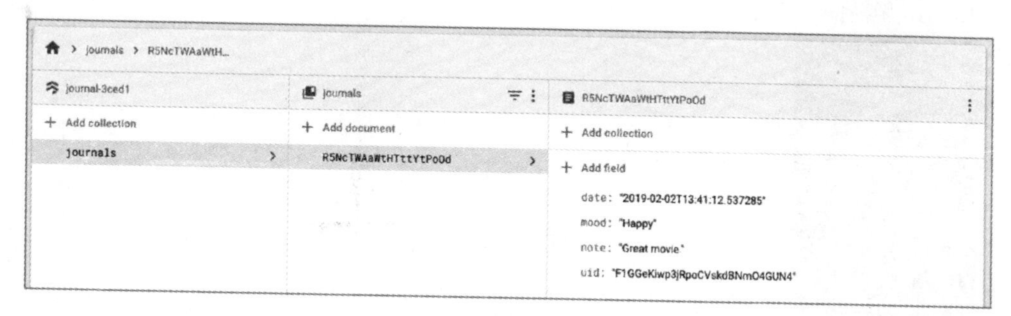

图 14.3　集合与文档

Cloud Firestore 支持许多数据类型，如数组、布尔值、字节、日期与时间、浮点数、地理坐标点、整数、映射、引用、文本字符串以及 null。使用 Cloud Firestore 的其中一个主要好处就是设备之间的数据自动同步，以及客户端应用能在互联网不可用的情况下继续离线工作的能力。

14.1.2　查看 Firebase 身份验证能力

为应用增加安全管控非常重要，这样才能保持信息的私有性和安全。Firebase 身份验证提供了内置的后端服务，可以从客户端的 SDK 中访问它们以便支持完整的身份验证功能。以下是当前可用的身份验证登录提供程序列表：

- 电子邮件/密码(Email/Password)
- 手机(Phone)
- Google
- Play Games(Google)
- Game Center(Apple)
- Facebook
- Twitter
- GitHub
- 匿名(Anonymous)

每一种身份验证登录提供程序在默认情况下都是被禁用的，可以根据应用规范按需启用这些提供程序(图 14.4)。本章后续内容将讲解如何启用一个登录提供程序。

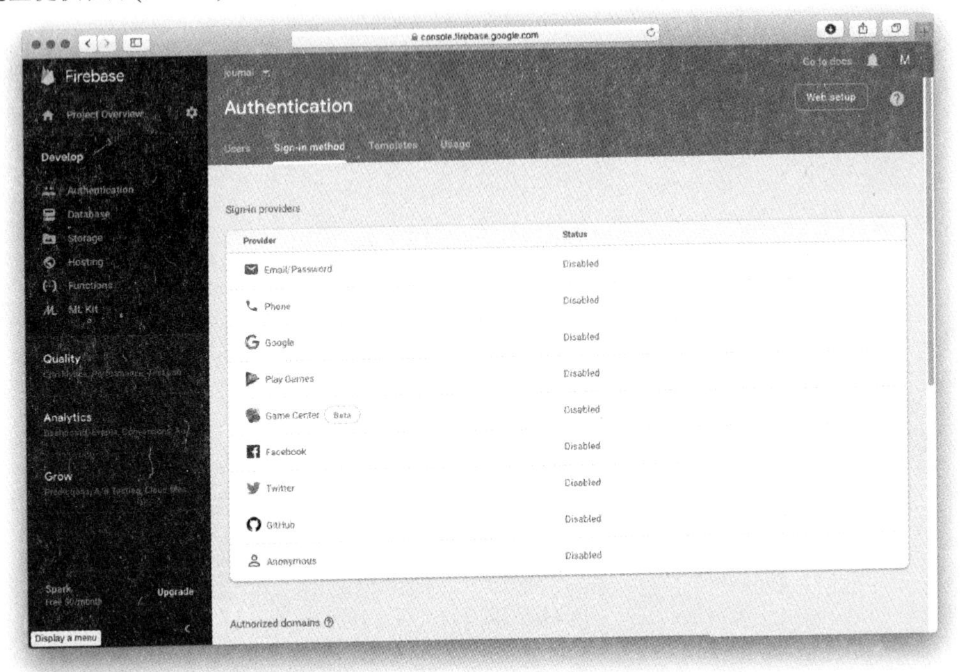

图 14.4 Firebase 身份验证登录提供程序

关于使用匿名提供程序的一点重要提示就是，如果用户从设备删除应用并且重新安装该应用，则会创建一个新的匿名用户，并且该用户不能访问之前的数据。原来那个匿名用户的数据仍旧存储在后端，但客户端应用无法获知之前的匿名用户 ID，因为应用已经从设备中移除了。使用匿名登录提供程序的一个示例就是，允许用户免费访问应用并允许使用付费升级路径以便使用高级功能。

在移动应用中，可从任意可用的登录提供程序中检索用户的身份验证凭据。可以将这些凭据传递给 Firebase Authentication SDK，并且 Firebase 后端服务会验证这些凭据是否有效并为客户端应用返回响应。如果这些凭据是有效的，则允许用户访问应用中的数据和页面，不过这还要取决于安全规则，下一节将对安全规则进行介绍。

一旦启用了某个登录提供程序，就要使用 Firebase Authentication SDK 来创建一个保存在 Firebase 后端的 Firebase User 对象。Firebase User 对象有一组可自定义的属性，但其中的唯一 ID 不能自定义。可以自定义主要电子邮箱地址、姓名以及一个照片 URL(通常是该用户的照片或一个头像)。通过使用 Firebase User 对象的唯一 ID，就可将该用户创建的所有数据绑定到这个 ID。

14.1.3　查看 Cloud Firestore 安全规则

为安全地访问集合与文档，需要实现 Cloud Firestore 安全规则。上一节中讲解过，要通过 Firebase Authentication SDK 创建一个 Firebase User 对象。一旦具有 Firebase User 对象的唯一 ID，就可以使用这个 ID 和 Cloud Firestore 安全规则保障每一个用户的数据安全并将其数据锁定到该用户。以下代码展示了我们将要为保障 Cloud Firestore 数据库的安全而创建的安全规则：

```
service cloud.firestore {
    match /databases/{database}/documents {
      match /journals/{document=**} {
         allow read, write: if resource.data.uid == request.auth.uid;
         allow create: if request.auth.uid != null;
      }
    }
}
```

可在 Firebase 控制台网站的数据库规则页面上编辑这些规则。这些规则由 match 语句和 allow 表达式构成，需要使用 match 语句来识别文档，还要使用 allow 表达式控制对文档的访问。每一次改变规则并且保存它们时，就会自动创建一份修改历史，从而允许我们根据需要撤销之前的更改(图 14.5)。

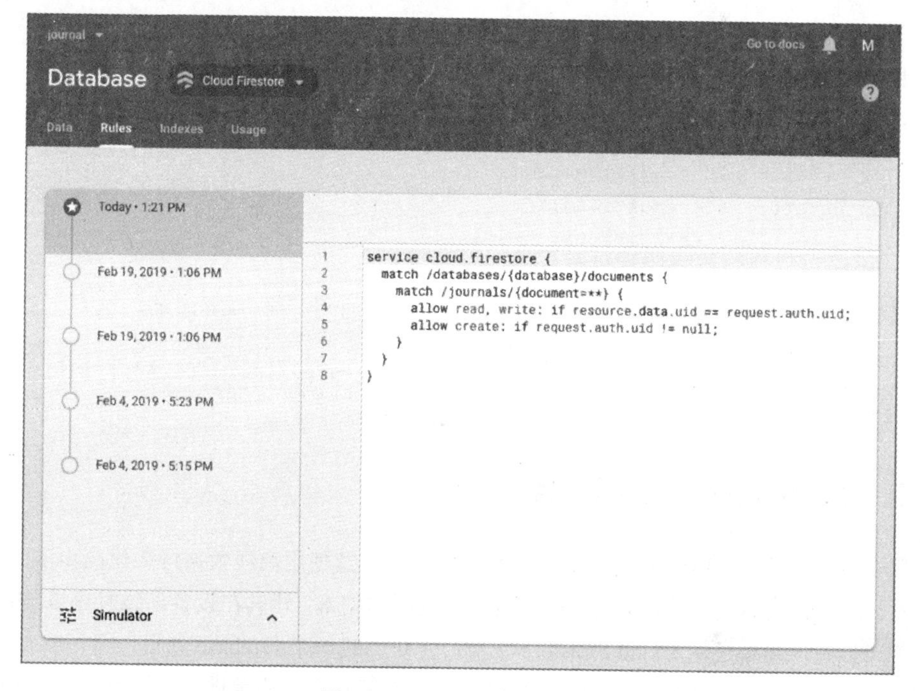

图 14.5　Cloud Firestore 规则

接下来介绍一个示例，它需要规则来允许一个用户读取和写入为其分配的文档。第一个 match/databases/{database}/documents 声明是在告知：要匹配项目中的所有 Cloud Firestore 数据库。

```
match /databases/{database}/documents
```

要理解的第二个以及主要的一部分就是，需要使用 match 语句来指向要评估的集合与表达式，如 match /journals/{document=**}。journals 声明就是容器名称，而要评估的表达式就是位于大括号内的 document=**(journals 集合的所有文档)。在这个 match 中，使用了 allow 表达式来获取 read 和 write 权限，并使用 if 语句来查看 resource.data.uid 值是否等于 request.auth.uid。resource.data.uid 就是文档内的 uid 字段，而 request.auth.uid 则是所登录用户的唯一 ID。

```
match /journals/{document=**} {
    allow read, write: if resource.data.uid == request.auth.uid;
}
```

我们甚至可通过为每个 read 或 write 操作使用一个 match 语句来进一步分解这些规则。对于 read 规则，可将其分解为 get 和 list。对于 write 规则，则可将其分解为 create、update 和 delete。

```
// Read
allow get: if <condition>;
allow list: if <condition>;

// Write
allow create: if <condition>;
allow update: if <condition>;
allow delete: if <condition>;
```

以下示例使用了 create 规则以便仅允许认证过的用户添加新记录，这是通过检查 request.auth.id 是否不等于 null 值来完成的：

```
allow create: if request.auth.uid != null;
```

14.2 配置 Firebase 项目

现在我们理解了 Cloud Firestore 存储数据的方式以及使用离线数据持久化同步多个设备的好处。离线特性的机制是，缓存一份应用活动数据的副本，让其在设备离线时可以被访问。在我们可以在应用中使用 Cloud Firestore 之前，需要创建一个 Firebase 项目。

Firebase 项目由 Google Cloud Platform 所支持，该平台允许应用进行收缩或扩容。Firebase

项目是一个容器，它支持共享特性，如 iOS、Android 和 Web 应用之间的数据库、通知、用户、远程配置、故障报告以及分析。每一个账户都可以具有多个项目，比如需要分离不同且不相关的应用。

试一试：创建 Firebase 项目

我们需要创建一个 Firebase 项目，它可以设置一个容器以便开始添加我们的 Cloud Firestore 数据库以及启用身份验证。首先要添加 iOS 应用，然后继续添加 Android 应用。

(1) 导航到 https://console.firebase.google.com 并使用自己的 Google 账号登录到 Google Firebase，如图 14.6 所示。如果没有 Google 账号，则可在 https://accounts.google.com/SignUp 处创建一个。

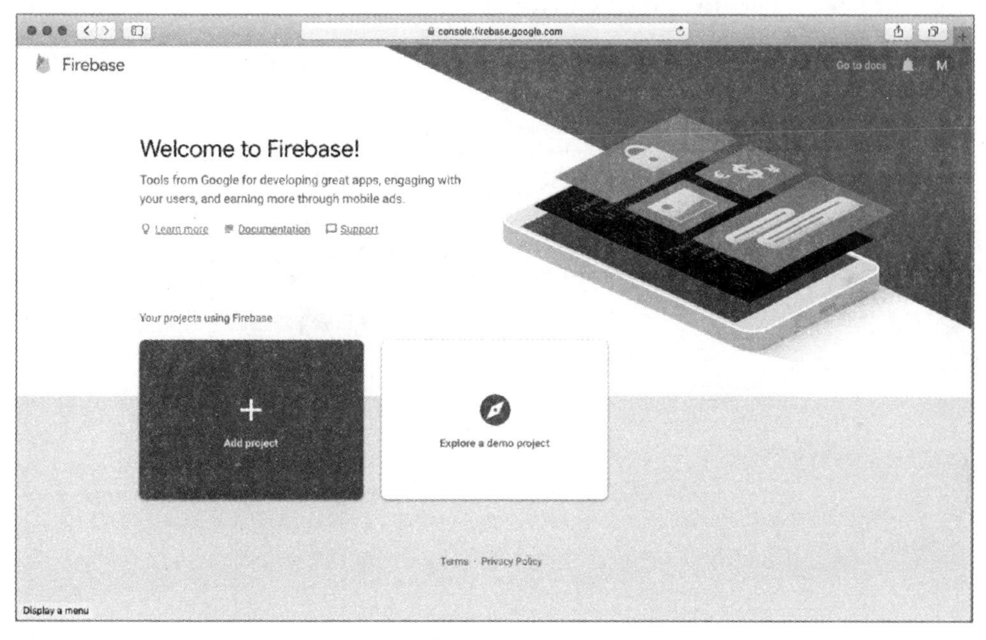

图 14.6　登录到 Firebase

(2) 单击 Firebase 中的 Add project 按钮；将打开 Add a project 对话框。输入 journal 作为项目名称；Project ID 将自动创建。注意，Project ID 会采用项目名称并为其添加一个唯一标识符，如 journal-aa2f3(每个项目名称都必须是唯一的)。

Cloud Firestore 项目的位置将自动选定，不过如果需要也可以对其进行变更。我们需要勾选每一个复选框以接受 Google Analytics 条款；然后单击 Create project 按钮，如图 14.7 所示。

(3) 当显示表明新项目已就绪的对话框时，需要单击 Continue 按钮，如图 14.8 所示。

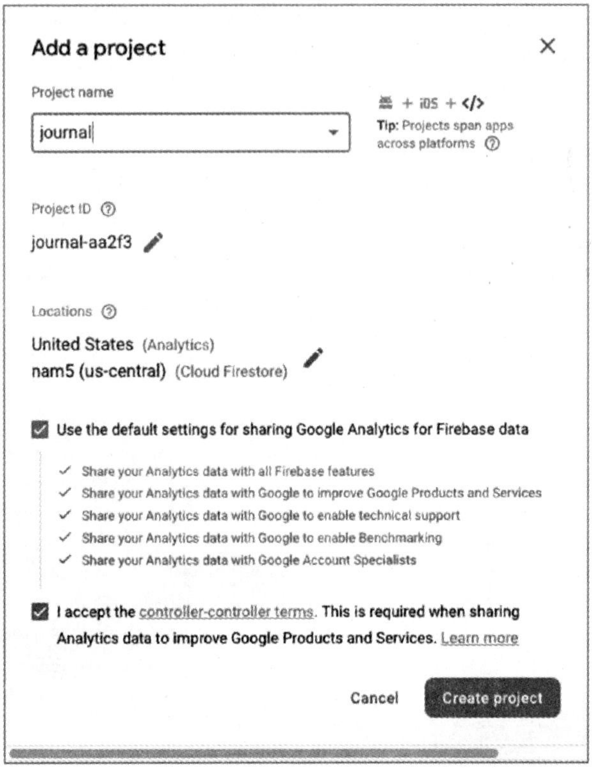

Add a project

Project name

journal

Tip: Projects span apps across platforms

Project ID

journal-aa2f3

Locations

United States (Analytics)
nam5 (us-central) (Cloud Firestore)

Use the default settings for sharing Google Analytics for Firebase data

- Share your Analytics data with all Firebase features
- Share your Analytics data with Google to improve Google Products and Services
- Share your Analytics data with Google to enable technical support
- Share your Analytics data with Google to enable Benchmarking
- Share your Analytics data with Google Account Specialists

I accept the controller-controller terms. This is required when sharing Analytics data to improve Google Products and Services. Learn more

Cancel　Create project

图 14.7　添加项目

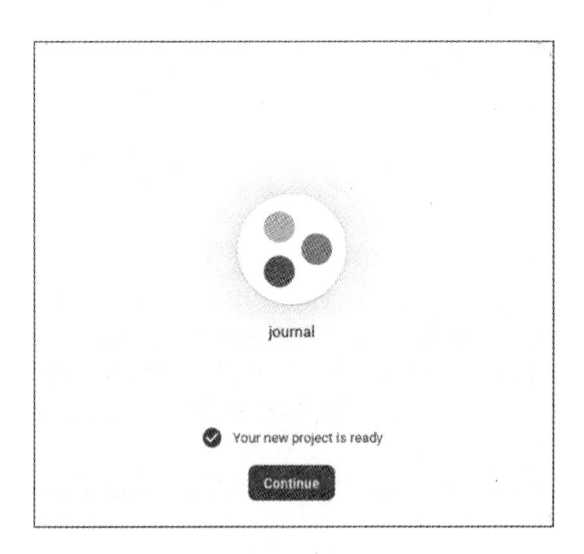

图 14.8　单击 Continue 按钮

对于 iOS 系统，可遵循下面的步骤(4)~(10)。

(4) 在 Firebase 项目主页面中，单击 iOS 按钮以便将 Firebase 添加到在 14.4.1 节中所创建的 iOS 应用，如图 14.9 所示。

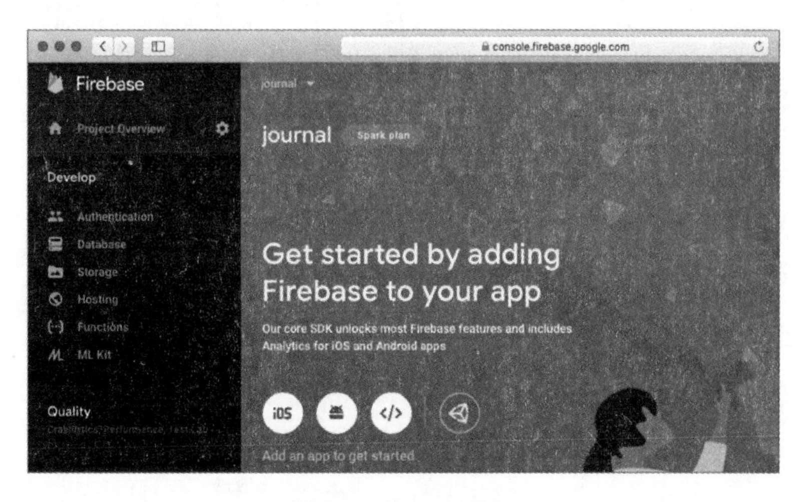

图 14.9　单击 iOS 按钮

(5) 输入 iOS 资源包 ID，如 com.domainname.journal。资源包 ID 就是反转的域名，即 com.domainname，再加上 journal 这个 Flutter 应用名。

(6) 输入可选的应用昵称 Journal 并跳过可选的 App Store ID，因为只有在 Apple 的 iTunes Connect 中创建一个应用以便提交该应用从而进行发布审核的情况下，才会获取这个 ID。单击 Register app 按钮，如图 14.10 所示。

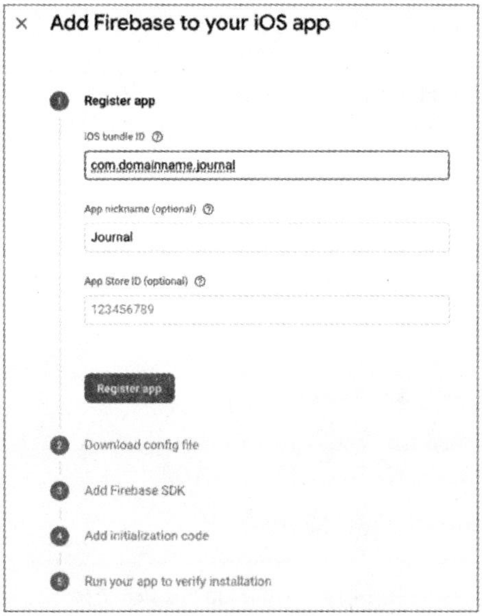

图 14.10　单击 Register app 按钮

(7) 单击 Download GoogleService-Info.plist 按钮(在 14.4.1 节中我们要将所下载的 GoogleServiceInfo.plist 文件添加到 Xcode 项目中)。

(8) 单击 Next 按钮，如图 14.11，并跳过 Add Firebase SDK 与 Add initialization code 步骤。之所以跳过这些步骤是因为 14.4.1 节中将添加 Firebase SDK。

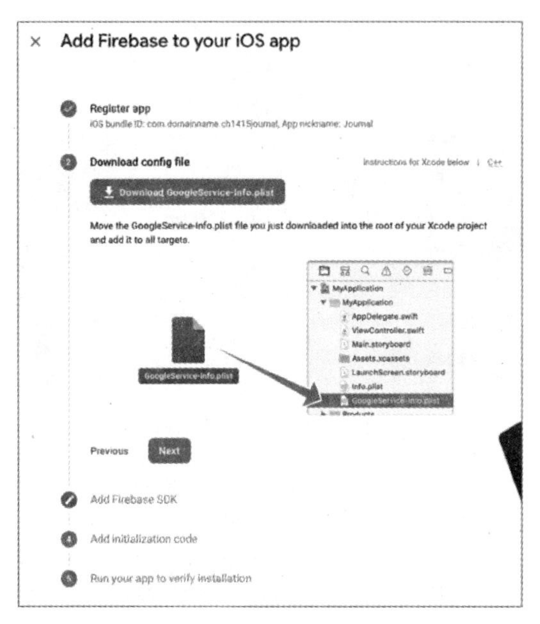

图 14.11 单击 Next 按钮

(9) 在 Run your app to verify installation 步骤中单击 Skip this step 链接，如图 14.12。

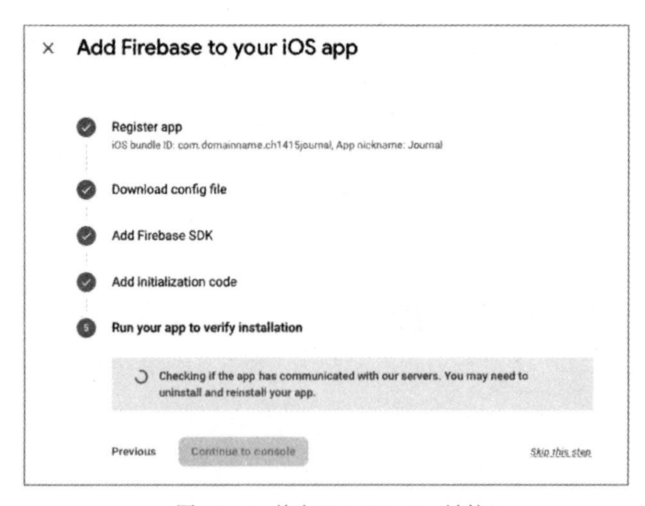

图 14.12 单击 Skip this step 链接

(10) 在 Firebase 项目主页面上，单击 Add app 按钮，如图 14.13。

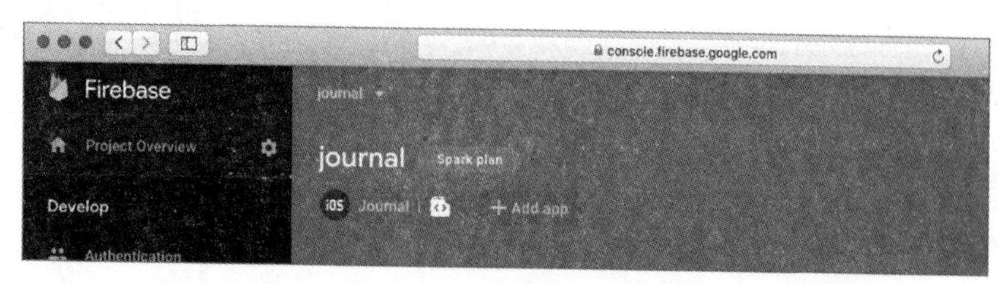

图 14.13　单击 Add app 按钮

对于 Android 系统，可执行步骤(11)~(16)。

(11) 单击 Android 按钮，如图 14.14(中间的图标)以便将 Firebase 添加到我们将在 14.4.1 节中创建的 Android 项目。

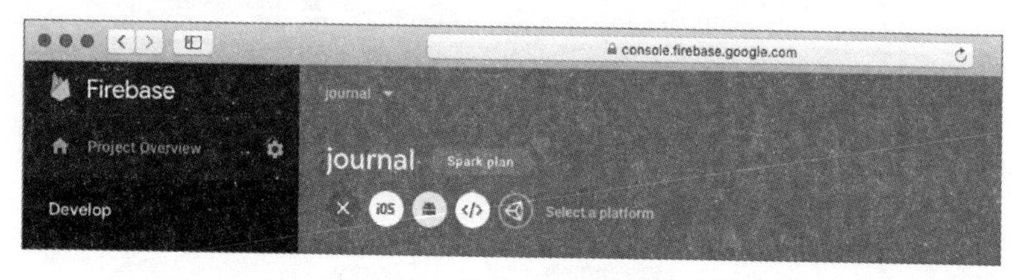

图 14.14　单击 Android 按钮

(12) 输入 Android 包名称，如 com.domainname.journal。资源包 ID 就是反转的域名，即 com.domainname，再加上 journal 这个 Flutter 应用名。14.4.1 节中将创建这个 Flutter 应用。

(13) 输入可选的应用昵称 Journal 并跳过可选的 Debug signing certificate SHA-1 步骤。单击 Register app 按钮，如图 14.15。

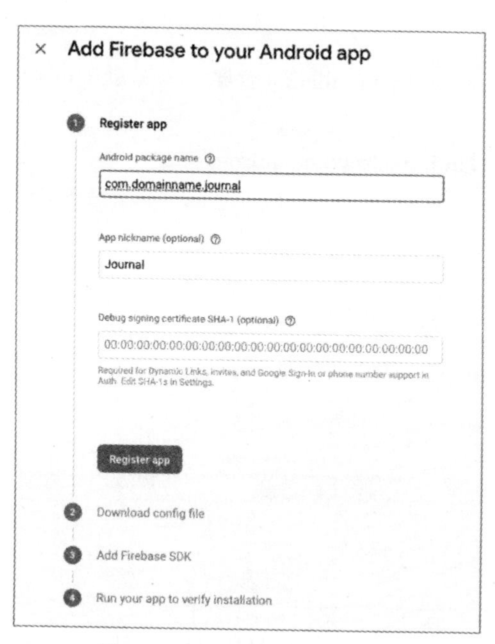

图 14.15　单击 Register app 按钮

(14) 单击 Download googleservices.json 按钮(在 14.4.1 节中将所下载的 googleservices.json 文件添加到 Android 项目中)。

(15) 单击 Next 按钮并跳过 Add Firebase SDK 步骤，如图 14.16 所示。之所以跳过这个步骤是因为 14.4.1 节中将添加 Firebase SDK。

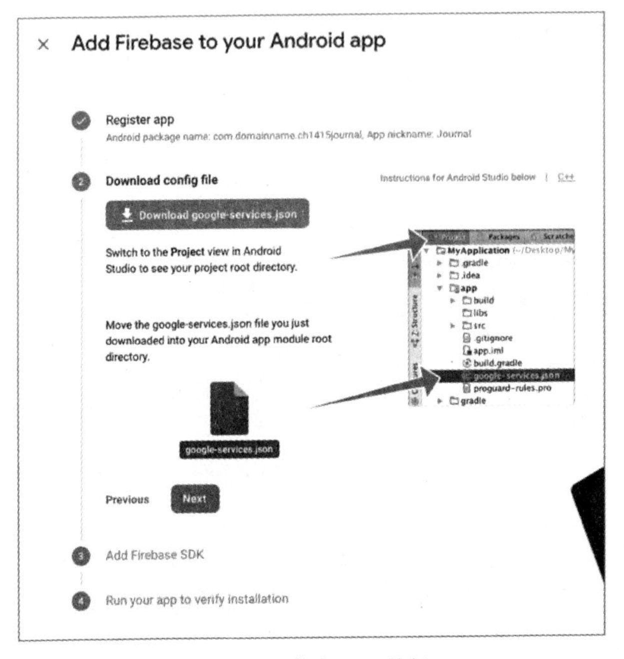

图 14.16 单击 Next 按钮

(16) 在 Run your app to verify installation 步骤中单击 Skip this step 链接，如图 14.17。

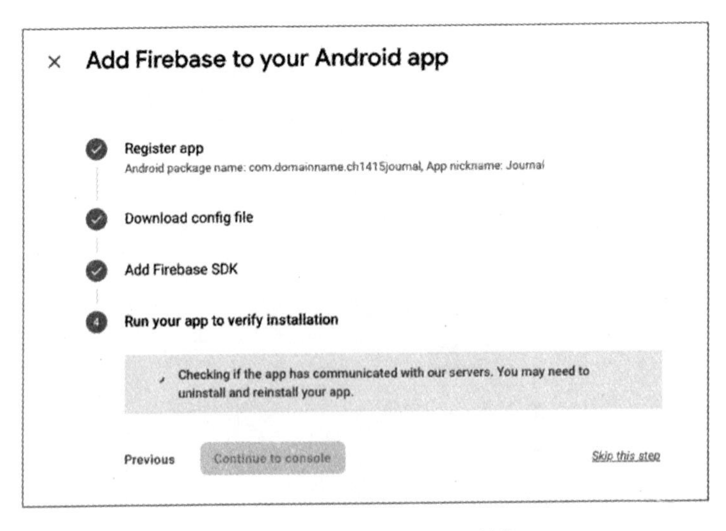

图 14.17 单击 Skip this step 链接

然后就会自动打开 Firebase 项目主页面，如图 14.18，其中会显示刚才添加的 iOS 和 Android 项目。

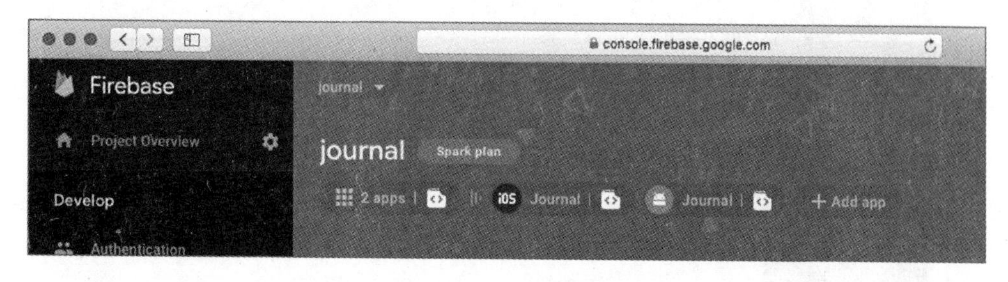

图 14.18　显示添加的项目

示例说明

导航到 https://console.firebase.google.com 处的 Firebase 控制台面板以便添加新项目或选择已有项目。在添加一个项目以及对其命名时，会自动创建一个唯一项目 ID，并可选择对其进行重命名。一旦项目创建完成，该项目 ID 就无法修改了。服务器的位置是自动选择的，不过可以选择修改它。

一旦创建好 Firebase 项目，就需要注册 iOS 和 Android 项目以便使用 Firebase。为了注册每一个项目，需要输入 com.domainname.journal 作为 iOS 资源包 ID 和 Android 包名称。对于 iOS 项目，需要下载 GoogleService-Info.plist 文件，而对于 Android 项目，则需要下载 googleservices.json 文件。在 14.4.1 节中会将这些文件添加到 Xcode 和 Android 项目的 Flutter 应用中。

14.3　添加一个 Cloud Firestore 数据库并实现安全规则

前面介绍了如何创建一个 Firebase 项目，从而让其可以添加 Cloud Firestore 数据库和 Firebase 身份验证。我们了解了可用的不同登录方法，本节将讲解如何实现安全规则以及启用一种身份验证登录方法——具体而言就是，电子邮件/密码身份验证提供程序。

试一试：创建 Cloud Firestore 数据库并且启用身份验证

在这一练习中，我们将学习如何启用 Firebase 身份验证、创建一个 Cloud Firestore 数据库，以及实现安全规则以便为每个用户保留数据的私有性。

(1) 导航到 https://console.firebase.google.com 并选择 journal 项目。

(2) 在左侧菜单中，单击 Develop 区域中的 Authentication 链接。如果 Develop 区域是折叠的，则单击 Develop 链接以便打开其子菜单。单击 Sign-in method 标签页，其中列出可用的登录提供程序，如图 14.19 所示。

(3) 单击 Email/Password 选项，单击 Enable 以启用该特性，并单击 Save 按钮，如图 14.20 所示。

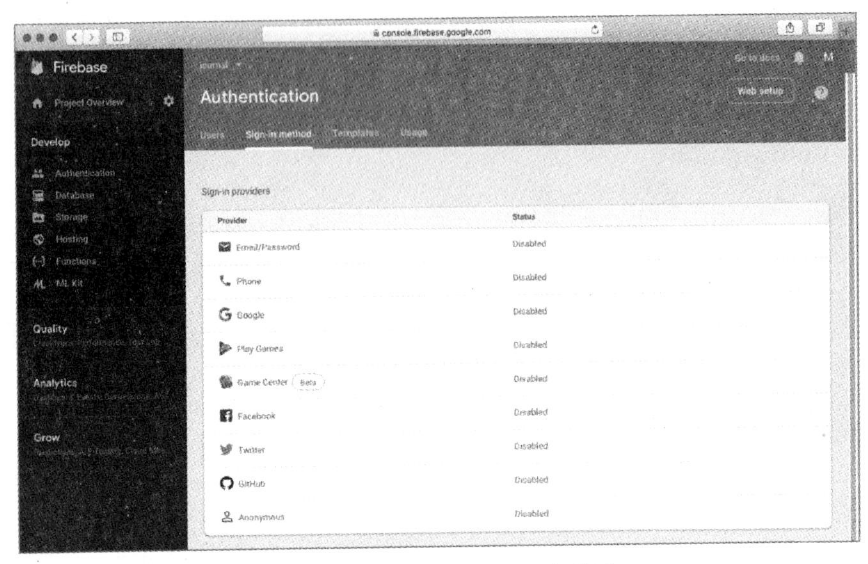

图 14.19 单击 Sign-in method 标签页

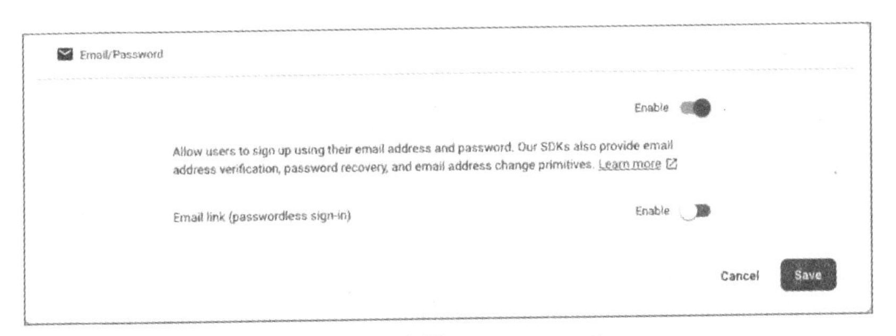

图 14.20 启用 Email/Password

(4) 在左侧菜单中，单击 Database 链接然后单击 Create database 按钮，如图 14.21 所示。

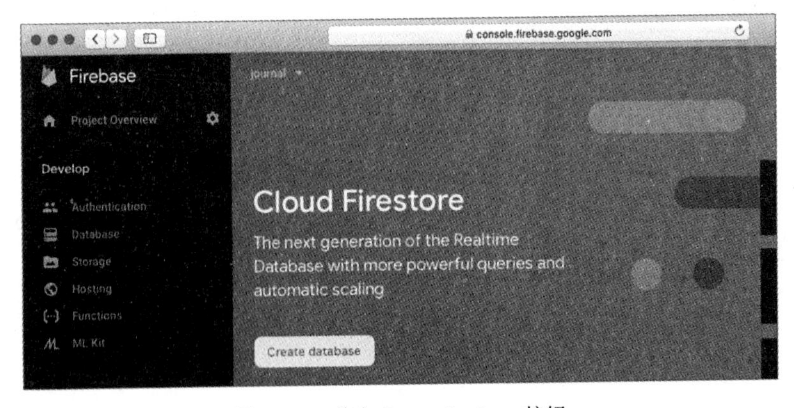

图 14.21 单击 Create database 按钮

(5) 在 Security rules for Cloud firestore 对话框中，选中锁定模式单选框并单击 Enable 按钮，如图 14.22 所示。锁定模式会创建基础的安全规则并锁定对读取和写入权限的访问。

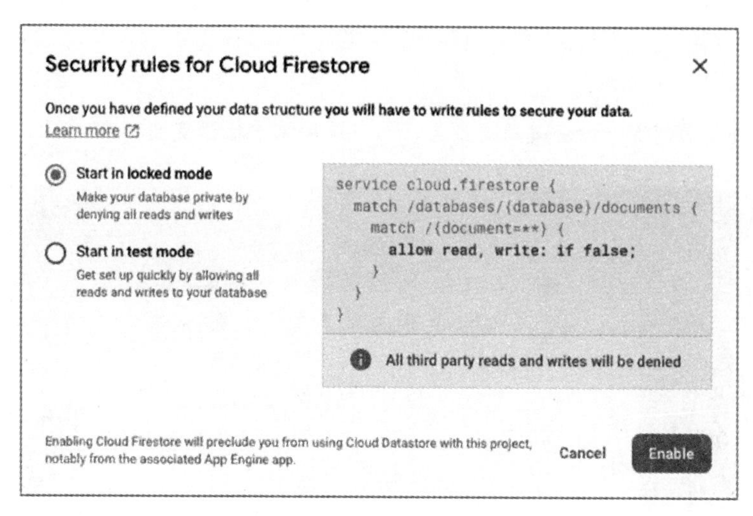

图 14.22 单击 Enable 按钮

以下代码显示了默认的安全规则，单击 Enable 按钮时会自动创建它们。当前的安全规则会拒绝所有读取和写入请求，从而让其数据绝对安全，但同时不可访问，步骤(6)将对其进行修改。

```
service cloud.firestore {
  match /databases/{database}/documents {
    match /{document=**} {
      allow read, write: if false;
    }
  }
}
```

(6) 单击 Rules 标签以编辑默认的锁定规则并将 match /{document=**}改为 match /journals/{document=**}，如图 14.23 所示。{document=**}会匹配所有文档，但这里要使用一种细粒度的方法，这是通过将 journals 集合与文档匹配到所登录用户 ID 来实现的。这一方法允许我们将每个文档限定到每个用户 ID，从而保持数据真正所有者的数据安全性。

(7) 将 allow read, write: if false; 改为 allow read, write: if resource.data.uid == request.auth.uid;，从而将数据字段 uid 限制为匹配所登录的 uid。resource.data.uid 就是文档内的 uid 字段，而 request.auth.uid 则是当前所登录的用户唯一 ID。添加 allow create: if request.auth.uid != null;以允许在用户通过身份验证之后创建新记录。

```
service cloud.firestore {
    match /databases/{database}/documents {
      match /journals/{document=**} {
```

```
            allow read, write: if resource.data.uid == request.auth.uid;
        allow create: if request.auth.uid != null;
      }
    }
  }
```

注意，将自动创建一份变更历史日志，以实现按需要撤销变更。

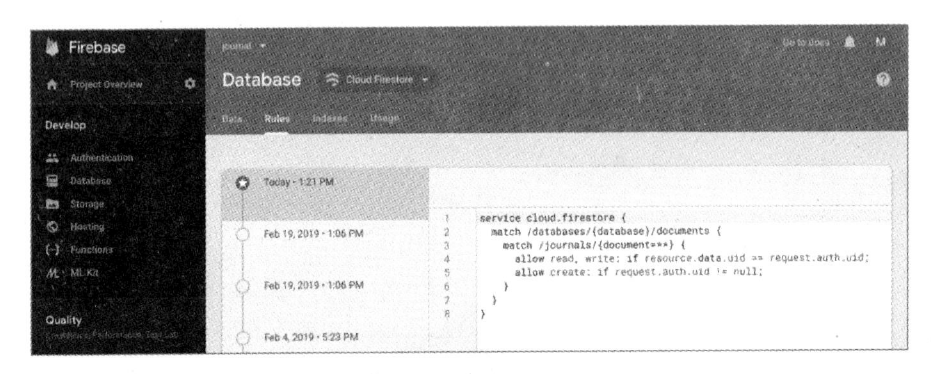

图 14.23 编辑规则

示例说明

导航到 https://console.firebase.google.com 并选择 journal 项目。导航到 Authentication 页面并选择 Sign-in method 标签以便启用和禁用登录提供程序。导航到 Database 页面以便创建或编辑数据库，这个例子中要使用 Cloud Firestore。在 Database 页面中，选择 Rules 标签以便查看或修改当前安全规则。对于每一次保存过的编辑操作，都会自动创建一份变更历史，从而可以轻易地按需要撤销变更。

14.4 构建客户端日记应用

从本章到第 16 章包含了创建记录心情的日记应用的过程。本节将创建这个应用的基础结构并配置 iOS 和 Android 项目以便使用 Firebase 身份验证以及 Cloud Firestore 数据库。需要使用渐变色来修改应用的基本外观体验。

记录心情的日记应用的目标是通过收集日期、心情、笔记以及用户的 ID，来列出、添加和修改日记条目。本节将介绍如何创建一个登录页面以便通过电子邮件/密码 Firebase 身份验证登录提供程序对用户进行身份验证。主展示页面将实现一个 ListView Widget，这是通过使用按照 DESC(降序)日期排序的 separated 构造函数来实现的，这一排序表明最后输入的记录会显示在最前面。ListTile Widget 可以轻易地格式化记录 List 的展示方式。日记条目页使用 showDatePicker Widget 以便从日历中选择一个日期，并使用 DropdownButton Widget 以便从心情列表中进行选择，还要使用一个 TextField Widget 以便输入笔记。

14.4.1　将身份验证和 Cloud Firestore 包添加到客户端应用

接下来要创建 Flutter 应用并通过安装 Firebase Flutter 包来添加 Firebase 身份验证和 Cloud Firestore SDK。Flutter 团队开发了各种 Firebase 包，就像其他包一样，适用包的 GitHub 页面上提供了完整的包源码。

我们需要安装 firebase_auth、cloud_firestore 以及 intl 包。还要下载用于 iOS 和 Android 的 Google 服务文件(配置)，其中包含从客户端应用访问 Firebase 产品所需的属性。

试一试：创建日记应用

这个示例将构建一个可用于生产环境的日记应用，它类似于第 13 章中的应用，但是不同的是，它使用了 Firebase 身份验证以便提供安全保障，并且使用 Cloud Firestore 数据库以便存储和同步数据。读取和保存数据的方法结构已经完全不同了。我们还要为每一个日记条目添加心情跟踪。这个练习中需要使用一些新的包和大家已经熟悉的包。

- 为了给日记应用增加安全保障，需要使用 firebase_auth 包，它提供了身份验证。
- 为了增加数据存储能力，需要使用 cloud_firestore 包，它提供了云端同步和存储。
- 为了格式化日期，需要使用 intl 包，它提供了国际化和本地化。第 13 章介绍过如何使用它。

(1) 创建一个新的 Flutter 项目并将其命名为 journal。可以遵循第 4 章中的处理步骤。

注意，由于后两章会继续处理这个应用，所以为了保持简单性，项目名称没有以章节序号作为开始。将项目命名为 journal 还会让包名变为 com.domainname.journal，这也匹配了 iOS 资源包 ID 和 Android 包名称。由于正在使用 Cloud Firestore，所以在 Firebase 控制台中注册 iOS 和 Android 项目时，包名必须完全匹配所输入的内容。顺便说一下，在创建一个新的 Flutter 项目时也可以手工修改包名称。

对于这个项目而言，需要创建 pages、classes、services、models 和 blocs 文件夹。

(2) 打开 pubspec.yaml 文件以便添加资源。在 dependencies: 部分添加 firebase_auth:^0.11.1+6 和 cloud_firestore:^0.12.5 以及 intl:^0.15.8 声明。注意，大家使用的包版本可能更高。

```
dependencies:
  flutter:
    sdk: flutter

  # The following adds the Cupertino Icons font to your application.
  # Use with the CupertinoIcons class for iOS style icons.
  cupertino_icons: ^0.1.2

  firebase_auth: ^0.11.1+6
  cloud_firestore: ^0.12.5
  intl: ^0.15.8
```

(3) 单击 Save 按钮，根据所用的编辑器，将自动运行 flutter packages get；运行完成后，就会显示消息 Process finished with exit code 0。如果没有自动运行该命令，则可以打开 Terminal 窗口(位于编辑器底部)并输入 flutter packages get。

(4) 在 Flutter 项目中，打开 iOS Xcode 项目以便添加 Firebase。单击菜单栏并且选择 Tools | Flutter | Open iOS module In Xcode，如图 14.24 所示。

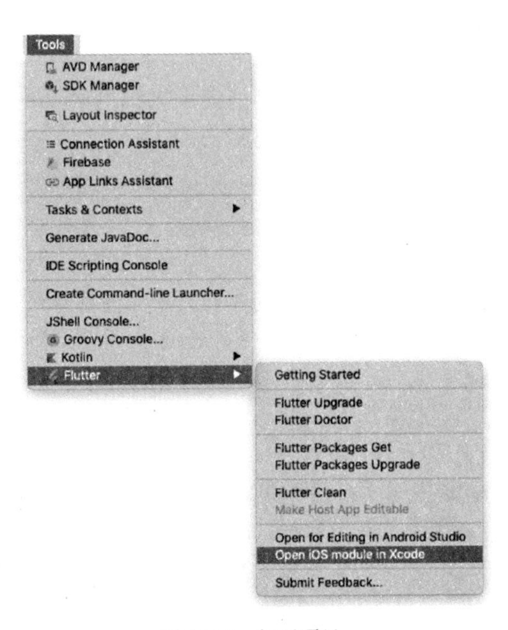

图 14.24 打开项目

(5) 将下载好的 GoogleService-Info.plist 文件拖动到 Xcode 项目中的 Runner 文件夹，如图 14.25 所示。

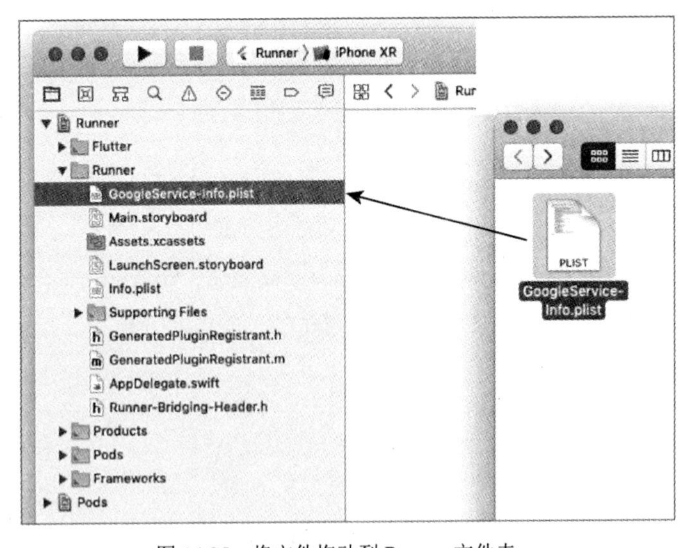

图 14.25 将文件拖动到 Runner 文件夹

(6) 在下一个对话框中，完成 GoogleService-Info.plist 文件的添加。确保勾选 Copy items if needed，选中 Create folder references 单选按钮，并勾选 Add to targets ｜ Runner 选项，如图 14.26 所示。该 iOS Xcode 项目现在就配置好了，可处理 Firebase 和 Firestore 了。文件复制完成后，关闭 Xcode。

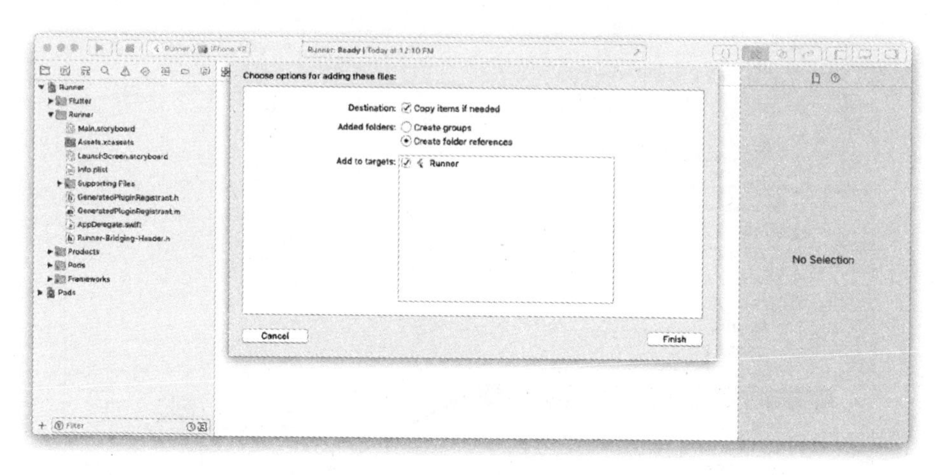

图 14.26　配置选项

(7) 在 Flutter 项目中，打开 Android Studio 项目以便添加 Firebase。在 Android Studio 中，单击菜单栏并选择 Tools | Flutter | Open For Editing In Android Studio，如图 14.27 所示。

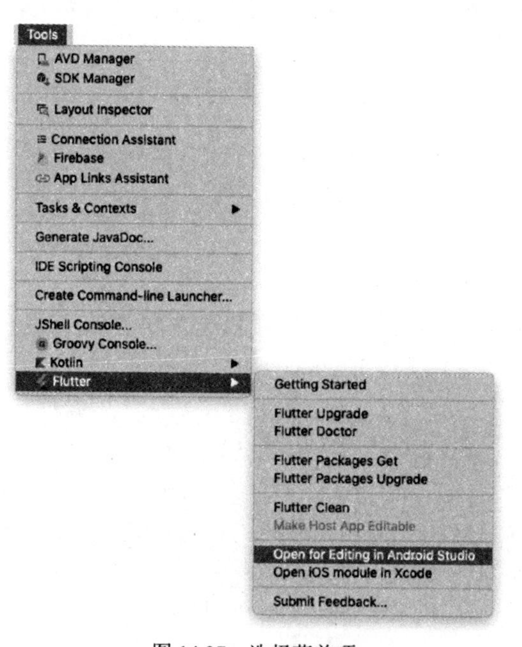

图 14.27　选择菜单项

(8) 将下载好的 google-services.json 文件拖动到 Android 项目中的 app 文件夹，如图 14.28 所示。如果没有看到这个 App 文件夹，则要确保在 Android Studio 工具窗口中选择了 Project 视图(位于顶部左侧)，而非 Android 视图。

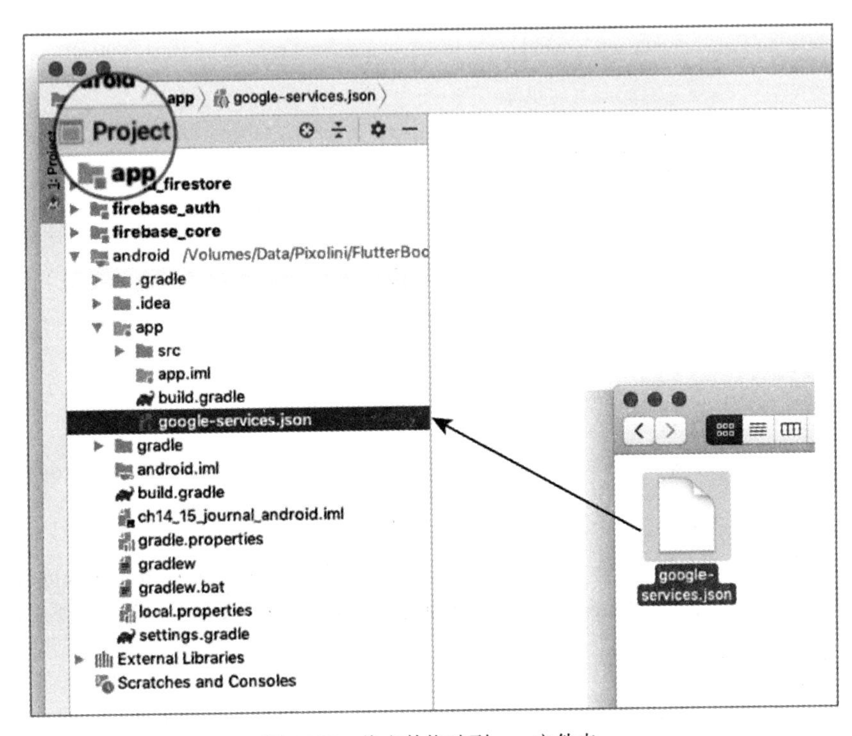

图 14.28 将文件拖动到 app 文件夹

(9) 完成 google-services.json 文件的添加并单击 OK 按钮，如图 14.29 所示。

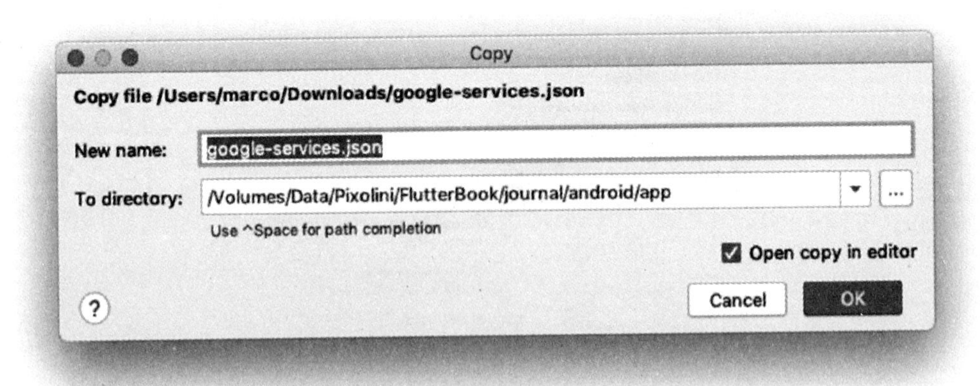

图 14.29 单击 OK 按钮

(10) 对于 Android 项目，需要手动编辑两个文件。就第一个文件而言，要打开位于

android/app/中应用级别的 build.gradle 文件。在该文件底部添加 google-services gradle 插件，这是通过指定 apply plugin: 'com.google.gms.googleservices'来实现的。在这个应用级别的 build.gradle 文件中，需要确保正在使用 compileSdkVersion 28、minSdkVersion 16 和 targetSdkVersion 28 并且保存，如图 14.30 所示。

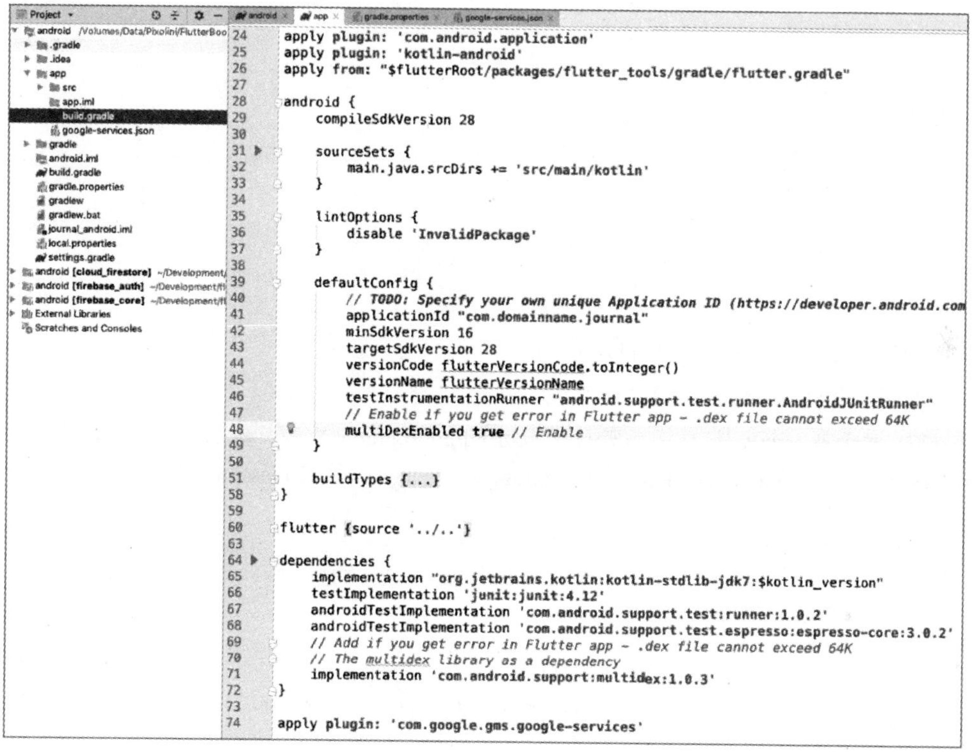

图 14.30　build.gradle 文件

(11) 为避免在尝试运行用于 Android 的这个 Flutter 应用时出现“.dex file cannot exceed 64 error”，需要在 defaultConfig 部分添加 multiDexEnabled true 并且保存。注意，后续更新中可能并不需要这一步。可在 https://developer.android.com/studio/build/multidex 处查看 Android Studio multidex 用户指南页面。

```
android {
    compileSdkVersion 28

    sourceSets {...}

    lintOptions {...}

    defaultConfig {
      applicationId "com.domainname.journal"
```

```
        minSdkVersion 16
        targetSdkVersion 28
        // ...
        // Enable if you get error in Flutter app - .dex file cannot exceed 64K
        multiDexEnabled true // Enable
    }

    buildTypes {...}
}

flutter {...}

dependencies {
     // ...}

// Add at the bottom of the file
apply plugin: 'com.google.gms.google-services'
```

(12) 对于第二个文件,需要打开位于android/build.gradle中项目级别的build.gradle文件,如图14.31所示。在dependencies中添加google-services插件的classpath并且保存。

```
buildscript {
    // ...
    dependencies {
        // ...
        // Add the following line:
        classpath 'com.google.gms:google-services:4.2.0' // googleservices
     plugin
    }
}
```

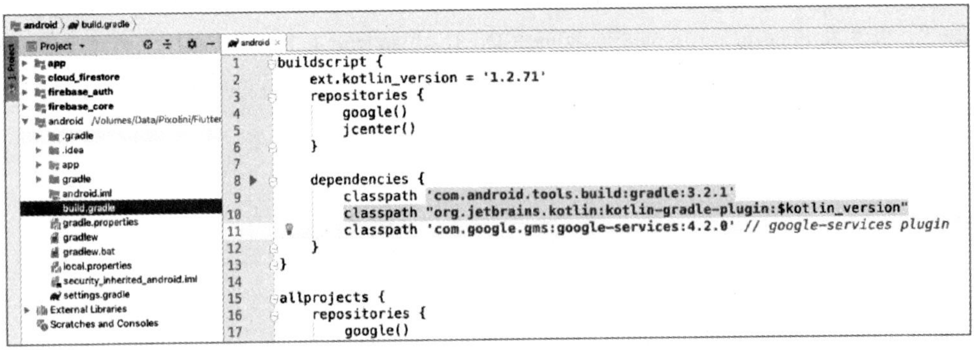

图 14.31　打开文件

(13) 为了避免出现AndroidX错误，需要编辑项目级别的gradle.properties文件，在其中添加以下两行并且保存该文件，如图 14.32 所示。注意，后续更新中可能不需要这一手工步骤。根据插件需求启用 AndroidX 能力。

```
android.useAndroidX=true
android.enableJetifier=true
```

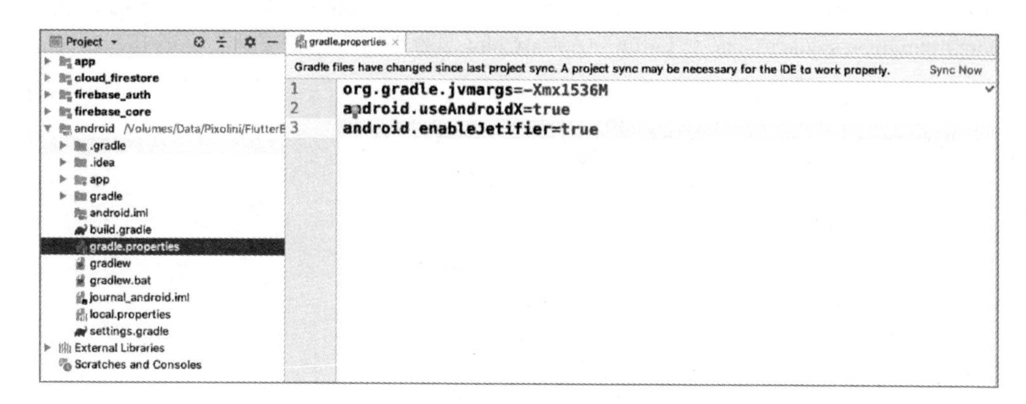

图 14.32　添加两行代码

(14) 将出现一个带有通知的黄色栏，它表明这个 gradle 文件已被修改。单击 Sync Now 按钮，并在处理过程完成时关闭 Android 项目。

示例说明

我们在 pubspec.yaml 文件中声明了 firebase_auth、cloud_firestore 以及 intl 包。firebase_auth 包提供了使用 Firebase 身份验证来保障应用安全性的能力。cloud_firestore 包提供了使用 Cloud Firestore 数据库以便在云端同步和存储数据的能力。intl 包提供了对日期进行格式化的能力。

我们使用了 Xcode 以便将 GoogleService-info.plist 文件导入 iOS 项目。还使用了 Android Studio 将 google-services.json 文件导入 Android 项目。对于 Android 项目，我们修改了该项目和应用级别的 build.gradle 文件以便启用 Firebase 插件。Google 服务文件会导入需要的所有属性以便访问 Firebase 项目产品。

在 Firebase 控制台中，我们使用 com.domainname.journal 这一 iOS 资源包 ID 和 Android 包名称注册了 iOS 和 Android 项目，从而完全匹配 com.domainname.journal 这一 Flutter 的项目包名称。

14.4.2　为客户端应用添加基础布局

上一节介绍了如何添加和配置 Firebase 身份验证以及 Cloud Firestore 数据库。接下来需要对该 Flutter 项目进行处理以自定义日记应用的外观体验。

我们要自定义该应用的背景色，这需要将 MaterialApp canvasColor 属性设置为浅绿色。AppBar 和 BottomAppBar 自定义会显示从浅绿色到极浅绿色的颜色渐变，从而与应用的背景色相融合。为了实现这一颜色效果，需要使用第 6 章中讲解过的 LinearGradient Widget 来设置 BoxDecoration gradient 属性。

试一试：为日记应用添加基础布局

本节将继续编辑journal项目，需要通过自定义该应用的颜色和外观体验以便为其提供专业外观。

(1) 打开 main.dart 文件。将 MaterialApp title 属性修改为 Journal 并将 ThemeData primarySwatch 属性改为 Colors.lightGreen。添加 canvasColor 属性并将颜色设置为 Colors.lightGreen.shade50。添加 bottomAppBarColor 属性并将颜色设置为 Colors.lightGreen。

```
return MaterialApp(
  debugShowCheckedModeBanner: false,
  title: 'Journal',
  theme: ThemeData(
      primarySwatch: Colors.lightGreen,
      canvasColor: Colors.lightGreen.shade50,
      bottomAppBarColor: Colors.lightGreen,
  ),
  home: Home(),
);
```

(2) 打开home.dart文件，将AppBar title属性的Text Widget设置为Journal，并将TextStyle color 属性设置为 Colors.lightGreen.shade800。

(3) 为了用渐变效果自定义 AppBar 背景色，需要通过将elevation属性设置为0.0来移除AppBar Widget 阴影。为增加 AppBar 的高度，需要将bottom属性设置为child属性是Container Widget 的 preferredSize Widget，并将 preferredSize 属性设置为 Size.fromHeight(32.0)。

(4) 将 flexibleSpace 属性设置为 Container Widget，并将其 decoration 属性设置为 BoxDecoration Widget。

(5) 将 BoxDecoration gradient 属性设置为 LinearGradient，并将其 colors 属性设置为 [Colors.lightGreen, Colors.lightGreen.shade50]列表。

(6) 将begin属性设置为Alignment.topCenter并将end属性设置为Alignment.bottomCenter。LinearGradient 效果会将 AppBar 颜色从 lightGreen 渐变绘制为 lightGreen.shade50 color。

```
appBar: AppBar(
  title: Text('Journal',
      style: TextStyle(color: Colors.lightGreen.shade800)),
  elevation: 0.0,
  bottom: PreferredSize(
     child: Container(), preferredSize: Size.fromHeight(32.0)),
  flexibleSpace: Container(
    decoration: BoxDecoration(
      gradient: LinearGradient(
        colors: [Colors.lightGreen, Colors.lightGreen.shade50],
        begin: Alignment.topCenter,
        end: Alignment.bottomCenter,
```

```
        ),
      ),
    ),
  ),
```

效果如图 14.33 所示。

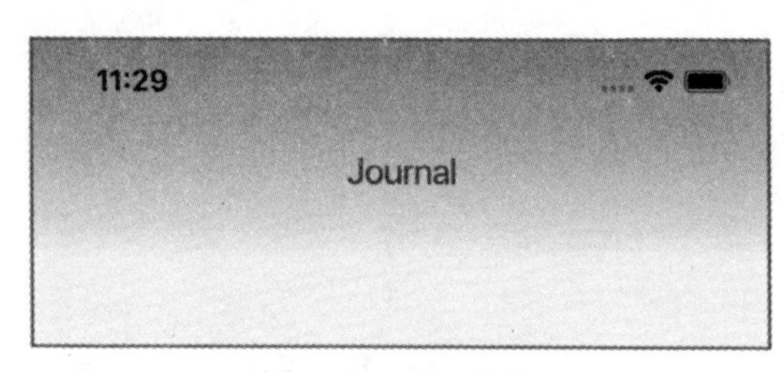

图 14.33　显示效果

(7) 将 IconButton Widget 添加到 AppBar actions 属性。将 icon 属性设置为 Icons.exit_to_app，并将其 color 属性设置为 Colors.lightGreen.shade800。

(8) 为 onPressed 属性添加一个 TODO:注释，以便提醒后续要添加一个用于当前用户登出的方法。

```
actions: <Widget>[
  IconButton(
    icon: Icon(
      Icons.exit_to_app,
      color: Colors.lightGreen.shade800,
    ),
    onPressed: () {
      // TODO: Add signOut method
    },
  ),
],
```

(9) 添加 Scaffold bottomNavigationBar 属性并将其设置为 BottomAppBar Widget。为了使用渐变效果来自定义 BottomAppBar 背景色，需要通过将 elevation 属性设置为 0.0 来移除 BottomAppBar Widget 阴影。将 BottomAppBar child 属性设置为 Container Widget，并将其 height 属性设置为 44.0。

(10) 将 Container decoration 属性设置为 BoxDecoration Widget。将 BoxDecoration gradient 属性设置为 LinearGradient，并将其 colors 属性设置为[Colors.lightGreen.shade50, Colors.lightGreen]列表。

(11) 将 begin 属性设置为 Alignment.topCenter 并将 end 属性设置为 Alignment.bottomCenter。LinearGradient 效果会将 AppBar 颜色从 lightGreen.shade50 渐变绘制为 lightGreen 颜色。

```
bottomNavigationBar: BottomAppBar(
    elevation: 0.0,
    child: Container(
      height: 44.0,
      decoration: BoxDecoration(
        gradient: LinearGradient(
            colors: [Colors.lightGreen.shade50, Colors.lightGreen],
            begin: Alignment.topCenter,
            end: Alignment.bottomCenter,
        ),
      ),
    ),
),
```

效果如图 14.34 所示。

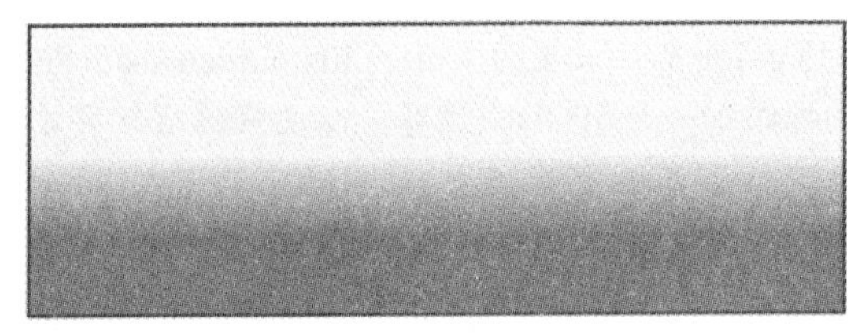

图 14.34 显示效果

(12) 添加 Scaffold floatingActionButtonLocation 属性并将其设置为 FloatingActionButton-Location.centerDocked。

```
floatingActionButtonLocation: FloatingActionButtonLocation.centerDocked,
```

(13) FloatingActionButton 负责添加新的日记条目。添加 Scaffold floatingActionButton 属性并将其设置为 FloatingActionButton Widget，将该 Widget 的 tooltip 属性设置为 Add Journal Entry，再将其 backgroundColor 属性设置为 Colors.lightGreen.shade300。最后将 child 属性设置为 Icons.add。

(14) 添加 FloatingActionButton onPressed 属性并使用 async 关键字标记它，同时添加一个 TODO:注释，以便提醒后续要添加一个用于新增日记条目的方法。

```
floatingActionButton: FloatingActionButton(
    tooltip: 'Add Journal Entry',
    backgroundColor: Colors.lightGreen.shade300,
    child: Icon(Icons.add),
    onPressed: () async {
        // TODO: Add _addOrEditJournal method
    },
),
```

效果如图 14.35 所示。

图 14.35　最终效果

示例说明

我们将 MaterialApp ThemeData canvasColor 属性修改为浅绿色，并将 bottomAppBarColor 属性也设置为了浅绿色。我们自定义了主页的 AppBar 和 BottomAppBar Widget 以便展示浅绿色渐变。还自定义了 BoxDecoration gradient 属性以便使用 LinearGradient 来实现平滑的渐变色色差。我们为 AppBar actions 属性添加了用于登出用户的 IconButton。为了将 FloatingActionButton 固定到 BottomAppBar Widget，我们添加了被设置为 centerDocked 的 floatingActionButtonLocation 属性。还添加了用于增加新日记条目的 FloatingActionButton Widget。

14.4.3　为客户端应用添加类

接下来需要创建两个类来处理日期格式化以及跟踪心情图标。FormatDates 类使用 intl 包来格式化日期。MoodIcons 类会存储对于心情图标 title、color、rotation 和 icon 的引用。

试一试：添加 FormatDates 和 MoodIcons 类

本节要继续编辑 journal 项目，需要添加 FormatDates 和 MoodIcons 类。

(1) 在 classes 文件夹中创建一个新的 Dart 文件。鼠标右击 classes 文件夹，选择 New | Dart File，输入 FormatDates.dart，并单击 OK 按钮进行保存。

(2) 导入 intl.dart 包并创建 FormatDates 类。第 13 章介绍过如何使用 DateFormat 类。添加 dateFormatShortMonthDayYear、dateFormatDayNumber 和 dateFormatShortDayName 方法。

```
import 'package:intl/intl.dart';

class FormatDates {
  String dateFormatShortMonthDayYear(String date) {
     return DateFormat.yMMMd().format(DateTime.parse(date));
  }

  String dateFormatDayNumber(String date) {
     return DateFormat.d().format(DateTime.parse(date));
  }

  String dateFormatShortDayName(String date) {
     return DateFormat.E().format(DateTime.parse(date));
  }
}
```

(3) 在 classes 文件夹中创建一个新的 Dart 文件。鼠标右击 classes 文件夹，选择 New | Dart File，输入 mood_icons.dart，并且单击 OK 按钮进行保存。导入 material.dart 包并创建 MoodIcons 类。

```
class MoodIcons {
}
```

(4) 添加 title、color、rotation 和 icon 变量，并将它们标记为 final。根据心情的不同，将通过不同的颜色和旋转来显示每一个图标；例如，开心图标会旋转为朝向左边，而悲伤图标则会旋转为朝向右边。

(5) 添加新的一行并输入 MoodIcons 构造函数，将其命名参数用大括号({})括起来。使用语法糖来引用每一个 title、color、rotation 和 icon 变量，以便使用 this 关键字访问其值，从而在类中指向当前状态。

```
class MoodIcons {
    final String title;
    final Color color;
    final double rotation;
    final IconData icon;
```

```
    const MoodIcons({this.title, this.color, this.rotation, this.icon});
  }
```

(6) 步骤(8)中将给 MoodIcons 类添加方法，因为需要访问包含心情设置图标列表的_moodIconsList 变量。该列表包含多个心情配置，其中包含 title、color、rotation 和 icon。

在 MoodIcons 类之后添加一行，并将_moodIconsList 变量声明为使用 const 关键字的 List<MoodIcons>以便获得良好性能，因为该列表不会发生变化。使用 MoodIcons 列表以及 const 关键字来初始化_moodIconsList。

(7) 添加五个使用 const 关键字的 MoodIcons()类，并且使用以下值填充其构造函数：

```
  const List<MoodIcons> _moodIconsList = const <MoodIcons>[
    const MoodIcons(title: 'Very Satisfied', color: Colors.amber, rotation: 0.4,
  icon: Icons.sentiment_very_satisfied),
    const MoodIcons(title: 'Satisfied', color: Colors.green, rotation: 0.2,
icon:
  Icons.sentiment_satisfied),
    const MoodIcons(title: 'Neutral', color: Colors.grey, rotation: 0.0, icon:
Icons.
  sentiment_neutral),
    const MoodIcons(title: 'Dissatisfied', color: Colors.cyan, rotation: -0.2,
icon:
  Icons.sentiment_dissatisfied),
    const MoodIcons(title: 'Very Dissatisfied', color: Colors.red, rotation:
-0.4,
  icon: Icons.sentiment_very_dissatisfied),
  ];
```

(8) 回到 MoodIcons 类内部，并添加 getMoodIcons、getMoodColor、getMoodRotation 和 getMoodIconsList 方法以便检索合适的 icon 属性值。前三个方法使用 List 对象的 indexWhere 方法来找出匹配的 icon 属性。最后一个方法会返回心情图标的完整列表。

```
  IconData getMoodIcon(String mood) {
      return _moodIconsList[_moodIconsList.indexWhere((icon) => icon.title ==
mood)]
  .icon;
  }

  Color getMoodColor(String mood) {
      return _moodIconsList[_moodIconsList.indexWhere((icon) => icon.title ==
mood)]
  .color;
  }
```

```
double getMoodRotation(String mood) {
   return _moodIconsList[_moodIconsList.indexWhere((icon) => icon.title ==
mood)]
.rotation;
}

List<MoodIcons> getMoodIconsList() {
   return _moodIconsList;
}
```

14.5 本章小结

本章介绍了如何使用 Google 的 Firebase、Firebase 身份验证以及 Cloud Firestore 以便从应用启动开始就对数据进行持久化并且保障其安全。Firebase 是无需开发人员设置或维护后端服务器的基础设施。Firebase 平台允许我们在 iOS、Android 和 Web 应用之间连接和共享数据。需要使用在线 Web 控制台来配置 Firebase 项目。在本章中，我们使用 com.domainname.journal 包名同时注册了 iOS 和 Android 项目以便将客户端应用连接到 Firebase 产品。

我们创建了一个 Cloud Firestore 数据库，它可在云端数据库中安全地存储客户端应用的数据。Cloud Firestore 是一个 NoSQL 文档数据库，可为移动端和 Web 应用提供离线支持以便存储、查询和同步数据。我们使用一个集合对 Cloud Firestore 数据库进行了结构化和数据建模，以便存储文档，这些文档中包含键-值对数据，类似于 JSON。

通过创建 Cloud Firestore 安全规则就可实现 Cloud Firestore 数据库的安全保障。安全规则包含使用 match 语句识别文档，以及使用 allow 表达式来控制访问。

Firebase 身份验证提供了内置的后端服务，可从客户端 SDK 访问它们，该 SDK 支持完整的用户身份验证。启用电子邮件/密码身份验证登录提供程序就允许用户注册和登录到应用。通过将用户凭据(电子邮件/密码)传递到客户端的 Firebase 身份验证 SDK，Firebase 后端服务会验证这些凭据是否有效并向客户端应用返回响应。

我们创建了客户端记录心情的日记应用的基础结构，并将其连接到 Firebase 服务，这是通过安装 firebase_auth 和 cloud_firestore 包来实现的。我们配置了客户端 iOS 和 Android 项目以便使用 Firebase。还将 GoogleService-Info.plist 文件添加到 iOS 项目并将 google-services.json 文件添加到 Android 项目。Google 服务文件包含从客户端应用访问 Firebase 产品所需的属性。我们修改了该应用的基础外观体验，其中用到了 BoxDecoration Widget，并将 gradient 属性设置为 LinearGradient 以便创建平滑的浅绿色渐变效果。

下一章将介绍如何使用 InheritedWidget 类实现应用范围内以及本地的状态管理，以及如何通过实现 Business Logic Component(业务逻辑组件)模式来最大化平台代码共享与分离。我们将使用状态管理来实现 Firebase 身份验证、访问 Cloud Firestore 数据库以及实现服务类。

14.6 本章知识点回顾

主题	关键概念
Google 的 Firebase	Firebase 由一个平台构成，该平台具有许多产品，这些产品可以共同协作以作为连接 iOS、Android 和 Web 应用的后端服务器基础设施
Cloud Firestore	我们了解了如何对 Cloud Firestore 数据库进行结构化和数据建模。Cloud Firestore 是一个 NoSQL 文档数据库，可提供离线支持以便存储、查询和同步数据
Firebase 身份验证	Firebase 身份验证提供了可以从客户端 SDK 访问的内置后端服务，从而支持完整的身份验证
Cloud Firestore 安全规则	为了保障数据访问的安全，我们了解了如何实现 Cloud Firestore 安全规则。安全规则包含使用 match 语句识别文档，以及使用 allow 表达式
Cloud Firestore 集合	集合仅能包含文档
Cloud Firestore 文档	文档是一个键-值对并可选择性地指向子集合。文档不能指向另一个文档并且必须存储在集合中
firebase_auth 包	我们了解了如何在 Flutter 应用中添加 firebase_auth 包以便启用身份验证
cloud_firestore 包	我们了解了如何在 Flutter 应用中添加 cloud_firestore 包以便提供数据库存储和云端同步
GoogleService-Info.plist 文件	我们了解了如何将 google-services.json 文件添加到 iOS Xcode 项目以便将客户端应用连接到 Firebase 服务
google-services.json 文件	我们了解了如何将 google-services.json 文件添加到 Android 项目以便将客户端应用连接到 Firebase 服务。 对于 Android 项目，我们还了解了如何修改项目和应用级别的 gradle 文件以便使用 Firebase 身份验证和 Cloud Firestore
Flutter 应用基础布局	我们了解了如何通过将 gradient 属性设置为颜色的 LinearGradient 列表来使用 BoxDecoration Widget，以便强化应用的外观体验

第 15 章

为 Firestore 客户端应用添加状态管理

本章内容

- 如何使用状态管理来控制 Firebase 身份验证和 Cloud Firestore 数据库？
- 如何使用 BLoC 模式分离业务逻辑？
- 如何将 InheritedWidget 类用作提供程序来管理和传递状态？
- 如何实现 abstract 类？
- 如何使用 StreamBuilder 类从 Firebase 身份验证和 Cloud Firestore 数据库中检索最新数据？
- 如何使用 StreamController、Stream 和 Sink 来处理 Firebase 身份验证和 Cloud Firestore 数据事件？
- 如何创建服务类以便使用 Stream 和 Future 类来处理 Firebase 身份验证和 Cloud Firestore API 调用？
- 如何为各个日记条目创建模型类以及转换 Cloud Firestore QuerySnapshot 并将其映射到 Journal 类？
- 如何使用可选的 Firestore Transaction 将数据保存到 Firestore 数据库？
- 如何创建一个类来处理心情图标、描述和旋转？
- 如何创建一个类来处理日期格式化？
- 如何使用 ListView.separated 命名构造函数？

本章将继续第 14 章中创建的记录心情的日记应用。出于便利性目的，可以使用 ch14_final_journal 作为开始，并确保将 GoogleService-Info.plist 文件添加到 Xcode 项目以及将 google-services.json 文件添加到 Android 项目，这两个文件都是在第 14 章中从 Firebase 控制台下载的。

本章将介绍如何实现应用范围内的以及本地的状态管理，其中要使用 InheritedWidget 类作为提供程序以便在 Widget 和页面之间管理与传递 State。

本章将介绍如何使用 Business Logic Component(BLoC，业务逻辑组件)模式来创建 BLoC 类，例如管理对于 Firebase 身份验证和 Cloud Firestore 数据库服务类的访问。本章还会介绍如何使用一种响应式方法，这是通过使用 StreamBuilder、StreamController 以及 Stream 来填充和刷新数据而实现的。

本章将讲解如何创建一个服务类来管理 Firebase 身份验证 API，需要实现一个 abstract 类来管理用户登录凭据。我们要创建一个单独的服务类以便处理 Cloud Firestore 数据库 API。本章还会讲解如何创建一个 Journal 模型类来处理 Cloud Firestore QuerySnapshot 到各个记录的映射问题。通过本章我们将了解如何创建一个心情图标类以便根据所选心情来管理心情图标列表和图标旋转位置，还将了解如何使用 intl 包创建一个日期格式化类。

15.1 实现状态管理

在研究状态管理之前，我们先了解一下状态的含义是什么。究其本质，状态就是同步读取的并会随时间推移而变化的数据。例如，一个 Text Widget 值将被更新以显示最新的游戏得分，而该 Text Widget 的状态就是这个值。状态管理是在各个页面和各个 Widget 之间共享数据(状态)的方式。

可以使用应用范围内的状态管理来实现不同页面之间的状态共享。例如，身份验证状态管理器会监控登录用户，并且当用户登出时，会采取合适的操作来重定向到登录页面。图 15.1 显示了从主要页面(main page)获取状态的首页(home page)；这就是应用范围内的状态管理。

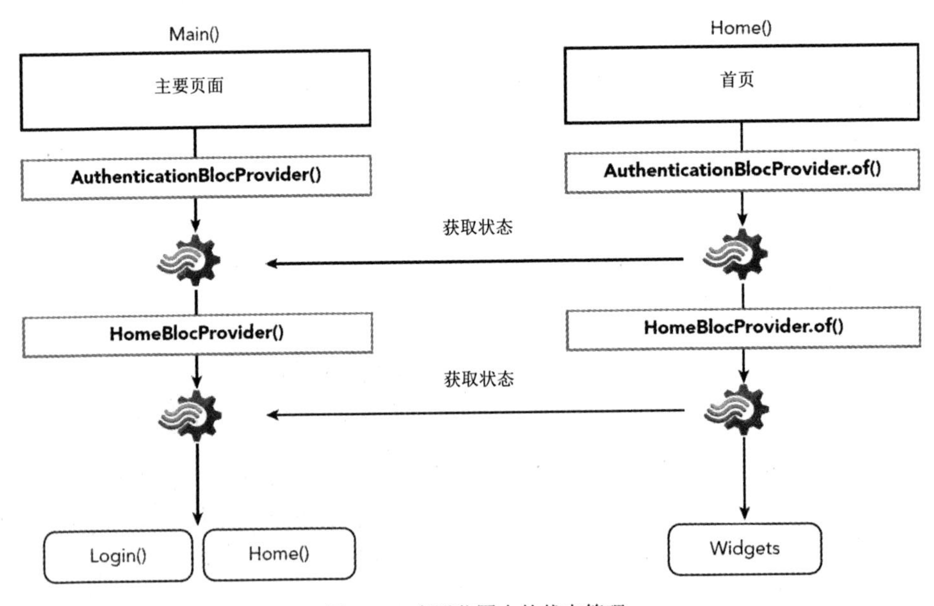

图 15.1 应用范围内的状态管理

可将本地状态管理限定于单个页面或单个 Widget。例如，页面会展示一个所选商品项，而购买按钮需要仅在该商品有库存的时候才启用。该按钮 Widget 需要访问库存值的状态。图 15.2 显示了一个获取 Widget 树上状态的 Add 按钮；这就是本地状态管理。

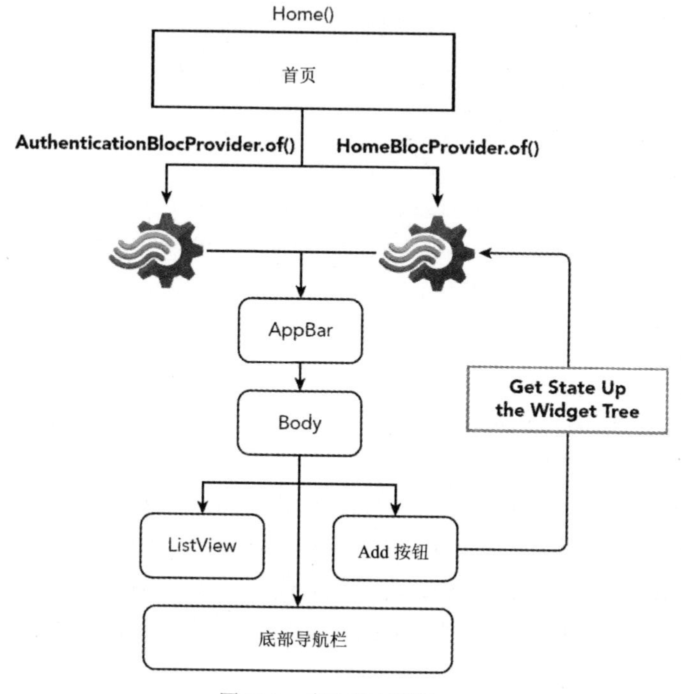

图 15.2　本地状态管理

有许多不同的技术可用于处理状态管理，并且采用何种方法并没有对与错，因为这取决于实际需要和个人喜好。其好处在于，可创建一种自定义方法来管理状态。我们已经掌握了其中一种状态管理技术，也就是 setState()方法。第 2 章讲解了如何使用 StatefulWidget 并调用 setState()方法将变更传递给 UI。使用 setState()方法是 Flutter 应用管理状态变更的默认方式，本书前面创建的所有示例应用都使用了该方法。

为了展示不同的状态管理方法，日记应用将一个 abstract 类和一个 InheritedWidget 类结合起来用作提供程序，还使用了一个服务类、一个心情工具类、一个日期工具类以及 BLoC 模式，以便将业务代码逻辑从 UI 分离出来。

15.1.1　实现一个抽象类

使用抽象类的其中一个主要好处就是，可以从实际的代码逻辑中分离出接口方法(UI 会调用这些接口方法)。换句话说就是，我们要声明不具有任何实现代码的方法。另一个好处就是，抽象类不能被直接实例化，这意味着不能从中创建对象，除非定义一个工厂构造函数。抽象类可以帮助面向接口(而非实现)的编程。具体类会实现抽象类的方法。

默认情况下，具体类会定义它所实现的接口中包含的所有成员和方法。以下示例显示了

AuthenticationService 类，这个类声明了一个变量以及包含代码逻辑的方法：

```
class AuthenticationService {
  final FirebaseAuth _firebaseAuth = FirebaseAuth.instance;

  Future<void> sendEmailVerification() async {
    FirebaseUser user = await _firebaseAuth.currentUser();
    user.sendEmailVerification();
  }

  Future<bool> isEmailVerified() async {
    FirebaseUser user = await _firebaseAuth.currentUser();
    return user.isEmailVerified;
  }
}
```

本节将使用一个 abstract 类来定义身份验证接口。该 abstract 类具有不包含实际代码(实现)的可调用方法，这些方法被称为抽象方法。为定义一个 abstract 类，需要在类声明之前使用 abstract 修饰符，比如 abstract class Authentication{}。抽象方法会与实现一个或多个接口的类共同工作，并且这个类是通过使用 implements 子句来声明的，就像这个示例一样：class AuthenticationService implements Authentication{}。注意，不同于使用大括号({})来声明的 body，抽象方法是使用分号(;)来声明的。抽象方法的代码逻辑是在实现 abstract 类的类中实现的。

以下示例将 Authentication 类声明为一个 abstract 类，其中使用了 abstract 修饰符并且包含两个抽象方法。AuthenticationService 类使用了 implements 子句来实现由 Authentication 类声明的方法。

```
abstract class Authentication {
    Future<void> sendEmailVerification();
    Future<bool> isEmailVerified();
}
class AuthenticationService implements Authentication {
  final FirebaseAuth _firebaseAuth = FirebaseAuth.instance;

  Future<void> sendEmailVerification() async {
    FirebaseUser user = await _firebaseAuth.currentUser();
    user.sendEmailVerification();
  }

  Future<bool> isEmailVerified() async {
      FirebaseUser user = await _firebaseAuth.currentUser();
```

```
      return user.isEmailVerified;
    }
  }
```

那么为何要使用一个抽象类而不是声明一个包含变量与方法的类呢？当然，也可以使用具体类而不创建用于接口的抽象类，因为具体类默认情况下已经声明了变量与方法。但使用抽象类的其中一个好处在于，可以强化实现与设计约束。

对于日记应用而言，使用抽象类的主要好处就是，可以在 BloC 类中使用它们，并且通过依赖注入就可以注入依赖于平台的实现类，从而让 BLoC 类不必感知所使用的平台。依赖注入是一种让类独立于其依赖项的方法。类中不会包含特定于平台的代码(库)，而是在运行时才传递(注入)它。

15.1.2　实现 InheritedWidget

其中一种在页面和 Widget 树之间传递 State 的方法就是，使用 InheritedWidget 类作为提供程序。提供程序会存留一个对象并为该对象提供其子 Widget。例如，使用 InheritedWidget 类作为一个 BLoC 类的提供程序，这个 BLoC 负责对 Firebase 身份验证 API 进行调用。提示一下，15.1.5 节中将介绍 BLoC 模式。接下来的这个示例将讲解如何结合使用 InheritedWidget 类与 BLoC 类，不过也可选择将其与一个常规的服务类一起使用。15.1.4 节中将介绍如何创建服务类。

对于日记应用，InheritedWidget 类与 BLoC 类之间的关系是一对一的，这意味着一个 InheritedWidget 类对应一个 BLoC 类。我们要使用 of(context)来获取 BLoC 类的引用；例如，AuthenticationBlocProvider.of(context).authenticationBloc。

以下示例展示了 AuthenticationBlocProvider 类，它扩展 InheritedWidget 类。BLoC authenticationBloc 变量被标记为 final，它引用了 AuthenticationBloc BLoC 类。AuthenticationBlocProvider 构造函数使用了 Key、Widget 和 this.authenticationBloc 变量。

```
// authentication_provider.dart
class AuthenticationBlocProvider extends InheritedWidget {
   final AuthenticationBloc authenticationBloc;
   const AuthenticationBlocProvider({Key key, Widget child,
this.authenticationBloc})
  : super(key: key, child: child);
   static AuthenticationBlocProvider of(BuildContext context) {
     return
(context.inheritFromWidgetOfExactType(AuthenticationBlocProvider) as
  AuthenticationBlocProvider);
  }

  @override
  bool updateShouldNotify(AuthenticationBlocProvider old) =>
authenticationBloc !=
```

```
old.authenticationBloc;
}
```

为从页面访问 AuthenticationBlocProvider 类，需要使用 of()方法。在页面加载时，需要从 didChangeDependencies 方法而非 initState 方法中调用 InheritedWidget。如果所继承的值发生了变更，则不会再次从 initState 中调用它们，而是会确保在值发生变更时更新 Widget，这样一来就需要使用 didChangeDependencies 方法。

```
// page.dart
@override
void didChangeDependencies() {
    super.didChangeDependencies();
    _authenticationBloc =
 AuthenticationBlocProvider.of(context).authenticationBloc;
}

// Logout a user from a button Widget
   _authenticationBloc.logoutUser.add(true);
```

15.1.3 实现模型类

模型类负责对数据结构进行建模。数据模型代表着存储在数据库或数据存储中的数据结构。数据结构会将每一个变量的数据类型声明为 String 或 Boolean。也可以实现执行某个特定功能的方法，比如将数据从一种格式映射为另一种。

以下示例显示了一个模型类，它声明了数据结构以及映射和转换数据的方法：

```
class Journal {
    String documentID;
    String date;

    Journal({
        this.documentID,
        this.date
    });

    factory Journal.fromDoc(dynamic doc) => Journal(
        documentID: doc.documentID,
        date: doc["date"]
    );
}
```

15.1.4　实现服务类

日记应用使用 Firebase 身份验证来检验用户凭据，并使用 Cloud Firestore 数据库将数据存储到云端。服务调用是通过执行合适的 API 调用来完成的。

创建一个类以便将所有类型相同的服务分组到一起会是一种好做法。将服务分离成服务类的另一个好处是，可以更容易地创建不同的类来实现额外的或者可选的服务。对于日记应用，我们了解到如何将服务类实现为抽象类，但就这个示例而言，我希望向大家展示如何实现基础服务类。

以下示例显示了一个 DbFirestoreService 类，它实现了调用 Cloud Firestore 数据库 API 的方法：

```
class DbFirestoreService {
    Firestore _firestore = Firestore.instance;
    String _collectionJournals = 'journals';

     DbFirestoreService() {
       _firestore.settings(timestampsInSnapshotsEnabled: true);
     }

     Stream<List<Journal>> getJournalList(String uid) {
        return _firestore
            .collection(_collectionJournals)
            .where('uid', isEqualTo: uid)
            .snapshots()
            .map((QuerySnapshot snapshot) {
          List<Journal> _journalDocs = snapshot.documents.map((doc) =>
Journal
    .fromDoc(doc)).toList();
          _journalDocs.sort((comp1, comp2) =>
comp2.date.compareTo(comp1.date));
          return _journalDocs;
       });
     }

    Future<bool> addJournal(Journal journal) async {}
    void updateJournal(Journal journal) async {}
    void updateJournalWithTransaction(Journal journal) async {}
    void deleteJournal(Journal journal) async {}
}
```

15.1.5 实现 BLoC 模式

BLoC 表示业务逻辑组件(Business Logic Component)，其目标是为业务逻辑定义不必感知平台类型的接口。BLoC 模式最初是由 Google 内部开发出来的，以便在 Flutter 移动端和 AngularDart Web 应用之间最大限度地共享代码。它由 Paolo Soares 在 DartConf 2018 大会上首次公开提出。BLoC 模式对外公开了 Stream 和 Sink 以便处理数据流，从而让该模式支持响应式特性。在其最简单的形式中，响应式编程可以使用异步流和数据变更的传播来处理数据流。BLoC 模式省略了数据存储的实现方式；开发人员需要根据项目需求来选择合适的实现方式。通过分离业务逻辑，使用何种基础设施来构建应用就无关紧要了；应用的其他部分都可以变更，而业务逻辑将保持不变。

Paolo Soares 在 DartConf 2018 大会上分享了以下 BLoC 模式指导原则。

- 输入和输出只能是 Stream 和 Sink
- 不必感知平台类型并且依赖项都必须是可注入的
- 不允许使用平台分支
- 其实现取决于开发人员，比如可以使用响应式编程

BLoC 模式需要遵循的 UI 设计原则包括：

- 为每一个足够复杂的组件创建一个 BLoC
- 组件应该原封不动地发送输入
- 组件应该尽可能原封不动地显示输出
- 所有分支都应该基于简单的 BLoC Boolean 输出

接下来将介绍如何使用 InheritedWidget 作为提供程序以便访问 BLoC 类以及在页面之间传递这些类。还会介绍如何在不使用提供程序的情况下为不必在其间共享引用的页面(如登录页面)实例化一个 BLoC。

下面概述了 DartConf 2018 大会上提出的 BLoC 模式指导原则。

- 将业务逻辑移动到 BLoC
- 保持 UI 组件的简单性
- 设计规则不可妥协

接下来看看 BLoC 类的结构。尽管不是必需的，这里还是使用描述性名称外加 Bloc 单词来命名类，如 HomeBloc。以下示例的 HomeBloc 类会处理对于 DbFirestoreService API 服务类的数据库调用、检索转换后的日记条目列表，然后将其发送回 Widget(UI)。DbFirestoreService 被注入 HomeBloc()构造函数，从而让其不依赖平台。在 HomeBloc 类中，DbApi 抽象类是不依赖平台的，并会接收所注入的 DbFirestoreService 类。BLoC 会对输出进行处理、格式化，并将其发送回 Widget，而接收的客户端应用可以是移动端、Web 端或桌面端，从而让业务逻辑分离并且实现平台之间的最大化代码共享。

以下示例展示了依赖平台的 DbFirestoreService()类是如何被注入 HomeBloc(DbFirestoreService())构造函数的，但 HomeBloc()类仍旧不依赖平台。

```
// Inject the DbFirestoreService() to the HomeBloc() from UI Widgets page
// by using dependency injection
HomeBloc(DbFirestoreService());
```

```
// BLoC pattern class
// The HomeBloc(this.dbApi) constructor receives
// the injected DbFirestoreService() class

class HomeBloc {
    final DbApi dbApi;

    final StreamController<List<Journal>> _journalController =
StreamController<List<Journal>>();
    Sink<List<Journal>> get _addJournal => _journalController.sink;
    Stream<List<Journal>> get listJournal => _journalController.stream;

    // Constructor
    HomeBloc(this.dbApi) {
      _startListeners();
    }

    // Close StreamControllers when no longer needed
   void dispose() {
     _journalController.close();
   }

   void _startListeners() {
     // Retrieve Firestore Journal Records as List<Journal> not
  DocumentSnapshot
     dbApi.getJournalList().listen((journalDocs) {
        _addListJournal.add(journalDocs);
     });
   }
}
```

15.1.6　实现 StreamController、Stream、Sink 和 StreamBuilder

StreamController 负责在 stream 属性上发送数据、完成事件以及错误。StreamController 具有 sink(输入)属性和 stream(输出)属性。为将数据添加到 stream，需要使用 sink 属性，而为了接收来自 stream 的数据，需要设置监听器来监听 stream 事件。Stream 类是异步的数据事件，而 Sink 类允许将数据值添加到 StreamController stream 属性。

以下示例展示了如何使用 StreamController 类。需要使用 Sink 类通过 sink 属性添加数据，还要使用 Stream 类通过 StreamController 的 stream 属性来发送数据。注意，这里将 get 关键字用于_addUser(Sink)和 user(Stream)声明。get 关键字被称为获取器(getter)，它是一个特殊方法，可提供对象属性的读取和写入访问权限。

```
final StreamController<String> _authController = StreamController<String>();
Sink<String> get _addUser => _authController.sink;
Stream<String> get user => _authController.stream;
```

为将数据添加到 stream 属性，需要使用 sink 属性的 add(event)方法。

```
_addUser.add(mood);
```

为监听 stream 事件，需要使用 listen()方法订阅 stream。也可以使用 StreamBuilder Widget 监听 stream 事件。

```
authController.listen((mood) {
print('My mood: $mood');
})
```

当需要多个监听器监听 StreamController stream 属性时，可以使用 StreamController broadcast 构造函数。例如，可为同一个 StreamController 类使用一个 StreamBuilder Widget 和一个监听器进行监听。

```
final StreamController<String> _authController =
StreamController<String>.broadcast();
```

StreamBuilder Widget 会根据来自 Stream 类的新事件的最新 snapshot 来重建其自身，并且我们要使用它来构建响应式 Widget 以便展示数据。换句话说，StreamBuilder 每次接收到来自 stream 的新事件时都会重建。

```
StreamBuilder(
    initialData: '',
    stream: user,
    builder: (BuildContext context, AsyncSnapshot snapshot) {
       return Text('Hello $snapshot.data');
    },
)
```

在 stream 发送最新数据事件之前，需要使用 initialData 属性来设置初始化数据 snapshot。在 stream 监听器有机会处理数据之前，总会调用 builder，并且通过设置 initialData，就会显示一个默认值而不是显示空值。

```
initialData: '',
```

stream 属性被设置为负责处理最新数据事件的 stream，例如 StreamController stream 属性。

```
stream: user,
```

builder 属性用于添加逻辑以便根据 stream 数据事件的结果来构建一个 Widget。builder 属性接收 BuildContext 和 AsyncSnapshot 参数。AsyncSnapshot 包含 13.5 节中介绍过的连接和数据信息。需要确保 builder 返回一个 Widget；否则会出现一个表示构建函数返回了 null 的错误。在 Flutter 中，构建函数绝对不能返回一个 null 值。

```
builder: (BuildContext context, AsyncSnapshot snapshot) {
    return Text('Hello $snapshot.data');
},
```

以下示例展示了如何使用 StreamBuilder Widget 根据 stream 属性值来响应式地修改 UI Widget。这一响应式编程方法将提升性能，因为在 Widget 树中，只有这个 Widget 会重建以便在 stream 变化时重绘一个新值。注意，user stream 是在之前的 StreamController 示例中配置的。

```
StreamBuilder(
  initialData: '',
  stream: user,
  builder: (BuildContext context, AsyncSnapshot snapshot) {
    if (snapshot.connectionState == ConnectionState.waiting) {
      return Container(color: Colors.yellow,);
    } else if (snapshot.hasData) {
      return Container(color: Colors.lightGreen);
    } else {
      return Container(color: Colors.red);
    }
  },
),
```

15.2 构建状态管理

在为第 14 章所创建的客户端日记应用实现状态管理之前，我们首先介绍一下整体计划以及需要优先处理的步骤。根据创建顺序，需要依次创建模型类、服务类、工具类、验证器类、BLoC 类，以及用作提供程序的 InheritedWidget 类，最后要为所有页面添加状态管理和 BLoC。首先要修改主页面、创建登录页面、修改首页，然后创建条目页。

注意，在 UI Widget 页面中，需要将特定于平台的 authentication.dart 和 db_firestore.dart 服务类注入 BLoC 类构造函数。BLoC 类使用 API 抽象类来接收所注入的特定于平台的服务类，从而让 BLoC 类不必感知平台类型。如果还要创建日记应用的 Web 版本，则要将 Web 适用的身份验证和数据库服务类注入 BLoC 类，然后它们就可以开始工作了。这就是使用 BLoC 模式的好处。

表 15.1 列出了日记应用的文件夹和页面结构。

表 15.1 文件夹和文件结构

文件夹	文件
blocs	authentication_bloc.dart authentication_bloc_provider.dart home_bloc.dart home_bloc_provider.dart journal_edit_bloc.dart journal_edit_bloc_provider.dart login_bloc.dart
classes	format_dates.dart mood_icons.dart validators.dart
models	journal.dart
pages	edit_entry.dart home.dart login.dart
services	authentication.dart authentication_api.dart db_firestore.dart db_firestore_api.dart
根文件夹	main.dart

为帮助可视化正在开发的应用，图 15.3 展示了记录心情的日记应用的最终设计。它从左到右展示了登录页、首页、日记条目删除以及日记条目编辑页。

图 15.3 最终的记录心情的日记应用

15.2.1 添加 Journal 模型类

对于该日记应用，需要创建一个 Jouranl 模型类，它负责存留各个日记条目以及将 Cloud Firestore 文档映射到 Journal 条目。Journal 类会存留 documentID、date、mood、note 以及 uid String 字段。documentID 变量会存储指向 Cloud Firestore 数据库文档唯一 ID 的引用。uid 变量会存储当前登录用户的唯一 ID。date 变量会按照 ISO 8601 标准来格式化，比如 2019-03-18T13:56:54.985747。mood 变量会存储心情名称，如 Satisfied、Neutral 等。note 变量会存储条目的详细日记描述。

试一试：创建 Journal 模型类

本节将继续第 14 章中所创建的 journal 项目。需要添加 Journal 模型类。

(1) 在 models 文件夹中创建一个新的 Dart 文件。鼠标右击 models 文件夹，选择 New | Dart File，输入 journal.dart，并且单击 OK 按钮进行保存。

(2) 创建 Journal 类结构。

```
class Journal {
}
```

(3) 在 Journal 类中，为 documentID、date、mood、note 和 uid String 变量添加声明。

```
String documentID;
String date;
String mood;
String note;
String uid;
```

(4) 添加新的一行并且输入具有命名参数的 Journal 构造函数，要将这些命名参数放在大括号中({})。使用语法糖引用每一个 documentID、date、mood、note 和 uid 变量，以便使用 this 关键字访问值，从而指向类中的当前状态。

```
Journal({
    this.documentID,
    this.date,
    this.mood,
    this.note,
    this.uid
});
```

(5) 添加新的一行，并输入 factory Journal.fromDoc()方法，该方法负责将 Cloud Firestore 数据库文档记录转换和映射为单独的 Journal 条目。

```
factory Journal.fromDoc(dynamic doc) => Journal(
    documentID: doc.documentID,
    date: doc["date"],
```

```
    mood: doc["mood"],
    note: doc["note"],
    uid: doc["uid"]
);
```

以下是完整的 Journal 类:

```
class Journal {
    String documentID;
    String date;
    String mood;
    String note;
    String uid;

    Journal({
      this.documentID,
      this.date,
      this.mood,
      this.note,
      this.uid
    });

    factory Journal.fromDoc(dynamic doc) => Journal(
      documentID: doc.documentID,
      date: doc["date"],
      mood: doc["mood"],
      note: doc["note"],
      uid: doc["uid"]
    );
}
```

示例说明

我们创建了包含 Journal 类的 journal.dart 文件，这个类负责使用 documentID、date、mood、note 和 uid String 变量跟踪各个日记条目。还创建了 Journal.fromDoc()方法，它会将一个 Cloud Firestore 数据库文档记录映射到单个 Journal 条目。

15.2.2 添加服务类

之所以称为服务类是因为，它们会发送和接收对于服务的调用。日记应用有两个服务类用于处理 Firebase 身份验证和 Cloud Firestore 数据库 API 调用。

AuthenticationService 类实现了 AuthenticationApi abstract 类。DbFirestoreService 类实现了 DbApi abstract 类。以下是一个对 Cloud Firestore 数据库的示例调用以便查询记录；表 15.2 描述了其详细信息。

```
Firestore.instance
  .collection("journals")
  .where('uid', isEqualTo: uid)
  .snapshots()
```

表 15.2　如何查询数据库

调用	描述
Firestore.instance	获取 Firestore.instance 引用
.collection('journals')	指定集合名
.where('uid', isEqualTo: uid)	where()方法会根据指定字段进行筛选
.snapshots()	snapshots()方法会返回包含记录的 QuerySnapshot 的 Stream

Cloud Firestore 支持使用事务。使用事务的其中一个好处就是，可以将多项操作(新增、更新、删除)分组到一个事务中。另一个例子就是并发编辑：当多个用户正在编辑同一记录时，事务就会再次运行，以确保在更新之前使用的是最新数据。如果其中一项操作失败，则事务不会执行部分更新。不过，如果事务成功完成，则会执行所有更新。

以下是一个示例事务，它使用_docRef 文档引用并且会调用 runTransaction()方法来更新文档的数据：

```
DocumentReference _docRef =
_firestore.collection('journals').document('Cf409us32');
var journalData = {
    'date': journal.date,
    'mood': journal.mood,
    'note': journal.note,
};
firestore.runTransaction((transaction) async {
   await transaction
      .update(_docRef, journalData)
      .catchError((error) => print('Error updating: $error'));
});
```

试一试：创建身份验证服务类

本节将继续编辑 journal 项目。我们需要添加 AuthenticationApi 和 Authentication 类以便处理 Firebase 身份验证 API。

(1) 在 services 文件夹中创建一个新的 Dart 文件。鼠标右击 services 文件夹，选择 New | Dart File，输入 authentication_api.dart，并单击 OK 按钮进行保存。

(2) 创建 AuthenticationApi 类并在类声明之前使用 abstract 修饰符。

```
abstract class AuthenticationApi {
}
```

(3) 在 AuthenticationApi 类中，添加以下接口方法：

```
getFirebaseAuth();
Future<String> currentUserUid();
Future<void> signOut();
Future<String> signInWithEmailAndPassword({String email, String password});
Future<String> createUserWithEmailAndPassword({String email, String
password});
Future<void> sendEmailVerification();
Future<bool> isEmailVerified();
```

(4) 在 services 文件夹中创建一个新的 Dart 文件。鼠标右击 services 文件夹，选择 New | Dart File，输入 authentication.dart，并且单击 OK 按钮进行保存。导入 firebase_auth.dart 包和 authentication_api.dart abstract 类。

(5) 添加新的一行并且创建实现 AuthenticationApi abstract 类的 AuthenticationService 类。

(6) 声明 final FirebaseAuth _firebaseAuth 变量，它具有对 FirebaseAuth.instance 的引用。

(7) 添加 getFirebaseAuth()方法并返回_firebaseAuth 变量。FirebaseAuth 就是 Firebase 身份验证 SDK 的入口点。

```
import 'package:firebase_auth/firebase_auth.dart';
import 'package:journal/services/authentication_api.dart';

class AuthenticationService implements Authentication {
  final FirebaseAuth _firebaseAuth = FirebaseAuth.instance;
  FirebaseAuth getFirebaseAuth() {
     return _firebaseAuth;
  }
}
```

(8) 添加 Future<String> currentUserUid() async 方法，它负责检索当前登录的 user.uid。

```
Future<String> currentUserUid() async {
  FirebaseUser user = await _firebaseAuth.currentUser();
  return user.uid;
}
```

(9) 添加 Future<void> signOut() async 方法，它负责将当前用户登出。

```
Future<void> signOut() async {
  return _firebaseAuth.signOut();
}
```

(10) 添加 Future<String> signInWithEmailAndPassword 方法以接收 String 类型的命名参数 email 和 password。这个方法负责通过调用_firebaseAuth.signInWithEmailAndPassword 方法并使用电子邮箱/密码身份验证提供程序来登录一个用户，然后返回 user.uid。

```
   Future<String> signInWithEmailAndPassword({String email, String password})
async {
      FirebaseUser user = await _firebaseAuth.signInWithEmailAndPassword(email:
   email, password: password);
      return user.uid;
   }
```

(11) 添加 Future<String> createUserWithEmailAndPassword 方法以接收 String 类型的命名参数 email 和 password。这个方法负责通过调用_firebaseAuth.createUserWithEmailAndPassword 方法并且使用电子邮箱/密码身份验证提供程序来创建一个用户，然后返回新创建的 user.uid。

```
   Future<String> createUserWithEmailAndPassword({String email, String
password}) async {
      FirebaseUser user = await
_firebaseAuth.createUserWithEmailAndPassword(email: email, password: password);
      return user.uid;
   }
```

(12) 添加 Future<void> sendEmailVerification 方法，它会调用_firebaseAuth.currentUser 方法来检索当前登录的用户。一旦检索到用户，就会调用 user.sendEmailVerification 方法以便向该用户发送一封电子邮件以验证该用户是否确实在创建账户。

```
   Future<void> sendEmailVerification() async {
      FirebaseUser user = await _firebaseAuth.currentUser();
      user.sendEmailVerification();
   }
```

(13) 添加 Future<bool> isEmailVerified 方法，它会调用_firebaseAuth.currentUser 方法来检索当前登录的用户。一旦检索到用户，就会返回 user.isEmailVerified bool 值以便验证该用户是否已经确认了其电子邮件。

```
   Future<bool> isEmailVerified() async {
      FirebaseUser user = await _firebaseAuth.currentUser();
      return user.isEmailVerified;
   }
```

示例说明

我们创建了 authentication_api.dart 文件，其中使用了包含接口方法的 AuthenticationApi abstract 类。

为了实现调用 Firebase 身份验证 API 的代码逻辑，我们创建了 authentication.dart 文件，其中包含实现了 AuthenticationApi abstract 类的 AuthenticationService 类。AuthenticationService 类中的每一个方法都会调用 Firebase 身份验证 API。

试一试：创建 DbFirestoreService 服务类

本节将继续编辑 journal 项目。我们要添加 DbApi 和 DbFirestoreService 类来处理 Cloud Firestore 数据库 API。

(1) 在 services 文件夹中创建一个新的 Dart 文件。鼠标右击 services 文件夹，选择 New | Dart File，输入 db_firestore_api.dart，并单击 OK 按钮进行保存。

(2) 创建 DbApi 类并且在类声明之前使用 abstract 修饰符。导入 journal.dart 类。

```
import 'package:journal/models/journal.dart';

abstract class DbApi {
}
```

(3) 在 DbApi 类中添加以下接口方法：

```
Stream<List<Journal>> getJournalList(String uid);
Future<Journal> getJournal(String documentID);
Future<bool> addJournal(Journal journal);
void updateJournal(Journal journal);
void updateJournalWithTransaction(Journal journal);
void deleteJournal(Journal journal);
```

(4) 在 services 文件夹中创建一个新的 Dart 文件。鼠标右击 services 文件夹，选择 New | Dart File，输入 db_firestore.dart，并且单击 OK 按钮进行保存。导入 cloud_firestore.dart 包、journal.dart 类以及 db_firestore_api.dart 类。

(5) 添加新的一行并且创建实现 DbApi abstract 类的 DbFirestoreService 类。

(6) 声明 final Firestore _firestore 变量，它具有对 Firestore.instance 的引用。添加 final _collectionJournals String 变量，它会存留被初始化为 journals 的 Firestore 集合名。

(7) 添加新的一行并且添加 DbFirestoreService()构造函数，它使用_firestore 实例来调用 settings()方法以便通过将值设置为 true 来启用 timestampsInSnapshotsEnabled。此后，Cloud Firestore 默认会将这个值启用为 true，并且我们最好选择采用这一新行为。

```
import 'package:cloud_firestore/cloud_firestore.dart';
import 'package:journal/models/journal.dart';
import 'package:journal/services/db_firestore_api.dart';

class DbFirestoreService implements DbApi {
    Firestore _firestore = Firestore.instance;
    String _collectionJournals = 'journals';
```

```
    DbFirestoreService() {
      _firestore.settings(timestampsInSnapshotsEnabled: true);
  }
}
```

(8) 添加 Stream<List<Journal>> getJournalList 方法，它接收 uid String 参数。注意，uid 值就是登录的用户 ID。这个方法负责检索日记条目。使用_firestore 实例加上句点(.)运算符以便设置_firestore 成员属性值。参阅表 15.2 以查看如何查询一个 Cloud Firestore 数据库。

(9) 将集合的值设置为_collectionJournals 变量，并且设置 where()方法以便根据 uid 字段进行筛选。snapshots()方法会返回一个 QuerySnapshot Stream。

(10) 继续使用句点运算符并通过传递所接收的 snapshot 来添加 map()方法。在 map()方法内部，需要转换该 snapshot 的文档并将其映射到 Journal 类，这是通过使用 Journal 类的 fromDoc(doc)方法并使用 toList()方法将其转换为 List()来实现的。

(11) 使用_journalDocs 变量，它是用 Journal 类的 List 来填充的，并使用 sort()方法对日期进行降序排序。对于最后一行，则需要返回 Journal 类的_journalDocs List。

```
Stream<List<Journal>> getJournalList(String uid) {
   return _firestore
      .collection(_collectionJournals)
      .where('uid', isEqualTo: uid)
      .snapshots()
      .map((QuerySnapshot snapshot) {
   List<Journal> _journalDocs = snapshot.documents.map((doc) => Journal.
fromDoc(doc)).toList();
   _journalDocs.sort((comp1, comp2) => comp2.date.compareTo(comp1.date));
   return _journalDocs;
  });
}
```

(12) 添加 Future<bool> addJournal(Journal journal) async 方法并使用 Journal 类参数。这个方法负责添加一个新的日记条目。

(13) 声明 DocumentReference _documentReference 变量，它会存留新添加的文档。使用 await 关键字以及_firestore 实例，用_collectionJournals 变量指定集合，并且调用 add()方法。

(14) add()方法接收日记条目字段 date、mood、note 和 uid 变量。

(15) 添加新的一行以便返回一个 bool 值，用于通过检查_documentReference.documentID != null 来判断记录是否被成功创建。如果 documentID 并非 null，则表示记录已被创建并返回一个 true 值；否则，就返回一个 false 值。

```
Future<bool> addJournal(Journal journal) async {
  DocumentReference _documentReference =
      await _firestore.collection(_collectionJournals).add({
```

```
      'date': journal.date,
      'mood': journal.mood,
      'note': journal.note,
      'uid': journal.uid,
    });
    return _documentReference.documentID != null;
  }
```

(16) 添加接收 Journal 类参数的 updateJournal(Journal journal) async 方法。这个方法负责更新一个已有日记条目。

(17) 使用_firestore 实例和句点(.)运算符来设置_firestore 成员属性值。将集合的值设置为_collectionJournals 变量，并将 document 变量设置为 journal.documentID，也就是 Cloud Firestore 文档 ID。

(18) 继续使用句点运算符并添加 updateData()方法，从 journal 变量中传递 date、mood 和 note 值。添加 catchError()方法以便拦截所有错误并将其打印到控制台。

```
  void updateJournal(Journal journal) async {
    await _firestore
      .collection(_collectionJournals)
      .document(journal.documentID)
      .updateData({
        'date': journal.date,
        'mood': journal.mood,
        'note': journal.note,
      })
      .catchError((error) => print('Error updating: $error'));
  }
```

(19) 添加接收 Journal 类参数的 deleteJournal(Journal journal) async 方法。这个方法负责删除一个日记条目。

(20) 使用_firestore 实例和句点(.)运算符来设置_firestore 成员属性值。将集合的值设置为_collectionJournals 变量，并将 document 变量设置为 journal.documentID。

(21) 继续使用句点运算符并添加 delete ()方法。添加 catchError()方法以便拦截所有错误并且将其打印到控制台。

```
  void deleteJournal(Journal journal) async {
     await _firestore
        .collection(_collectionJournals)
        .document(journal.documentID)
        .delete()
        .catchError((error) => print('Error deleting: $error'));
  }
```

示例说明

我们创建了 db_firestore_api.dart 文件，其中使用了包含接口方法的 DbApi abstract 类。

还创建了 db_firestore.dart 文件，其中包含实现了 DbApi abstract 类的 DbFirestoreService 类。DbFirestoreService 类中的每个方法都会调用 Cloud Firestore 数据库 API。

15.2.3　添加 Validators 类

Validators 类使用 StreamTransformer 来验证电子邮箱是否是至少使用一个@符号和一个句点的正确格式。密码验证器会检查是否最少输入了六个字符。Validators 类要与 BLoC 类一起使用。

StreamTransformer 会转换一个 Stream，它用于验证和处理 Stream 内部的值。传入数据就是 Stream，而处理之后的输出数据也是一个 Stream。例如，一旦处理好传入数据，就可以使用 sink.add()方法将数据添加到 Stream，或使用 sink.addError()方法返回一个验证错误。StreamTransformer.fromHandlers 构造函数用于将事件委托给一个指定函数。

下面是一个示例，其中展示了如何使用 StreamTransformer 并借助 fromHandlers 构造函数来验证电子邮箱是否为正确格式：

```
StreamTransformer<String, String>.fromHandlers(handleData: (email, sink) {
  if (email.contains('@') && email.contains('.')) {
    sink.add(email);
  } else if (email.length > 0) {
    sink.addError('Enter a valid email');
  }
});
```

试一试：创建 Validators 类

本节将继续编辑 journal 项目，需要添加 Validators 类。

(1) 在 classes 文件夹中创建一个新的 Dart 文件。鼠标右击 classes 文件夹，选择 New | Dart File，输入 validators.dart，并且单击 OK 按钮进行保存。

(2) 导入 async.dart 库并且创建 Validators 类。

```
import 'dart:async';

class Validators {

}
```

(3) 添加 validateEmail 变量并且使用 final 关键字。这个方法负责检查电子邮箱是否为至少使用一个@符号和一个句点的正确格式。

(4) 通过调用 StreamTransformer.fromHandlers 构造函数来初始化 validateEmail 变量。

(5) 在该句柄内部添加一个 if 语句，并且在这两个表达式都验证为 true 时，添加

sink.add(email)方法。

(6) 添加一个 else if 语句来确认 email.length > 0，以判断用户是否输入了至少一个字符，然后添加 sink.addError('Enter a valid email')。

```
final validateEmail =
StreamTransformer<String, String>.fromHandlers(handleData: (email, sink) {
  if (email.contains('@') && email.contains('.')) {
    sink.add(email);
  } else if (email.length > 0) {
    sink.addError('Enter a valid email');
  }
});
```

(7) 添加 validatePassword 变量并使用 final 关键字。这个方法负责检查密码是否至少有 6 个字符长。

(8) 通过调用 StreamTransformer.fromHandlers 构造函数来初始化 validatePassword 变量。

(9) 在该句柄内部，添加一个 if 语句来确认 password.length >= 6，如果该表达式验证为 true，则添加 sink.add(password)方法。

(10) 添加一个 else if 语句来确认 password.length > 0，以判断用户是否已经输入了至少一个字符，然后添加 sink.addError('Password needs to be at least 6 characters')。

```
final validatePassword = StreamTransformer<String, String>.fromHandlers(
    handleData: (password, sink) {
      if (password.length >= 6) {
        sink.add(password);
      } else if (password.length > 0) {
        sink.addError('Password needs to be at least 6 characters');
      }
});
```

示例说明

我们创建了包含 Validators 类的 validators.dart 文件。StreamTransformer 用于验证电子邮箱和密码是否通过最小标准检查。如果表达式的值为 true，则使用 sink.add()方法将电子邮箱或密码添加到 Stream。如果表达式验证为 false，那么 sink.addError()就会发送回错误描述。

15.2.4 添加 BLoC 模式

本节将创建身份验证 BLoC、身份验证 BLoC 提供程序、登录 BLoC、首页 BLoC、首页 BLoC 提供程序、日记编辑 BLoC 以及日记编辑 BLoC 提供程序。登录 BLoC 不需要提供程序类，因为它并不依赖于接收来自其他页面的数据。

这里提示一个重要概念：BLoC 类都不必感知平台类型，并且不依赖特定于平台的包或类。例如，Login 页面会将特定于平台(Flutter)的 AuthenticationService 类注入 LoginBloc 类构造函数。接收 BLoC 类包含 abstract AuthenticationApi 类，它会接收所注入的 AuthenticationService 类，从而让 BLoC 类不必感知平台类型。

1. 添加 AuthenticationBloc

AuthenticationBloc 负责识别登录用户的凭据以及监控用户身份验证登录状态。在实例化 AuthenticationBloc 时，会启动一个 StreamController 监听器以便监控用户的身份验证凭据，而当发生变化时，该监听器就会调用 sink.add()方法事件以便更新凭据状态。如果用户已登录，sink 事件就会发送该用户的 uid 值，而如果用户登出，sink 事件会发送一个 null 值，表明当前没有登录用户。

试一试：创建 AuthenticationBloc

本节将继续编辑 journal 项目。我们要添加 AuthenticationBloc 类以便处理 Firebase 身份验证服务的调用以便登录或登出一个用户。

(1) 在 blocs 文件夹中创建一个新的 Dart 文件。鼠标右击 blocs 文件夹，选择 New | Dart File，输入 authentication_bloc.dart，并且单击 OK 按钮进行保存。

(2) 导入 async.dart 库和 authentication_api.dart 类，并且创建 AuthenticationBloc 类。

```
import 'dart:async';
import 'package:journal/services/authentication_api.dart';

class AuthenticationBloc {

}
```

(3) 在 AuthenticationBloc 类内部，声明 final AuthenticationApi authenticationApi 变量。BLoC 模式需要注入特定于平台的类，并且我们要在 BLoC 构造函数中传递 AuthenticationService 类。authenticationApi 变量会接收这个注入的 AuthenticationService 类。

```
final AuthenticationApi authenticationApi;
```

(4) 添加_authenticationController 变量作为 String StreamController，添加 addUser 变量获取器作为 String Sink，并且添加 user 获取器作为 String Stream。每次用户登录或登出时，就会用 addUser 获取器更新_authenticationController StreamController。

```
final StreamController<String> _authenticationController =
StreamController<String>();
Sink<String> get addUser => _authenticationController.sink;
Stream<String> get user => _authenticationController.stream;
```

(5) 添加_logoutController 变量作为 bool StreamController，添加 logoutUser 变量获取器作为 bool Sink，添加 listLogoutUser 获取器作为 bool Stream。每次用户登出时，就会使用

logoutUser 获取器来更新_logoutController StreamController。

```
final StreamController<bool> _logoutController = StreamController<bool>();
Sink<bool> get logoutUser => _logoutController.sink;
Stream<bool> get listLogoutUser => _logoutController.stream;
```

(6) 添加新的一行并且输入 AuthenticationBloc 构造函数，从而接收所注入的 this.authenticationApi 参数。注意，所注入的参数是 AuthenticationService 类。在构造函数内部添加对 onAuthChanged()方法的调用，步骤(8)中将创建这个方法。

```
AuthenticationBloc(this.authenticationApi) {
   onAuthChanged();
}
```

(7) 添加 dispose()方法并且调用_authenticationController.close()和_logoutController.close()方法以便在不需要 StreamController 的 stream 时关闭它。注意，AuthenticationBloc 类不会调用 close()方法，因为在应用的整个生命周期中都需要访问身份验证。

```
void dispose() {
  _authenticationController.close();
  _logoutController.close();
}
```

(8) 添加 onAuthChanged()方法，它负责设置一个监听器来检查用户登录和登出。在该方法内部，需要调用 authenticationApi.getFirebaseAuth()以便从身份验证服务类获取 FirebaseAuth.instance。继续使用句点运算符调用 onAuthStateChanged.listen((user))以便设置该监听器。当用户登录时，user 变量就会返回带有用户信息的 FirebaseUser 类。当用户登出时，user 变量就会返回一个 null 值。

(9) 在监听器内部，添加 final String uid 变量，这个变量是通过使用三元运算符检查是否 user != null 并且检索 user.uid 值来初始化的；否则，就要返回一个 null 值。

(10) 添加新的一行，并且调用_addUser.add(uid)方法以便将值添加到 sink，这个值就是用户 uid 或 null 值。

(11) 添加新的一行并调用_logoutController.stream.listen((logout))监听器，用户登出时就会调用这个监听器。

(12) 在监听器内部，添加一个 if 语句以确认 logout == true 并调用将在步骤(13)中创建的_signOut()方法。

```
void onAuthChanged() {
  authenticationApi
      .getFirebaseAuth()
      .onAuthStateChanged
      .listen((user) {
```

```
    final String uid = user != null ? user.uid : null;
    addUser.add(uid);
  });
  _logoutController.stream.listen((logout) {
    if (logout == true) {
      _signOut();
    }
  });
}
```

(13) 添加 void _signOut()方法，它会调用身份验证服务的 authenticationApi.signOut()方法将用户登出。

```
void _signOut(){
  authenticationApi.signOut();
}
```

示例说明

为了识别登录用户的凭据并且监控登录状态，我们创建了包含 AuthenticationBloc 类的 authentication_bloc.dart 文件。还声明了对 AuthenticationApi 类的引用以便获得对 Firebase 身份验证 API 的访问。authenticationApi 变量会接收注入的 AuthenticationService 类。为了将数据添加到 StreamController 的 stream 属性，我们使用了 sink.add()方法，并且 stream 属性会忽略最新的 stream 事件。我们添加了调用身份验证服务的方法以便登录、登出以及创建新用户。

2. 添加 AuthenticationBlocProvider

AuthenticationBlocProvider 类负责使用 InheritedWidget 类作为提供程序以便在各个 Widget 以及各个页面之间传递 State。AuthenticationBlocProvider 构造函数包含 key、Widget 和 this.authenticationBlocProvider 变量，该变量就是 AuthenticationBloc 类。

试一试：创建 AuthenticationBlocProvider

本节将继续编辑 journal 项目。我们要添加 AuthenticationBlocProvider 类作为 AuthenticationBloc 类的提供程序，以便处理登录和登出以及监控用户的凭据。AuthenticationBloc 类会调用 AuthenticationService 服务类 Firebase 身份验证 API。

(1) 在 blocs 文件夹中创建一个新的 Dart 文件。鼠标右击 blocs 文件夹，选择 New | Dart File，输入 authentication_bloc_provider.dart，并且单击 OK 按钮进行保存。

(2) 导入 material.dart 包和 authentication_bloc.dart 包，并创建扩展 InheritedWidget 类的 AuthenticationBlocProvider 类。

```
import 'package:flutter/material.dart';
import 'package:journal/blocs/authentication_bloc.dart';

class AuthenticationBlocProvider extends InheritedWidget {
```

```
}
```

(3) 在 AuthenticationBlocProvider 类内部，声明 final AuthenticationBloc authenticationBloc 变量。

```
final AuthenticationBloc authenticationBloc;
```

(4) 添加带有 const 关键字的 AuthenticationBlocProvider 构造函数。为该构造函数添加 key、child 和 this.authenticationBloc 参数。

```
const AuthenticationBlocProvider(
   {Key key, Widget child, this.authenticationBloc})
   : super(key: key, child: child);
```

(5) 添加带有 static 关键字的 AuthenticationBlocProvider of(BuildContext context)方法。

(6) 在该方法内部，使用 inheritFromWidgetOfExactType 方法返回 AuthenticationBlocProvider，该方法允许子 Widget 获取 AuthenticationBlocProvider 的实例。

```
static AuthenticationBlocProvider of(BuildContext context) {
  return (context.inheritFromWidgetOfExactType(AuthenticationBlocProvider)
      as AuthenticationBlocProvider);
}
```

(7) 添加并且重写 updateShouldNotify 方法以便检查 authenticationBloc 是否不等于老的 AuthenticationBlocProvider authenticationBloc。如果该表达式返回 true，那么框架会通知存留所继承数据的 Widget，它们需要重建。

```
@override
bool updateShouldNotify(AuthenticationBlocProvider old) =>
   authenticationBloc != old.authenticationBloc;
```

示例说明

为了在各个 Widget 和各个页面之间传递 State，我们创建了 authentication_bloc_provider.dart 文件，其中包含用作 AuthenticationBloc 类提供程序的 AuthenticationBlocProvider 类。AuthenticationBlocProvider 类构造函数包含 key、widget 和 this.authenticationBloc 参数。of()方法会返回 inheritFromWidgetOfExactType 方法的结果，这个方法允许子 Widget 获取 AuthenticationBlocProvider 提供程序的实例。updateShouldNotify 方法会检查值是否已经变更，而框架则会通知 Widget 进行重建。

3. 添加 LoginBloc

LoginBloc 负责监控登录页面以便检查电子邮箱格式是否有效以及密码长度是否符合要求。在实例化 LoginBloc 时，它会启动 StreamController 的监听器，这个监听器会监控用户的电子邮箱和密码，一旦通过校验，就会启用登录和创建账户按钮。当登录和密码值通过验证后，就会调用身份验证服务让用户登录或创建一个新用户。Validators 类负责检验电子邮箱和密码值。

试一试：创建 LoginBloc

本节将继续编辑 journal 项目。我们要添加 LoginBloc 类来处理登录页面的电子邮箱、密码、登录以及创建账户按钮。LoginBloc 还要负责调用 Firebase 身份验证服务来登录用户或者创建一个新用户。

(1) 在 blocs 文件夹中创建一个新的 Dart 文件。鼠标右击 blocs 文件夹，选择 New | Dart File，输入 login_bloc.dart，并且单击 OK 按钮进行保存。

(2) 导入 async.dart 库，导入 validators.dart 和 authentication_api.dart 类，并且使用 with 关键字和 Validators 类创建 LoginBloc 类。

```
import 'dart:async';
import 'package:journal/classes/validators.dart';
import 'package:journal/services/authentication_api.dart';

class LoginBloc with Validators {

}
```

(3) 在 LoginBloc 类内部，声明 final AuthenticationApi authenticationApi 变量。添加 String _email 和_password 私有变量以及 bool _emailValid 和_passwordValid 私有变量。

```
final AuthenticationApi authenticationApi;
String _email;
String _password;
bool _emailValid;
bool _passwordValid;
```

(4) 添加_emailController 变量作为 String StreamController，添加 emailChanged 变量获取器作为 String Sink，并且添加 email 获取器作为 String Stream。注意，StreamController 是用 broadcast() stream 来初始化的，因为我们使用了多个监听器。在 stream 属性之后，添加 transform(validateEmail)方法，它会调用 Validators 类 StreamTransformer 并且验证电子邮箱地址。如果电子邮箱地址值通过了检验，StreamTransformer 就会为 sink 属性添加该电子邮箱地址，如果未通过检验，则 StreamTransformer 会为 sink 属性添加一个错误。

```
final StreamController<String> _emailController = StreamController<String>
```

```
    .broadcast();
    Sink<String> get emailChanged => _emailController.sink;
    Stream<String> get email =>
_emailController.stream.transform(validateEmail);
```

(5) 遵循之前的步骤，添加额外的 StreamController 以便处理密码、启用登录或创建账户按钮，并将登录或创建账户调用添加到 Cloud Firestore 服务。

```
    final StreamController<String> _passwordController =
StreamController<String>
    .broadcast();
    Sink<String> get passwordChanged => _passwordController.sink;
    Stream<String> get password => _passwordController.stream.transform
    (validatePassword);

    final StreamController<bool> _enableLoginCreateButtonController =
    StreamController<bool>.broadcast();
    Sink<bool> get enableLoginCreateButtonChanged => _enableLoginCreateButton-
    Controller.sink;
    Stream<bool> get enableLoginCreateButton =>
_enableLoginCreateButtonController.
    stream;

    final StreamController<String> _loginOrCreateButtonController =
    StreamController<String>();
    Sink<String> get loginOrCreateButtonChanged =>
_loginOrCreateButtonController.sink;
    Stream<String> get loginOrCreateButton =>
_loginOrCreateButtonController.stream;

    final StreamController<String> _loginOrCreateController =
    StreamController<String>();
    Sink<String> get loginOrCreateChanged => _loginOrCreateController.sink;
    Stream<String> get loginOrCreate => _loginOrCreateController.stream;
```

(6) 添加新的一行并且输入接收所注入 this.authenticationApi 参数的 LoginBloc 构造函数。注意，所注入的参数就是 AuthenticationService 类。在构造函数内部，调用将在步骤(8)中创建的_startListenersIfEmailPasswordAreValid()方法。

```
    LoginBloc(this.authenticationApi) {
      _startListenersIfEmailPasswordAreValid();
    }
```

(7) 添加 dispose()方法并调用_passwordController、_emailController、_enableLoginCreateButtonController 以及_loginOrCreateButtonController close()方法以便在不需要 StreamController 的 stream 时关闭它们。

```
void dispose() {
    _passwordController.close();
    _emailController.close();
    _enableLoginCreateButtonController.close();
    _loginOrCreateButtonController.close();
    _loginOrCreateController.close();
}
```

(8) 添加_startListenersIfEmailPasswordAreValid()方法，它负责设置三个监听器，分别用于检查电子邮箱、密码以及登录或创建按钮 stream。

(9) 在该方法内部，添加 email.listen((email))监听器。在该监听器内部，设置_email = email 以及_emailValid = true 值。

(10) 使用句点运算符添加 onError((error))事件句柄，并且设置_email = ''和_emailValid = false 值。

(11) 对于这两种情况，都可以调用将在步骤(14)中创建的 updateEnableLoginCreateButtonStream()方法。

(12) 添加新的一行，并且要遵循之前的步骤，输入 password.listen((password))监听器。

(13) 添加 loginOrCreate.listen((action)监听器，并使用三元运算符将 action 变量设置为 login()或 createAccount()，这取决于用户是选择了登录还是创建一个新账户。

```
void _startListenersIfEmailPasswordAreValid() {
  email.listen((email) {
    _email = email;
    _emailValid = true;
    _updateEnableLoginCreateButtonStream();
  }).onError((error) {
    _email = '';
    _emailValid = false;
    _updateEnableLoginCreateButtonStream();
  });
  password.listen((password) {
    _password = password;
    _passwordValid = true;
    _updateEnableLoginCreateButtonStream();
  }).onError((error) {
    _password = '';
    _passwordValid = false;
    _updateEnableLoginCreateButtonStream();
```

```
  });
  loginOrCreate.listen((action) {
     action == 'Login' ? _logIn() : _createAccount();
  });
}
```

(14) 添加_updateEnableLoginCreateButtonStream()方法，它会检查_emailValid和_passwordValid变量是否为true，如果为true则调用enableLoginCreateButtonChanged.add(true)将一个true值添加到sink属性。否则，就将一个false值添加到sink属性。将false值添加到sink属性的结果就是，启用或者禁用登录或创建账户按钮。

```
void _updateEnableLoginCreateButtonStream() {
  if (_emailValid == true && _passwordValid == true) {
     enableLoginCreateButtonChanged.add(true);
  }
  else {
    enableLoginCreateButtonChanged.add(false);
  }
}
```

(15) 添加Future<String> _logIn() async方法，它负责使用电子邮箱/密码凭据登录一个用户。

(16) 在该方法内部，添加String _result = ''变量，它会跟踪登录是成功还是失败。

(17) 添加一个if语句，以便检查_emailValid和_passwordValid变量是否为true值。如果表达式为true，则要将await authenticationApi调用添加到signInWithEmailAndPassword()并传递_email和_password值。

(18) 通过使用句点运算符，添加设置_result = 'Success'变量的then((user))回调函数。

(19) 添加catchError((error))回调函数，它会设置_result = error变量。

(20) 添加return _result语句以便返回已登录成功的状态或返回登录错误。

(21) 添加一个else语句以便检查_emailValid和_passwordValid变量是否为false，并且返回'Email and Password are not valid'，因为验证失败了。

```
Future<String> _logIn() async {
   String _result = '';
   if(_emailValid && _passwordValid) {
     await authenticationApi.signInWithEmailAndPassword(email: _email,
password:
 _password).then((user) {
       _result = 'Success';
   }).catchError((error) {
     print('Login error: $error');
```

```
      _result = error;
    });
    return _result;
  } else {
    return 'Email and Password are not valid';
  }
}
```

(22) 添加 Future<String> _createAccount() async 方法，它负责创建一个新账户，并且创建成功之后自动登录这个新用户。在创建一个新账户时，好的做法是自动登录这个新用户。

遵循之前的步骤并添加 createUserWithEmailAndPassword 和 signInWithEmailAndPassword 方法。

```
Future<String> _createAccount() async {
    String _result = '';
    if(_emailValid && _passwordValid) {
      await authenticationApi.createUserWithEmailAndPassword(email: _email,
password:
  _password).then((user) {
        print('Created user: $user');
        _result = 'Created user: $user';
        authenticationApi.signInWithEmailAndPassword(email: _email, password:
  _password).then((user) {
      }).catchError((error) async {
          print('Login error: $error');
          _result = error;
      });
    }).catchError((error) async {
      print('Creating user error: $error');
    });
      return _result;
    } else {
      return 'Error creating user';
  }
}
```

示例说明

为监控登录以便检查电子邮箱格式是否有效以及密码长度是否符合要求，我们创建了 login_bloc.dart 文件，其中包含与 Validators 类协作的 LoginBloc 类。我们声明了对 AuthenticationApi 类的引用以便获取对 Firebase 身份验证 API 的访问。authenticationApi 变量会接收所注入的 AuthenticationService 类。为将数据添加到 StreamController 的 stream 属性，我们使用了 sink.add()方法，并且 stream 属性会忽略最新的 stream 事件。还添加了调用 Firebase 身份验证服务的方法，以便使用电子邮箱/密码身份验证提供程序登录一个用户或者创建一个新账户。

4. 添加 HomeBloc

HomeBloc 负责识别登录用户的凭据以及监控用户身份验证登录状态。在实例化 HomeBloc 时，它会启动 StreamController 监听器来监控用户的身份验证凭据，当出现变更时，该监听器就会调用 sink.add()方法事件来更新凭据状态。如果用户登录，则该 sink 事件会发送该用户 uid 值，而如果用户登出，该 sink 事件就会发送一个 null 值，表明没有用户登录。

试一试：创建 HomeBloc

本节将继续编辑 journal 项目。我们要添加 HomeBloc 类来处理对 Cloud Firestore 数据库服务的调用。

(1) 在 blocs 文件夹中创建一个新的 Dart 文件。鼠标右击 blocs 文件夹，选择 New | Dart File，输入 home_bloc.dart，并且单击 OK 按钮进行保存。

(2) 导入 async.dart 库；导入 authentication_api.dart 类、db_firestore_api.dart 类以及 journal.dart 类；并创建 HomeBloc 类。

```
import 'dart:async';
import 'package:journal/services/authentication_api.dart';
import 'package:journal/services/db_firestore_api.dart';
import 'package:journal/models/journal.dart';

class HomeBloc {

}
```

(3) 在 HomeBloc 类内部，声明 final DbApi dbApi 变量以及 final AuthenticationApi authenticationApi 变量。

```
final DbApi dbApi;
final AuthenticationApi authenticationApi;
```

(4) 添加_journalController 变量作为 String StreamController，添加_addListJournal(私有)变量获取器作为 List<Journal> Sink，并且添加 listJournal 获取器作为 List<Journal> Stream。

```
final StreamController<List<Journal>> _journalController =
StreamController<List<Journal>>.broadcast();
Sink<List<Journal>> get _addListJournal => _journalController.sink;
Stream<List<Journal>> get listJournal => _journalController.stream;
```

(5) 添加_journalDeleteController 变量作为 Journal StreamController，并添加 deleteJournal

变量获取器作为 Journal Sink。由于这个 StreamController 负责删除日记，所以不需要已删除日记 Stream 的列表。

```
final StreamController<Journal> _journalDeleteController =
StreamController<Journal>.broadcast();
Sink<Journal> get deleteJournal => _journalDeleteController.sink;
```

(6) 添加新的一行并输入 HomeBloc 构造函数，在其中使用 this.dbApi 和 this.authenticationApi 参数。注意，所注入的参数分别是 DbFirestoreService 和 AuthenticationService 类。

(7) 在 HomeBloc 构造函数内部，调用步骤(9)中将创建的_startListeners()方法。

```
HomeBloc(this.dbApi , this.authenticationApi) {
   _startListeners();
}
```

(8) 添加 dispose()方法并调用_journalController.close()和_journalDeleteController.close()方法以便在不需要 StreamController 的 Stream 时关闭它们。

```
void dispose() {
   _journalController.close();
   _journalDeleteController.close();
}
```

(9) 添加_startListeners()方法，它负责设置两个监听器来检索日记列表以及删除单独的一个日记条目。

(10) 在启动这两个监听器之前，需要检索当前登录的用户 uid。在方法内部，调用 authenticationApi.getFirebaseAuth().currentUser()方法，并且使用句点运算符添加 then()回调函数，它会返回 user.uid 值。

(11) 在 currentUser()方法内部，调用 dbApi.getJournalList()方法以便获取在 Cloud Firestore 服务类中通过用户的 uid 筛选的日记列表。

(12) 继续使用句点运算符来调用 listen()，以便设置监听器。

(13) 在监听器内部，调用_addListJournal.add(journalDocs)Sink 以便将日记列表添加到_journalController stream。

(14) 添加新的一行并输入_journalDeleteController.stream.listen()监听器，它会返回要删除的日记。在监听器内部，调用 DbApi 类 dbApi. deleteJournal(journal)方法以便从数据库中删除该日记。

```
void _startListeners() {
  // Retrieve Firestore Journal Records as List<Journal> not DocumentSnapshot
  authenticationApi.getFirebaseAuth().currentUser().then((user) {
```

```
        dbApi.getJournalList(user.uid).listen((journalDocs) {
        _addListJournal.add(journalDocs);
        });

        _journalDeleteController.stream.listen((journal) {
            dbApi.deleteJournal(journal);
        });
    });
}
```

示例说明

为了识别登录的用户凭据并且监控用户身份验证登录状态，我们创建了包含 HomeBloc 类的 home_bloc.dart 文件。声明了对 DbApi 类的引用以便获取对 Cloud Firestore 数据库 API 的访问。我们还声明了对 AuthenticationApi 类的引用以便获取对 Firebase 身份验证 API 的访问。dbApi 变量会接收所注入的 DbFirestoreService 类。authenticationApi 变量会接收所注入的 AuthenticationService 类。为了将数据添加到 StreamController 的 stream 属性，我们使用了 sink.add()方法，并且 stream 属性会忽略最新的 stream 事件。我们添加了调用 Cloud Firestore 服务的方法以便检索根据用户 uid 筛选的日记列表以及删除单独的日记条目。

5. 添加 HomeBlocProvider

HomeBlocProvider 类负责使用 InheritedWidget 类作为提供程序以便在各个 Widget 和各个页面之间传递 State。HomeBlocProvider 构造函数包含 key、Widget 以及 this.authenticationBloc 变量，该变量就是 HomeBloc 类。

试一试：创建 HomeBlocProvider

本节将继续编辑 journal 项目。我们要添加 HomeBlocProvider 类作为 HomeBloc 类的提供程序，以便检索日记列表并删除单独的条目。HomeBloc 类会调用 DbFirestoreService 服务类 Cloud Firestore 数据库 API。

(1) 在 blocs 文件夹中创建一个新的 Dart 文件。鼠标右击 blocs 文件夹，选择 New | Dart File，输入 home_bloc_provider.dart，并且单击 OK 按钮进行保存。

(2) 导入 material.dart 包和 home_bloc.dart 包并且创建扩展了 InheritedWidget 类的 HomeBlocProvider 类。

```
import 'package:flutter/material.dart';
import 'package:journal/blocs/home_bloc.dart';

class HomeBlocProvider extends InheritedWidget {

}
```

(3) 在 HomeBlocProvider 类的内部，声明 final HomeBloc homeBloc 以及 final String uid

变量。

```
final HomeBloc homeBloc;
final String uid;
```

(4) 使用 const 关键字添加 HomeBlocProvider 构造函数。

(5) 为该构造函数添加 key、child、this.homeBloc 和 this.uid 参数。

```
const HomeBlocProvider(
{Key key, Widget child, this.homeBloc, this.uid})
: super(key: key, child: child);
```

(6) 使用 static 关键字添加 HomeBlocProvider of(BuildContext context)方法。

(7) 在该方法内部，使用 inheritFromWidgetOfExactType 方法返回 HomeBlocProvider，该方法允许子 Widget 获取 HomeBlocProvider 提供程序的实例。

```
static HomeBlocProvider of(BuildContext context) {
  return (context.inheritFromWidgetOfExactType(HomeBlocProvider)
      as HomeBlocProvider);
}
```

(8) 添加并重写 updateShouldNotify 方法以便检查 homeBloc 是否不等于老的 HomeBlocProvider homeBloc。如果该表达式返回 true，框架就会通知存留所继承数据的 Widget，它们需要重建。如果该表达式返回 false，框架就不会发送通知，因为不必重建 Widget。

```
@override
bool updateShouldNotify(HomeBlocProvider old) => homeBloc != old.homeBloc;
```

示例说明

为在各个 Widget 和各个页面之间传递 State，我们创建了 home_bloc_provider.dart 文件，其中包含用作 HomeBloc 类提供程序的 HomeBlocProvider 类。HomeBlocProvider 类构造函数包含 key、Widget、this.homeBloc 和 this.uid 参数。of()方法会返回 inheritFromWidgetOfExactType 方法的结果，这个方法允许子 Widget 获取 HomeBlocProvider 提供程序的实例。updateShouldNotify 方法会检查值是否变更，如果发生变更，框架就会通知 Widget 进行重建。

6. 添加 JournalEditBloc

JournalEditBloc 负责监控日记编辑页面，以便添加一个新条目或保存一个已有条目。在实例化 JournalEditBloc 时，它就会启动 StreamController 的监听器以便监控日期、心情、笔记和保存按钮 Stream。

试一试：创建 JournalEditBloc

本节将继续编辑 journal 项目。我们要添加 JournalEditBloc 类以便处理日记条目页面的日期、心情、笔记和保存按钮。JournalEditBloc 还要负责调用 Cloud Firestore 数据库服务以便保存条目。

(1) 在 blocs 文件夹中创建一个新的 Dart 文件。鼠标右击 blocs 文件夹，选择 New | Dart File，输入 journal_entry_bloc.dart，并且单击 OK 按钮进行保存。

(2) 导入 async.dart 库；导入 journal.dart、db_firestore_api.dart 类；并且创建 JournalEditBloc 类，它会接收 this.add、this.selectedJournal 和 this.dbApi 参数。当 add 变量为 true 时，就会创建一个新条目，而当值为 false 时，就会编辑一个已有条目。selectedJournal 参数包含 Journal 类变量，其中包含所选的条目值。this.dbApi 接收所注入的 DbFirestoreService 类。

```
import 'dart:async';
import 'package:journal/models/journal.dart';
import 'package:journal/services/db_firestore_api.dart';

JournalEditBloc(this.add, this.selectedJournal, this.dbApi) {

}
```

(3) 在 JournalEditBloc 类内部声明 final DbApi dbApi 变量。添加 final bool add 变量以及 Journal selectedJournal 变量。

```
final DbApi dbApi;
final bool add;
Journal selectedJournal;
```

(4) 添加_dateController 变量作为 String StreamController，添加 dateEditChanged 变量获取器作为 String Sink，并且添加 dateEdit 获取器作为 String Stream。注意，StreamController 是使用 broadcast() Stream 来初始化的，因为将使用多个监听器。

```
final StreamController<String> _dateController = StreamController<String>
.broadcast();
Sink<String> get dateEditChanged => _dateController.sink;
Stream<String> get dateEdit => _dateController.stream;
```

(5) 遵循之前的步骤，添加额外的 StreamController 以便处理对 Cloud Firestore 服务的心情、笔记和保存日记调用。

```
final StreamController<String> _moodController = StreamController<String>
.broadcast();
Sink<String> get moodEditChanged => _moodController.sink;
Stream<String> get moodEdit => _moodController.stream;
```

```
final StreamController<String> _noteController = StreamController<String>
.broadcast();
Sink<String> get noteEditChanged => _noteController.sink;
Stream<String> get noteEdit => _noteController.stream;

final StreamController<String> _saveJournalController =
StreamController<String>
.broadcast();
Sink<String> get saveJournalChanged => _saveJournalController.sink;
Stream<String> get saveJournal => _saveJournalController.stream;
```

(6) 添加新的一行并输入 JournalEditBloc 构造函数，它会接收所注入的 this.add、this.selectedJournal 和 this.dbApi 参数。注意，所注入的 this.dbApi 参数会接收 DbFirestoreService 类。

(7) 在 JournalEditBloc 构造函数内部，调用步骤(10)中将创建的_startEditListeners()方法。

(8) 使用句点运算符添加 then((finished))回调函数，它会调用步骤(12)中将创建的_getJournal()方法，并且传递 add 和 selectedJournal 变量。

```
JournalEditBloc(this.add, this.selectedJournal, this.dbApi) {
  _startEditListeners().then((finished) => _getJournal(add,
selectedJournal));
}
```

(9) 添加 dispose()方法并且调用_dateController、_moodController、_noteController 和_saveJournalController close()方法以便在不需要 StreamController 的 Stream 时关闭它们。

```
void dispose() {
    _dateController.close();
    _moodController.close();
    _noteController.close();
    _saveJournalController.close();
}
```

(10) 添加 Future<bool> _startEditListeners() async 方法，它负责设置四个监听器以便监控日期、心情、笔记和保存 Stream。

(11) 在每一个 listen()监听器内部，都会维护 selectedJournal date、mood、note 值。在_saveJournalController 监听器被调用时，它会检查是否 action == 'Save'并调用步骤(16)中将创建的_saveJournal()方法。该方法的最后一行将添加 return true 语句以表明所有监听器都已启动。

```
Future<bool> _startEditListeners() async {
    _dateController.stream.listen((date) {
```

```
      selectedJournal.date = date;
    });
    _moodController.stream.listen((mood) {
      selectedJournal.mood = mood;
    });
    _noteController.stream.listen((note) {
      selectedJournal.note = note;
    });
    _saveJournalController.stream.listen((action) {
      if (action == 'Save') {
        _saveJournal();
      }
    });
    return true;
  }
```

(12) 添加_getJournal方法，它接收bool add和Journal journal参数。

(13) 添加一个if语句来检查add值是否为true，如果是则表明将要创建一个新条目，还要为selectedJournal变量设置默认值。

(14) 添加一个else语句以便处理已有条目的编辑并且使用传入的已有日记变量来设置默认值。

(15) 在if-else语句之后，通过每一个sink.add()方法添加date、mood和note值，从而实现对StreamController的通知。

```
  void _getJournal(bool add, Journal journal) {
    if (add) {
      selectedJournal = Journal();
      selectedJournal.date = DateTime.now().toString();
      selectedJournal.mood = 'Very Satisfied';
      selectedJournal.note = '';
      selectedJournal.uid = journal.uid;
    } else {
      selectedJournal.date = journal.date;
      selectedJournal.mood = journal.mood;
      selectedJournal.note = journal.note;
    }
    dateEditChanged.add(selectedJournal.date);
    moodEditChanged.add(selectedJournal.mood);
    noteEditChanged.add(selectedJournal.note);
  }
```

(16) 添加_saveJournal()方法以便创建一个存留条目值的 Journal journal 变量。

(17) 调用 DateTime.parse()构造函数以便将日期转换为 ISO 8601 标准。

(18) 添加一个三元运算符以便检查 add 变量是否等于 true，并且调用 dbApi.addJournal (journal)方法来创建一个新日记条目。否则，就要调用 dbApi.updateJournal(journal)方法来更新当前条目。

```
void _saveJournal() {
  Journal journal = Journal(
    documentID: selectedJournal.documentID,
    date: DateTime.parse(selectedJournal.date).toIso8601String(),
    mood: selectedJournal.mood,
    note: selectedJournal.note,
    uid: selectedJournal.uid,
  );
  add ? dbApi.addJournal(journal) : dbApi.updateJournal(journal);
}
```

示例说明

为了监控日记编辑页面以便添加一个新条目或者保存一个已有条目，我们创建了包含 JournalEditBloc 类的 journal_edit_bloc.dart 文件。我们声明了对 DbApi 类的引用以便获取对于 Cloud Firestore 数据库 API 的访问。dbApi 变量会接收所注入的 DbFirestoreService 类。为了将数据添加到 StreamController 的 stream 属性，我们使用了 sink.add()方法，并且 stream 属性会忽略最新的 stream 事件。我们添加了调用 Cloud Firestore 服务的方法以便创建一个新条目或者保存一个已有条目。

7. 添加 JournalEditBlocProvider

JournalEditBlocProvider 类负责使用 InheritedWidget 类作为提供程序以便在各个 Widget 和各个页面之间传递 State。JournalEditBlocProvider 构造函数包含 key、widget 以及 this.journalEditBloc 变量。注意，this.journalEditBloc 变量就是 JournalEditBloc 类。

试一试：创建 JournalEditBlocProvider

本节将继续编辑 journal 项目。我们要添加 JournalEditBlocProvider 类作为 JournalEditBloc 类的提供程序，以便添加或编辑各个条目。JournalEditBloc 类会调用 DbFirestoreService 服务类 Cloud Firestore 数据库 API。

(1) 在 blocs 文件夹中创建一个新的 Dart 文件。鼠标右击 blocs 文件夹，选择 New | Dart File，输入 journal_edit_bloc_provider.dart，并且单击 OK 按钮进行保存。

(2) 导入 material.dart 包、journal_edit_bloc.dart 包以及 journal.dart 类，并且创建扩展 InheritedWidget 类的 JournalEditBlocProvider 类。

```
import 'package:flutter/material.dart';
import 'package:journal/blocs/journal_edit_bloc.dart';
```

```
class JournalEditBlocProvider extends InheritedWidget {

}
```

(3) 在 JournalEditBlocProvider 类内部，声明 final JournalEditBloc journalEditBloc、final bool add 以及 final Journal journal 变量。

```
final JournalEditBloc journalEditBloc;
```

(4) 使用 const 关键字添加 JournalEditBlocProvider 构造函数。

(5) 为该构造函数添加 key、child、this.journalEditBloc、this.add 和 this.journal 参数。

```
const JournalEditBlocProvider(
    {Key key, Widget child, this.journalEditBloc})
    : super(key: key, child: child);
```

(6) 使用 static 关键字添加 JournalEditBlocProvider of(BuildContext context)方法。

(7) 在该方法内部，使用 inheritFromWidgetOfExactType 方法返回 JournalEditBlocProvider，该方法允许子 Widget 获取 JournalEditBlocProvider 提供程序的实例。

```
static JournalEditBlocProvider of(BuildContext context) {
  return (context.inheritFromWidgetOfExactType(JournalEditBlocProvider) as
JournalEditBlocProvider);
}
```

(8) 添加并重写 updateShouldNotify 方法以便检查 journalEditBloc 是否不等于老的 JournalEditBlocProvider journalEditBloc。如果该表达式返回 true，那么框架就会通知存留所继承数据的 Widget，它们需要重建。

```
@override
bool updateShouldNotify(JournalEditBlocProvider old) => false;
```

示例说明

为在各个 Widget 和各个页面之间传递 State，我们创建了 journal_edit_bloc_provider.dart 文件，其中包含用作 JournalEditBloc 类提供程序的 JournalEditBlocProvider 类。JournalEditBlocProvider 类构造函数包含 key、widget 和 this.journalEditBloc 参数。of()方法会返回 inheritFromWidgetOfExactType 方法的结果，该方法允许子 Widget 获取 JournalEditBlocProvider 提供程序的实例。updateShouldNotify 方法会检查值是否已经变更，如果是，则框架会通知 Widget 进行重建。

15.3 本章小结

本章实现了客户端应用的应用范围内的以及本地的状态管理。其中讲解了如何实现 BLoC 模式以便将业务逻辑从 UI 页面中分离出来。我们创建了一个 abstract 类来定义身份验证接口，还创建了身份验证服务类来实现该 abstract 类。通过使用这个 abstract 类，我们就能执行实现和设计约束。我们将这个 abstract 类和 BLoC 类一起使用以便在运行时注入合适的依赖于平台的类，从而让 BLoC 类不必感知平台类型。

本章实现了用作提供程序的 InheritedWidget 类，以便在各个 Widget 和各个页面之间传递 State。我们使用了 of()方法来访问该提供程序的引用。本章还创建了 Journal 模型类以便结构化各个日记记录，并且使用了 fromDoc()方法以便转换 Cloud Firestore 数据库文档以及将其映射到一个单独的 Journal 条目。我们创建了服务类来管理服务 API 调用的发送和接收。还创建了 AuthenticationService 类，它实现了 AuthenticationApi abstract 类以便访问 Firebase 身份验证 API。我们创建了 DbFirestoreService 类，它实现了 DbApi abstract 类以便访问 Cloud Firestore 数据库 API。

本章还实现了 BLoC 模式以便将 UI Widget 与业务逻辑组件最大化分离。该模式会公开 Sink 以便输入数据，还会公开 Stream 以便输出数据。我们了解了如何将感知平台的服务类注入 BLoC 的构造函数，从而让 BLoC 类独立于平台。通过将业务逻辑与 UI 分离，就不必关心是将 Flutter 用于移动端应用、将 AngularDart 用于 Web 应用，还是使用其他任何平台了。我们实现了 StreamController 以便发送 stream 属性上的数据、完成事件以及错误。本章实现了 Sink 类以便使用 sink 属性添加数据，还实现了 Stream 类以便使用 StreamController 的 stream 属性发送数据。

第 16 章将介绍如何实现响应式页面以便与 BLoC 通信。我们要修改主页面以便通过身份验证 BLoC 提供程序实现应用范围内的状态管理。还要创建登录页面并且实现 BLoC 以便验证电子邮箱和密码、进行登录以及创建一个新用户账户。我们要修改首页以实现数据库 BLoC 并且使用 ListView.separated 构造函数。还要创建日记编辑条目页并且实现 BLoC 以便创建和更新已有条目。

15.4 本章知识点回顾

主题	关键概念
应用范围内和本地的状态管理	我们了解了如何应用状态管理，这是通过创建 InheritedWidget 类作为提供程序以便在各个 Widget 和各个页面之间传递 State 来实现的
abstract 类	我们了解了如何实现 abstract 类和 abstract 方法来定义身份验证接口。我们创建了实现 abstract 类的 AuthenticationService 类
模型类	我们了解了如何创建 Journal 模型类，它负责对数据结构进行建模以及将 Cloud Firestore 数据库 QuerySnapshot 映射到各个 Journal 条目

(续表)

主题	关键概念
服务类	本章讲解了如何创建调用不同服务 API 的服务类。还创建了 AuthenticationService 类以便调用 Firebase 身份验证 API 以及 DbFirestoreService 类以便调用 Cloud Firestore 数据库 API
Validators 类	本章讲解了如何创建 Validators 类，它使用 StreamTransformer 来验证电子邮箱和密码以便通过最低限度的约束要求
StreamController、Stream、Sink 和 StreamBuilder	本章讲解了如何使用 StreamController 来发送 stream 属性上的数据、完成事件以及错误。StreamController 具有一个 sink(输入)属性和一个 stream(输出)属性
BLoC 模式	BLoC 这组首字母缩写代表着 Business Logic Component(业务逻辑组件)，创建它是为了为业务逻辑定义不必感知平台类型的接口。换句话说，它会将业务逻辑从 UI Widget/组件中分离出来
BLoC 类	本章讲解了如何创建 AuthenticationBloc、LoginBloc、HomeBloc 和 JournalEditBloc BLoC 类
BLoC 依赖注入	本章讲解了如何将 BLoC 类和 abstract 类结合使用以及如何将依赖平台的类注入 BLoC 类，从而让 BLoC 类不必感知平台类型
用作提供程序的 InheritedWidget	本章讲解了如何创建扩展 InheritedWidget 类的 AuthenticationBlocProvider、HomeBlocProvider 以及 JournalEditBlocProvider 类，以便充当 AuthenticationBloc、HomeBloc 和 JournalEditBloc 类的提供程序

第16章

为 Firestore 客户端应用页面添加 BLoC

本章内容

- 如何在页面之间传递应用范围内的状态管理？
- 如何在 Widget 树中应用本地状态管理？
- 如何将 InheritedWidget 应用为提供程序以便在各个 Widget 和各个页面之间传递状态？
- 如何使用依赖注入将服务类注入 BLoC 类以实现跨平台特性？
- 如何将 LoginBloc 类应用到 Login 页面？
- 如何应用 AuthenticationBloc 类以便管理用于应用范围内状态管理的用户凭据？
- 如何将 HomeBloc 类应用到主页以便列示、添加和删除日记条目？
- 如何将 JournalEditBloc 应用到日记编辑页面以便添加一个新条目或修改一个已有条目？
- 如何通过实现 StreamBuilder Widget 来构建响应式 Widget？
- 如何使用 ListView.separated 构造函数构建日记条目列表，其中包含使用 Divider() Widget 的分隔符线？
- 如何使用 Dismissible Widget 来滑动和删除一个条目？
- 如何使用 Dismissible Widget confirmDismiss 属性来提示一个删除确认对话框？
- 如何使用 DropdownButton() Widget 来提供心情列表，其中包含标题、颜色和图标旋转？
- 如何应用 MoodIcons 类来检索心情标题、颜色、旋转和图标？
- 如何应用 Matrix4 rotateZ()方法以便与 MoodIcons 类结合使用从而根据心情旋转图标？
- 如何应用 FormatDates 类来格式化日期？

本章将继续编辑与完成第 14 章中和第 15 章中所创建的记录心情的日记应用。出于便利性目的，可使用 ch15_final_journal project 作为开始，并确保将 GoogleService-Info.plist 文件添加到 Xcode 项目以及将 google-services.json 文件添加到 Android 项目，这两个文件都是在

第 14 章中从 Firebase 控制台下载的。

本章将介绍如何将 BLoC、服务、提供程序、模型和工具类应用到 UI Widget 页面。使用 BLoC 模式的好处在于，可将 UI Widget 和业务逻辑分离开来。本章将讲解如何使用依赖注入将服务类注入 BLoC 类中。通过使用依赖注入，BLoC 仍将不必感知平台类型。

本章还会讲解如何通过实现 AuthenticationBlocProvider 类将应用范围内的状态管理应用到主页面。我们将了解如何通过实现 HomeBlocProvider 和 JournalEditBlocProvider 类以便在各个页面和 Widget 树之间传递状态。本章将介绍如何创建 Login 页面，其中要实现 LoginBloc 类以便验证电子邮箱、密码和用户凭据。我们要修改主页并且了解如何实现 HomeBloc 类以便处理日记条目列表以及添加和删除各个条目。我们要了解如何创建日记编辑页面，它实现了 JournalEditBloc 类以便添加、修改和保存已有条目。

16.1 添加登录页

Login 页包含一个用于输入电子邮箱地址的 TextField 以及一个用于输入密码并且通过隐藏字符以保障私密性的 TextField。还要添加一个登录用户的按钮以及一个创建新用户账户的按钮。我们将了解如何通过使用 StreamBuilder Widget 来实现 LoginBloc 类。我们将了解如何使用依赖注入以便将 AuthenticationService()类注入 LoginBloc 类构造函数，从而让 LoginBloc 不必感知平台类型。可以参见图 16.1 了解最终的 Login 页面会是什么样子。

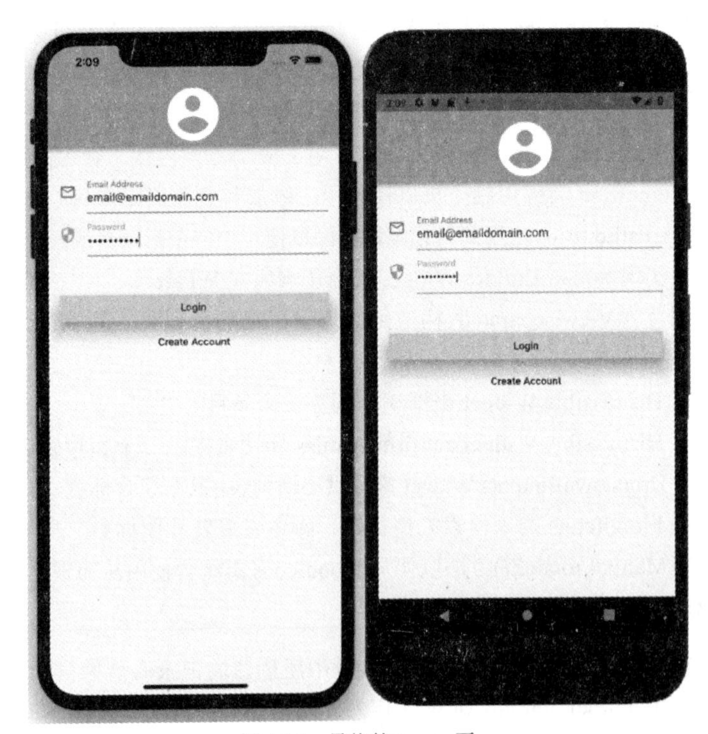

图 16.1　最终的 Login 页

试一试：创建登录页

本节将继续编辑 journal 项目。我们将添加 LoginBloc 类以便处理电子邮箱和密码值的校验。需要使用这个 LoginBloc 类来登录用户或创建一个新用户账户并且使用新的身份验证凭据进行登录。

(1) 在 pages 文件夹中创建一个新的 Dart 文件。鼠标右击 pages 文件夹，选择 New | Dart File，输入 login.dart，并且单击 OK 按钮进行保存。

(2) 导入 material.dart、login_bloc.dart 和 authentication.dart 类。添加新的一行并创建扩展 StatefulWidget 的 Login 类。

```
import 'package:flutter/material.dart';
import 'package:journal/blocs/login_bloc.dart';
import 'package:journal/services/authentication.dart';
class Login extends StatefulWidget {
   @override
   _LoginState createState() => _LoginState();
}

class _LoginState extends State<Login> {
  @override
  Widget build(BuildContext context) {
    return Container();
  }
}
```

(3) 修改 LoginState 类并添加私有 LoginBloc _loginBloc 变量。

(4) 重写 initState()并使用 LoginBloc(AuthenticationService())类通过在构造函数中注入 AuthenticationService()来初始化_loginBloc 变量。

注意，在 initState()中而非 didChangeDependencies()中初始化_loginBloc 变量的原因是，LoginBloc 并不需要提供程序(InheritedWidget)。

```
class _LoginState extends State<Login> {
    LoginBloc _loginBloc;

    @override
    void initState() {
      super.initState();
      _loginBloc = LoginBloc(AuthenticationService());
    }

    @override
    Widget build(BuildContext context) {
       return Container();
```

```
    }
}
```

(5) 重写 dispose()方法并销毁_loginBloc 变量。将调用 LoginBloc 类的 dispose()方法并关闭所有 StreamController。

```
@override
void dispose() {
    _loginBloc.dispose();
    super.dispose();
}
```

(6) 在 Widget build()方法中，使用 UI Widget Scaffold 和 AppBar 替换 Container()，并为 body 属性添加 SafeArea()以及 child 属性为 Column()的 SingleChildScrollView()。将 Column crossAxisAlignment 属性设置为 stretch。

(7) 对于 AppBar bottom 属性，需要添加一个 preferredSize Widget，将其 child 属性设置为 Icons.account_circle 并将 size 属性设置为 88.0 像素，将 color 属性设置为 Colors.white。

```
@override
Widget build(BuildContext context) {
  return Scaffold(
    appBar: AppBar(
    bottom: PreferredSize(
       child: Icon(
         Icons.account_circle,
         size: 88.0,
         color: Colors.white,
       ),
       preferredSize: Size.fromHeight(40.0)),
    ),
  ),
  body: SafeArea(
    child: SingleChildScrollView(
       padding: EdgeInsets.all(16.0, 32.0, 16.0, 16.0),
       child: Column(
          crossAxisAlignment: CrossAxisAlignment.stretch,
          children: <Widget>[

          ],
        ),
      ),
    ),
```

```
    );
  }
```

(8) 为 Column children 属性添加两个 StreamBuilder Widget。第一个 StreamBuilder 会处理电子邮箱 TextField 并将 stream 属性设置为_loginBloc.email stream。向 builder 属性添加 TextField Widget，并将 InputDecoration errorText 属性设置为 snapshot.error。onChanged 属性会调用传递当前电子邮箱地址的_loginBloc.emailChanged.add sink。

遵循之前的步骤添加第二个 StreamBuilder 以便处理密码 TextField。添加一个 SizedBox，将其 height 属性设置为 48.0 像素并且添加对于将在步骤(9)中创建的_buildLoginAndCreateButtons()方法的调用。

```
Column(
    crossAxisAlignment: CrossAxisAlignment.stretch,
    children: <Widget>[
      StreamBuilder(
        stream: _loginBloc.email,
        builder: (BuildContext context, AsyncSnapshot snapshot) => TextField(
          keyboardType: TextInputType.emailAddress,
          decoration: InputDecoration(
              labelText: 'Email Address',
              icon: Icon(Icons.mail_outline),
              errorText: snapshot.error),
          onChanged: _loginBloc.emailChanged.add,
        ),
    ),
    StreamBuilder(
      stream: _loginBloc.password,
      builder: (BuildContext context, AsyncSnapshot snapshot) =>
        TextField(
            obscureText: true,
            decoration: InputDecoration(
                labelText: 'Password',
                icon: Icon(Icons.security),
                errorText: snapshot.error),
            onChanged: _loginBloc.passwordChanged.add,
        ),
      ),
      SizedBox(height: 48.0),
      _buildLoginAndCreateButtons(),
    ],
),
```

效果如图 16.2 所示。

图 16.2 显示效果

(9) 在 Widget build(BuildContext context)方法之后添加新的一行并添加返回一个 Widget 的_buildLoginAndCreateButtons()。添加 StreamBuilder 以便处理启用哪组按钮，比如启用 Login 按钮，然后启用 Create Account 按钮，或者按照相反顺序启用。StreamBuilder 会检查是否 snapshot.data == 'Login'，如果是则调用_buttonsLogin()方法；否则，它就会调用_buttonsCreateAccount()方法。步骤(10)和(11)中将分别创建这两个方法。

```
Widget _buildLoginAndCreateButtons() {
  return StreamBuilder(
      initialData: 'Login',
      stream: _loginBloc.loginOrCreateButton,
      builder: ((BuildContext context, AsyncSnapshot snapshot) {
        if (snapshot.data == 'Login') {
          ttonsLogin();
          return _bu
        } else if (snapshot.data == 'Create Account') {
          return _buttonsCreateAccount();
        }
      }),
  );
}
```

(10) 添加_buttonsLogin()方法，它会处理以便返回 Login 居首而 Create Account 居次的按钮组合。由于 Login 按钮是默认的，所以要添加 RaisedButton Widget，而对于 Create Account 按钮则要添加 FlatButton Widget。

```
Column _buttonsLogin() {
  return Column(
     crossAxisAlignment: CrossAxisAlignment.stretch,
     children: <Widget>[
```

```
          StreamBuilder(
            initialData: false,
            stream: _loginBloc.enableLoginCreateButton,
          builder: (BuildContext context, AsyncSnapshot snapshot) =>
           RaisedButton(
              elevation: 16.0,
              child: Text('Login'),
              color: Colors.lightGreen.shade200,
              disabledColor: Colors.grey.shade100,
              onPressed: snapshot.data
                  ? () => _loginBloc.loginOrCreateChanged.add('Login')
                  : null,
              ),
           ),
           FlatButton(
             child: Text('Create Account'),
             onPressed: () {
                _loginBloc.loginOrCreateButtonChanged.add('Create Account');
             },
          ),
        ],
    );
}
```

最终效果如图 16.3 所示。

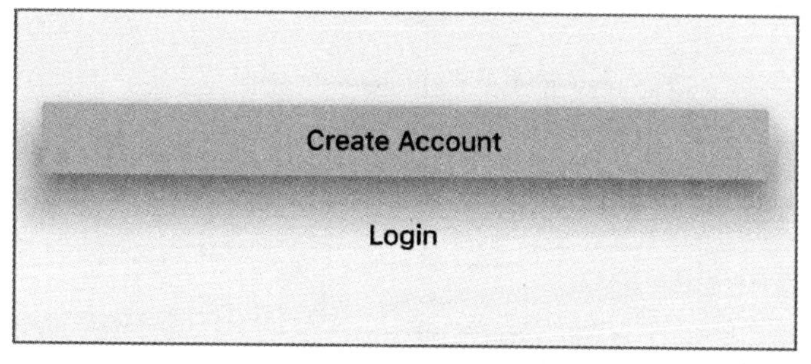

图 16.3　最终效果

示例说明

login.dart 文件包含扩展了 StatefulWidget 的 Login 类，以便处理用户登录或者创建一个新用户账户。需要通过注入 AuthenticationService()类并且重写 initState()方法来实例化 LoginBloc 类。注意，在 initState()中而非 didChangeDependencies()中初始化_loginBloc 变量的原因是，LoginBloc 并不需要提供程序(InheritedWidget)。我们通过重写 dispose()方法以及调用 _loginBloc.dispose() 方法关闭了 LoginBloc StreamController 监听器。在不需要 StreamController 监听器时关闭它们是一种好的做法。

StreamBuilder Widget 用于监控电子邮箱和密码值。我们使用了 TextField Widget 的 onChanged 属性来调用_loginBloc.emailChanged.add sink 以及_loginBloc.passwordChanged.add sink 以便将值发送到 LoginBloc Validators 类从而验证是否满足最小格式化要求。第 15 章的 15.2.3 节中讲解过如何使用 StreamTransformer 转换 Stream 以便验证和处理 Stream 内部的值。

StreamBuilder Widget 用于监听_loginBloc.loginOrCreateButton stream 以便将默认按钮切换显示为 Login 或 Create Account。

16.2 修改主页面

主页面是控制中心，它负责监控应用范围内的状态管理。本节将介绍如何实现 AuthenticationBlocProvider 类作为 AuthenticationBloc 类的主提供程序。还将介绍如何实现 HomeBlocProvider 类作为 HomeBloc 类的提供程序，HomeBloc 类使用了 Home 类作为其 child 属性还会存留用户 uid 的状态。我们将了解如何应用 StreamBuilder Widget 来监控用户的身份验证状态。当用户登录时，该 Widget 会将用户定向到主页，而当用户登出时，它会将用户定向到 Login 页面。参见图 16.4 可了解主页面 BLoC 流。

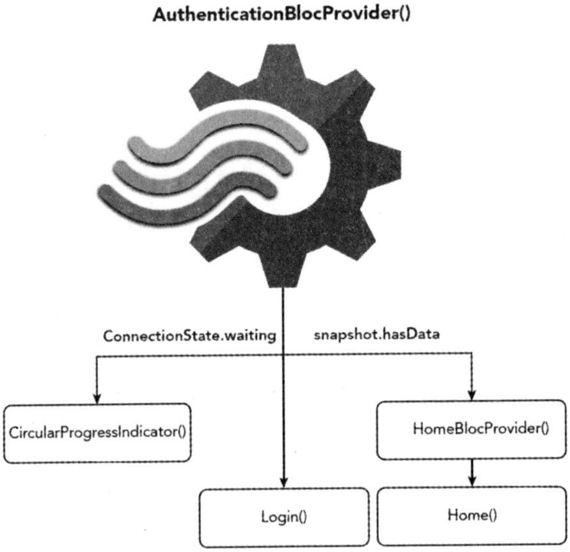

图 16.4 主页面 BLoC 流

试一试：修改主页面

本节将继续编辑 journal 项目。我们要修改 main.dart 文件以便通过使用 StreamBuilder 和 BLoC 来处理应用范围内的状态管理。

(1) 打开 main.dart 文件并添加以下包和类：

```
import 'package:flutter/material.dart';
import 'package:journal/blocs/authentication_bloc.dart';
import 'package:journal/blocs/authentication_bloc_provider.dart';
```

```
import 'package:journal/blocs/home_bloc.dart';
import 'package:journal/blocs/home_bloc_provider.dart';
import 'package:journal/services/authentication.dart';
import 'package:journal/services/db_firestore.dart';
import 'package:journal/pages/home.dart';
import 'package:journal/pages/login.dart';
```

(2) 在 Widget build()方法内部，添加通过 AuthenticationService()来初始化的 final _authenticationService 变量。

```
@override
Widget build(BuildContext context) {
final AuthenticationService _authenticationService =
AuthenticationService();
```

(3) 添加通过 AuthenticationBloc()来初始化的 final _authenticationBloc 变量并注入 _authenticationService 依赖。AuthenticationBloc 类仍旧不需要感知平台类型，这是通过使用 AuthenticationService()类的依赖注入来实现的。

```
final AuthenticationBloc _authenticationBloc = AuthenticationBloc
(_authenticationService);
```

(4) 将 MaterialApp() Widget 重构为一个方法，这需要将鼠标放置在 MaterialApp 单词上并且右击它。然后选择 Refactor | Extract | Method | Method，如图 16.5 所示。

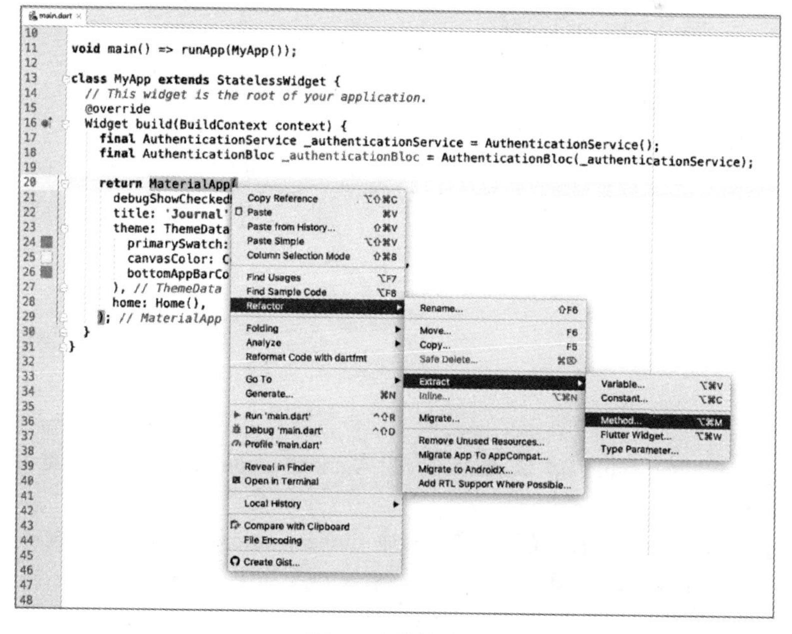

图 16.5 选择选项

(5) 在 Extract Method 对话框中，输入_buildMaterialApp 作为方法名并单击 Refactor 按钮，如图 16.6 所示。

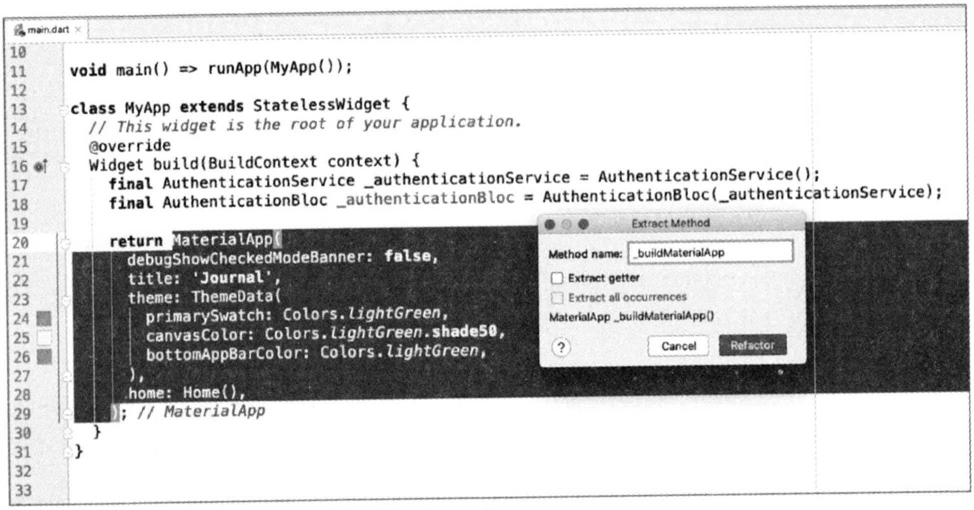

图 16.6　输入方法名然后单击 Refactor 按钮

(6) 为_buildMaterialApp()构造函数添加 Widget homePage 参数。当此方法被调用时，该页面 Widget 就会被传递到 homePage 参数，比如 Login()或者 Home()类页面。将 home 属性修改为 homePage Widget。

```
MaterialApp _buildMaterialApp(Widget homePage) {
  return MaterialApp(
      debugShowCheckedModeBanner: false,
      title: 'Security Inherited',
      theme: ThemeData(
        primarySwatch: Colors.lightGreen,
        canvasColor: Colors.lightGreen.shade50,
        bottomAppBarColor: Colors.lightGreen,
      ),
      home: homePage,
  );
}
```

(7) 回到 Widget build 方法并且使用 AuthenticationBlocProvider()类替换返回的 buildMaterialApp()调用。

(8) 对于 authenticationBloc 属性，需要传递_authenticationBloc 变量，而对于 child 属性，则需要传递 StreamBuilder() Widget。

```
return AuthenticationBlocProvider(
    authenticationBloc: _authenticationBloc,
```

```
      child: StreamBuilder(),
    );
```

(9) 将 StreamBuilder() Widget 的 initialData 属性设置为一个 null 值，这表明没有用户登录。将 stream 属性设置为_authenticationBloc.user stream。

(10) 当快照连接状态是 waiting 时，最好显示一个进度指示器。否则，用户会认为应用停止运行了。在 builder 属性内部，添加一个 if 语句以确认 snapshot.connectionState == ConnectionState.waiting 并且返回一个 Container Widget，要将其 color 属性设置为 Colors.lightGreen 并将其 child 属性设置为 CircularProgressIndicator() Widget。

(11) 当用户使用正确的凭据登录时，就需要导航到 Home()类页面。添加一个 else if 语句以便检查 snapshot.hasData 是否等于 true 并且添加 return HomeBlocProvider()类。

(12) 将 HomeBlocProvider()类的 homeBloc 属性设置为 HomeBloc(DbFirestoreService(), _authenticationService)类；注意，这里是在注入 Flutter 平台服务类。

(13) 对于 child 属性，需要调用 buildMaterialApp(Home())方法以便导航到 Home()类页面。

(14) 添加最后一个 else 语句并且添加 return _buildMaterialApp(Login())方法以便导航到 Login()类页面。

```
StreamBuilder(
  initialData: null,
  stream: _authenticationBloc.user,
  builder: (BuildContext context, AsyncSnapshot snapshot) {
    if (snapshot.connectionState == ConnectionState.waiting) {
      return Container(
          color: Colors.lightGreen,
          child: CircularProgressIndicator(),
      );
    } else if (snapshot.hasData) {
      return HomeBlocProvider(
        homeBloc: HomeBloc(DbFirestoreService(), _authenticationService),
        uid: snapshot.data,
        child: _buildMaterialApp(Home()),
      );
    } else {
      return _buildMaterialApp(Login());
    }
  },
),
```

示例说明

我们编辑了 main.dart 文件，其中包含扩展了 StatelessWidget 的 MyApp 类，以便处理应用范围内的身份验证状态管理。MyApp 类的根就是 child 属性设置为 StreamBuilder Widget

的 AuthenticationBlocProvider 类。这个 StreamBuilder Widget 会监控_authenticationBloc.user stream，而 builder 会在每次用户身份验证状态发生变化时进行重建并将用户导航到恰当的登录页或主页。

16.3 修改主页

主页负责展示基于登录用户 uid 筛选的日记条目列表，并具有添加、修改和删除各个条目的能力。本节将介绍如何实现 AuthenticationBlocProvider 作为 AuthenticationBloc 类的提供程序。还将介绍如何实现 HomeBlocProvider 类作为 HomeBloc 类的提供程序。本节将讲解如何应用 StreamBuilder Widget 并通过调用 ListView.separated 构造函数来构建日记条目列表。Dismissible Widget 用于在一个条目上进行滑动以便删除该条目。我们将了解如何使用 Dismissible Widget confirmDismiss 属性以便向用户弹出一个删除确认对话框。本节将介绍如何调用 MoodIcons 类以便根据所选心情对图标进行着色和旋转。还将介绍如何调用 FormatDates 类对日期进行格式化。

注意，这里故意没有将 MoodIcons 和 FormatDates 类注入 HomeBloc 和 EditJournalBLoc 类中，以表明我们可决定不在 BLoC 中包含某些工具类。如果打算将工具类包含在这些 BLoC 中，就需要将 MoodIcons 和 FormatDates 方法复制到两个不同的 BLoC 中。第 15 章的 15.1.5 节中在介绍 UI 设计指导原则时讲解过如何为每一个足够复杂的组件创建一个 BLoC。另一种选择是创建一个 MoodAndDatesBloc 类来处理 MoodIcons 和 FormatDates 类(用作抽象类)并同时在主页和编辑条目页使用 MoodAndDatesBloc 类。可以参见图 16.7 了解最终的主页看起来会是什么样子。

图 16.7 最终的主页

试一试：修改主页

本节将继续编辑 journal 项目。我们要修改 home.dart 文件以便处理日记条目的监听，以及添加、修改和删除它们。我们要使用 MoodIcons 类来检索正确心情的 title、color、rotation 以及 icon。需要使用 FormatDates 类来格式化日期。

(1) 打开 home.dart 文件并添加以下包和类：

```
import 'package:flutter/material.dart';
import 'package:journal/blocs/authentication_bloc.dart';
import 'package:journal/blocs/authentication_bloc_provider.dart';
import 'package:journal/blocs/home_bloc.dart';
import 'package:journal/blocs/home_bloc_provider.dart';
import 'package:journal/blocs/journal_edit_bloc.dart';
import 'package:journal/blocs/journal_edit_bloc_provider.dart';
import 'package:journal/classes/format_dates.dart';
import 'package:journal/classes/mood_icons.dart';
import 'package:journal/models/journal.dart';
import 'package:journal/pages/edit_entry.dart';
import 'package:journal/services/db_firestore.dart';
```

(2) 修改 HomeState 类并添加私有的_authenticationBloc、_homeBloc、_uid、_moodIcons 和_formatDates 变量。重写 initState()并使用 LoginBloc(AuthenticationService())类通过在构造函数中注入 AuthenticationService()来初始化_loginBloc 变量。

```
AuthenticationBloc _authenticationBloc;
HomeBloc _homeBloc;
String _uid;
MoodIcons _moodIcons = MoodIcons();
FormatDates _formatDates = FormatDates();
```

(3) 重写 didChangeDependencies()方法并用提供程序类中的值初始化变量。注意，需要从 didChangeDependencies()方法而非 initState()方法访问 InheritedWidget 类。还要注意，uid 变量状态是通过 HomeBlocProvider 来初始化的，并且其值会被传递到 Journal 类以供添加日记条目。

```
@override
void didChangeDependencies() {
    super.didChangeDependencies();
    _authenticationBloc =
AuthenticationBlocProvider.of(context).authenticationBloc;
    _homeBloc = HomeBlocProvider.of(context).homeBloc;
    _uid = HomeBlocProvider.of(context).uid;
}
```

(4) 重写 dispose()方法并销毁_homeBloc 变量。HomeBloc 类的 dispose()方法会被调用并且关闭所有的 StreamController。

```
@override
void dispose() {
    _homeBloc.dispose();
    super.dispose();
}
```

(5) 添加_addOrEditJournal()方法以便接收 add 和 journal 命名参数。

(6) 在该方法内部添加可以导航到 EditEntry()页面的 Navigator.push()方法，并将其用作 JournalEditBlocProvider 类的 child 属性。

(7) 对于 journalEditBloc 属性，需要注入包含 add、journal 和 DbFirestoreService()类的 JournalEditBloc 类。

(8) 添加 fullscreenDialog 属性并且将其设置为 true。

注意，需要通过 sink 来输入值，不过对于这个例子而言，避免添加不必要的 StreamContoller 以及监听器是合理的，因为这里不需要用户输入这些数据。相反，需要通过 JournalEditBloc()构造函数来传递 add 和 journal 变量。

```
// Add or Edit Journal Entry and call the Show Entry Dialog
void _addOrEditJournal({bool add, Journal journal}) {
  Navigator.push(
     context,
     MaterialPageRoute(
       builder: (BuildContext context) => JournalEditBlocProvider(
         journalEditBloc: JournalEditBloc(add, journal,
      DbFirestoreService()),
         child: EditEntry(),
       ),
       fullscreenDialog: true
    ),
  );
}
```

(9) 添加返回 showDialog()方法的_confirmDeleteJournal()方法。该对话框会显示一条删除确认警告，从而让用户可以选择删除该条目或者取消删除操作。

```
// Confirm Deleting a Journal Entry
Future<bool> _confirmDeleteJournal() async {
  return await showDialog(
      context: context,
      barrierDismissible: false,
      builder: (BuildContext context) {
```

```
        return AlertDialog(
          title: Text("Delete Journal"),
          content: Text("Are you sure you would like to Delete?"),
          actions: <Widget>[
            FlatButton(
              child: Text('CANCEL'),
              onPressed: () {
                Navigator.pop(context, false);
              },
            ),
            FlatButton(
              child: Text('DELETE', style: TextStyle(color: Colors.red),),
              onPressed: () {
              Navigator.pop(context, true);
            },
          ),
        ],
      );
    },
  );
}
```

效果如图 16.8 所示。

图 16.8　显示效果

(10) 修改 AppBar actions 属性并且使用对于_authenticationBloc.logoutUser.add(true) sink 的调用来替换 TODO 注释。AuthenticationBloc 会接收 sink 值以便登出用户，而主页面(包含应用范围内的状态管理)会自动将用户导航到 Login 页面。

```
actions: <Widget>[
  IconButton(
    icon: Icon(Icons.exit_to_app, color: Colors.lightGreen.shade800,),
    onPressed: () {
        _authenticationBloc.logoutUser.add(true);
    },
  ),
],
```

(11) 编辑 body 属性并用 StreamBuilder Widget 替换 Container() Widget，还要将 stream 属性设置为_homeBloc.listJournal stream。

(12) 在 builder 属性内部，添加一个 if 语句以便检查 ConnectionState.waiting 并且返回一个 child 属性设置为 CircularProgressIndicator() Widget 的 Center() Widget。

(13) 添加一个 else if 语句以便检查 snapshot.hasData，并且返回对于_buildListViewSeparated(snapshot)方法的调用从而传递 snapshot 变量。步骤(17)中将创建_buildListViewSeparated()方法。

(14) 添加一个 else 语句并返回 child 属性设置为 Container() Widget 的 Center() Widget。

(15) 向 Container() child 属性添加一个 Text Widget，它包含消息'Add Journals.'。

```
body: StreamBuilder(
    stream: _homeBloc.listJournal,
    builder: ((BuildContext context, AsyncSnapshot snapshot) {
      if (snapshot.connectionState == ConnectionState.waiting) {
        return Center(
          child: CircularProgressIndicator(),
        );
      } else if (snapshot.hasData) {
        return _buildListViewSeparated(snapshot);
      } else {
        return Center(
          child: Container(
            child: Text('Add Journals.'),
          ),
        );
      }
    }),
),
```

(16) 修改 FloatingActionButton onPressed 属性并使用对于_addOrEditJournal(add: true, journal: Journal(uid: _uid))方法调用来替换 TODO 注释。

```
floatingActionButton: FloatingActionButton(
    //...
    onPressed: () async {
        _addOrEditJournal(add: true, journal: Journal(uid: _uid));
    },
),
```

(17) 在 Widget build(BuildContext context)方法之后，添加_buildListViewSeparated (AsyncSnapshot snapshot)方法。

(18) 返回并调用 ListView.separated()构造函数，其 itemCount 属性被设置为 snapshot.data.length，它表明了日记条目的计数。

(19) 对于 itemBuilder 属性，需要添加_titleDate 变量并通过调用_formatDates.dateFormat-ShortMonthDayYear 方法以及传递 snapshot date 值来设置该变量的值。

(20) 添加_subtitle 变量并通过连接 snapshot mood 和 note 值来设置该变量的值。

(21) 添加 separatorBuilder 属性并返回 color 属性设置为 Colors.grey 的 Divider() Widget。

```
Widget _buildListViewSeparated(AsyncSnapshot snapshot) {
    return ListView.separated(
      itemCount: snapshot.data.length,
      itemBuilder: (BuildContext context, int index) {
        String _titleDate =
_formatDates.dateFormatShortMonthDayYear(snapshot
    .data[index].date);
        String _subtitle = snapshot.data[index].mood + "\n" + snapshot
    .data[index].note;
        return Dismissible();
      },
      separatorBuilder: (BuildContext context, int index) {
        return Divider(
           color: Colors.grey,
        );
      },
    );
}
```

(22) 向 Dismissible() Widget 添加 key 属性，使用 Key()类将该属性设置为 snapshot documentID。Key()类会为一个 Widget 创建一个唯一的标识符以确保删除正确的日记条目。

```
return Dismissible(
```

```
key: Key(snapshot.data[index].documentID),
```

(23) 将background属性设置为Container() Widget，其icon设置为Icons.delete。遵循设置secondaryBackground属性时的相同步骤。当用户在一行上进行滑动以便删除该条目时，就会显示红色背景色以及删除图标以便通知用户将要删除一个日记条目。

```
background: Container(
    color: Colors.red,
    alignment: Alignment.centerLeft,
    padding: EdgeInsets.only(left: 16.0),
    child: Icon(
      Icons.delete,
      color: Colors.white,
    ),
),
secondaryBackground: Container(
    color: Colors.red,
    alignment: Alignment.centerRight,
    padding: EdgeInsets.only(right: 16.0),
    child: Icon(
        Icons.delete,
        color: Colors.white,
    ),
),
```

(24) 将child属性设置为ListTile() Widget，并将其leading属性设置为Column() Widget。为children属性添加两个Text Widget，它们会调用formatDates类。leading属性会显示日记条目的日期和星期几。

```
child: ListTile(
  leading: Column(
    children: <Widget>[
      Text(_formatDates.dateFormatDayNumber(snapshot.data[index].date),
        style: TextStyle(
            fontWeight: FontWeight.bold,
            fontSize: 32.0,
            color: Colors.lightGreen),
        ),
        Text(_formatDates.dateFormatShortDayName(snapshot.data[index].date)
),
    ],
  ),
```

(25) 将 trailing 属性设置为使用 Matrix4 rotateZ()方法的 Transform() Widget。

(26) 通过调用 MoodIcons 类的_moodIcons.getMoodRotation 方法将心情图标旋转传递给 rotateZ()方法。对于最快乐的心情，图标会被旋转为朝向左侧，而对于最悲伤的心情，图标则会被旋转为朝向右侧。

```
        trailing: Transform(
          transform: Matrix4.identity()..rotateZ(_moodIcons
    .getMoodRotation(snapshot.data[index].mood)),
          alignment: Alignment.center,
          child: Icon(_moodIcons.getMoodIcon(snapshot.data[index].mood), color:
    _moodIcons.getMoodColor(snapshot.data[index].mood), size: 42.0,),
        ),
```

(27) 将 title 属性设置为显示_titleDate 变量的 Text Widget。

(28) 将 subtitle 属性设置为显示_subtitle 变量的 Text Widget。

(29) 对于 onTap 属性，需要调用_addOrEditJournal 方法并为 add 属性传递 false 值以及为 journal 属性传递 snapshot.data[index]值。onTap 属性会处理用户触碰日记条目的事件并调用_addOrEditJournal()方法以便编辑该条目。

```
    title: Text(
        _titleDate,
        style: TextStyle(fontWeight: FontWeight.bold),
    ),
    subtitle: Text(_subtitle),
    onTap: () {
       _addOrEditJournal(
         add: false,
         journal: snapshot.data[index],
       );
    },
  ),
```

(30) 对于 confirmDismiss 属性，需要添加对于_confirmDeleteJournal()方法的调用，以便显示一个对话框用于确认日记条目的删除操作。

(31) 添加 if 语句以便检查 confirmDelete 变量值是否为 true 并且调用_homeBloc.deleteJournal.add(snapshot.data[index]) sink 以告知 HomeBloc 类需要删除该日记条目。

```
      confirmDismiss: (direction) async {
          bool confirmDelete = await _confirmDeleteJournal();
          if (confirmDelete) {
             _homeBloc.deleteJournal.add(snapshot.data[index]);
```

```
        }
    },
);
```

示例说明

我们编辑了 home.dart 文件以便包含扩展了 StatefulWidget 的 Home 类，让其可以处理日记条目列表的展示，并能添加、修改和删除各个记录。我们通过从 didChangeDependencies 方法中使用提供程序的 of()方法来访问 AuthenticationBlocProvider 和 HomeBlocProvider 类以便接收来自主页面的状态。我们使用 StreamBuilder Widget 实现了 AuthenticationBloc 和 HomeBloc 类以便监控身份验证和条目变更。还实现了 StreamBuilder Widget 以便监控 _homeBloc.listJournal stream，并且 builder 会在每次日记条目发生变更时进行重建。

_addOrEditJournal()方法会处理日记条目的添加或修改。其构造函数接收 add 和 journal 命名参数以便协助判断是在添加还是在修改条目。为了展示编辑条目页，需要通过传递 JournalEditBlocProvider 来调用 Navigator.push()方法并将接收到的参数注入 JournalEditBloc 类。

_buildListViewSeparated(snapshot)方法使用 ListView.separated()构造函数来构建日记条目的列表。itemBuilder 会返回一个 Dismissible() Widget，它会处理通过在条目上向左或向右滑动而触发的日记条目删除事件。Dismissible() child 属性使用 ListTile()来格式化 ListView 中的每个日记条目。separatorBuilder 会返回 Divider() Widget 以便在日记条目之间展示灰色的分隔符线条。

16.4 添加编辑日记页面

编辑日记页面负责添加和编辑日记条目。本节将介绍如何创建实现 JournalEditBlocProvider 作为 JournalEditBloc 类的提供程序的日记编辑页面。还将介绍如何处理使用日期、心情、笔记的 StreamBuilder Widget 以及 Cancel 和 Save 按钮。本节将要实现 showTimePicker()函数以便为用户提供一个可选择日期的日历。还会讲解如何使用 DropdownButton() Widget 为用户提供一组可选的带有图标、颜色、描述和心情图标旋转的心情选项。我们要使用 Matrix4 rotateZ()方法来实现心情图标旋转。还要使用 TextEditingController()构造函数以及笔记 TextField() Widget。本节会讲解如何调用 MoodIcons 类以便对 DropdownButton DropdownMenuItem 选项列表中的图标进行着色和旋转。还会讲解如何调用 FormatDates 类以便格式化所选日期。参见图 16.9 了解最终编辑日记页面的外观。

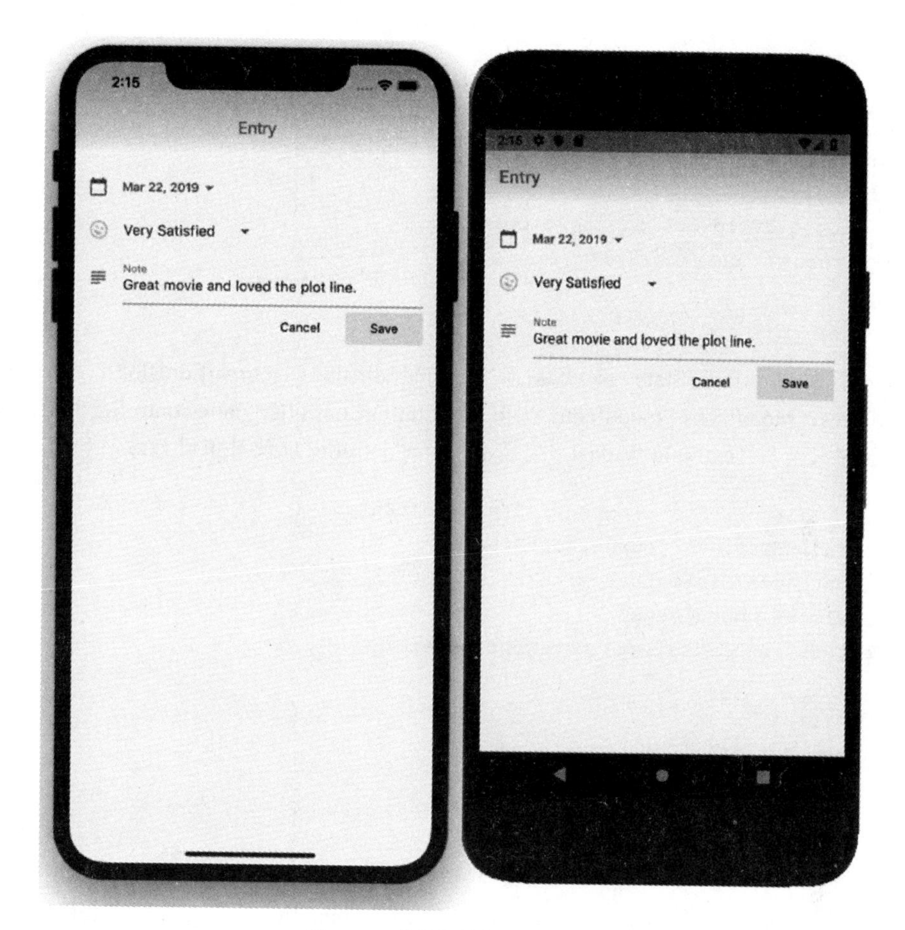

图 16.9　最终的编辑日记页面

试一试：创建编辑日记页面

本节将继续编辑 journal 项目。我们要添加 JournalEditBloc 类以便创建一个新条目或者修改和保存一个现有条目。

(1) 在 pages 文件夹中创建一个新的 Dart 文件。鼠标右击 pages 文件夹，选择 New | Dart File，输入 edit_entry.dart，并且单击 OK 按钮进行保存。

(2) 导入 material.dart、journal_edit_bloc.dart、journal_edit_bloc_provider.dart、format_dates.dart 以及 mood_icons.dart 类。添加新的一行并且创建扩展 StatefulWidget 的 EditEntry 类。

```
import 'package:flutter/material.dart';
import 'package:journal/blocs/journal_edit_bloc.dart';
import 'package:journal/blocs/journal_edit_bloc_provider.dart';
import 'package:journal/classes/format_dates.dart';
import 'package:journal/classes/mood_icons.dart';
class EditEntry extends StatefulWidget {
  @override
```

```
    _EditEntryState createState() => _EditEntryState();
}

class _EditEntryState extends State<EditEntry> {
    @override
    Widget build(BuildContext context) {
      return Container();
    }
}
```

(3) 修改 EditEntryState 类并添加 JournalEditBloc _journalEditBloc、FormatDates _formatDates、MoodIcons _moodIcons 以及 TextEditingController _noteController 私有变量。笔记字段使用 TextField Widget，它需要_noteController 以便对值进行访问和修改。

```
class _EditEntryState extends State<EditEntry> {
  JournalEditBloc _journalEditBloc;
  FormatDates _formatDates;
  MoodIcons _moodIcons;
  TextEditingController _noteController;

  @override
  Widget build(BuildContext context) {
    return Container();
  }
}
```

(4) 重写 initState()并且初始化变量_formatDates、_moodIcons 和_noteController。要确保添加 super.initState()。

```
@override
void initState() {
    super.initState();
    _formatDates = FormatDates();
    _moodIcons = MoodIcons();
    _noteController = TextEditingController();
    _noteController.text = '';
}
```

(5) 重写 didChangeDependencies()方法并使用 JournalEditBlocProvider 类初始化_journalEditBloc 变量。注意，需要从 didChangeDependencies()方法而非 initState()方法中访问 InheritedWidget 类。

```
@override
void didChangeDependencies() {
```

```
    super.didChangeDependencies();
    _journalEditBloc = JournalEditBlocProvider.of(context).journalEditBloc;
}
```

(6) 重写 dispose()方法以及_noteController 和_journalEditBloc 变量的销毁。将调用 JournalEditBloc 类的 dispose()方法并关闭所有 StreamController。

```
@override
dispose() {
    _noteController.dispose();
    _journalEditBloc.dispose();
    super.dispose();
}
```

(7) 添加返回 Future<DateTime>的_selectDate(DateTime selectedDate) async 方法。这个方法负责调用 Flutter 内置的 showDatePicker()以便为用户提供一个展示 Material Design 日历以供其选择日期的弹出对话框。

(8) 添加 DateTime _initialDate 变量并使用构造函数中传递的 selectedDate 变量对其进行初始化。

(9) 添加一个终态 DateTime _pickedDate(用户从日历中选取的日期)变量并且通过调用 await showDatePicker()构造函数来初始化它。传递 context、initialDate、firstDate 和 lastDate 属性。注意，对于 firstDate，需要使用现在的日期并减去 365 天，而对于 lastDate，则需要加上 365 天，这是在告知日历可选的日期范围。

(10) 添加一个 if 语句以便检查_pickedDate 变量(用户从日历中选取的日期)是否不等于 null，null 表明用户触碰了日历 Cancel 按钮。如果用户选取了一个日期，则要通过使用 DateTime()构造函数并且传递_pickedDate year、month 和 day 来修改 selectedDate 变量。

(11) 对于时间，需要传递 initialDate hour、minute、second、millisecond 和 microsecond。注意，由于我们仅在修改日期而非时间，所以需要使用初始创建的日期时间。

(12) 添加一个 return 语句以便发送回 selectedDate。

```
// Date Picker
Future<String> _selectDate(String selectedDate) async {
    DateTime _initialDate = DateTime.parse(selectedDate);

    final DateTime _pickedDate = await showDatePicker(
        context: context,
        initialDate: _initialDate,
        firstDate: DateTime.now().subtract(Duration(days: 365)),
        lastDate: DateTime.now().add(Duration(days: 365)),
    );
    if (_pickedDate != null) {
     selectedDate = DateTime(
```

```
            _pickedDate.year,
            _pickedDate.month,
            _pickedDate.day,
            _initialDate.hour,
            _initialDate.minute,
            _initialDate.second,
            _initialDate.millisecond,
            _initialDate.microsecond).toString();
      }
      return selectedDate;
  }
```

效果如图 16.10 所示。

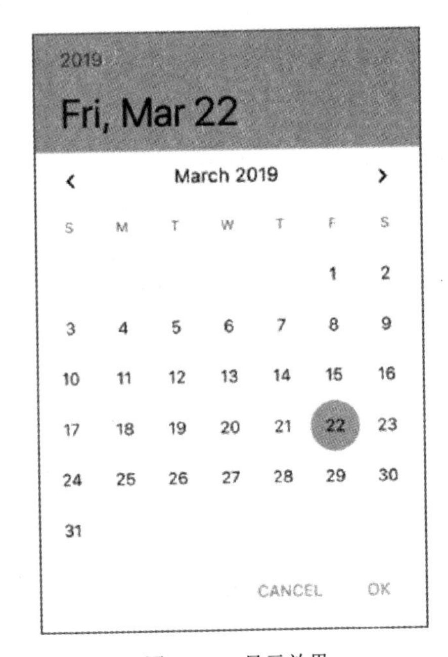

图 16.10 显示效果

(13) 添加 _addOrUpdateJournal() 方法，该方法要调用 _journalEditBloc.saveJournalChanged.add(' Save ') sink 以便保存日记条目。JournalEditBloc 会接收这个请求并且调用 Cloud Firestore 数据库 API。

```
void _addOrUpdateJournal() {
    _journalEditBloc.saveJournalChanged.add('Save');
    Navigator.pop(context);
}
```

(14) 在 Widget build()方法中，使用 UI Widget Scaffold 和 AppBar 替换 Container()，并且为 body 属性添加一个 SafeArea()以及 child 属性为 Column()的 SingleChildScrollView()。

(15) 将 Column crossAxisAlignment 属性设置为 start。

(16) 将 AppBar title 属性的 Text Widget 修改为 Entry，并且将 TextStyle color 属性设置为 Colors.lightGreen.shade800。

(17) 将 automaticallyImplyLeading 属性设置为 false 值以便移除导航回上一个页面的默认导航图标。这里希望用户仅通过触碰 Cancel 或 Save 按钮来关闭此页面。

(18) 为了使用渐变效果来自定义 AppBar 背景色，需要通过将 elevation 属性设置为 0.0 来移除 AppBar Widget 阴影。

(19) 为了增加 AppBar 的高度，需要将 bottom 属性设置为 child 属性是 Container Widget 的 PreferredSize Widget，并将 preferredSize 属性设置为 Size.fromHeight(32.0)。

(20) 将 flexibleSpace 属性设置为一个 decoration 属性是 BoxDecoration Widget 的 Container Widget。

(21) 将 BoxDecoration gradient 属性设置为 LinearGradient，其 colors 属性设置为 [Colors.lightGreen, Colors.lightGreen.shade50]的列表。

(22) 将 begin 属性设置为 Alignment.topCenter 并且将 end 属性设置为 Alignment.bottomCenter。LinearGradient 效果会将 AppBar 颜色从 lightGreen 以渐变褪色的效果绘制为 lightGreen.shade50 颜色。

```
@override
Widget build(BuildContext context) {
  return Scaffold(
    appBar: AppBar(
        title: Text('Entry', style: TextStyle(color: Colors.lightGreen
.shade800),),
        automaticallyImplyLeading: false,
        elevation: 0.0,
        flexibleSpace: Container(
            decoration: BoxDecoration(
              gradient: LinearGradient(
                colors: [Colors.lightGreen, Colors.lightGreen.shade50],
                begin: Alignment.topCenter,
                end: Alignment.bottomCenter,
              ),
            ),
          ),
      ),
      body: SafeArea(
       minimum: EdgeInsets.all(16.0),
       child: SingleChildScrollView(
          child: Column(
```

```
                crossAxisAlignment: CrossAxisAlignment.start,
                children: <Widget>[
              ],
            ),
          ),
        ),
      );
    }
```

最终效果如图 16.11 所示。

图 16.11 最终效果

示例说明

我们创建了 edit_entry.dart 文件，其中包含扩展了 StatefulWidget 的 EditEntry 类，以便添加或编辑一个日记条目。我们实现了 JournalEditBlocProvider 以便接收来自主页的状态，这是通过在 didChangeDependencies 方法中使用提供程序的 of()方法来实现的。JournalEditBloc 类负责添加、编辑和保存日记条目。我们使用了依赖注入，其中需要将 add、journal 和 DbFirestoreService()方法传递到 JournalEditBloc 类。还实现了 showDatePicker()以便使用一个日历来选择日期并且实现了 DropdownButton() Widget以便选择心情列表，同时使用了 Matrix4 rotateZ()方法以便旋转心情图标。我们使用了 MoodIcons 工具类以及 DropdownButton DropdownMenuItem 选项列表。FormatDates 工具类会格式化所选的日期。为了让 AppBar 具有颜色渐变效果，我们使用了 BoxDecoration Widget 以便通过 LinearGradient 类来自定义 gradient 属性。

以下练习将继续编辑条目页以便添加各个 StreamBuilder Widget 来处理每一个条目字段和活动操作。

试一试：为编辑日记页面添加 StreamBuilder

本节将继续编辑 edit_entry.dart 文件。我们要添加 StreamBuilder Widget 以便处理日期、心情、笔记，以及 Cancel 和 Save 按钮。

(1) 继续编辑上一个练习中所创建的 Column。为 Column children 添加 stream 属性设置为_journalEditBloc.dateEdit stream 的 StreamBuilder() Widget。这个 StreamBuilder() Widget 负责处理日期字段。

(2) 为 builder 属性添加 if 语句以便使用!snapshot.hasData 表达式来检查 snapshot 是否包含数据。在 if 语句内部，返回一个 Container()，它表明一个空白间隔，因为数据还没有到达。

```
if (!snapshot.hasData) {
   return Container();
}
```

(3) 添加新的一行并且返回 FlatButton Widget，它用于展示格式化后的所选日期，并且当用户触碰按钮时，它就会呈现日历。

(4) 将 FlatButton padding 属性设置为 EdgeInsets.all(0.0)以便移除内边距从而让外观更加好看，并且向 child 属性添加一个 Row() Widget，如图 16.12 所示。

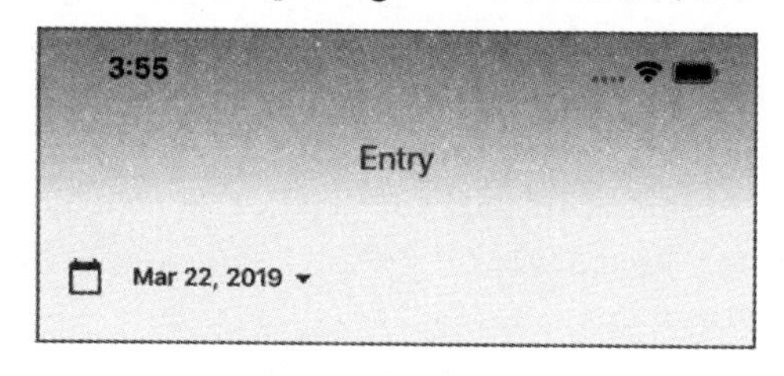

图 16.12　改进外观效果

(5) 为 Row children 属性添加 Icons.calendar_day Icon，将其大小设置为 22.0，并且将其 color 属性设置为 Colors.black54。

(6) 添加一个 SizedBox，将其 width 属性设置为 16.0 以便添加一个间隔块。

(7) 添加一个 Text Widget 并且使用 DateFormat.yMMMEd()构造函数来格式化 selectedDate。添加 Icons.arrow_drop_down Icon 并且将其 color 属性设置为 Colors.black54。

(8) 添加 onPressed()回调函数并且将其标记为 async，因为日历调用是一个 Future 事件。

(9) 为 onPressed()添加 FocusScope.of().requestFocus()方法调用以便在任意 TextField Widget 获得焦点时关闭键盘。这一步是可选的，不过这里是希望向大家展示这一处理是如何完成的。

```
FocusScope.of(context).requestFocus(FocusNode());
```

(10) 添加一个 DateTime _pickerDate 变量，它是通过调用 await _selectDate(_selectedDate) Future 方法来初始化的，这也正是添加 await 关键字的原因。“创建编辑日记页面”练习的步骤(7)中已经添加了这个方法。

(11) 添加对于_journalEditBloc.dateEditChanged.add(_pickerDate) sink 的调用，它会将所选的_pickerDate 变量传递到 JournalEditBloc。

```
String _pickerDate = await _selectDate(snapshot.data);
_journalEditBloc.dateEditChanged.add(_pickerDate);
```

下面是完整的 FlatButton Widget 代码:

```
StreamBuilder(
  stream: _journalEditBloc.dateEdit,
  builder: (BuildContext context, AsyncSnapshot snapshot) {
    if (!snapshot.hasData) {
      return Container();
```

```
    }
    return FlatButton(
      padding: EdgeInsets.all(0.0),
      child: Row(
        children: <Widget>[
          Icon(
              Icons.calendar_today,
              size: 22.0,
              color: Colors.black54,
          ),
          SizedBox(width: 16.0,),
          Text(_formatDates.dateFormatShortMonthDayYear(snapshot.data),
              style: TextStyle(
                color: Colors.black54,
                fontWeight: FontWeight.bold),
              ),
              Icon(
                Icons.arrow_drop_down,
                color: Colors.black54,
              ),
            ],
          ),
          onPressed: () async {
            FocusScope.of(context).requestFocus(FocusNode());
            String _pickerDate = await _selectDate(snapshot.data);
            _journalEditBloc.dateEditChanged.add(_pickerDate);
          },
        );
      },
),
```

(12) 添加新的一行并添加 stream 属性设置为_journalEditBloc.moodEdit stream 的 StreamBuilder() Widget。这个 StreamBuilder() Widget 负责处理心情字段，如图 16.13 所示。

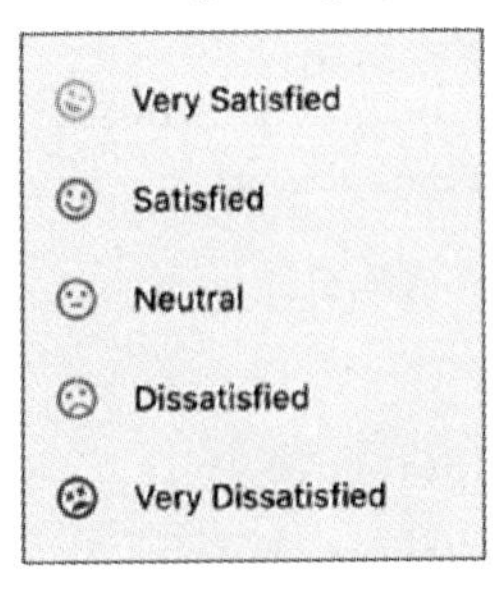

图 16.13　心情字段

```
StreamBuilder(
stream: _journalEditBloc.moodEdit,
```

(13) 为 builder 属性添加 if 语句以便使用!snapshot.hasData 表达式来检查 snapshot 是否包含数据。在 if 语句内部返回一个 Container()。

```
builder: (BuildContext context, AsyncSnapshot snapshot) {
   if (!snapshot.hasData) {
     return Container();
   }
```

(14) 添加新的一行并且返回 DropdownButtonHideUnderline Widget，其 child 属性被设置为 DropdownButton<MoodIcons> Widget 从而将类型声明为 MoodIcons 类。

```
return DropdownButtonHideUnderline(
child: DropdownButton<MoodIcons>(
```

(15) 添加 value 属性并且通过使用 indexWhere 方法来调用_moodIcons.getMoodIconsList()方法以便借助 icon.title 值进行搜索。所返回的值就是心情图标在列表中的索引位置。

```
value: _moodIcons.getMoodIconsList()[
   _moodIcons
   .getMoodIconsList()
   .indexWhere((icon) => icon.title == snapshot.data)
],
```

(16) 添加 onChanged 属性并且通过传递 selected.title 值来调用_journalEditBloc.moodEditChanged.add(selected.title) sink。当用户从 DropdownButton Widget 中选择一种心情时就会触发这一事件。

```
onChanged: (selected) {
_journalEditBloc.moodEditChanged.add(selected.title);
},
```

(17) 本节要创建弹出列表以便选择一种心情。添加 items 属性并且将其设置为调用_moodIcons.getMoodIconsList()，还要通过使用句点运算符来调用接收所选心情图标的 map()方法。

(18) 添加新的一行，返回 DropdownMenuItem<MoodIcons> Widget，并将 value 属性设置为 selected 变量。

(19) 对于 child 属性，需要添加一个 Row，并将其 children 属性设置为 Transform() Widget、SizedBox 和 Text Widget。

(20) 遵循前面的步骤，以便设置 Matrix4 rotateZ()方法。

(21) 在这个方法结尾处，要确保使用句点运算符添加对于 toList()的调用。

```
          items: _moodIcons.getMoodIconsList().map((MoodIcons selected) {
            return DropdownMenuItem<MoodIcons>(
              value: selected,
              child: Row(
                  children: <Widget>[
                    Transform(
                      transform: Matrix4.identity()..rotateZ(
                           _moodIcons.getMoodRotation(selected.title)),
                      alignment: Alignment.center,
                      child: Icon(
                        _moodIcons.getMoodIcon(selected.title),
                        color: _moodIcons.getMoodColor(selected.title)),
                      ),
                      SizedBox(width: 16.0,),
                      Text(selected.title)
                  ],
              ),
          );
        }).toList(),
      ),
    );
  }
),
```

以下是完整的 DropdownButton Widget 代码:

```
StreamBuilder(
    stream: _journalEditBloc.moodEdit,
    builder: (BuildContext context, AsyncSnapshot snapshot) {
      if (!snapshot.hasData) {
          return Container();
      }
      return DropdownButtonHideUnderline(
        child: DropdownButton<MoodIcons>(
          value: _moodIcons.getMoodIconsList()[
            _moodIcons
            .getMoodIconsList()
            .indexWhere((icon) => icon.title == snapshot.data)
          ],
          onChanged: (selected) {
              _journalEditBloc.moodEditChanged.add(selected.title);
          },
          items: _moodIcons.getMoodIconsList().map((MoodIcons selected) {
```

```
                return DropdownMenuItem<MoodIcons>(
                  value: selected,
                  child: Row(
                      children: <Widget>[
                        Transform(
                          transform: Matrix4.identity()..rotateZ(
                              _moodIcons.getMoodRotation(selected.title)),
                          alignment: Alignment.center,
                          child: Icon(
                              _moodIcons.getMoodIcon(selected.title),
                              color:
                           _moodIcons.getMoodColor(selected.title)),
                          ),
                          SizedBox(width: 16.0,),
                          Text(selected.title)
                        ],
                      ),
                    );
                }).toList(),
              ),
            );
        }
    ),
```

(22) 添加新的一行并且添加 StreamBuilder() Widget，将其 stream 属性设置为 _journalEditBloc.noteEdit stream。这个 StreamBuilder() Widget 负责处理笔记字段。

(23) 为 builder 属性添加 if 语句以便使用!snapshot.hasData 表达式来检查 snapshot 是否包含数据。

(24) 在 if 语句内部，返回一个 Container()。

```
if (!snapshot.hasData) {
    return Container();
}
```

(25) 在使用 TextField 和 StreamBuilder 以供用户输入其笔记时，光标会在该 TextField 起始处持续闪动。为了修复这个问题，需要添加 _noteController.value 并让其等于 _noteController.value.copyWith(text: snapshot.data)方法。出现闪动光标的原因是，每次输入一个字符时，sink 就会更新 stream 并且 StreamBuilder 会检索这个新的值同时填充该 TextField。

(26) 添加新的一行，返回这个 TextField Widget，并且将 controller 属性设置为 _noteController。

(27) 添加 maxLines 属性并且将其设置为 null 值，从而让 TextField 按需自动扩展为多行，以便得到良好的 UX 特性。

(28) 添加 onChanged 属性并且通过传递 note 值来调用_journalEditBloc.noteEditChanged.add (note) sink。当用户在 TextField Widget 中进行输入时就会触发这一事件。

```
StreamBuilder(
    stream: _journalEditBloc.noteEdit,
    builder: (BuildContext context, AsyncSnapshot snapshot) {
      if (!snapshot.hasData) {
          return Container();
      }
      // Use the copyWith to make sure when you edit TextField the cursor does
not bounce to the first character
      _noteController.value = _noteController.value.copyWith(text:
snapshot.data);
      return TextField(
        controller: _noteController,
        textInputAction: TextInputAction.newline,
        textCapitalization: TextCapitalization.sentences,
        decoration: InputDecoration(
          labelText: 'Note',
          icon: Icon(Icons.subject),
        ),
        maxLines: null,
        onChanged: (note) => _journalEditBloc.noteEditChanged.add(note),
      );
  },
),
```

(29) 添加新的一行，添加一个 Row() Widget，并且将 mainAxisAlignment 属性设置为 MainAxisAlignment.end。这个 Row()负责将 Cancel 和 Save 按钮在表单上保持右对齐。

(30) 为 children 属性添加 FlatButton Widget 并将 child 设置为包含 Cancel 值的 Text Widget。对于 onPressed 属性，需要调用 Navigator.pop(context)方法来关闭页面而不必进行保存。

(31) 添加一个 SizedBox(width: 8.0)以便将下一个 FlatButton Widget 分隔开来。

(32) 添加另一个 FlatButton Widget 并且将 child 设置为包含 Save 值的 Text Widget。

(33) 对于 onPressed 属性，需要调用_addOrUpdateJournal()方法来保存日记条目。

```
Row(
    mainAxisAlignment: MainAxisAlignment.end,
    children: <Widget>[
       FlatButton(
          child: Text('Cancel'),
          color: Colors.grey.shade100,
          onPressed: () {
             Navigator.pop(context);
```

```
            },
          ),
          SizedBox(width: 8.0),
          FlatButton(
            child: Text('Save'),
            color: Colors.lightGreen.shade100,
            onPressed: () {
              _addOrUpdateJournal();
            },
          ),
        ],
      ),
```

示例说明

我们创建了 edit_entry.dart 文件，其中包含扩展了 StatefulWidget 的 EditEntry 类，以便处理日记条目的添加和编辑。JournalEditBlocProvider 用于接收来自主页的状态。我们实现了没有使用提供程序的 JournalEditBloc 类以便添加、编辑和保存日记条目。StreamBuilder Widget 会监控 _journalEditBloc.dateEdit stream、_journalEditBloc.moodEdit stream、_journalEditBloc.noteEdit stream，并且每个 builder 在每一次值变更时都会进行重建。

showTimePicker()函数会为用户提供一个日历，而 DropdownButton() Widget 会为用户提供一组可选的心情列表。Matrix4 rotateZ()方法用于实现心情图标的旋转。TextEditingController()构造函数会处理笔记 TextField() Widget。MoodIcons 类负责对 ropdownButton DropdownMenuItem 选项列表中的图标进行着色和旋转。FormatDates 类会格式化所选日期。我们使用 LinearGradient 类为 AppBar Widget 创建了一种自定义的颜色渐变效果。

16.5　本章小结

本章完成了从第 14 章开始处理的日记应用。我们应用了 BLoC 模式以便将 UI Widget 和业务逻辑分离开来。还实现了 BLoC 类、BLoC 提供程序、服务类、工具类、模型类，以及应用范围内和本地的状态管理。我们使用提供程序(InheritedWidget)和 BLoC 在各个页面之间传递了应用范围内的状态管理以及在 Widget 树中传递了本地状态管理。我们使用了依赖注入将服务类注入 BLoC 类中。本章介绍了使用依赖注入的好处，它可让 BLoC 保持不必感知平台类型的特性，还可提供在像 Flutter、AngularDart 这样的不同平台之间共享 BLoC 类的能力。

我们通过实现 AuthenticationBlocProvider 和 AuthenticationBloc 类从而将应用范围内的状态管理运用到了应用的主页面。我们使用了 StreamBuilder Widget 来监控用户凭据发生变更时的_authenticationBloc.user stream。当用户凭据发生变化时，StreamBuilder builder 就会重建并且将用户恰当地导航到登录页或主页。

我们应用了 LoginBloc 类以便验证用户的凭据以及是否满足电子邮箱和密码要求。还重写了 initState()方法以便使用 LoginBloc 类来初始化_loginBloc 变量，其中注入了 AuthenticationService()类而没有使用提供程序。注意，在 initState()中而非 didChangeDependencies()中初始化_loginBloc 变量的原因在于，LoginBloc 不需要提供程序(InheritedWidget)。

我们使用了 StreamBuilder Widget 以及 TextField Widget 来验证电子邮箱和密码值。TextField Widget 的 onChanged 属性会调用_loginBloc.emailChanged.add sink 以及_loginBloc.passwordChanged.add sink，以便将值发送到 LoginBloc Validators 类。还使用了 StreamBuilder Widget 来监听_loginBloc.loginOrCreateButton stream，以便切换 Login 或者 Create Account 作为默认按钮。

我们应用了 HomeBloc 类来构建一份根据用户 uid 过滤的日记条目列表，并且能够添加、修改和删除条目。还通过在 didChangeDependencies 方法中使用提供程序的 of()方法来访问 AuthenticationBlocProvider 和 HomeBlocProvider 类。我们通过调用 ListView.separated 构造函数使用了 StreamBuilder Widget 以便构建日记条目列表。还使用了 Dismissible Widget 的 confirmDismiss 属性向用户提示一个删除确认对话框。我们调用了 MoodIcons 工具类以便格式化心情图标，并且调用了 FormatDates 类来格式化日期。

我们通过在 didChangeDependencies 方法中使用提供程序的 of()方法访问了 JournalEditBlocProvider 类。我们应用了 JournalEditBloc 类来添加、编辑和保存日记条目。还使用了 StreamBuilder Widget 以便处理日期、心情、笔记，以及 Cancel 和 Save 按钮。我们实现了 showTimePicker()函数以便向用户显示一个日历以及使用 DropdownButton() Widget 向用户呈现一组可选的心情。我们使用了 Matrix4 rotateZ()方法以便根据心情来旋转心情图标，还使用了 MoodIcons 类和 DropdownButton DropdownMenuItem 以便提供心情选项列表。我们使用了 FormatDates 类来格式化所选日期。

16.6 本章知识点回顾

主题	关键概念
LoginBloc 类	我们了解了如何实现不使用提供程序的 LoginBloc 类以便处理身份验证凭据以及验证是否满足电子邮箱和密码要求
AuthenticationBloc 类	我们了解了如何实现使用 AuthenticationBlocProvider 类的 AuthenticationBloc 类以便处理主页面中应用范围内的状态变量
HomeBloc 类	我们了解了如何实现具有 HomeBlocProvider 类的 HomeBloc 类，以便通过使用 separated()构造函数和日记条目来填充 ListView。还了解了如何使用 HomeBloc 类来添加新日记条目，以及修改或者删除已有日记条目
JournalEditBloc 类	我们了解了如何实现不使用提供程序的 JournalEditBloc 类以便添加或者编辑和保存日记条目
InheritedWidget 类	AuthenticationBlocProvider、HomeBlocProvider 和 JournalEditBlocProvider 类都扩展自 InheritedWidget 类，并且我们了解了如何从 didChangeDependencies()方法而非 initState()方法中访问它们

(续表)

主题	关键概念
AuthenticationBlocProvider 类	我们了解了如何实现 AuthenticationBlocProvider 以用作 AuthenticationBloc 类的提供程序从而实现应用范围内的身份验证状态管理
HomeBlocProvider 类	我们了解了如何实现 HomeBlocProvider 类以用作 HomeBloc 类的提供程序
依赖注入	我们了解了如何使用依赖注入以便将服务类注入 BLoC 类中。还了解到，通过注入服务，BLoC 类就仍属于不必感知平台类型
StreamBuilder Widget	我们了解了如何实现 StreamBuilder Widget 以便监控 stream，并且当变更发生时，builder 就会使用最新的数据重建 Widget
ListView.separated 构造函数和 Divider() Widget	我们了解了如何实现 ListView.separated 构造函数以便构建一个通过 Divider() Widget 来分隔的日记条目列表
Dismissible Widget 和 confirmDismiss 属性	我们了解了如何实现 Dismissible Widget 以便滑动和删除一个日记条目。还了解了如何实现 Dismissible Widget 的 confirmDismiss 属性以便弹出一个对话框供用户确认日记条目的删除操作
DropdownButton() Widget	我们了解了如何实现 DropdownButton() Widget 以便呈现一组带有标题、颜色和图标旋转的列表
MoodIcons 类	我们了解了如何实现 MoodIcons 类以便检索心情的属性，比如 title、color、rotation 和 icon
showTimePicker()函数	我们了解了如何实现 showTimePicker()函数以便提供一个可以选择日期的日历
Matrix4 rotateZ()方法	我们了解了如何实现 Matrix4 rotateZ()方法以便根据所选心情对图标进行旋转
FormatDates 类	我们了解了如何实现 FormatDates 类以便格式化日期